Instant Notes

BIOS

Chemistry for Biologists

생명과학도를 위한 화학

제2판

Fisher · Arnold 저

고문주 · 배지현 · 이진호 공역

자유아카데미

Instant Notes

Chemistry *for* Biologists

- Second Edition -

J. Fisher
J.R.P. Arnold

Authorised translation from the English language edition
published by Garland - BIOS, a member of the Taylor & Francis Group

서 문

초판 발행 후 3년이 지나는 동안, 우리는 책의 내용과 형식에 관하여 매우 많은 의견을 받았다. 행복하게도 대부분의 의견들이 매우 호의적이었다. 우리가 받은 의견 중에는 약간의 수정 권고 사항이나 텍스트에 추가해야 될 것이 있었다. 따라서 독자의 이해 증진을 위하여 수정이 조금 필요하다고 느꼈다. 여러 가지 중요한 수정 사항들을 아래에 요약하였다.

이 책이 생물학자와 유사 분야 과학자를 위한 책이고, 물은 생물학적 용매이기 때문에, 우리는 절 C에서 얼마나, 그리고 왜 이 용매가 매우 독특한지에 관한 정보를 제공하였다. 우리는 또한 금속에 관한 절(절 G) 이전에 건너뛴 것 이외에는 고려되지 않았던 질소 분자 및 산소 분자를 다루도록 하는 생물학적 관심사인 작은 무기 분자에 관한 절도 포함하였다(절 F). 초판에서는 핵산 및 단백질이 그들의 구성 단위로 언급되었었다. 우리는 이 개정판에서 그들의 역할에 관한 정보를 포함하기로 하였다. 이를 위하여 다른 생물학적 거대분자를 고려하는 것이 현명한 것이라고 생각하였고, 그래서 지질의 조성과 기능을 다루는 주제를 포함하였다(절 K). 열역학에 관한 절을 검토하였고, Gibbs 자유 에너지와 엔트로피의 통계적 정의에 대하여 약간의 수정을 하였다. 마지막으로 완전성을 위하여, 분광학에 관한 절에서 원편광 이색성에 대하여 묘사하였다(절 Q). CD는 구조 생화학에서 아주 유용한 기술이다. 우리는 수많은 감수자의 의견과 동일하게, 이 주제가 화학자에 의해 더 많이 사용되는 분광학적인 기술상에서 제시되어야 한다고 느꼈다.

Elizabeth와 Abigail을 위하여, 영원히!

차 례

Section A 원소

A1. 주기율표 ····· 1
A2. 전자 배치 ····· 7
A3. 동위원소 ····· 10

Section B 화학 결합과 분자 모양

B1. 분자 궤도함수 ····· 19
B2. 화학 결합의 성질 ····· 23
B3. 몇 가지 작은 분자들의 모양 ····· 28
B4. 화학 구조식 그리기 ····· 33
B5. 화학 결합의 분해 ····· 36

Section C 물-생물학적 용매

C1. 물리적 특성 ····· 39
C2. 화학적 성질 ····· 43

Section D 탄소, 지구상의 생명의 근본

D1. 탄소의 성질 ····· 47
D2. 유기 화합물 명명 ····· 50

Section E 유기 화합물의 삼차원 분자 구조

E1. 이성질현상 ···· 55
E2. 입체이성질현상 ···· 62
E3. 광학 활성과 분할 ···· 70

Section F 생물학적으로 중요한 작은 무기 분자들

F1. 인산과 인산 이온 ···· 73
F2. 질소 ···· 76
F3. 산소 ···· 81

Section G 생물학의 몇 가지 금속

G1. 알전이 금속 ···· 87
G2. 철 ···· 92
G3. 마그네슘과 망가니즈 ···· 97
G4. 코발트와 몰리브데넘 ···· 102

Section H 수소 결합

H1. 수소 결합 ···· 107
H2. 소수성 결합 ···· 112

Section I 탄소 기반 화합물의 공통적인 반응 형태

I1. 반응성이 큰 물질들 ···· 117
I2. 유기 화학 반응들의 분류 ···· 122
I3. 반응성에 영향을 주는 인자들 ···· 129

Section J 화학족에 의한 유기 화합물

J1. 알코올 및 알코올과 관련된 화합물들 ···· 133
J2. 알데하이드와 케톤 ···· 139
J3. 카복실산과 에스터 ···· 145
J4. 아민과 아마이드 ···· 150

Section K 족에 의한 중요한 생물학적 거대분자

K1. 단백질 ········· 155
K2. 핵산 ········· 158
K3. 지질 ········· 162

Section L 방향족 화합물

L1. 방향족성 ········· 169
L2. 천연 방향족 화합물들 ········· 174

Section M 생물 분자의 화학적 합성

M1. 펩타이드 합성 ········· 181
M2. 올리고뉴클레오타이드 합성 ········· 188

Section N 물의 성질

N1. LOWRY-BRONSTEAD 산과 염기 ········· 195
N2. 산과 염기의 해리 상수 ········· 198
N3. 수용액의 산도와 알칼리도 ········· 201
N4. 완충 용액 ········· 204
N5. 용해도 ········· 210

Section O 기초 열역학

O1. 기본 개념들 ········· 213
O2. 열역학 제1법칙 ········· 215
O3. 열역학 제2법칙 ········· 220
O4. Gibbs 자유 에너지 ········· 223

Section P 속도론

P1. 소개 ········· 227
P2. 반응 차수의 결정 ········· 232

P3. 분자성 ········· 234
P4. 효소 속도론 ········· 237
P5. 촉매 작용과열역학적지배대속도론적지배 ········· 245

Section Q 분광학

Q1. 전자기 스펙트럼 ········· 249
Q2. 자외선-가시광선 분광광도법 ········· 253
Q3. 형광 ········· 259
Q4. 적외선 분광광도법 ········· 263
Q5. 원편광 이색성 ········· 267
Q6. 핵자기 공명 분광학 ········· 272
Q7. 질량 분석기 ········· 281

찾아보기 ········· 287

약어 모음

ADP	adenosine diphosphate
ATP	adenosine triphosphate
Bq	Becquerel
CD	circular dichroism
CI	chemical ionization
Ci	Curie
d	dextrorotatory (clockwise)
DCCI/DCCD	dicyclohexylcarbodiimide
DMT	dimethoxytrityl
E	entgegen (opposite)
E1	unimolecular elimination
E2	bimolecular elimination
Ea	activation energy
EI	electron impact
EM	electromagnetic
ESI	electrospray ionization
FAB	fast atom bombardment
FAD	flavin adenine dinucleotide
fid	free induction decay
FT	Fourier transform
G	Gibbs free energy
Gy	Gray
HOMO	highest occupied molecular orbital
IR	infrared
IUPAC	International Union of Pure and Applied Chemistry
l	levorotatory (anticlockwise)
LCAO	linear combination of atomic orbitals
LUMO	lowest unoccupied molecular orbital
MO	molecular orbital
MS	mass spectrometry
NAD^+	nicotinamide adenine dinucleotide (oxidized form)
NADH	nicotinamide adenine dinucleotide (reduced form)
NMR	nuclear magnetic resonance
nOe	nuclear Overhauser effect
[O]	oxidizing agents
OH	hydroxyl group
ORD	optical rotatory dispersion
R	rectus (clockwise, chiral center)
S	sinister (anticlockwise, chiral center)
SN1	unimolecular nucleophilic substitution
SN2	bimolecular nucleophilic substitution
TBDMS	tertiary butyl dimethylsilyl
u	atomic mass unit
UV	ultraviolet
Z	zussamen (together)

Section A 원소

A1. 주기율표

중요한 용어

원자 구조

원자는 양성자와 중성자를 포함하는 핵으로 구성되며, 그 주위를 전자가 감싸고 있다. 전자는 특이한 에너지 껍질에 위치하며 전자를 한 껍질에서 다른 껍질로 이동하는 데는 일정한 양(양자)의 에너지가 필요하다. 핵에 있는 양성자의 수를 원자 번호라고 정의한다.

양자 역학

특이하게 허용된 에너지 상태에 전자가 있다는 생각은 몇 가지 물리적 관찰들을 설명하는 데 매우 유용하다고 밝혀졌다. 그러나 전자가 이런 방법으로 분포해야 하는 이유는 파동-입자 이중성이 발달된 후에야 설명될 수 있었다. 전자의 파동과 같은 행동을 양자 역학이라고 한다.

원자 궤도함수

원자핵을 둘러싼 전자들은 궤도함수 또는 부껍질이라고 하는 공간 영역을 차지한다. 핵의 크기와 전자의 수가 특별한 궤도함수의 모양과 전체 에너지를 결정한다. 이런 궤도함수를 1s, 2s, 2p, 3p, 4d, 5f 등으로 표시한다. 표시에서 문자는 궤도함수의 모양을 나타내고 숫자는 껍질의 위치를 나타낸다.

주기성

원소의 원자가(바깥쪽 껍질에 있는 전자의 수)와 전기음성도(전자를 끌어당기는 힘) 같은 성질은 원자 번호에 따라서 규칙적으로 변화한다. 이런 성질들의 주기성은 주기율표의 수평칸과 수직칸의 배열에 반영되어 있다.

관련된 주제

전자 배치(A2) 분자 궤도함수(B1)
동위원소(A3) 알칼리 금속(G1)

원자 구조

18세기에 접어들자 돌턴(John Dalton)에 의해서 제안된 원자의 개념이 일반적으로 지지를 받게 되었다. 그의 원자설은 원자는 깨질 수 없다는 것을 근본으로 삼았다. 19세기가 되기도 전에 이것은 옳지 않다는 것이 알려졌다. 원자는 실제로 **중성자**(neutron), **양성자**(proton), **전자**(electron)라고 알려진 **아원자 입자**(subatomic particle)로 이루어져 있다. 원자의 질량 중 대부분은 중성자와 양성자가 차지하는데, 각각 1의 원자량을 가진다. 전자의 질량은 무시할 수 있다. 중성자는 전하가 없지만 양성자는 한 개의 양전하를 가지고 전자는 한 개의 음전하를 가진다.

따라서 (중성인) 원자는 양성자수와 같은 수의 전자를 가진다. 특정한 원소에서 양성자수는 변하지 않기 때문에(주제 A3을 참조) **양성자의 수**가 **원자 번호**가 된다. 19세기 말이 되어서야 이런 입자들의 구성이 각각 결정되기 시작하였다. 여러 가지 방사성 동위원소(radioisotope, 주제 A3 참조)에서 방출되는 아원자 입자들을 얇은 금속 막에 충돌시키는 것을 비롯한 실험들에서 원자는 그 질량의 대부분을 차지하는 중심부 또는 **핵**(nucleus)을 가진다는 것을 밝혀주었다. 따라서 중성자, 양성자, 전자가 핵 주위의 공간을 차지해야 한다.

1913년에 덴마크의 물리학자인 보어(Niels Bohr)는 전자들이 핵 주위를 자유롭게 운동하지 않고 **에너지 준위**(energy level) 또는 **껍질**(shell)이라고 하는 특이하게 허용된 에너지 상태만을 차지해야 한다고 가정하였다. 전자가 하나의 주껍질에서 다른 껍질로 이동하려면 일정한 양의 에너지(**양자**, quantum, 주제 Q1을 참조)를 내놓거나 흡수해야 한다. 각 껍질을 채울 수 있는 전자의 최대수가 존재한다(표 1 참조).

표 1. 주껍질의 전자 채움

	저에너지	———	——→	고에너지	
에너지 껍질	1	2	3	4	5
전자 보유 능력	2	8	18	32	32
궤도함수 수	s	s, p(x3)	s, p(x3), d(x5)		

양자 역학

보어의 원자 모형은 매우 성공적이었으며, 특히 수소 원자의 방출 스펙트럼을 예측하는 데 성공적이었다. 그러나 원자 안에서 전자들이 껍질에 있어야 하는 이유는 알려주지 못하였다. 해답은 **파동-입자 이중성**(wave-particle duality)으로부터 나왔다. 20세기 초반에 이루어진 많은 실험적 관찰에서 전자들은 고전적 입자처럼 행동하였지만 다른 경우에는 파동처럼 행동하였다. 전자의 파동과 같은 특징은, 예를 들면 결정을 통과한 전자살이 형성하는 무늬에서 분명하다. 이런 특징들의 혼합은, 1920년대에 아원자 물질이 이상하고 분명하지 않은 존재라는 사실이 분명해지기 시작한 이래로 철학적 문제를 제기하였다. 아인슈타인은 이것에 만족하지 못하였지만 더 만족스러운 표현을 만들 수 없었다. 일반적으로 입자는 파동으로 나타낼 수 있으며, 주어진 위치에서 입자를 발견할 확률은 진폭(엄격하게는 진폭^2)과 관련 있다. 파동과 비슷한 행동을 **양자 역학**(quantum mechanics)이라고 하며 때로는 **파동 역학**(wave mechanics)이라고도 한다. 파동은 수학적 함수이며 흔히 파동 함수라고 한다. 이 함수는 입자에 작용하는 물리적 힘에 크게 의존하며, 보통 이런 힘은 핵과/또는 전자들의 정전기적 영향력이다. 따라서 음으로 하전된 전자가 양으로 하전된 양성자에 결합하면(수소 원자처럼) 둘 사이의 정전기 인력은 어떤 전자 파동 함수가 허용될 수 있는 이유가 된다. 이런 것에서 원자 궤도함수가 생겨나며, 그것들은 마치 보어 모형처럼 껍질로 모인다.

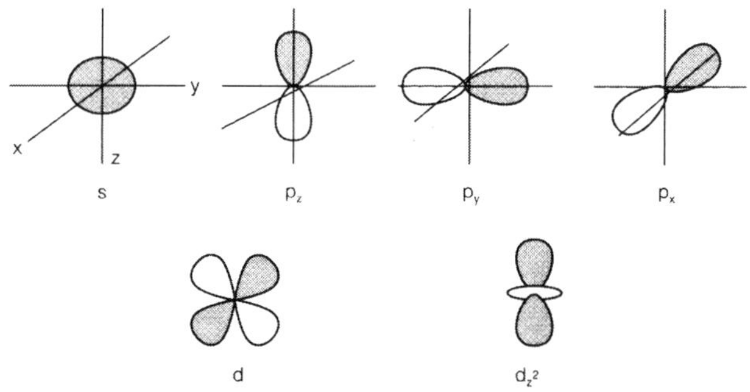

그림 1. 몇 가지 원자 궤도함수의 모양. x, y, z 방향으로 세 개의 'p' 궤도함수가 있으며, d 궤도함수가 존재하는 껍질에는 다섯 개의 'd' 궤도함수가 있다. 궤도함수들은 전자를 발견할 확률이 95%인 경계를 나타낸다.

원자 궤도함수

각 전자 껍질에는 **부껍질**(subshell)이 있다. 이런 부껍질은 어느 정도 '세밀한 구조'를 가지며, 부껍질 안에 다른 영역에서보다 전자를 발견할 확률이 더 높은 특별한 위치들이 있다. 이런 영역들을 **원자 궤도함수**(atomic orbital)라고 한다. 이런 궤도함수들은 특이한 모양을 가지며, 반대 방향으로 회전하는 두 개의 전자를 가질 수 있다(주제 A2 참조). 궤도함수의 모양은 's', 'p', 'd', 'f' 등의 문자로 정하며, 이것을 그림 1에 나타냈다. 서로 다른 에너지 준위는 표 1에 나타낸 것과 같이 다른 개수의 이런 궤도함수들을 가진다.

주기성

1800년대 중반에 멘델레예프는 원소들의 여러 성질들이 원자 번호가 증가함에 따라서 순환적

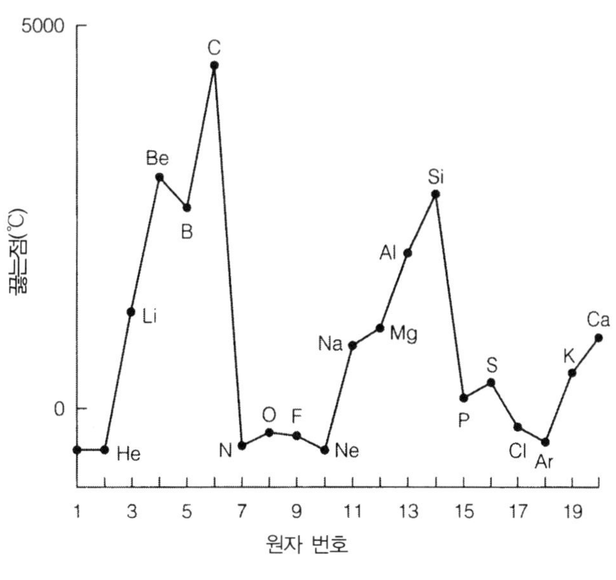

그림 2. 원자 번호에 따른 끓는점 변화.

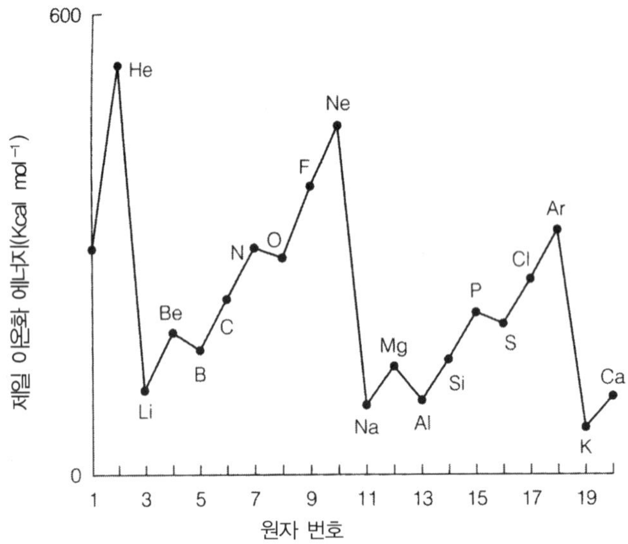

그림 3. 원자 번호에 따른 제일 이온화 에너지의 변화.

으로 진행하는 것 같다는 것을 알았다. 예를 들면, 끓는점은 원자 번호에 따라서 증가하지 않고 봉우리와 골짜기를 지나며 진행한다(그림 2 참조).

전자를 제거하는 데 필요한 에너지(이온화 에너지)도 비슷한 경향을 따른다(그림 3 참조).

원소가 다른 원소와 형성할 수 있는 결합의 수도 원자 번호에 따라서 변한다고 알려졌다(주제 B2와 표 2 참조).

원자 번호가 3, 11 또는 19인 원소의 원자는 다른 원소의 한 원자와 결합할 수 있으며, 따라서 **일가**(monovalent)라고 한다. 원자 번호 5와 13을 가지는 원자들은 세 개의 결합을 형성할 수 있으며, **삼가**(trivalent) 원소라고 한다. 이런 식으로 계속된다. 원자 번호 2, 10, 18 등을 가지는 원소들은 다른 원소들과 쉽게 결합을 형성하지 않는다. 이것은 이런 원소들이 전자의 바깥쪽 껍질을 완전히 채워서 매우 안정하기 때문이다. 실제로 이런 원소들을 **비활성**(inert) 또는 **불활성**(noble) 기체라고 한다. 물론 이런 경향은 모두 주기율표의 현대적 조직화

표 2. 원자 번호에 따른 결합 능력의 변화

원자 번호		결합의 수	예	
(a)	(b)		(a)	(b)
3,	11	1	LiH	NaH
4,	12	2	BeH_2	MgH_2
5,	13	3	BH_3	AlH_3
6,	14	4	CH_4	SiH_4
7,	15	3	NH_3	PH_3
8,	16	2	OH_2	SH_2
9,	17	1	FH	ClH
10,	18	0	–	–

에 반영되어 있다(그림 4 참조).

주기율표는 수직 열로 배열되어 있다. 각 열에 있는 원소들은 같은 바깥 껍질 **전자 배치**

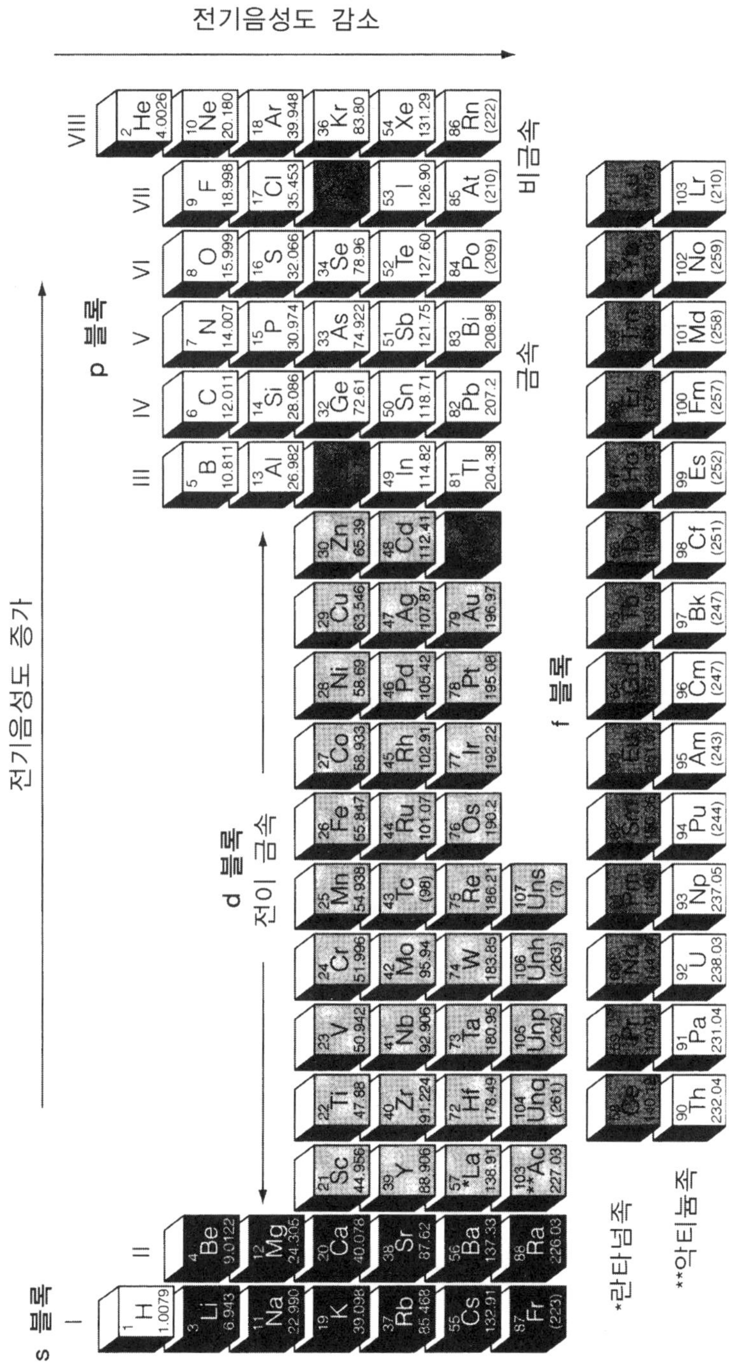

그림 4. 원소의 주기율표. 같은 밝기로 나타낸 원소들은 비슷한 성질을 가진다.

(electronic configuration)를 가지며(주제 A2 참조), 따라서 **같은 원자가**(same valence)를 가진다. 그림 3에서 볼 수 있듯이 I족의 원소들은 전자를 잃는데, 즉 이온화하는 데 비교적 작은 에너지가 필요하다. 이렇게 전자를 쉽게 잃는 것 때문에 I족과 II족 원소들을 **전기양성**(electropositive)이 된다.

이와는 반대로 VII족 원소들에서 전자를 제거하는 것은 매우 힘들다. 이 원소들은 안정하고 완전한 바깥 껍질 위치에 가까우며, 따라서 전자를 얻는 경향이 더 강하다. 따라서 이런 원소들을 **전기음성**(electronegative)이라고 한다.

원소의 화학을 정해 주는 것은 원소의 전자를 잃거나 얻는 능력이다(주제 B2 참조).

A2. 전자 배치

중요한 용어

쌓음 원리	쌓음(독일어로 aufbau)은 쌓아올린다는 의미이다. 쌓음 원리는 가장 에너지가 낮은 궤도함수에 전자가 가장 먼저 채워진다는 것을 나타낸다.
파울리 배타 원리	파울리 배타 원리는 각 궤도함수에는 단지 두 개의 전자만이 놓일 수 있으며, 이 전자들이 서로 반대 스핀을 가져야 한다는 것을 나타낸다.
훈트의 규칙	훈트의 규칙은 같은 에너지를 가진 둘 이상의 빈 궤도함수가 있으면 궤도함수의 절반이 채워질 때까지 각 궤도함수에 한 개의 전자가 채워진다는 것을 나타낸다.
간략한 배치	원자의 전자 배치를 나타내는 간단한 방법이 개발되었다. 예를 들면, $1s^2$는 1s 궤도함수에 첫 번째와 두 번째 전자가 있다는 것을 의미한다.
관련된 주제	**분자 궤도함수(B1)** **화학 결합의 성질(B2)**

전자 배치

원자나 분자 궤도함수(주제 B1 참조)에서 전자가 배열되는 것을 **전자 배치**(electronic configuration)라고 한다. 전자 배치에는 여러 가지 규칙이 고려되어야 한다. 우선 **가장 에너지가 낮은 궤도함수가 먼저 채워져야 한다.** 따라서 모든 원자는 1s 궤도함수에 전자를 가지고 있다. 이것을 **쌓음 원리**(aufbau principle)라고 한다.

파울리 배타 원리

파울리 배타 원리(Pauli exclusion principle)는 각 궤도함수가 최대 2개의 전자를 채울 수 있다는 것을 나타낸다. 전자는 스핀(spin)이라는 성질을 가지는데, 이것은 축을 중심으로 회전하는 것을 생각할 수 있다. 물론 전자는 동쪽에서 서쪽으로 또는 서쪽에서 동쪽으로 회전할 수 있기 때문에 두 가지 배열, 즉 두 가지 스핀이 가능하다. 이런 것을 위로 향한 화살표(↑)와 아래로 향하는 화살표(↓)로 나타낸다. 파울리 배타 원리는 같은 궤도함수에 있는 두 전자는 반대 스핀을 가져야 한다는 것을 나타낸다(그림 1 참조).

	1s	2s	2p	2p	2p
H	↑				
He	↑↓				
Li	↑↓	↑			
Be	↑↓	↑↓			
B	↑↓	↑↓	↑		

그림 1. 파울리 배타 원리에 따른 원자 궤도함수의 조직화.

훈트의 규칙

각 전자 껍질은 에너지 준위가 서로 다르다. 각 껍질 안에는 **원자 궤도함수**(atomic orbital)라고 하는 부껍질(subshell)이 있다(주제 A1 참조). 껍질 2에서부터는 한 가지 이상의 유형이 존재한다. 수준 2에는 한 개의 's'와 세 개의 'p' 궤도함수가 있다. 'p' 궤도함수는 모두 같은 에너지 준위를 가지며('s' 궤도함수는 약간 낮음) 따라서 **축퇴**(degenerate)되어 있다고 한다. 훈트의 규칙(Hund's rule)은 둘 이상의 축퇴된 궤도함수들이 있으면, 절반이 채워질 때까지 스핀을 맞추면서 하나씩 채워져야 한다는 것을 나타낸다.

쌓음 원리, 파울리와 훈트의 규칙을 이용하면 모든 원소에서 가장 에너지가 낮은 상태인 바닥 상태의 전자 배치를 적을 수 있다(그림 2 참조).

간략한 배치

그림에서 이용한 전자 배치 형태는 약간 복잡하다. 이 그림을 그림 3과 같이 '간략화'하면 더 편리하다. 붕소의 배치($1s^2\ 2s^2\ 2p^1$)에서 분명하게 나타내듯이 1s 궤도함수에는 2개의 전자가 있고, 2s에는 2개, p에는 1개가 있다. 그 앞에 오는 불활성 기체를 이용하여 더 간략하게 나타낼 수도 있다. 따라서 리튬의 전자 배치는 헬륨을 이용하면 $(He)2s^1$이 된다(그림 3 참조).

	1s	2s	2p	2p	2p
C	↑↓	↑↓	↑	↑	
N	↑↓	↑↓	↑	↑	↑
O	↑↓	↑↓	↑↓	↑	↑
F	↑↓	↑↓	↑↓	↑↓	↑
Ne	↑↓	↑↓	↑↓	↑↓	↑↓

그림 2. 파울리 배타 원리와 훈트의 규칙에 따른 원자 궤도함수의 조직화.

H	$1s^1$		
He	$1s^2$		
Li	$1s^2$	$2s^1$	
Be	$1s^2$	$2s^2$	
B	$1s^2$	$2s^2$	$2p^1$
C	$1s^2$	$2s^2$	$2p^2$
Li	(He)	$2s^1$(헬륨의 전자 배치 더하기 한 개의 2s 전자)	
Na	(Ne)	$3s^1$(네온의 전자 배치 더하기 한 개의 3s 전자)	

그림 3. 몇 가지 간략한 전자 배치들.

A3. 동위원소

중요한 용어

정의
양성자의 수가 같지만 중성자의 수가 다른 원자들을 서로 동위원소라고 한다.

몰
원소나 화합물 1몰은 12.0000 g 속에 들어 있는 탄소-12 원자의 수와 같은 수의 화학식 단위를 가진다.

안정한 동위원소
안정한 동위원소는 보통 조건에서 다른 원소 형태로 변환하지 않는다. 그것은 특별한 취급이 필요하지 않다.

방사성 동위원소
방사성 동위원소는 분해하며 그러는 동안 유해한 입자와/또는 복사선을 방출한다. 천연적으로 존재하는 방사성 동위원소(예, ^{238}U)와 합성하여 만들 수 있는 방사성 동위원소(예, ^{3}H, ^{32}P)가 있다.

α-방출체
2개의 양성자와 2개의 중성자로 구성된 입자(헬륨의 원자핵)를 방출하는 동위원소들을 α-방출체라고 하며 α-입자의 질량수는 4이다.

β-방출체
핵이 전자를 내놓을 수 있는 동위원소들을 β-방출체라고 하며 핵에서 방출되는 전자의 흐름을 β-입자라고 한다.

γ-방출체
β-나 α-입자를 잃음과 동시에 에너지의 광자를 방출하는 동위원소를 γ-방출체라고 한다. 에너지는 질량이 없기 때문에 이것을 γ-입자보다는 γ-복사선이라고 한다.

반감기
방사성 동위원소의 방사능이 원래 방사능의 50%로 붕괴하는 데 필요한 시간을 반감기라고 한다.

단위와 측정
방사능의 단위는 베크렐(Bq)이며 조사량의 단위는 그레이(Gy)이다. 필름 조사량계, 가이거 계수기, 섬광 계측기는 모두 방사선을 측정하는 데 이용된다.

방사선 피해와 질병
α와 β-입자, 그리고 X-선과 γ-선은 신체를 통과할 때 불안정한 이온이나 자유라디칼을 생성하는 원인이 된다. 이런 방사능이 매우 높은 종들은 세포의 유전물질을 변형할 수 있으며, 구토에서부터 암에 이르는 다양한 증상들을 일으킬 수 있다.

방사성 동위원소의 이용
방사성 동위원소는 식품 산업에서 생산품의 수명을 연장시키기 위하여 이용된다. 이것은 생명 과학에서는 분석 도구로 이용되며 의학에서는 진단 도구로 이용된다.

관련된 주제 주기율표(A1) 전자 배치(A2)

정의

어떤 원소에서 양성자의 수는 일정하다. 즉, 모든 탄소 원자는 6개의 양성자를 가지지만(이것이 **원자 번호**(atomic number)이다.) 중성자의 수는 일정하지 않다. 천연적으로 존재하는 대부분의 탄소는 6개의 중성자를 포함한다. 이런 원자들은 질량수(mass number) 12를 가진다. 그러나 모든 탄소의 1.1% 가량은 7개의 중성자를 가지며 질량수가 13이다. 이와 같이 양성자의 수는 같지만 중성자의 수가 서로 다른 원자들이 그 원소의 **동위원소들**(isotopes)이다. 특정한 원소의 동위원소들은 똑같은 화학 반응을 한다.

몰

탄소의 가장 풍부한 동위원소인 탄소-12는 아보가드로수 또는 **몰**(mole)의 SI 정의의 근거로 이용된다. 화합물 1몰은 12 g의 탄소-12에 들어 있는 탄소 원자의 수와 같은 수의 화합물 질량이다. 원자의 실제 질량은 그램으로 나타내면 매우 작기 때문에 원자의 질량을 원자 질량 단위를 사용하여 나타내는 규약이 사용된다. 1 **원자 질량 단위**(atomic mass unit), 1 u=1.665620 x 10^{-24} g이다. 탄소-13의 1.1% 천연 분포량을 고려하면 탄소의 원자 질량은 12.011 u로 표현된다(주제 A2 참조).

안정한 동위원소

많은 원소는 보통 조건에서 안정한 동위원소를 가진다. 그것은 이온화 복사선 방출이나 자발적인 붕괴를 하지 않는다. 예를 들면, 수소는 **수소**(hydrogen)와 **중수소**(deuterium)의 두 가지 천연 동위원소가 있으며, 두 가지 모두 안정하다. 두 가지를 구별하기 위하여 보통 다음과 같이 적는다.

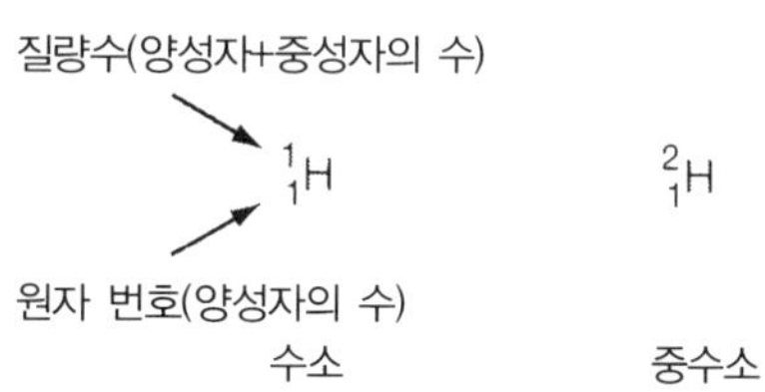

(중수소는 특별한 경우이며 흔히 간단하게 'D'로 나타낸다.)
따라서 탄소의 안정한 두 가지 동위원소는 다음과 같이 적는다.

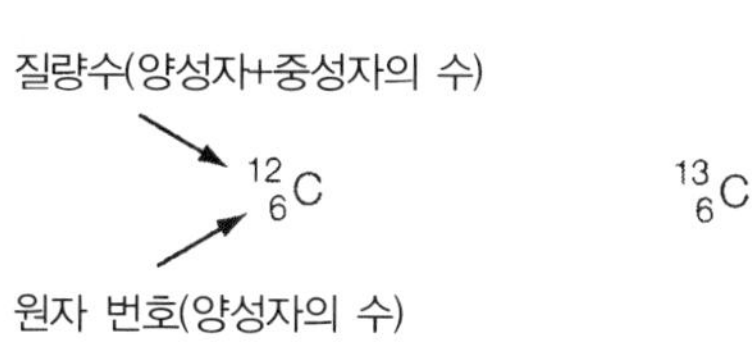

일부 경우에 안정한 동위원소의 천연 분포량이 더 비슷할 수 있다. 예를 들면, 브로민은 천연적으로 약 50%씩 분포하는 브로민-79와 브로민-81의 두 가지 안정한 동위원소를 가진다. 따라서 브로민의 원자 질량은 약 80 u이다.

방사성 동위원소

많은 원소의 동위원소는 불안정하며 안정한 상태를 차지하기 위하여 쉽게 질량이나 에너지를 잃는다. 이것이 천연적으로 존재하는 방사성 동위원소(radioisotope) 또는 방사성 핵종(radionuclide)이다. 모든 경우에 질량이나 에너지 손실은 주위 환경에 피해를 일으킬 수 있으며, 피해 정도는 손실의 성질에 따라 달라진다. 일반적으로 천연적으로 존재하는 방사성 동위원소는 α-입자, β-입자, γ-방사선(또는 선)의 세 가지 형태의 방사선을 방출할 수 있다. 붕괴 사건 후에는 전혀 다른 원소가 남는다. 이런 과정을 **변환**(transmutation)이라고 한다.

다른 동위원소는 안정한 동위원소를 아원자 입자로 충돌시켜서 합성할 수도 있다. 최초의 천연적이 아닌 변환은 러더퍼드가 α-입자를 충돌시켜서 질소-14를 산소-17로 전환한 것이었다. 이 과정은 복합 핵(compound nucleus)의 생성을 통해서 진행한다고 알려졌다.

$$\underset{\text{알파 입자}}{{}^{4}_{2}\mathrm{He}} + {}^{14}_{7}\mathrm{N} \longrightarrow \underset{\text{복합 핵}}{{}^{18}_{9}\mathrm{F}} \longrightarrow {}^{17}_{8}\mathrm{O} + \underset{\text{양성자}}{{}^{1}_{1}\mathrm{p}}$$

마찬가지로 몰리브데넘-99는 몰리브데넘-98에 중성자를 충돌시켜서 생산된다.

$${}^{98}_{42}\mathrm{Mo} + {}^{1}_{0}\mathrm{n} \longrightarrow {}^{99}_{42}\mathrm{Mo} + {}^{0}_{0}\gamma$$

이것은 진단 의학에서 사용되는 가장 중요한 동위원소들 중 하나이다.

α-방출체

알파 입자는 2개의 양성자와 2개의 중성자의 집합으로 헬륨 핵과 같으며 방사능 붕괴에서 나오는 입자들 중에서 가장 크고 가장 전하가 많은 입자이다. 이 입자는 광속의 10분의 1 정도로 매우 느리게 운동하며 주위의 원소들과 충돌하기 쉽다. 알파 입자는 충돌 동안 에너지와 전하를 잃는다. 그 크기와 속력 때문에 α-입자는 피부의 외층을 투과하지 못하므로 일반적으로 위험하다고 생각되지 않는다. 그러나 그것은 심각한 화상을 일으킬 수 있다. 우라늄의 한 동위원소인 우라늄-238은 α-방출체이며 토륨의 동위원소로 변환된다.

$${}^{238}_{92}\mathrm{U} \longrightarrow {}^{236}_{90}\mathrm{Th} + {}^{4}_{2}\mathrm{He}, \alpha$$

토륨-236은 그 자체가 불안정하여서 추가적인 붕괴 과정이 일어난다(그림 1 참조).

표 1은 다른 α-방출체의 예들을 나타내고 있다.

β-방출체

베타 입자는 실제로는 전자이지만 핵 안에서 생성된다. 물론 그것은 α-입자보다 전하가 작으며(+2에 비하여 -1임) 훨씬 더 가볍기 때문에 빠르게 운동할 수 있다. 베타 입자는 다양한 에너지를 가지고 방출될 수 있다. 낮은 에너지쪽의 β-입자는 피부를 투과할 수 없지만 고에너지 β-입자는 피부를 투과할 수 있고 실제로 내장기관까지 도달한다.

핵에서 전자를 방출하기 위해서는 중성자가 양성자로 변해야 한다. 그런 과정에서 질량 손실은 없지만 원자 번호는 1 단위가 증가한다.

$$^{3}_{1}H \longrightarrow \, ^{3}_{2}He + \, ^{0}_{-1}e$$

삼중수소
수소의 방사성 동위원소

베타 입자

삼중수소는 헬륨-3으로 변환된다.

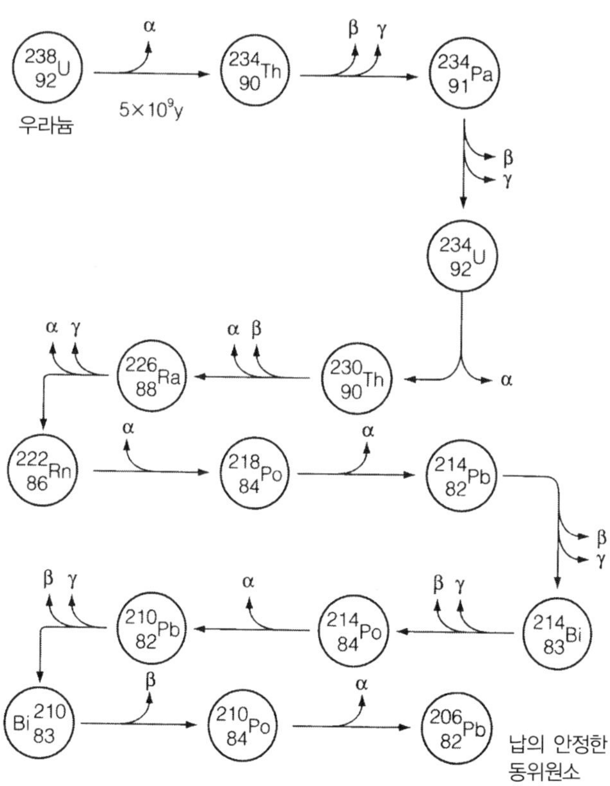

그림 1. 우라늄-238의 붕괴 도식도.

표 1. 몇 가지 천연 방사성 동위원소와 합성 방사성 동위 원소

원소	동위원소	반감기	방사선
천연 동위원소			
우라늄	$^{238}_{92}U$	4.5×10^9년	알파
토륨	$^{230}_{90}Th$	8.0×10^4년	알파, 감마
라듐	$^{226}_{88}Ra$	$1600 \times$년	알파, 감마
라돈	$^{222}_{86}Rn$	3.8일	알파, 감마
레늄	$^{187}_{75}Re$	7.0×10^{10}년	베타
사마륨	$^{149}_{62}Sm$	4×10^{14}년	알파
포타슘	$^{40}_{19}K$	13×10^9년	베타, 감마
합성 동위원소			
스트론튬	$^{90}_{38}Sr$	28.1년	베타
세슘	$^{137}_{55}Cs$	30년	베타
아이오딘	$^{131}_{53}I$	8.0일	베타
인	$^{32}_{15}P$	14.3일	베타
산소	$^{15}_{8}O$	124초	양전자
삼중수소	$^{3}_{1}H$	12.26년	베타
탄소	$^{14}_{6}C$	5730년	베타

γ -방출체

감마 방사선은 흔히 α-나 β-입자를 방출하는 천연 방사성 동위원소의 붕괴와 함께 일어난다. 감마선은 **고에너지 광자**(high energy photon)이며, 이것은 방사성 핵종이 더 안정한 상태로 이동하는 것과 동시에 나온다. 감마선은 질량이 전혀 없으며 전하도 없기 때문에 X-선은 그것들 중 고에너지형으로 생각될 수 있음)과 마찬가지로 매우 투과성이 높고 매우 위험하다.

$$^{234}_{90}Th \longrightarrow {}^{234}_{91}Pa + {}^{0}_{-1}e + {}^{0}_{0}\gamma$$

반감기

정의에 의해서 방사성 핵종은 불안정하기 때문에 시간이 지나면 붕괴한다. 붕괴가 일어나는 속도는 원소마다 다르다. 붕괴 속도는 흔히 알 수가 없다. 오히려 어떤 순수한 동위원소가 원래 방사능의 50%로 붕괴하는 데 걸리는 시간을 나타내며 그것을 반감기라고 한다. 표 1에 나타난 정보에 따르면 100 g의 라듐-226은 800년 후에 50 g의 라듐-226이 될 것이다. 또 800년이 더 지나면 단지 25 g이 남을 것이다. 방사성 붕괴는 지수 함수적이다.

단위와 측정

방사능의 SI 단위는 **베크렐**(Becquerel, Bq)이며 **초당 붕괴수**(disintegrations per second, dps)이다. 방사능의 옛 단위는 **퀴리**(Curie, Ci)이며, 1 Ci는 3.7 x 10^{10} Bq와 같다. 1 Ci의 방사능을 가진 시료는 매우 방사능이 강하다. 수용할 수 있는 방사선 수준을 고려할 때는 **밀리퀴리**(milli Ci, mCi 또는 10^{-3} Ci) 등을 사용한다. 이 단위는 여전히 보건과 연구 실험실에서 사용되고 있다.

흡수된 방사선의 단위는 **그레이**(Gray, Gy)이며, 이것은 조직 킬로그램당 1 주울의 에너지로 정의된다. 오래된 조사량 단위는 **래드**(rad)이며, 이것은 1 그레이의 100분의 1이다.

몇 가지 장치가 방사선 수준을 측정하는 데 사용된다. 먼저, **방사선량계**(dosimeter)는 이름에서 알 수 있듯이 노출량을 측정하는 데 사용된다. 방사선량 측정법은 흔히 필름 배지 형태를 취한다. 방사선에 의하여 사진 필름이 뿌옇게 되며 뿌옇게 되는 정도는 노출된 양에 직접적으로 비례한다.

가이거 계수기(Geiger counter)는 방사능을 측정하는 데 이용된다. 이것은 두 전극이 들어 있는 진공관으로 구성되며, 그 안에 매우 낮은 압력의 기체가 들어 있다. 관에 들어오는 β와 γ-입자는 기체를 이온화하는 데 충분한 에너지를 가진다. 이렇게 형성된 이온의 수를 센다.

섬광 계측기(scintillation counter)는 인과 같은 물질이 이온화 방사선과 충돌하면 불꽃과 같은 섬광을 방출하는 사실에 기반을 두고 있다. 이것을 받은 방사선량이나 방사선 계측량으로 환산할 수 있다(그림 2 참조).

100%의 붕괴는 결코 검출될 수 없으며 분당 실제 붕괴는 다음과 같다.

dpm = cpm x 100/% 효율

섬광 계측기의 대표적인 효율은,

^{3}H 35% ^{14}C 80%

비방사능이 1 Ci mol^{-1}인 ^{3}H 페닐알라닌이 단백질 합성에 사용되고 섬광 계측기가 1 mg의 단백질로부터 4500 cpm을 측정하였다면 단백질에 편입된 페닐알라닌의 몰수는 다음과 같이 결정될 수 있다.

(a) 4500 cpm×100/35 =12857 dpm (실제 붕괴)
(b) 12857 dpm×1/60 =214 dps
=2.14×10^{2} Bq (dps로 전환)
(c) $2.14\times10^{2}\times1/(3.7\times10^{10})$ =5.8×10^{-9} Ci (Ci로 전환)
(d) 비방사능 = 1 Ci mol^{-1}
5.8×10^{-9} 단백질 밀리그램당 3H로 표지된 5.8 x 10^{-9}몰의 페닐알라닌이 편입되었다.

그림 2. 방사선으로 표지된 아미노산이 단백질에 편입되는 수준을 결정하는 데 방사능 계측이 이용되는 예.

방사선 피해와 질병

원자 방사선은 생체 내에서 이온이나 **자유 라디칼**(free radical)을 형성할 수 있기 때문에 위험하다. 방사선은 충돌하는 분자로부터 전자를 떼어내서 그런 일을 한다(그림 3 참조). 그 다음에 이온과 자유 라디칼은 다른 분자들과 반응할 수 있다. 이런 반응이 세포 안에서 일어나면 그 결과로 유전적 돌연변이가 생기고 이어서 종양이 성장한다. 높은 방사선 조사량은 세포 죽음을 일으킨다.

방사선 노출의 첫 증상은 골수와 같이 가장 빠르게 성장하고 분열하는 세포에서 검출될 수 있다. 백혈구 수치는 매우 감소한다. 메스꺼움, 탈수, 빈혈, 탈모가 방사선 노출의 초기 신호들이다.

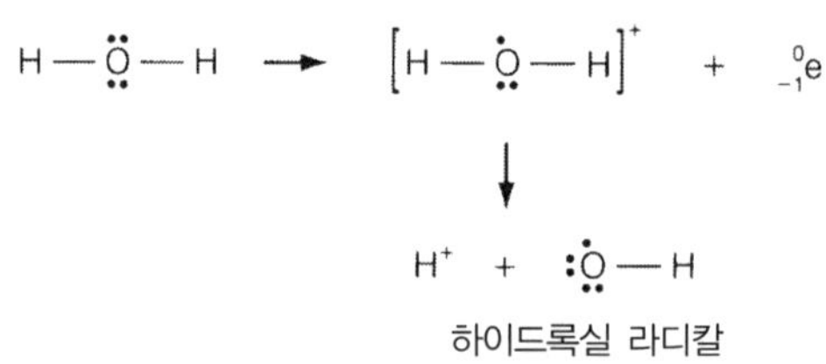

그림 3. 양성자와 하이드록실 라디칼을 생성하는 물과 원자 방사선의 충돌.

방사성 동위원소의 이용

식품의 방사선 처리

몇몇 주요 국가들에서는 상할 수 있는 식품의 진열 기간을 연장하기 위하여 식품 산업에서 이온화 방사선을 사용하는 것을 허용하고 있다. 1000 Gy까지 이르는 낮은 조사량은 효과적으로 수확한 다음에 남아 있는 모든 곤충을 제거하고 보관 동안 감자가 발아하는 경향을 감소시킬 수 있다.

육류와 생선에 있는 살모넬라 박테리아를 상당히 감소시키기 위해서는 10000 Gy에 이르는 더 강한 조사량이 필요하다. 나무딸기와 딸기 같은 연육 과일의 곰팡이 형성을 방지하는 데도 비슷한 조사량이 필요하다. 그러나 이런 실행 비용과 '방사화학적으로 보호됨'이라고 표시한 식품을 보는 공공의 관심은 이것이 아직까지도 일상적 관행이 아님을 의미한다.

생명과학의 분석 도구

생명과학에서 방사성 핵종은 분석 도구로써 자주 이용된다. 인의 방사성 동위원소인 ^{32}P는 DNA와 RNA 분자의 서열을 결정하는 데 일상적으로 이용된다. ^{32}P 표지는 (^{32}P로 표지된) 주개 분자에서 **인산기 전이를 촉매하는 효소**(phophoryl transfer catalyzing enzyme)를 이용하여 올리고뉴클레오타이드 사슬의 3'이나 5' 말단에 도입될 수 있다(주제 M2 참조). 그 다음에 DNA나 RNA를 또 다른 효소들을 이용하여 특이한 자리에서 절단하여 생성된 혼합물을 폴리아크릴아마이드 젤 전기이동으로 분리한다. 그 다음에 젤의 자동방사선 사진을 만들고 거기에서 ^{32}P **꼬리표**(^{32}P tag)를 가진 단편의 띠를 검출한다. 이 β-방출체에 대한 사진 건판의 민감성 때문에 분석을 위해서는 매우 적은 양의 물질이 필요하다.

반감기가 5730년인 탄소-14는 대사 경로의 추적과 고대 물질의 '연대' 측정에 이용된다.

의학 진단의 방사선 동위원소

일 세기 전부터 방사선은 의학 진단에 이용되어 왔다. 뼈와 경조직을 조사하는 X-선이 잘 알려져 있지만 다른 용도에는 다른 방사성 핵종들이 이용된다. 테크네튬-99는 의학에서 이용되는 가장 흔한 핵종이다. 이것은 ^{99}Mo로 붕괴한다(그림 4 참조).

$$
{}^{99}_{42}\mathrm{Mo} \longrightarrow {}^{99m}_{43}\mathrm{Tc} + {}^{0}_{-1}e
$$
$$
{}^{99m}_{43}\mathrm{Tc} \longrightarrow {}^{99}_{43}\mathrm{Tc} + \gamma
$$

그림 4. 몰리브데넘-99(m, 준안정)의 방사성 붕괴.

코발트-60은 1950년대 말까지 암을 치료하기 위하여 전통적으로 사용된 방사선원이었다. 이것은 반감기가 5.3년이고 β-와 γ-방사선을 방출한다. 이것은 방사능이 강한 선원으로, 예를 들면 그램 대 그램으로 비교하면 라듐보다도 훨씬 더 강력하다.

아이오딘-123은 갑상선의 성능을 감시하기 위하여 사용되었으며, 이것은 우리 신체에서 아이오딘이 이용되는 유일한 예이다. 환자는 단지 아이오딘-123이 들어 있는 물을 한 컵 마시고 갑상선 근처 피부에 이 방사성 핵종이 방출하는 γ-선을 검출할 수 있는 적당한 검출기를 장치한다. 아이오딘-123은 짧은 반감기 때문에 유용하다. 그러나 이것은 테크네튬염을 사용하는 것으로 대치되었다. 테크네튬도 마찬가지로 쉽게 갑상선을 투과할 수 있지만 반감기가 훨씬 짧아서(6시간) 사용하는 데 더 안전하다. 아이오딘-131의 반감기도 ^{123}I와 비슷하다. ^{131}I는 감마선 이외에도 매우 큰 손상을 주는 β-입자를 방출한다. 결과적으로 ^{131}I는 일반적으로 갑상선 암의 치료에 유일하게 이용된다.

갈륨-67(^{67}Ga)을 비롯한 다른 방사성 핵종들도 의학에서 일상적으로 사용된다. ^{67}Ga는 78 h의 반감기를 가지는 γ-방출체이므로, 예를 들면 호지킨병(Hodgkin's disease) 같은 질병 진단에 이용된다.

B1. 분자 궤도함수

*중요한 용어

정의

(공유) 결합을 한 두 원자의 원자 궤도함수들이 결합하여서 분자 궤도함수가 생성된다. 두 개의 's' 원자 궤도함수가 결합하면 두 개의 분자 궤도함수가 생성된다. 결합성 분자 궤도함수 (σ)는 결합 전자들을 포함하며 에너지가 더 높은 반결합성 분자 궤도함수(σ*)는 보통 조건에서는 비어 있다.

혼성화

새로운 궤도함수를 형성하는 원자 안에서 원자 궤도함수들의 결합을 혼성화라고 한다. 혼성 궤도함수를 포함하는 결합들은 '순수한' 원자 궤도함수를 포함하는 것보다 더 안정하다.

sp^3

세 개의 'p' 궤도함수와 한 개의 's' 궤도함수가 혼합되어 생기는 4개의 혼성 궤도함수가 sp^3 궤도함수이다. 새로운 4개의 귓불은 정사면체의 각 꼭짓점을 향한다.

sp^2

두 개의 'p' 궤도함수와 한 개의 's' 궤도함수가 혼합되어 생기는 3개의 혼성 궤도함수가 sp^2 궤도함수이다. 새로운 3개의 귓불은 평면 삼각형의 각 꼭짓점을 향한다.

sp

한 개의 'p' 궤도함수와 한 개의 's' 궤도함수가 혼합되어 생기는 2개의 혼성 궤도함수가 sp 궤도함수이다. 새로운 2개의 귓불은 180° 떨어져 있다(선형).

관련된 주제 주기율표(A1) 전자 배치(A2)

정의

원자들이 모여서 **공유 결합**(covalent bond, 주제 B2 참조)을 형성하면 원자의 바깥 껍질들이 상호작용을 하고 그것들이 차지하는 공간이 변화한다. 이것이 **분자 궤도함수**(molecular orbital)이다.

예를 들면, 두 수소 원자가 결합하여 수소 분자, H_2를 형성하면 **구형** 1s 궤도함수들이 결합하여 **타원체** 모양의 **분자 궤도함수**를 형성한다. 이 분자 궤도함수는 고립된 s-궤도함수들보다 더 낮은 에너지 상태에 있으며, 따라서 결합에 관여한 전자들로 채워지는 궤도함수가 될 것이다(그림 1 참조). 원자 궤도함수들 사이의 상호작용은 **에너지 준위 도표**(energy level diagram, 그림 2 참조)로 표현될 수 있다. 각 결합 상호작용에서 결합성 분자 궤도함수(σ)와 더 높은 에너지인 반결합성 분자 궤도함수(σ*)가 생긴다.

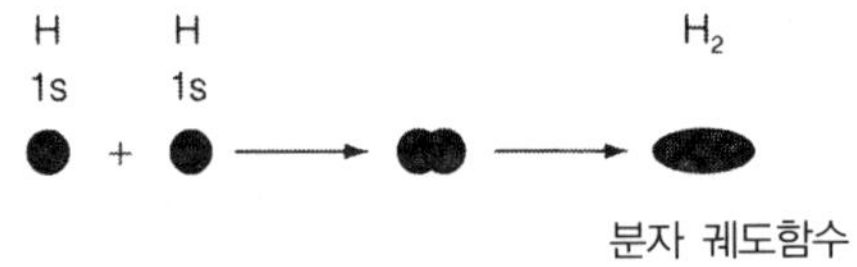

그림 1. 타원체 분자 궤도함수를 형성하는 두 수소 원자의 구형 1s-궤도함수들의 결합.

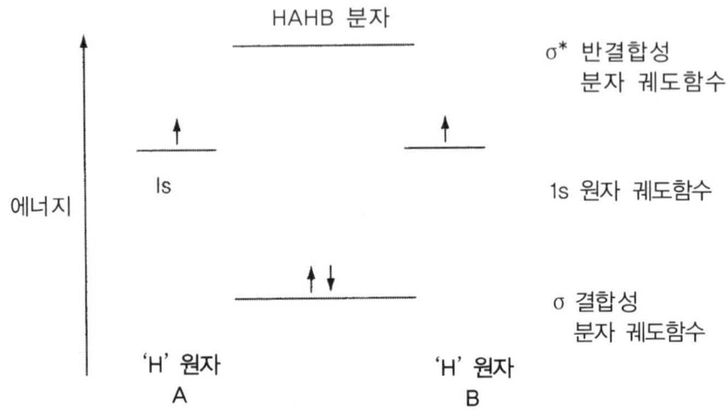

그림 2. 두 1s-궤도함수 사이의 상호작용을 위한 에너지 준위 도표.

비결합성 전자가 있다면 이것은 에너지가 중간에 있는 비결합성 분자 궤도함수(n)를 차지한다.

궤도함수들이 축 방향으로 겹쳐서 형성된 **공유 결합**(covalent bond, 주제 B2 참조)을 **시그마**(σ) 결합이라 한다. 그러나 궤도함수가 축의 위와 아래쪽에 있다면 s-궤도함수들만 관여할 때와 같은 방법으로 결합이 가능해져서 **파이**(π) 결합이 형성된다(그림 3 참조).

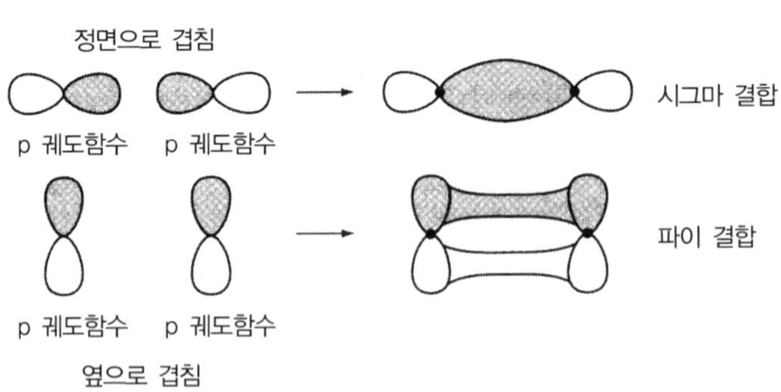

그림 3. 결합면을 따라서 p-궤도함수들이 겹치면 시그마 결합이, 결합면의 위와 아래에서 겹치면 파이 결합이 각각 형성된다.

혼성화

많은 작은 화합물들의 구조는 원자의 바닥 상태를 채우는 전자들의 궤도함수를 따로따로 중첩하는 간단한 그림만을 이용해서 설명될 수 없다. 그러나 폴링(Linus Pauling)은 s-와 p-궤도함수들을 수학적으로 결합하면 **혼성 궤도함수**(hybrid orbital)가 생기며, 이것이 혼성화되지 않은 것들보다 더 안정한 결합에 관여한다는 것을 보여 주었다(그림 4 참조). s-, p-, d-원자 궤도함수를 포함하는 혼성 궤도함수도 있다(주제 A1 참조).

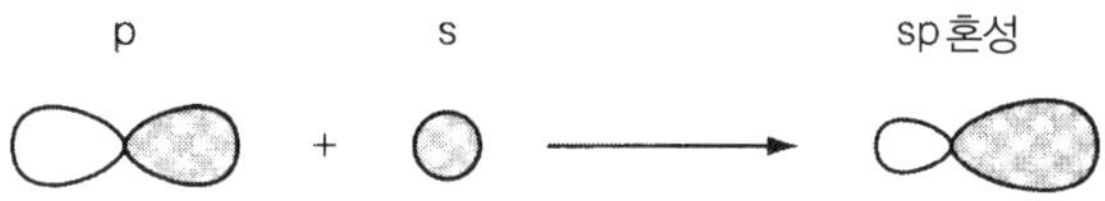

그림 4. s-와 p-궤도함수의 결합으로 sp-혼성 궤도함수가 생긴다.

sp^3

탄소는 4가(주제A1과 B2 참조)이다. 탄소는 바깥 껍질에 4개의 전자를 가지는데 그중 2개는 2s-궤도함수에 쌍을 이루고 있으며, 나머지 2개는 2p-궤도함수에 쌍을 이루지 않고 있다. 이것은 탄소가 CH_2와 같은 화합물을 형성할 수 있다는 것을 암시한다(그림 5a 참조). 이 분자는 매우 불안정하기 때문에 순간적으로만 존재한다. 따라서 탄소는 바닥 상태와는 다른 전자 배치를 가졌음에 틀림없다(주제 A2 참조). 이 다른 상태에서 '2s' 전자들 중 하나가 비어 있는 'p' 궤도함수로 도약하였을 것이다. 그 결과 전자 배치는 $1s^2 2s^1 2p_x^1 2p_y^1 2p_z^1$이 된다. 이 전자 배치는 4개의 결합이 형성되지만 두 가지 유형이 된다는 것을 나타낸다. 그러나 증거들에 의하면 예를 들면, 메테인에서 모든 CH 결합은 같다. 그러므로 결합에 관여한 궤도함수들은 똑같아야 한다. 폴링은 3개의 'p' 궤도함수와 1개의 's' 궤도함수를 수학적으로 혼합한 결과로 생기는 4개의 새로운 sp^3 궤도함수는 귓불이 정사면체의 각 꼭짓점에 있다는 것을 보여 주었다(그림 5b).

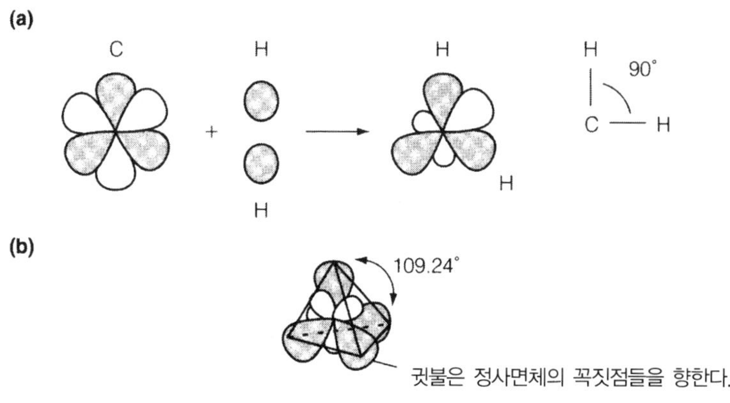

그림 5. (a) 혼성 궤도함수가 없을 때, (b) 혼성 궤도함수가 있을 때 탄소 화합물의 삼차원 모양.

s-와 p-혼성 궤도함수는 궤도함수의 비대칭성 때문에 s-나 p-궤도함수보다 유리하다. sp-궤도함수의 귓불들 중 하나는 다른 것보다 훨씬 더 크다. 이 큰 귓불은 접근하는 다른 귓불과 더 효과적으로 겹쳐서 더 안정한 시그마 결합을 형성한다(그림 6 참조).

그림 6. sp-혼성 궤도함수와 다른 궤도함수의 겹침은 단지 s-와 p-궤도함수를 포함하는 비슷한 상호작용보다 더 효과적이다.

○ sp^2

탄소의 가장 흔한 전자 상태는 sp^3이지만 이것이 유일한 상태는 아니다. 2s-궤도함수가 2개의 2p-궤도함수와만 결합하면 **sp^2 혼성**(sp^2 hybrid)이 생길 것이고 1개의 2p-궤도함수는 변함없이 그대로 유지될 것이다. 3개의 sp^2 궤도함수는 평면에 배열된다. 2개의 sp^2 궤도함수가 서로 접근하면 sp^2-sp^2 겹침에 의해서 강한 시그마 결합이 형성된다. 이런 일이 일어나면 혼성화하지 않은 p-궤도함수들은 겹쳐서 파이(π) 결합을 형성한다. 이런 결합의 결과로 4 전자의 알짜 공유가 생겨서 탄소-탄소 이중 결합이 형성된다. 구조를 완성하기 위하여 남아 있는 4개의 sp^2 궤도함수와 시그마 결합을 형성하는 데 4개의 수소가 필요하다(그림 7 참조).

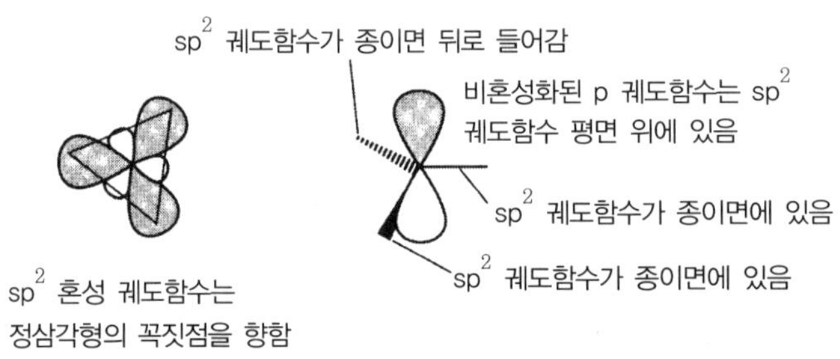

그림 7. 에텐에서 탄소의 sp^2 혼성 궤도함수.

○ sp

p-궤도함수들 중 하나만 s-궤도함수와 결합하면 **2개의 sp-혼성**(two sp-hybrid) 궤도함수가 생긴다. 이것은 180° 떨어진 직선형이 된다. 남은 p-궤도함수들은 영향을 받지 않지만 혼성화된 원자들이 접근하면 파이 결합에 참여한다(그림 8 참조).

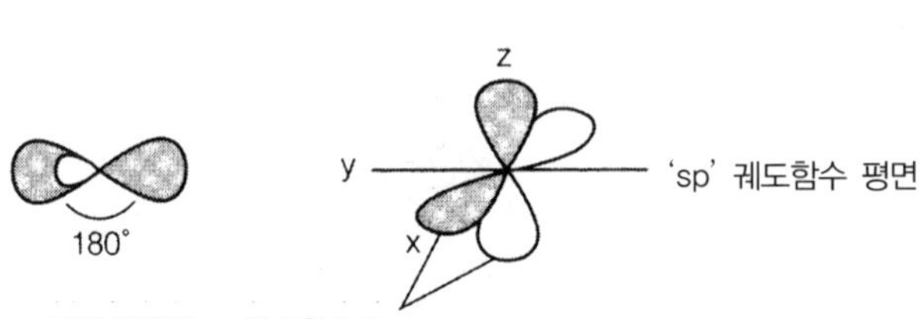

그림 8. 에타인에서 탄소의 sp-혼성 궤도함수.

B2. 화학 결합의 성질

중요한 용어

팔전자 규칙

원소의 원자는 가장 가까이 있는 불활성 기체의 전자 배치가 생기는 결과를 직접적으로 가져오는 화학 반응을 하는 경향이 있다. 주기율표의 제이 주기에 있는 원자들은 이 안정한 전자 배치를 위해서 원자가 껍질에 8개의 전자가 채워지는 것이 필요하다. 그러므로 원자들은 팔전자 규칙을 따라서 반응을 한다.

이온 결합

이온 결합은 음으로 하전된 원자와 양으로 하전된 원자들 사이에서 형성된다. 그렇게 하전된 원자 혹은 이온은 서로 끌어당겨서 안정해지지만 서로 간에 전자를 전달하거나 공유하지는 않는다. 그러므로 이것은 두 원자 중심 사이의 중간에 전자 밀도가 더 높게 쌓이지 않기 때문에 결합이라기보다는 상호작용이다.

공유 결합

공유 결합은 쉽게 이온화할 수 없는 원소들 사이에서 형성된다. 그런 원소들은 강한 전기 음성도 전기 양성도 아니다. 공유 결합에 관여된 원자들은 결합 전자들을 공유하여서 겉보기에 완전한 원자가 껍질을 형성한다. 공유 결합에서 전자 밀도는 원자의 중심들 사이에 분포한다.

Lewis 구조

분자의 Lewis 구조는 결합에 참여한 원자의 원자가 껍질에 있는 전자를 나타낸다. 각 전자를 점으로 나타내고, 이것은 분자나 반응에서 전자 균형의 수지를 적는 직접적 방법이다.

분자 궤도함수 이론

분자 궤도함수는 원자 궤도함수들의 결합을 고려하여 공유 결합을 설명하는 접근 방법이다. 결합성, 반결합성, 비결합성 분자 궤도함수가 도입되고 이것으로부터 간단한 분자의 모양을 쉽게 설명할 수 있다.

배위 화합물

많은 원소들은 고정된 원자가를 가지지만 몇몇 원소들은 둘이나 셋의 안정한 원자가를 나타낼 수 있다. 이것은 관련된 원자 궤도함수와 분자 궤도함수를 고려하면 쉽게 설명된다. 많은 금속은 공유 결합이나 이온 결합과는 쉽게 조화될 수 없는 결합력을 가진다. 그런 금속을 함유하는 화합물을 배위 화합물이라고 하며, 중심 금속 주위의 원자단들이나 리간드들이 금속의 빈 궤도함수에 고립 전자쌍을 제공한다.

관련된 주제 주기율표(A1) 앞전이 금속(G1)

팔전자 규칙

바깥(원자가) 전자 껍질이 완전한 전자들을 한 벌 가지는 원자들은 그렇지 않은 것들보다 상당히 더 안정하다. 따라서 헬륨과 네온은 매우 안정하며 실제로 반응성이 없다(주제 1A 참조). 마찬가지로 원자가전자를 얻거나 잃어서 완전한 원자가 껍질을 얻게 된다면 이온화된 원자의 안정성이 커져서 전자를 잃거나 얻는 것이 쉽게 일어날 것이다. 예를 들면, 소듐의 전자 배치는 (Ne) $3s^1$이다(주제 A2 참조). 따라서 소듐이 전자 1개를 잃는다면 네온의 안정한 전자 배치($1s^2$ $2s^2$ $2p^6$)를 갖게 될 것이다. 그런 이온화가 일어날 수 있다는 것은 소듐의 비교적 낮은 이온화 에너지에 의해서도 지지를 받는다(주제 A1 참조). 마찬가지로 염소는 (Ne) $3s^2$ $2p^5$의 배치를 가진다. 이것은 전자 1개를 얻어서 아르곤의 전자 배치를 가지게 된다. 그러므로 Cl^-는 비교적 쉽게 형성된다. 대부분의 가벼운 원소들은 완전한 바깥 껍질을 위해서 8개의 전자가 필요하다. 결론적으로 위의 관찰들은 **팔전자 규칙**(octet rule)을 따른다.

이용할 수 있는 d-궤도함수를 가진 원자들은 원자가 껍질이 팔전자를 넘어서까지 확장될 수 있다는 점을 알아야 한다(주제 G1 참조).

이온 결합

반대 전하를 가진 이온들은 서로 강하게 끌어당긴다. 예를 들어, Na^+와 Cl^-의 두 이온(주기율표의 양쪽 끝에 있는 원소들에서 생긴 이온의 예임)이 서로 모이면 **이온 결합 화합물**(ionic compound)이 형성된다. 이것은 서로 반대 전하를 가진 원자들이 규칙적인 배열인 **격자**(lattice)를 이룬다. 이런 원자들 사이의 인력을 **이온 결합**(ionic bond)이라고 한다. 이온 결합은 반대 전하를 가진 원자들 사이에서 전자를 공유하지 않기 때문에 실제로는 결합이라기보다는 상호작용이다. 격자 안의 이온 결합은 매우 강하기 때문에 이온 결합 화합물은 **녹는점이 매우 높다**. 이온 결합 화합물은 전하를 가지기 때문에 일반적으로 좋은 **전기 전도체**(conductor of electricity)이며, 물과 같은 극성 용매에 녹는다.

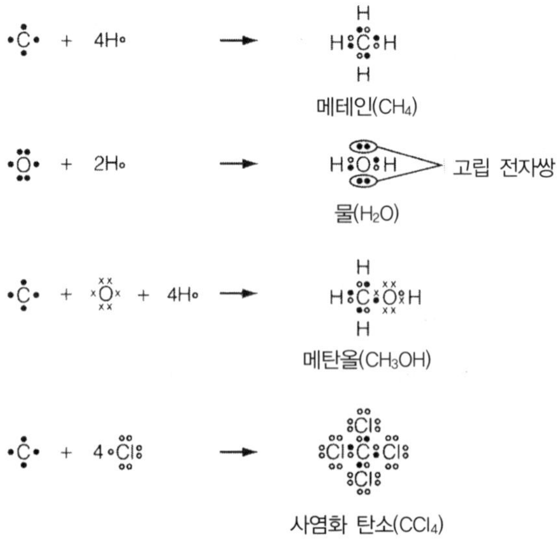

그림 1. 작은 분자들의 Lewis 구조의 예.

공유 결합

원자들이 전자쌍을 공유하면서 함께 모이면 공유 결합이 형성된다. 이온 결합이 유리하지 않으면, 즉 두 원자가 모두 쉽게 이온화하지 않으면 공유 결합이 형성될 것이다. 따라서 일반적으로 공유 결합은 주기율표(주제 A1 참조)의 안쪽에 있는 열들의 원소를 포함한다. 예를 들면, 2개의 질소 원자는 서로 3개의 원자가전자를 공유하여 공유 결합을 형성할 수 있다. 따라서 각 원자에는 겉보기로는 완전한 팔전자가 있다. 공유 결합을 형성하기 위해서 결합하는 원자들의 원자 궤도함수들은 원자가 공유될 수 있도록 겹쳐야 하며, 그러는 과정에서 **분자 궤도**

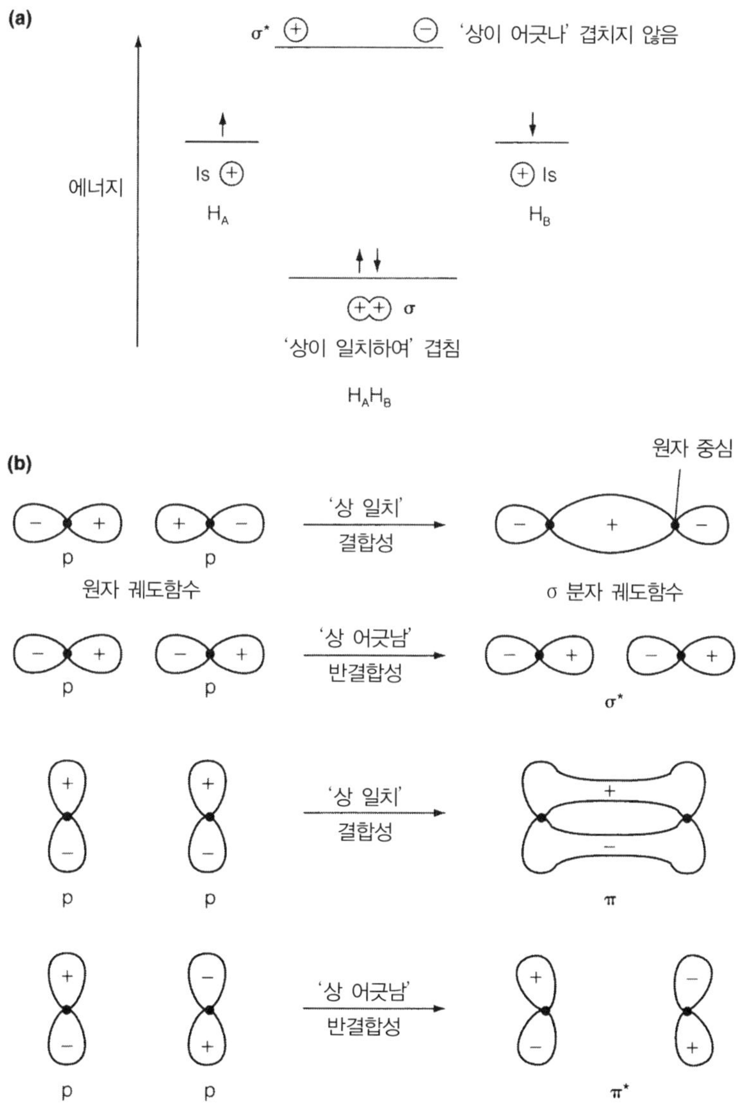

그림 2. (a) H_2의 분자 궤도함수의 에너지 준위에 대한 도식적 그림과 (b) 양성과 음성 겹침이 일어난 원자 궤도함수들의 선형 조합의 모양(+, − = 궤도함수의 상).

함수(molecular orbital)가 형성된다. N_2의 경우에서 이런 궤도함수들을 σ(시그마)와 π(파이) 결합성 분자 궤도함수라고 한다. 전자들은 원자 궤도함수를 채우는 것(주제 A1과 A2 참조)과 같은 규칙에 따라서 분자 궤도함수를 채우며, 일단 채워진 궤도함수는 그런 전자들의 반발이 최소화되도록 위치한다.

공유 결합 화합물은 일반적으로 기체, 액체, 또는 녹는점이 낮은 고체이다. 이것들은 일반적으로 성질이 중성이기 때문에 보통 물과 같은 극성 용매에 녹지 않는다.

Lewis 구조

분자의 공유 결합을 나타내는 간단한 속기법은 Lewis 구조를 이용하는 것이다. 이 구조에서는 원자의 원자가전자를 점으로 나타낸다(그림 1 참조).

가벼운 원소들의 경우에 채워진 s-와 p-궤도함수를 가진 비활성 기체 배치를 이룰 때 안정한 분자가 생긴다.

분자 궤도함수 이론

공유 결합을 설명하기 위하여 **분자 궤도함수**(molecular orbital, MO) 이론이 발전하였다. MO 이론의 첫 번째 가정은 어떤 평형 거리에 두 핵이 존재하고 여기에 원자가전자가 더해지면 이 전자들은 분자 궤도함수에 "수용"될 것이라는 것이다. 분자 궤도함수, 그 모양과 성질을 어림하는 여러 방법 중에서 가장 직접적인 것은 **원자 궤도함수 선형 조합**(linear combination of atomic combination, LCAO)이다. 따라서 두 s-원자 궤도함수의 조합에서 결합성 분자 궤도

전기음성도가 더 큰 산소에 유리하게 뒤틀린 π 모양

전기음성도가 더 작은 탄소에 유리하게 뒤틀린 π* 모양

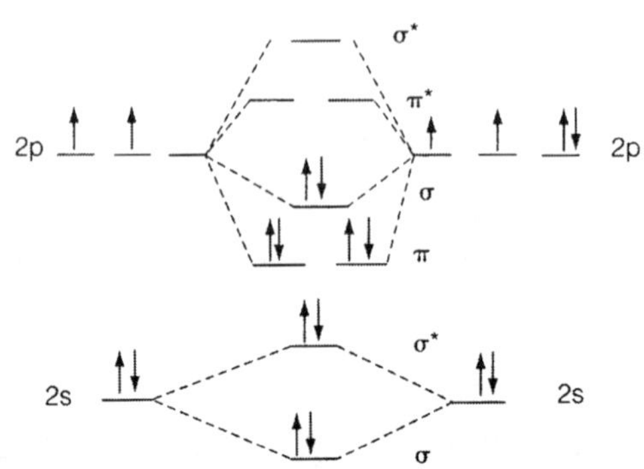

그림 3. 일산화 탄소를 형성하는 탄소와 산소의 공유 결합을 설명하는 에너지 준위 도표.

함수와 반결합성 분자 궤도함수를 각각 나타내는 σ와 σ*라고 표시하는 2개의 분자 궤도함수가 생긴다(주제 B1 참조). 결합성 분자 궤도함수에서 원자 궤도함수 겹침은 양성이며 원자들 사이의 전자 밀도는 증가하므로 에너지가 낮은 상황이 된다. 반결합성 MO에서 겹침은 음성이며 전자 밀도가 감소하므로 에너지가 높은 상황이 된다(그림 2 참조). 이런 분자 궤도함수는 비슷한 원자들이 결합하는 상황을 설명할 때 이상적이 된다. 실제로 다른 원자들 사이의 결합이 형성되면 분자 궤도함수 그림은 약간 뒤틀린다. 산소가 탄소보다 전기음성도가 더 큰 일산화 탄소의 경우를 예로 들면 결합성 전자들의 가장 안정한 배열은 그것들이 산소 원자 가까이 위치하는 것이다. 그러므로 결합성 분자 궤도함수는 산소의 원자 궤도함수를 닮으며 반결합성은 전기음성도가 더 작은 원소인 탄소의 원자 궤도함수를 닮는다(그림 3 참조).

배위 화합물

많은 무거운 금속들로 이루어진 화합물들은 단 1개의 전자를 얻거나 잃거나 공유하는 이온 결합이나 공유 결합의 개념을 이용하여 설명될 수 없다(주제 G1 참조). 예를 들면, 백금은 +2가와 +4가의 원자가를 나타내지만 백금의 염화물은 암모니아(질소와 수소의 원자가가 이미 만족됨)와 반응하여 $PtCl_2 \cdot 4NH_3$ 화합물을 형성할 것이다. 이것과 이런 종류의 화합물들은 '리간드'(ligand, 원자가가 만족된 원자단)가 고립 전자쌍을 내놓아서 배위 금속의 빈 궤도함수를 채우고 **배위 결합**(coordinate bond 또는 dative bond)을 형성한다고 가정하면 최소한 부분적으로라도 설명될 수 있다.

배위 화합물은 많은 생물계에도 존재한다(주제 G2–G4 참조).

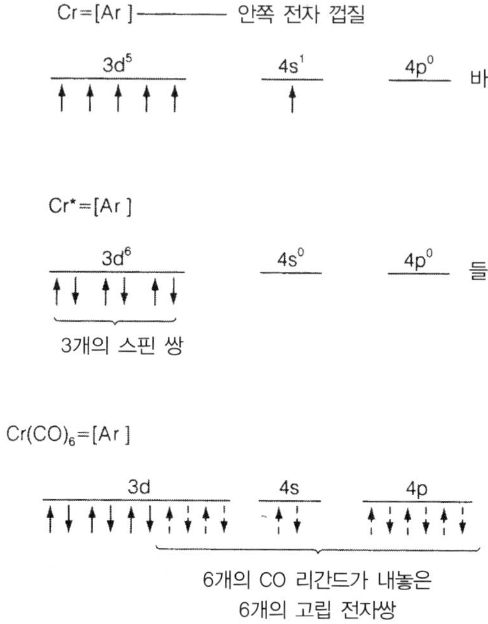

그림 4. $Cr(CO)_6$을 형성하는 크로뮴과 일산화 탄소 사이의 전자 배위를 도식적으로 나타낸 그림.

B3. 몇 가지 작은 분자들의 모양

*중요한 용어

메테인 메테인(CH_4)에서 탄소 원자는 sp^3 혼성화되어 있다. 4개의 혼성 궤도함수는 정사면체의 꼭짓점들을 향하며, 그곳에서 4개의 수소 s-궤도함수와 겹쳐서 4개의 σ와 $σ^*$ 분자 궤도함수가 생긴다. H–C–H의 결합각은 정사면체의 기하구조와 같은 109.5°이다.

암모니아 암모니아(NH_3)의 질소 원자는 원자가 껍질에 5개의 전자를 가지는데, 2개는 2s 궤도함수에, 3개는 2p 궤도함수에 있다. 혼성화로 4개의 sp^3 혼성 궤도함수가 생기고 그중에서 1개는 전자 2개를 차지하여 고립 전자쌍이 된다. 4개의 궤도함수는 정사면체의 꼭짓점들을 향하지만 이 중 3개만이 결합에 이용될 수 있다. 그러므로 3개의 수소 원자와 결합하면서 3개의 σ, 3개의 $σ^*$ 그리고 1개의 비결합성 분자 궤도함수가 형성된다. H–N–H 결합각은 107.1°이다.

물 물에서 산소 원자는 sp^3 혼성화되어 있다. 이 경우 4개의 혼성 궤도함수는 정사면체의 꼭짓점들을 향하며, 그중 2개는 전자 2개씩을 차지한다. 산소의 원자가는 2개의 수소 원자와 결합하여 만족하게 된다. H–O–H 결합각은 104.5°이다.

에텐 에텐(CH_2CH_2)에서 두 탄소 원자는 sp^2 혼성화되어 있다. 이 3개의 궤도함수는 평면 삼각형의 꼭짓점들을 향한다. 네 번째의, 1개의 전자가 채워진 p-궤도함수는 삼각형 면에 수직이며 탄소-탄소 결합면의 위와 아래에 전자 밀도가 생기는 궤도함수 겹침(그러므로 결합이 됨)에 이용될 수 있다(파이 결합).

폼알데하이드 폼알데하이드(CH_2O, 메탄알)에서 탄소와 산소 원자는 모두 sp^2 혼성화되어 있다. 산소 원자의 sp^2 궤도함수 중 2개는 전자 2개씩을 차지한다. 이것들과 세 번째 궤도함수는 평면 삼각형의 꼭짓점을 향한다. 삼각형 면에 수직인, 전자가 1개 채워진 p-궤도함수는 탄소 원자에 있는 비슷한 궤도함수와 겹치는 데 이용될 수 있다.

관련된 주제 **분자 궤도함수(B1)**

메테인

메테인에서 탄소 원자는 sp^3 혼성화되어 있다(주제 B1 참조). **정사면체**(tetrahedron)의 꼭짓점들을 향하게 배열되어 있는 4개의 똑같은 원자 궤도함수들이 결합에 이용될 수 있다(그림

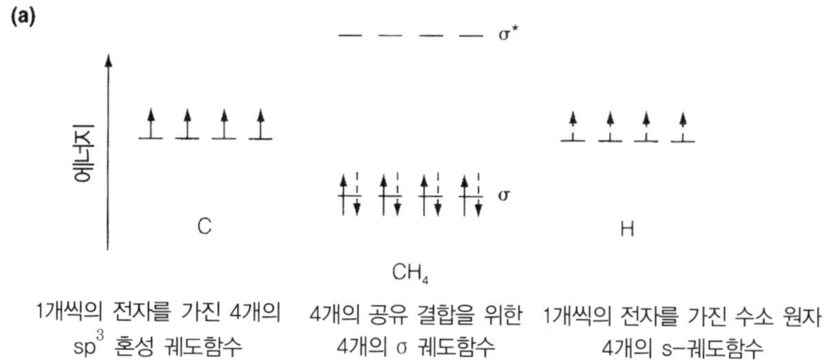

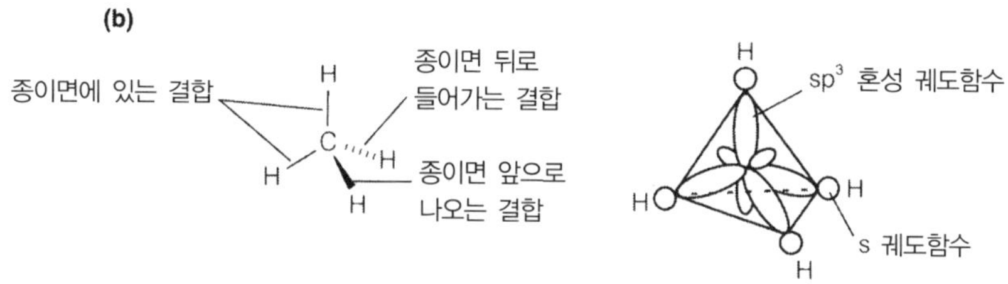

그림 1. 메테인의 모양. (a) 분자 궤도함수 그림과 (b) 원자들의 삼차원 배열.

1 참조). 4개의 수소 원자의 s-궤도함수와 겹치면 4개의 σ(결합성)와 σ^*(반결합성) 분자 궤도함수가 형성된다. 4개의 C-H 결합이 같기 때문에 모든 H-C-H 결합각은 109.5°이다.

각 결합 원자의 원자가가 만족되기 때문에 이 분자는 비교적 반응성이 없다.

암모니아

암모니아의 질소 원자도 sp^3 혼성화되어 있으므로 4개의 원자 궤도함수를 이용할 수 있다. 그러나 결합에 앞서서 이 궤도함수들 중 하나는 2개의 전자로 채워진다. 이것과 전자가 1개 채워진 궤도함수들 사이의 반발은 1개씩 채워진 궤도함수들 사이의 반발보다 더 크다. 따라서 약간 **길어진 사면체**(elongated tetrahedral) 원자들의 배열이 생긴다. 이런 원자 궤도함수들이 3개의 수소 원자의 s-궤도함수와 겹치면 H-N-H 결합각은 107.1°로 작아진다(그림 2 참조).

암모니아를 형성하면서 수소와 질소의 원자가는 모두 만족되지만 질소가 갖는 한 쌍의 전자(**고립 전자쌍**(lone pair)) 때문에 질소는 비교적 활성인 중심이 된다. 따라서 암모니아 그리고 이와 유사한 화합물들은 **염기**(base)와(주제 N1 참조) **친핵체**(nucleophile)로(주제 I1 참조) 작용할 수 있다.

물

물의 중심에 있는 산소 원자는 sp^3 혼성화되어 있으며, 이 궤도함수들 중 2개는 산소가 가지는 전자들로 2개씩 채워져 있다(2쌍의 고립 전자쌍). 따라서 물 분자는 암모니아나 메테인과

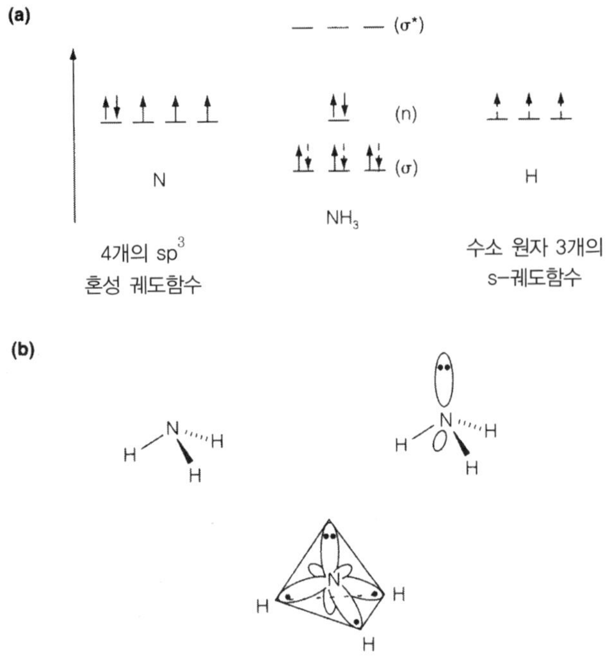

그림 2. 암모니아의 모양. (a) 분자 궤도함수 그림과 (b) 삼차원 원자 배열[n은 비결합(고립) 전자쌍임].

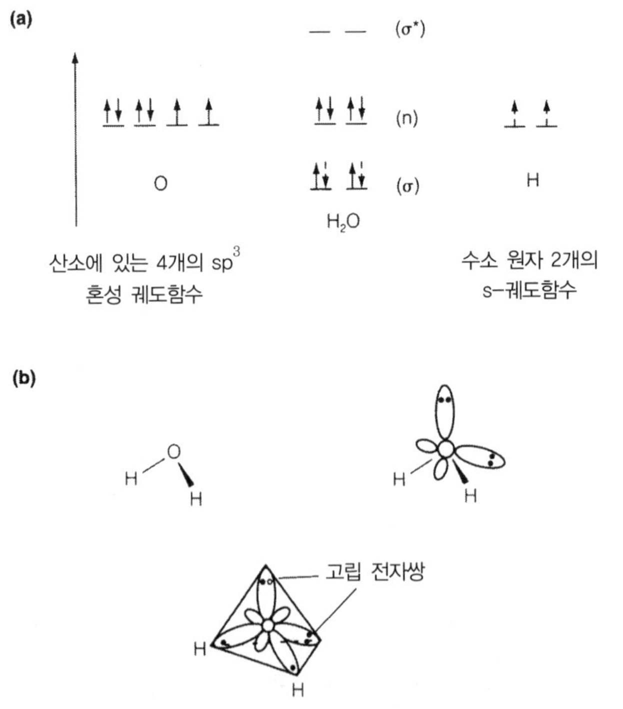

그림 3. 물의 모양. (a) 분자 궤도함수 그림과 (b) 삼차원 원자 배열.

유사한 구조를 가진다. 그러나 사면체는 두 고립쌍들 사이의 반발 때문에 더 심하게 길어지고 H–O–H 결합각은 104.5°로 작아진다(그림 3 참조).

두 쌍의 고립 전자쌍 때문에 물의 산소는 암모니아와 마찬가지로 반응 중심으로 생각될 수 있다. 실제로 물도 **염기**(주제 N1 참조)나 **친핵체**(주제 I1 참조)로 작용할 수 있다.

에텐

에텐의 두 탄소 중심은 sp^2 혼성화되어 있다(주제 B1 참조). 따라서 이런 전자쌍들 사이의 반발을 최소화하기 위하여 궤도함수는 **평면 삼각형**의 꼭짓점들을 향한다. 나머지 전자 1개가 채워진 p–궤도함수는 삼각형 면에 수직이며, 따라서 결합에 참여하면 그것은 전자 밀도가 C–C 원자축에서 떨어진다(그림 4 참조). 이 전자 밀도는 비교적 '노출'되어 있다고 생각될 수 있으며, 따라서 에텐은 비교적 반응성이 큰 화합물이 되고 **친전자체**(electrophile)의 공격을 받기 쉽다(주제 I1과 I2 참조).

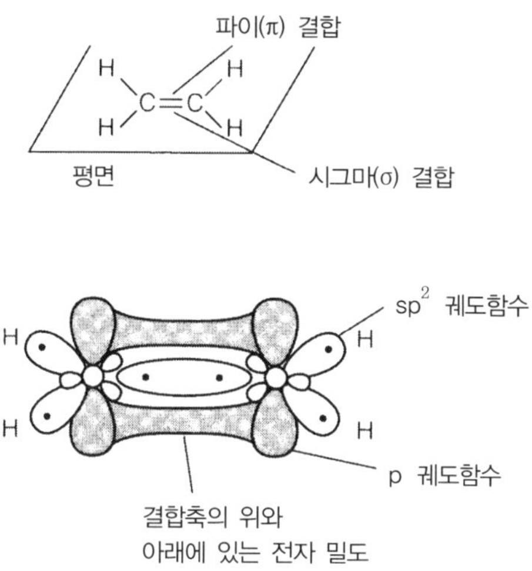

그림 4. 에텐의 모양.

폼알데하이드

폼알데하이드에서 탄소와 산소 원자는 모두 sp^2 혼성화되어 있다(그림 5 참조). 여기에서도 산소는 두 쌍의 고립 전자쌍을 가지므로 염기로 작용할 수 있다(주제 N1 참조). 산소는 탄소보다 **전기음성도가 크기** 때문에 (주제 A1 참조) 탄소–산소 결합은 탄소가 약간 양전하를 띠도록 **분극화**(polarized)된다(주제 I3와 J2 참조). 따라서 탄소 중심은 **친핵성 공격**(nucleophilc attack)을 받기 쉽다(주제 I1 참조).

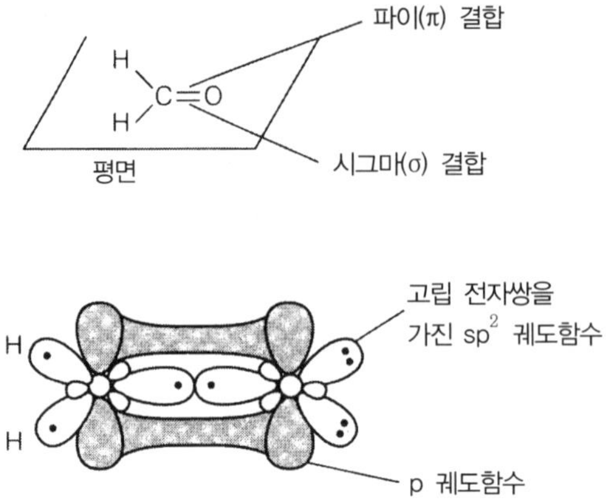

그림 5. 폼알데하이드의 모양.

B4. 화학 구조식 그리기

*중요한 용어

화학식

화합물의 조성은 여러 가지 방법으로 나타낼 수 있다. 각 방법은 실제로 제공하는 상세한 정보가 다르다. 분자를 실험식, 분자식, 또는 화학 구조식으로 나타낼 수 있다. 실험식은 단순히 화합물에 있는 원소들의 비를 나타내며, 분자식은 화합물에 있는 각 원소의 실제 수까지 나타내며, 구조식은 원소들 사이의 결합 배열까지 나타낸다.

분자 구조

분자 구조에 대한 정보는 여러 가지 방법으로 전달할 수 있다. 가장 명확한 방법은 모든 원자들을 이차원 방식으로 나타내는 구조식을 이용하는 것이다. 예를 들면, 탄소의 정사면체 성질은 직선, 점선 또는 쐐기를 이용하여 나타낼 수 있다.

관련된 주제

주기율표(A1) 유기 화합물의 명명(D2)
분자 궤도함수(B1)

화학식

분자는 여러 수준으로 정의될 수 있다. 가장 간단하게 나타내려면 특정한 분자에 있는 원소의 비를 지정해 주는 것이 필요하다. 예를 들면, 사이클로헥세인과 사이클로펜테인의 **실험식**(empirical formula)은 CH_2이며, 벤젠과 에타인(비체계명으로 아세틸렌이라고 함)의 실험식은 CH이다. 이것은 **원소 분석**(elemental analysis)에서 얻는 정보이지만 분명히 화학식을 독특하게 나타내기에는 충분하지 않다. 더 정확한 설명은 분자에 있는 각 원소의 실제 수를 나타내는 **분자식**(molecular formula)에서 주어진다. 즉, 사이클로헥세인은 C_6H_{12}로, 사이클로펜테인은 C_5H_{12}로 나타내며, 벤젠은 C_6H_6로, 에타인은 C_2H_2로 나타낸다.

원자들 사이의 결합 관계를 지정해 주는 **구조식**(structural formula)은 분자를 가장 상세하게 나타낸다. 앞에서 언급한 4가지 분자의 구조식을 그림 1에 나타냈다.

더 좋은 예는 같은 분자식 C_4H_{10}을 가지는 두 분자에서 볼 수 있다(그림 2 참조).

n-뷰테인과 2-메틸프로페인은 다른 화합물이며, 실제로 **구조 이성질체**(structural isomer)이다(주제 E1 참조).

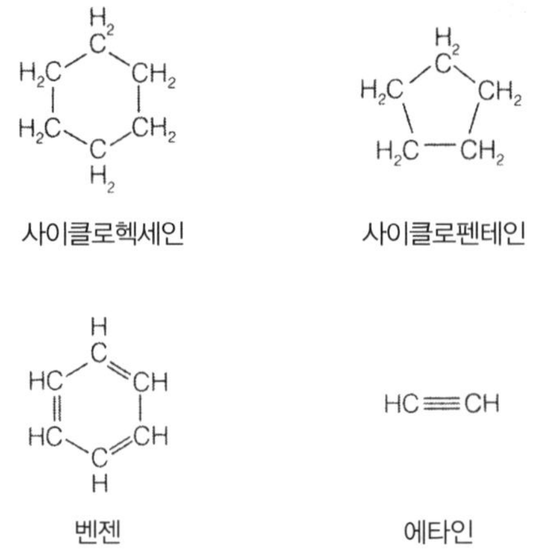

그림 1. 사이클로헥세인, 사이클로펜테인, 에타인, 벤젠의 구조식. 선은 시그마(σ)나 파이(π) 결합을 나타낸다.

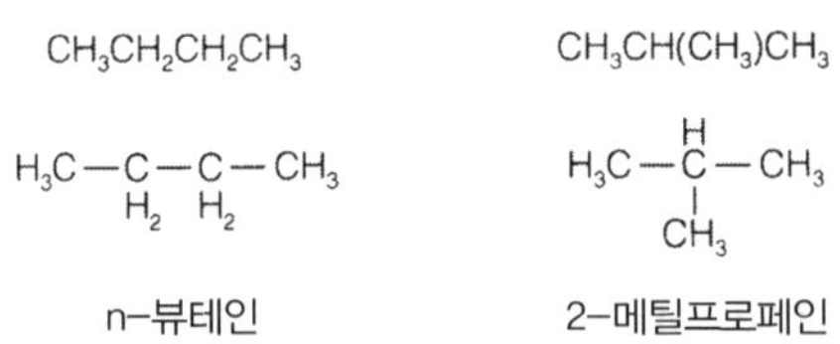

그림 2. C_4H_{10}에 대한 구조식. 이런 분자들은 구조 이성질체로 연관된다.

분자 구조

분자를 이름 이외의 다른 방법으로 나타내는 것은 분자에 있는 모든 원자들을 지정해야 할 필요가 있다면 작은 분자일지라도 매우 귀찮아질 수 있다. 따라서 화학식을 나타내는 속기 체계가 발전하였다. 이 체계는 탄소에 기반을 두었는데, 탄소와 그것에 결합된 수소(원자가를 만족시키는 것)를 서로 만나는 직선(각 직선은 결합을 나타냄)이나 직선의 끝으로 나타낼 수 있다(그림 3 참조).

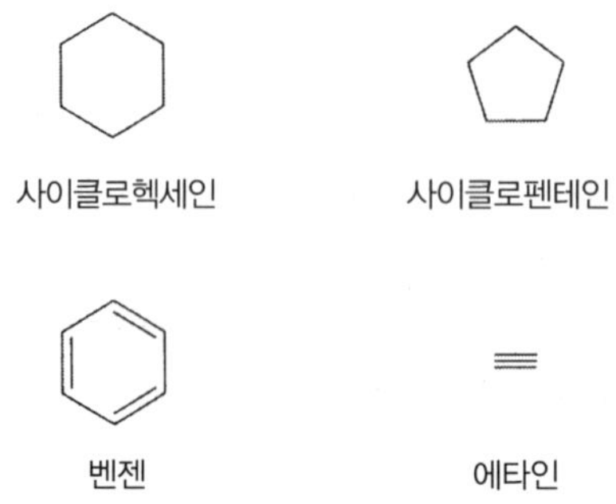

그림 3. 사이클로헥세인, 사이클로펜테인, 벤젠, 에타인의 간략화한 구조식.

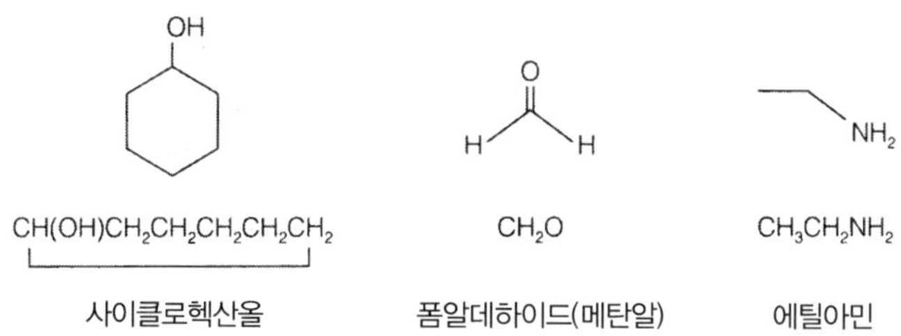

그림 4. 탄소와 수소 이외의 원소를 가지는 분자의 간략화한 구조식의 예.

탄소 이외의 원소에 결합된 수소는 다른 모든 원소들과 마찬가지로 표시해야 한다.

마지막으로 분자의 삼차원 모양을 종이면의 이차원 공간에 나타내는 것이 필요할 수도 있다. 이것은 1개 또는 2개의 결합을 종이면에 나타내는 단일선과 각각 종이면의 앞으로 나오거나 뒤로 들어간 결합을 나타내는 점선과 쐐기로 이루어질 수 있다(그림 5 참조).

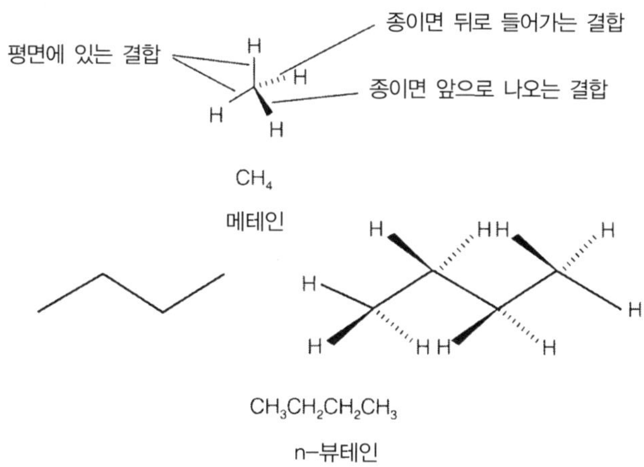

그림 5. 분자에 있는 원자의 삼차원 배열 표현.

B5. 화학 결합의 분해

중요한 용어

굽은 화살표 분자에 있는 원자들은 전자쌍을 공유하여 서로 결합한다. 그러므로 결합의 형성이나 분해에서는 전자가 재배치되어야 한다. 반응 도표에서 전자의 이동은 굽은 화살표를 이용하여 나타낸다. 굽은 겹화살표는 한 쌍의 전자 이동을 나타내는 데 이용된다. 굽은 홑화살표는 전자 1개의 이동을 나타내는 데 이용된다. 각 경우에 전자는 화살표의 꼬리에서 머리 쪽으로 이동한다.

불균일 분해 공유 결합이 분해될 때 결합된 원소 중 하나가 결합 전자를 모두 가질 수 있다. 이 경우 결합은 불균일한 방법으로 분해되었다고 한다. 그런 결합 분해의 결과로 반대 전하를 가진 원자들이 생긴다. 이것은 정상적인 실험 조건에서 가장 흔한 형태의 결합 분해이다.

균일 분해 공유 결합이 분해될 때 결합의 양쪽에 있는 원자들이 결합 전자를 똑같게(즉, 하나씩) 나눠가지면 균일 분해가 일어났다고 한다. 그 과정의 결과 2개의(전하를 가지지 않은) 라디칼 종이 형성된다.

관련된 주제 **화학 결합의 성질(B2)** **반응종(I1)**

굽은 화살표

화학 반응에서는 결합이 분해되고 형성된다. 결합은 전자쌍으로 구성되어 있으므로 반응 동안 전자들이 재배치되어야 한다. 반응 도표에서 전자의 이동을 나타내기 위하여 **굽은 화살표**(curly arrow)가 이용된다(그림 1 참조). 화살표는 전자가 이동하는 출발점과 목적지를 나타낸

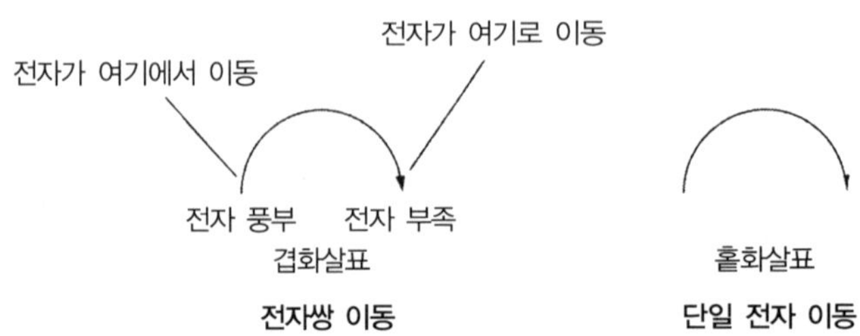

그림 1. 전자의 이동을 나타내는 굽은 화살표의 이용.

다. 겹화살표와 홑화살표의 두 가지 형태의 굽은 화살표가 이용된다(그림 1 참조). 이름이 나타내듯이 겹화살표는 전자 한 쌍의 이동을 나타내며 홑화살표는 전자 1개의 이동을 나타낸다.

불균일 분해

2개의 전자를 공유함으로써 공유 결합이 형성된다. 반응 동안 그런 결합이 분해될 때 두 가지 방법으로 분해될 수 있다. 한 가지 가장 흔한 분해 메커니즘은 결합 전자쌍이 결합된 원자들 중 하나로 이동할 때 생기며(그림 2 참조) 그 결과 그 원자에는 음전하가 생기고 전자가 부족한 원자에는 양전하가 생긴다. 이런 반응에서 생기는 생성물들은 서로 성질이 다르기 때문에 이 과정을 **불균일 분해**(heterolytic cleavage)라고 한다.

그림 2. 불균일한 결합 분해에서 전자의 이동.

균일 분해

결합전자가 분해 생성물들 사이에 공평하게 나눠지면 불균일 분해 대신에 균일 분해가 일어난다. 생성물이 각각 전자를 한 개씩 가지기 때문에 그런 반응을 **균일 분해**(homolytic)라고 하며 생성물은 **라디칼**(radical)이 된다(그림 3 참조). 생성물(라디칼)이 매우 불안정하기 때문에 이러한 결합의 분해는 특수한 조건에서만 일어난다. 그러나 생물학에서 일어나는 많은 중요한 사건에는 라디칼 형성이 관련되어 있다.

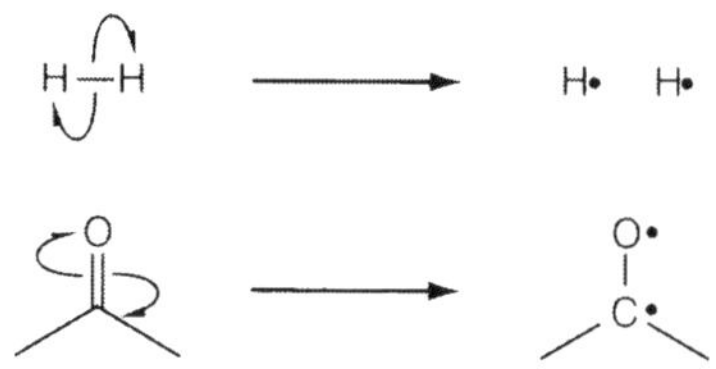

그림 3. 균일한 결합 분해에서 전자의 이동.

Section C

물-생물학적 용매

C1. 물리적 특성

중요한 용어

물리적 성질

물은 작은 분자량을 가진 화합물로서는 특이하게 넓은 온도 범위에서 액체이다. 각 물 분자는 다른 물 분자와 4개의 수소 결합을 할 수 있으며, 이것으로 그 온도 특성을 설명할 수 있다. 물은 쌍극자 모멘트를 가지며, 이것 때문에 물은 전하를 가진 종이나 극성 종에 대한 훌륭한 용매가 된다.

물의 구조

액체 물의 구조는 잘 밝혀지지 않았지만 고체 물, 즉 얼음에 대해서는 많은 구조들이 결정되었다. 이런 구조들은 4개의 산소 원자를 포함하는 정사면체 하위 구조가 서로 쌓이는 방법이 서로 다르다. 얼음 Ih에서 정사면체 단위는 육각형으로 배열된다.

생명을 위한 물

물은 거의 모든 생리적 과정에 포함되어 있다. 평균 성인은 50–65%가 물로 구성되어 있다. 지각의 약 70%가 물이며 현재까지 지구는 생명을 유지하는 유일한 행성으로 알려져 있다. 물은 생명에 필수적인 것으로 생각된다.

관련된 주제

몇 가지 작은 분자들의 모양(B3)
수소 결합(H1)
화학적 성질(C2)

물리적 성질

물은 보통 압력에서 특이하게 넓은 온도 범위에서 액체이다. 어는점(0℃)과 끓는점(100℃)이 섭씨온도 척도를 정의하는 데 이용된다. 이런 녹는점과 끓는점은 작은 분자량을 가진 화합물로서는 특이하게 높다. 이것은 표 1에서처럼 관련된 화합물들과 비교하면 분명하게 나타난다. 이런 겉보기 비정상성의 기원은 물 분자 자체의 성질과 관련되어 있다.

물 분자는 산소 원자에 두 쌍의 고립 전자쌍과 2개의 분극화된 수소 원자를 가지기 때문에 (아래 참조) 각 물 분자는 4개의 수소 결합 상호작용에 참여할 수 있다. 물은 고립 전자쌍을 통해서 2개의 수소 결합에 대한 받개가 되고 수소 원자를 통해서 다른 두 분자에 대한 주개로 작용할 수 있다. 이런 주개와 받개 능력의 결합은 물 분자들이 서로 수소 결합을 하는 데 이상적이라는 것을 의미한다. 이것이 액체(그리고 고체) 물에서 일어난다. 물이 기체상으로 들어가기 위해서는 먼저 이런 결합을 끊어야 한다.

표 1. 물과 비슷한 여러 화합물의 성질

화합물	화학식	분자량	녹는점(℃)	끓는점(℃)
플루오린화 수소	HF	20	−83	19.5
물	H_2O	18	0	100
암모니아	H_3N	17	−77.7	−33.4
메테인	H_4C	16	−183	−161
황화 수소	H_2S	34	−85.5	−60.7

물, H_2O는 전기음성도(주제 A1 참조)가 상당히 다른 원자들로 구성되어 있다. 이것은 O−H 결합의 전자가 두 원자 사이에서 공평하게 공유되지 않는다는 것을 의미한다. 산소에 전자가 더 많이 머물러서 거기에 부분 음전하가 생긴다. 이것은 수소 원자에서 실제적인 전자 결핍 때문에 생기는 부분 양전하에 의해서 균형을 맞춘다. O−H 결합은 분극화(주제 I1)되었다고 하며, 이것을 흔히 다음과 같이 나타낸다.

$$\underset{\delta^-}{\mathrm{O}}-\underset{\delta^+}{\mathrm{H}}$$

주제 B3에서 설명한 것처럼 물 분자는 산소의 한 쪽에 결합한 2개의 수소 원자를 가진 것으로 나타낼 수 있다. 이것은 2개의 O−H 결합의 분극화에서 생긴 부분적 음전하와 양전하의 중심이 일치하지 않는다는 것을 의미한다. 이것은 물 분자가 상당한 **쌍극자 모멘트**(dipole moment)를 가진다는 사실로 나타난다.

표 1에 나타난 것과 같이 물의 예외적인 녹는점과 끓는점은 이제 설명될 수 있다. 암모니아와 플루오린화 수소는 순수한 상태에서 분자당 2개의 수소 결합을 형성하지만 물은 4개를 형성할 수 있다. 메테인 분자는 쌍극자 모멘트가 없어서 수소 결합을 할 확률이 전혀 없다. H_2S의 수소 결합은 매우 약하다. 이런 인자들은 그런 화합물들이 물보다 훨씬 휘발성이 크다는 것을 의미한다.

물이 훌륭한 용매라는 사실은 생물학에서 매우 중요하다. 많은 염들을 포함하는 광범위한 화합물들이 물에 녹는다. 염은 이온 결합 화합물이기 때문에(주제 B2) 양이온과 음이온이 분리되어야 한다는 것을 의미한다. 예를 들면, 염화 소듐은 결정 구조를 결합하고 있는 힘이 매우 크지만 (건조한 NaCl의 녹는점은 801℃임) 물에 녹는다. 이것은 물이 이온들을 **수화**(hydrate)할 수 있기 때문에 가능하다. 양이온은 (부분적으로) 음성인 산소 원자를 통해서 결합된 물 분자들로 둘러싸일 수 있다. 같은 방법으로 음이온은 물 분자의 수소 원자를 통해서 둘러싸일 수 있다(그림 1 참조). 이런 유리한 상호작용은 많은 염을 녹일 수 있다. 이런 방법으로 액체 물에서 양이온과 음이온은 서로 효과적으로 가려지며 이로부터 물이 비교적 높은 **유전 상수**(dielectric constant)를 가진다고 말할 수 있다.

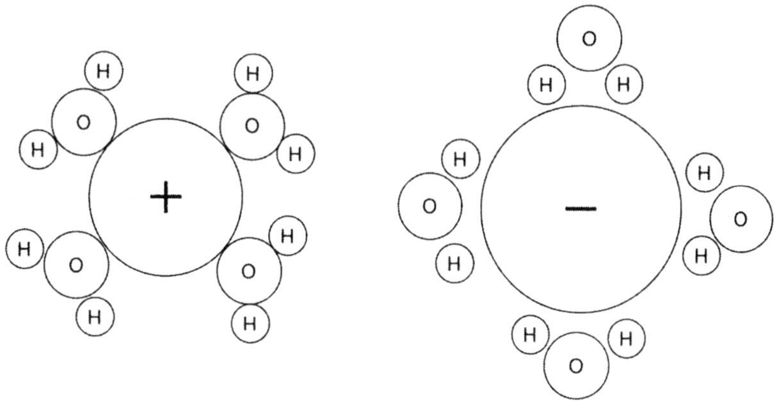

그림 1. 수화된 이온.

물의 구조

물은 얼면 얼음이 된다. 얼음의 구조에서 각 산소 원자는 사이에 수소 원자를 가진 4개의 다른 산소 원자에 의해서 정사면체형으로 둘러싸인다. 실제로 약 11가지 다른 형태의 얼음이 있다. 그것들은 대부분 가해지는 압력에 따라서 반응하는, 이런 정사면체의 단위의 쌓임에서 다르다. 그러나 지구상에서, 최소한 우리가 얼음을 발견하는 곳에서는 압력은 일반적으로 매우 극단적이 아니기 때문에 천연적으로 발견되는 유일한 형태는 얼음 Ih라고 나타내는 종류이다. 여기에서 'h'(육각형)는 구조의 대칭 유형을 나타내며, 이것은 눈의 결정(항상 6개의 꼭짓점을 가짐)에서 분명하게 드러난다. 얼음 Ih의 구조는 액체 상태에서 서로 부딪칠 때보다 덜 혼잡한 분자로 된 약간 '열린' 형태이다(그림 2 참조). 이것은 얼음이 액체보다 밀도가 작다는

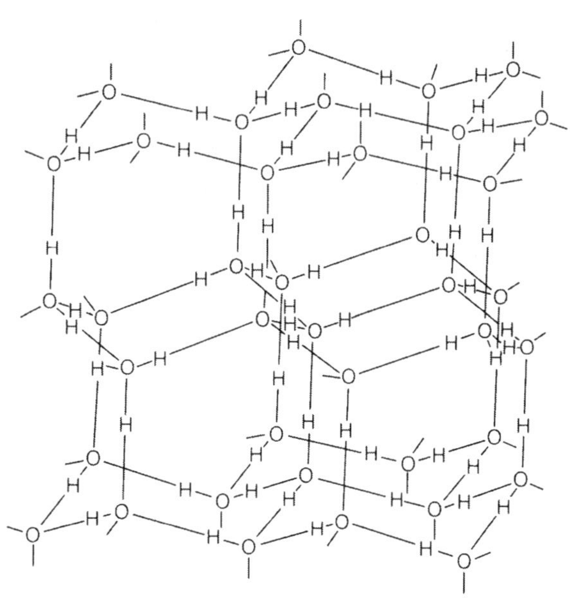

그림 2. 얼음 Ih의 구조.

것을 의미한다. 따라서 얼음은 물위에 뜨며, 그 결과 호수와 대양은 바닥에서부터 얼지 않는다. 이것은 지구 전체적으로 중요한 또 다른 물의 특징이다.

액체 물의 구조는 잘 알려져 있지 않다. 많은 모형들이 개발되었으며, 그것들은 모두 일시적인 수소 결합 그물망을 포함하고 있다. 몇몇 모형에서는 이런 그물망을 얼음 조각과 유사한 순간적인 응집체로 생각한다. 다른 모형들은 물 분자들로 된 더 작은 뭉치를 포함하고 있다. 어떤 경우이든 높은 수준의 수소 결합은 액체 상태가 예상되는 것보다 더 높은 온도까지 유지된다는 것을 의미한다.

생명을 위한 물

물은 일반적으로 생명에 필수적이라고 생각된다. 물은 거의 모든 일반적인 생리학적 과정에 참여한다. 물은 활동적이고 살아 있는 계에 필수적인 성분이다. 평균 성인은 50–65%가 물로 구성되어 있으며, 어린아이에서는 그 비율이 더 높다. 현대 이론에 따르면 생명은 최초로 대양에서 발달해서 육지로 올라왔다. 대양과 혈액에 있는 염 농도의 유사성은 오래 전부터 대양과 연관이 있었음을 암시한다.

물은 생화학 과정과 생리적 과정에서 중요하지만 더 폭넓고 환경적인 맥락에서도 생명에게 중요하다. 지구 표면의 약 70%가 물로 덮여 있다. 물의 증발, 응축, 얼고 녹음은 날씨와 기후를 유도하는 가장 중요한 인자들에 속한다. 실제로 물은 적외선을 흡수하기 때문에 중요한 대기의 '온실 기체'이다(주제 Q4 참조). 메테인과 이산화 탄소와 같은 아마도 더 친숙한 온실효과 원인인 다른 것과는 달리 인간의 활동은, 대부분이 대양의 증발에서 생기는 대기에 있는 물의 수준에 거의 영향을 끼치지 않는 것으로 보인다.

특히 액체 물이 존재하는 것은 지구 이외의 행성에서 생명이 발달하는 데 중요한 인자라고 생각된다. 현재까지 액체 물은 지구 이외의 다른 세계의 표면에서 발견된 적이 없다. 그러나 아직 잘 알려지지 않은 화성의 역사 동안 어느 때 화성 표면에 액체 물이 흘렀었다. 환경이 춥고 건조하고 공기가 없는 오늘날 화성의 사막으로 변하기 전에 이것이 생명이 발달할 기회를 제공하였을까? 물은 어디로 갔을까? 이 책을 쓰는 순간에도 우주 탐사선에서 오는 결과는 상당한 양의 지하 얼음이 화성에 있다는 것을 암시하고 있다. 아마도 현재 화성에 생명을 위한 지하 서식지가 있을 수도 있다.

목성의 위성인 유로파에는 얼어 있는 바깥 껍질 아래에 액체 물이 있을 것으로 강하게 추정되고 있다. 액체 층은 이 위성 안에서 조력(潮力)에 의해서 생기는 열에 의해서 얼지 않고 있다. 이것으로부터 유로파의 어두운 대양이 생명을 포함하고 있다고 제안되었다. 화성의 경우와 마찬가지로 이것은 고도로 발달하거나 진보된 것은 아니겠지만 심지어 매우 원시적인 세포(또는 그 화석)의 발견이라도 매우 심각한 철학적 의미와 문화적 의미를 갖게 될 것이다. 최종적인 결과가 무엇이든지 중요한 지침이 되는 것은 물의 존재이다.

C2. 화학적 성질

중요한 용어

반응성 물은 광범위한 유형의 분자나 원자와 반응할 수 있다. 물은 금속 산화물과 반응하여 염기를 생성하고 비금속 산화물과 반응하여 산을 생성할 수 있다. 또 물은 수화물이라고 하는 '회합' 화합물을 형성할 수 있으며, 그중 많은 것이 의학적으로 이용된다.

서스펜션과 콜로이드 서스펜션은 불용성 물질이 액체에 분산된 시료를 나타낸다. 일반적으로 혼합물은 불투명하며 불용성 물질은 거르기로 제거할 수 있다. 많은 의약품이 물이나 기름을 기질로 한 서스펜션으로 복용된다. 콜로이드는 작은 입자의 서스펜션을 포함하는 액체 시료라는 점에서 서스펜션과 관련이 있다. 이 입자는 일반적으로 너무 작아서 거름종이를 통과하지만 빛을 산란하기에는 충분하다. 콜로이드는 매우 특수한 성질을 가진다. 예를 들면, 매우 높은 흡착 능력을 가지며 일반적으로 전하를 운반하여서 생물학과 의학에서 매우 중요하다.

에멀션 에멀션은 두 가지 섞이지 않는 액체들의 혼합물로서 심하게 흔들면 한 액체가 다른 액체에 분산되어 서스펜션을 만든다. 일시적 에멀션은 분산된 액체 방울들이 결국 다시 모여서, 두 가지 섞이지 않는 액체의 경우 두 층을 형성한다. 액체 방울들이 서로 모이지 못하게 하면 영구적 에멀션을 만들 수 있다. 이것은 흔히 방울에 전하를 띠게 하여서 이루어진다.

관련된 주제 반응종(I1) 수용액 행동(N 절)

반응성

물의 화학적 성질을 논의하면서 물은 매우 안정한 분자라는 것을 아는 것이 가장 중요하다. 1600℃ 부근의 매우 높은 온도에서도 분해가 거의 검출되지 않는다.

유기 화학을 설명할 때 물은 단지 **산**, **염기**(N 절)나 **친핵성**을 이용하여 간단하게 취급한다. 그러나 물과 무기 화합물 사이에서는 많은 중요한 반응들이 일어난다. 물은 금속 산화물, 비금속 산화물, 활성이 큰 금속과 반응하여 각각 무기 염기, 무기산을 형성하고 분자 수소를 발생할 수 있다(그림 1 참조).

물은 또 '**회합**(association)' 화합물을 형성할 수 있다. 예를 들면, 염화 바륨 용액을 가열하면 바륨 원자(이온)당 2분자의 물을 갖게 회합하는 염화 바륨 결정이 생성된다. 물과 회합

금속
$2Na + 2H_2O \longrightarrow 2NaOH + H_{2(g)}$
수산화 소듐

금속 산화물
$CaO + H_2O \longrightarrow Ca(OH)_2$
수산화 칼슘

비금속 산화물
$SO_3 + H_2O \longrightarrow H_2SO_4$
삼산화 황 → 황산

그림 1. 물과 금속, 금속 산화물, 비금속 산화물의 반응.

한 화합물을 **수화물**(hydrate)이라고 한다. 수화물에서 수화된 물이 제거되면 무수화합물이 생성된다. 예를 들면:

$$BaCl_2 \cdot 2H_2O \longrightarrow BaCl_2 + 2H_2O_{(g)}$$

염화 바륨 수화물 → 무수 염화 바륨

몇 가지 물질은 공기에 노출되면 수화된 물을 잃으며, 이런 것을 **풍해성**(effloscent)이라고 한다. 다른 것들은 물을 얻으며 이런 것을 **흡습성**(hygroscopic)이라고 한다. 의학 분야에서 중요한 수화물은 구운 석고(Plaster of Paris)이다.

$$(CaSO_4)_2 \cdot H_2O + 3H_2O \longrightarrow 2(CaSO_4 \cdot 2H_2O)$$

구운 석고 (부드러움) → 석고 (딱딱함)

또 다른 수화물인 $MgSO_4 \cdot 7H_2O$도 위장 장애를 치료하기 위하여 흔히 사용되며, **에프솜염**(Epsom salt)이라고 한다.

서스펜션과 콜로이드

예를 들어, 천연 생화학적 과정들이나 약품을 복용하여 유발되는 과정 같은 생물학에서 일어나는 과정들을 설명할 때 **수용액**(solution)을 이용하여 설명하고 싶을 것이다. 그러나 많은 경우에 이것은 잘못된 개념이다. '용질'의 성질과 크기에 따라서 '용액'이라는 말은 충분하지 않다. 용액은 정의에 의해서 용매와 너무 작아서 직접적으로 관찰할 수 없거나(그것이 용액에서 색을 나타내지 않는다면) 거르기로 제거될 수 있는 용질 입자를 포함하고 있다. 일반적으로 이것은 각 용질 분자가 용매 분자의 '바다'에 분산되어 있다는 것을 의미한다. 이런 조건들이 적용되지 않는다면 새로운 용질/용매 혼합물에 대하여 새로운 이름이 필요하다. 이런 것이 **서스펜션**(suspension)과 **콜로이드**(colloid)이다. 서스펜션은 액체에 분산되어 있는 불용성 물질로 구성되기 때문에 용액과 다르다. 불용성 물질이 분산되고 용해하지 않기 때문에 서스펜션은 일반적으로 **불투명**(opaque)하지만 용액은 투명하다. 서스펜션이 형성되자마자 불용성 물질은 용기의 위나 바닥에서 점차 서로 뭉친다. 따라서 서스펜션의 조성은 **불균일**(heterogeneous)하다. 불용성 물질은 일반적으로 거름종이나 막을 통과할 수 없는 정도의 크기이다.

예를 들면, 마그네시아 밀크 같은 많은 의약품은 물 서스펜션으로 공급되며, 예를 들면 프로카인 페니실린 G 같은 다른 것은 기름 서스펜션으로 공급된다.

분무 장치는 기관지에 물 입자를 공급하기 위하여 공기 중에 있는 물의 액체 방울인 안개를 이용한다.

콜로이드 용액은 액체에 작은 입자들이 분산된 것으로 구성되기 때문에 서스펜션과 밀접한 연관이 있다. 그러나 콜로이드 용액은 분리된 부류로 다루어야 할 정도로 서스펜션과는 다른 특징을 가진다.

콜로이드 입자는 크기가 1에서 100 nm에 이르지만 그 존재는 혼합물을 지나는 광선의 반짝임으로 검출할 수 있다. 입자들은 빛을 산란할 정도로 크다[**틴들 효과**(Tyndall effect)]. 입자들이 매우 작기 때문에 일정한 부피의 그런 입자들은 거대한 표면적을 가지며, 그 표면에 작은 분자들이 **흡착**(adsorbed)될 수 있다. 몇 가지 흔히 이용되는 약품은 이런 성질에 기반을 두고 있다. 예를 들면, 카올린(Kaolin)은 물을 기제로 한, 곱게 분쇄된 규소산 알루미늄의 콜로이드 용액이며, 설사를 완화시키는 데 이용된다.

거의 모든 콜로이드 입자는 **전하**(charge)를 띤다. 이것은 콜로이드 입자가 선택적으로 이온을 흡착해서 생긴다. 같은 전하를 가진 콜로이드 입자들은 서로 반발하기 때문에 함께 모여서 더 큰 입자를 형성할 수 없으므로 서스펜션과는 달리 침전하는 경향이 없다. 전류의 영향 아래에서만 그런 전하를 가진 입자들을 이동시켜 함께 모이게 할 수 있다.

◎ 에멀션

물과 기름처럼 섞이지 않는 액체들을 함께 놓으면 두 층이 생긴다. 이 혼합물을 세게 흔들면 물에 분산된 작은 기름 방울이 생성된다. 이것이 에멀션(emulsion)이다. 결국 기름 액체 방울은 재결합하여 기름층을 형성하므로 에멀션은 일시적이다. 분산된 액체 방울들을 재결합하지 못하게 할 수 있다면 **영구적 에멀션**(permanent emulsion)을 만들 수 있다. 흔히 이것은 **유화제**(emusifying agent)를 첨가하여 이루어질 수 있다. 이것은 분산된 액체 방울의 표면을 덮어주는 보호된 전하를 가진 콜로이드이다. 예를 들면, 액체 방울이 양전하를 가진다면 전하 반발 때문에 서로 재결합할 수 없다. 영구적 에멀션의 한 예가 마요네즈이다. 이것은 달걀 노른자를 유화제로 한 기름과 식초의 혼합물이다. 비누는 물에서 그리스와 기름에 작용하는 유화제이다.

D1. 탄소의 성질

중요한 용어

탄소의 분포

탄소는 지구에 있는 생명의 근본이다. 탄소는 모든 생물체의 성분이다. 탄소는 우리 일상 식품, 연료, 의복의 중요한 성분이다. 따라서 약 25만 가지의 무기 화합물이 밝혀진 것에 비하여 6백만 가지 이상의 탄소에 기반을 둔 화합물(유기 화합물)이 확인되었다는 것이 당연할 것이다.

탄소의 결합 특성

탄소는 주기율표에서 2주기의 중간쯤에 있으며, 따라서 중간 정도의 전기음성도를 가진다. 이것으로부터 두 가지 결과가 생긴다. 첫째, 탄소는 강한 전기적 양성도 아니고 강한 전기적 음성도 아니기 때문에 쉽게 공유 결합을 형성할 수 있다. 더욱이 탄소는 주기율표의 양편에 있는 원소들과 공유 결합을 형성할 수 있어서 매우 많은 화합물을 생성할 수 있다. 물론 탄소는 탄소 자신과도 공유 결합을 형성할 수 있어서 탄소 사슬을 만들 수도 있다.

유기 화합물의 특성

오늘날 유기 화합물은 일반적으로 탄소를 포함하는 화합물로 생각된다. 반대로 무기 화합물은 탄소 이외의 원소를 포함하는 화합물들이다. 유기 화합물과 무기 화합물의 중요한 차이는 결합에 있다. 유기 화합물은 일반적으로 공유 결합을 하며 매우 안정하다. 무기 화합물은 일반적으로 이온 결합을 하며 화학적으로 반응성이 크다.

관련된 주제 주기율표(A1) 화학 결합의 성질(B2)

탄소의 분포

주기율표의 모든 원소는 지구에서 유지되어야 하는 살아 있는 것과 죽은 것 사이의 균형을 위하여 중요하다(주제 G1 참조). 그러나 탄소는 그중에서 가장 중요하다. 모든 탄소를 함유한 화합물이 제거된다면 지구는 달이 나타내는 것 같은 불모지가 될 것이다. 남아 있는 모든 것은 무기물의 작은 잔류물들과 물이 될 것이다. 실제로 달에서 발견되는 것과 같다.

탄소는 모든 식품, 연료(목재, 가스, 석유를 포함), 직물(섬유 재료, 종이, 고무 등을 포함)의 성분이다.

20세기 중반에 탄소를 함유하는 6백만 가지 이상의 화합물이 확인되었다. 이 수는 매년 1000가지 이상의 새로운 화합물들이 합성되거나 천연 원천으로부터 분리되는 속도로 증가하고 있다.

탄소가 모든 생물체에 존재하기 때문에 화학자들은 1828년 이전까지는 유기 화합물을 실험실에서 만드는 것이 불가능하며 일종의 '**생기**(vital force)'가 있어야 한다고 생각했다. 이런 화학 분야에 중요한 전환점은 그 해에 거의 우연하게 나타났다. 무기염인 사이안산 암모늄을 가열하던 뵐러(Friedrich Wohler)는 요소(urea)를 생성하였다. 요소는 혈액과 소변에 모두 들어 있는 화합물이므로 당연히 유기 화합물이다(그림 1 참조).

이렇게 무기 시약으로부터 유기 화합물을 제조한 것은 더 많은 유기 화합물들을 합성하려는 시도를 촉진하였으며, 알려진 유기 물질의 수가 급격하게 팽창하였다.

그림 1. 사이안산 암모늄으로부터 요소의 합성.

탄소의 결합 특성

유기 화합물의 수가 막대하게 많은 데는 두 가지의 이유가 있다. 첫째는 탄소의 결합 특성과 관련되어 있으며, 둘째는 탄소를 포함하는 화합물들의 이성질현상과 관련이 있다. 이것은 주제 E1에서 다룰 것이다.

탄소는 **주기율표**의 IV족의 원소이며 최대 **원자가**가 4이며 **정사면체 구조**를 형성할 수 있다. 탄소는 그 족의 첫 번째 원소로서 전기음성도 척도에서 중간인 **전기음성도**(electronegativity)를 가지고 있다(그림 2와 주제 A1 참조). 따라서 일반적으로 전기적 양성도 아니고 전기적 음성도 아니라고 생각되며, 따라서 공유 결합성 화합물에 포함하는 데 이상적으로 적당하다(주제 B2). 탄소는 전기음성도 척도의 중간에 있으므로 전기음성도가 더 큰 원자(예, 산소)와 더 작은 원자(예, 수소)와 공유 결합을 형성할 수 있으며, 물론 자신과도 형성할 수 있다. 실제로 사슬을 형성하고 삼차원의 정사면체 구조로 가지를 갖는 능력은 탄소 화학의 매우 중요한 특징이다.

H	2.3				
Li	0.9	Na	0.9		
Be	1.6	Mg	1.3		
B	2.1	Al	1.6		
C	2.5				
N	3.1	P	2.3		
O	3.6	S	2.6		
F	4.2	Cl	2.9	Br	2.7

그림 2. 주기율표의 중요한 원소들과 그 전기음성도값.

유기 화합물의 특성

화합물을 유기와 무기 화합물로 정의할 때 일반적으로 탄소가 있는지 없는지를 나타낸다고 받아들여진다. 유기 화합물은 탄소에 기반을 둔 것이다. 이 정의에는 많은 예외가 있다. 예를 들면, 일산화 탄소(CO), 이산화 탄소(CO_2), 탄산염과 사이안화물은 모두 원래 무생물계에서 얻어졌기 때문에 무기물로 분류된다. 이것 이외에도 유기 화합물과 무기 화합물은 물리적 특성과 화학적 특성에서 다르다(표 1 참조). 이 중에서 많은 것은 유기분자들은 일반적으로 서로 **공유 결합**을 하고 있으며, 무기 화합물은 **이온 결합**을 하고 있다는 사실에서 생긴다(주제 B2 참조).

표 1. 유기 화합물과 무기 화합물의 대표적 성질(생화학적 환경보다는 화학적 환경에서)

성질	유기 화합물	무기 화합물
분자 내부의 결합	보통 공유 결합	보통 이온 결합
분자들 사이의 힘	일반적으로 약함	일반적으로 강함
물리적 상태	기체, 액체 또는 녹는점이 낮은 고체	보통 녹는점이 높은 고체
물에 대한 용해도	일반적으로 작음	보통 큼
화학 반응 속도	보통 작음	보통 큼
가연성	흔히 가연성	보통 비가연성

D2. 유기 화합물 명명

중요한 용어

간단한 탄화수소의 명명

가장 간단한 탄화수소(수소와 탄소를 함유하는 화합물)는 메테인(CH_4), 에테인(C_2H_6), 프로페인(C_3H_8), 뷰테인(C_4H_{10})이며, 그 이름들은 역사적 근거를 가지고 있다. 더 기다란 탄화수소 사슬은 수를 나타내는 그리스어를 이용하여 탄소 원자의 수에 따라서 더 체계적으로 이름이 붙여진다.

가지달린 탄화수소의 명명

간단한 탄화수소의 명명 체계는 모든 유기 화합물 명명의 기초가 된다. 분자에 가지가 도입되면 가장 긴 사슬에 대하여 상대적으로 위치를 나타내고 '가지달린' 기를 직선 사슬 분자와 같은 방법으로 명명한다.

중요한 작용기의 명명

유기 화합물의 반응에 대한 중요한 중심을 작용기라고 한다. 그 화학이 작용기의 성질에 의해서 지시를 받기 때문에 특수한 작용기를 포함하는 화합물을 함께 설명한다. 생물학과 관련을 지으면 아마도 가장 중요한 작용기는 –OH(하이드록실), –C=O(카보닐), –P–O, P=O(포스포로), –C–N(아민)일 것이다. 작용기는 조합을 이루어 나타날 수 있으므로 확장된 명명 체계가 필요하다.

다작용기 분자의 명명

화합물에 가지와 작용기가 모두 있으면 표준화된 명명 체계가 필요하며, 이것이 국제순수응용화학연맹(IUPAC)에서 고안한 것이다. 매우 복잡한 분자를 제외한 모든 것에 IUPAC 체계는 명확한 이름이 적용될 수 있게 해 준다. 이 체계의 기본은 가장 긴(모체) 탄화수소 사슬의 이름과 우선순위를 매긴 작용기 이름들의 목록이다. 여기에서 작용기에는 탄화수소 가지도 포함된다.

관련된 주제

알코올 및 관련된 화합물(J1) **카복실산과 에스터(J3)**
알데하이드와 케톤(J2) **아민과 아마이드(J4)**

간단한 화합물의 명명

보통 알케인(alkane)이라고 하는 직선형 탄화수소 사슬은 대부분 사슬의 탄소 수에 따라서이름을 붙인다. 이것에 대한 예외는 4가지 간단한 알케인인 메테인, 에테인, 프로페인, 뷰테인이며, 이것들은 역사적인 뿌리를 가지고 있다. 직선형 사슬에 4개 이상의 탄소가 있으면 그 분자는 그 수를 나타내는 그리스어 이름을 접두사로 하고 화합물의 종류가 알케인이라는 것을 나타내기 위하여 –ane을 접미사로 한다(표 1 참조).

표 1. 직선형 사슬 알케인

탄소의 수(n)	이름	화학식(C_nH_{2n+2})
1	메테인	CH_4
2	에테인	C_2H_6
3	프로페인	C_3H_8
4	뷰테인	C_4H_{10}
5	펜테인	C_5H_{12}
6	헥세인	C_6H_{14}
7	헵테인	C_7H_{16}
8	옥테인	C_8H_{18}
9	노네인	C_9H_{20}
10	데케인	$C_{10}H_{22}$
11	운데케인	$C_{11}H_{24}$

가지달린 탄화수소의 명명

가지달린 탄화수소 또는 가지달린 알케인의 이름은 직선형 사슬 모체 분자에 주어진 이름을 논리적으로 따른다. 이름을 정하기 위하여 가장 긴 탄소 사슬을 선택하고, 가지의 위치가 가장 작은 번호가 오도록 이 사슬의 탄소들에 번호를 매긴다(그림 1 참조).

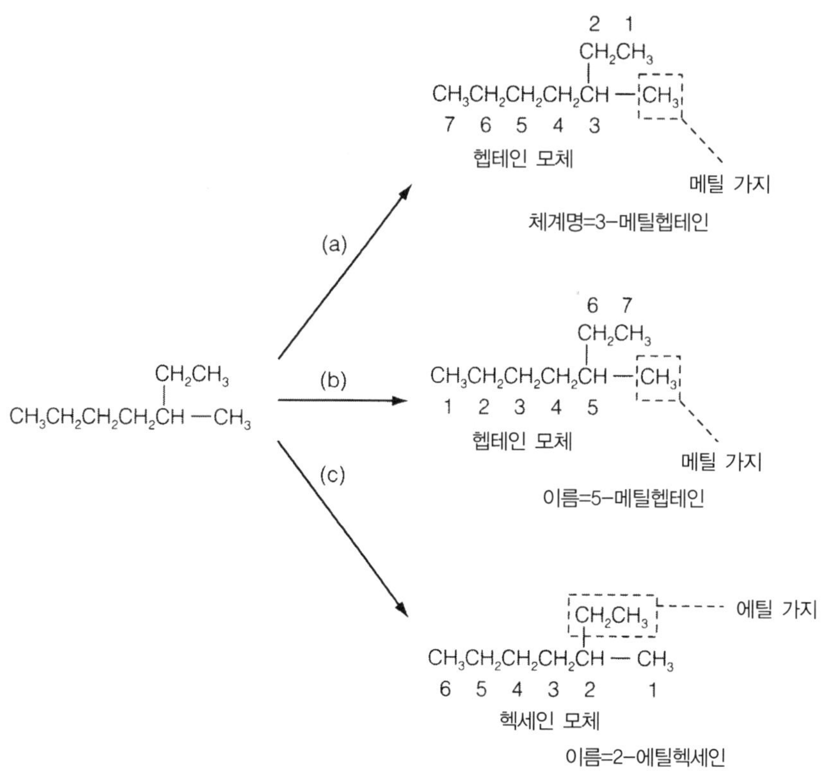

그림 1. 체계명이 적용되는 방법을 보여 주는 예. 경로 (a)의 이름만이 옳은 것이다.

한 개 이상의 가지가 있더라도 같은 방법이 적용된다(그림 2 참조).

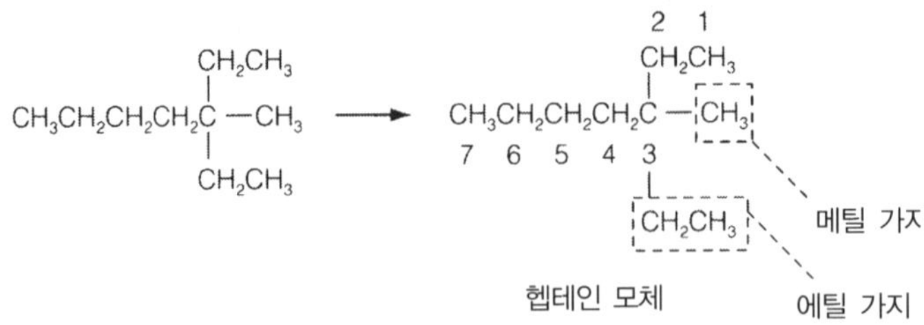

그림 2. 하나 이상의 갈래점을 포함하는 탄화수소의 체계명. 명명을 할 때 메틸기보다 에틸기가 알파벳 순서에 의해 우선성이 크다는 것을 유의하라. 마찬가지로 뷰틸기는 프로필, 에틸, 메틸기보다 우선성이 크다. 알킬기를 이용하는 가지들의 이름은 모체 알케인의 이름으로부터 유래한다.

중요한 작용기의 명명

유기 분자에서 가장 반응성이 큰 자리를 **작용기**(functional group)라고 한다. 이것은 흔히 탄소가 다른 탄소나 수소 이외의 원자와 결합된 자리이다. 그런 원자를 이종원자라고 한다. 그러나 탄소-탄소 이중 결합과 삼중 결합도 작용기라고 하는데, 이런 것도 화학 반응 동안 공격을 받기 쉽기 때문이다. 이종원자의 성질과 탄소 원자와 연결된 결합은 (일반적으로) 알킬 사슬의 길이를 능가하여 화합물의 반응성을 지시해 주며, 따라서 유사한 작용기를 가진 화합물들은 이것을 반영하여 명명할 필요가 있다. 몇 가지 매우 중요한 작용기들에 대하여 작용기 구조, 부류명, 접미사(탄화수소의 이름과 연결하여 사용됨)를 표 2에 나타냈다.

표 2. 부류명, 구조와 접미사로 나타낸 작용기. 결합 연결이 정해지지 않은 곳에는 탄소나 수소 원자가 결합된다고 가정하였다.

부류명	작용기 구조	접미사
알켄	>C=C<	–엔
알카인	–C≡C–	–아인
알코올	–OH	–올
에테르	–OR	에테르
아민	$-NR^1_2$	–아민
나이트릴	–CN	–나이트릴
황화물	–SR	황화물
싸이올	–SH	–싸이올
알데하이드	–C(=O)–H	–알
케톤	–C(=O)–R	–온
카복실산	–C(=O)–OH	–산
카복실산 에스터	–C(=O)–OR	–산
아마이드	$-C(=O)-NR^1_2$	–아마이드

R=알킬, R^1=알킬 또는 수소

다작용기 분자의 명명

한 분자에 한 가지 이상의 가지달린 원자단이 있으면 화합물을 명명할 때 문제가 생길 수 있다. 그러나 국제순수응용화학연맹(IUPAC) 체계는 이런 점에 주의를 하고 있다. 잊지 말아야 할 중요한 점은 체계명은 가지가 있는 위치와 가지에 달린 원자단의 이름을 정해 주는 **접두사**(prefix)와, **모체**(parent) 알케인에서 유래한 이름의 중심 부분과, 가장 우선성이 높은 원자단에서 유래한 **접미사**(suffix)로 구성된다는 것이다.

일반적으로 작용기의 우선성은 다음과 같다.

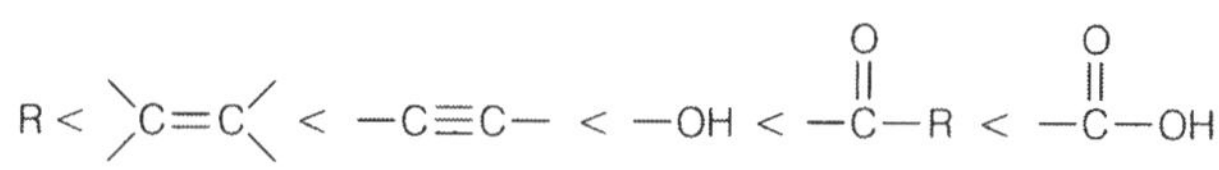

R = 알킬 또는 수소

몇몇 다작용기 화합물의 예와 체계명을 표 3에 나타냈다.

표 3. 다작용기 유기 화합물의 명명에 IUPAC 체계를 응용한 몇 가지 예

구조	체계명
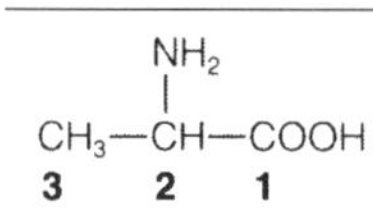	2-아미노 프로판산(알라닌)
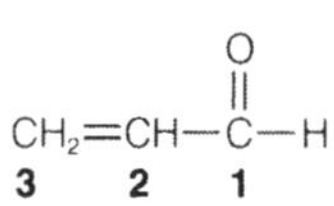	프로프-2-엔알
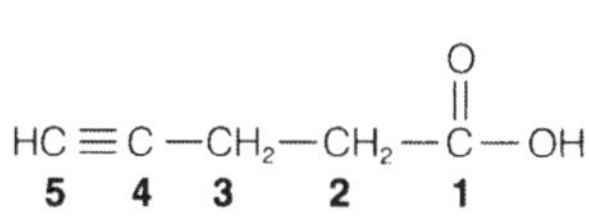	펜트-4-아인산

Section E 유기 화합물의 삼차원 분자 구조

E1. 이성질현상

중요한 용어

정의	같은 수의 같은 원소로 구성되지만 결합이나 삼차원 배열을 통해서 다르게 조직화된 화합물들을 이성질체라고 한다.
구조 이성질체	공유 결합의 배열이 다르며 아마도 여기에서 다른 작용기가 생기는 이성질 화합물들을 구조 이성질체라고 한다.
형태 이성질체	둘 이상의 화합물이 시그마 결합의 회전에 의하여 연관되어 있다면 그것들은 형태 이성질체이다. 형태 이성질체는 입체이성질체의 한 종류이다.
뉴먼 투영도	분자의 삼차원 모양을 이차원 공간에 유용하게 나타내는 방법이 뉴먼 투영도이다. 이 투영도에서 탄소-탄소 결합은 종이면에 나타내고 앞쪽 탄소에 결합된 사면체로 배열된 원자단은 120°씩 떨어져 나타낸다. 탄소-탄소 결합의 뒤쪽 탄소는 원으로 나타내며 그것에 공유 결합으로 결합된 3개의 원자단은 원 주위에 120°씩 떨어져 나타낸다.
피셔 투영도	삼차원 구조를 이차원으로 나타내는 피셔 투영도는 모든 사슬의 결합을 가려진 형태로 나타낸다.
배치 이성질체	같은 원소 조성을 가지지만(그리고 같은 작용기 조성도 가지지만) 이런 작용기들의 삼차원 배열이 다른 화합물은 입체이성질체의 한 종류이며 배치 이성질체라고 한다. 기하 이성질체와 광학 이성질체의 두 가지 기본적인 유형의 배치 이성질체가 있다.
관련된 주제	작은 분자들의 모양(B3) 화학 구조 그리기(B4) 입체이성질현상(E2)

정의

미지 화합물의 조사에서 수행되는 일상적이며 중요한 것 중 하나는 **원소 분석**(elemental analysis)이다. 예를 들어, 화합물의 분자량(질량 분석법으로 결정됨(주제 Q6 참조))과 함께 탄소 대 수소 대 산소의 비를 알면 분자식을 결정할 수 있다(주제 B4 참조). 그러나 아주 간단한 경우를 제외하고는 이것으로 화합물의 성질을 결정하는 것은 충분하지 않다. 이것은 특정한 분자식에 대하여 원자가 규칙을 따르면서도(주제 A2 참조) 일반적으로 한 가지 이상의 구조를 그리는 것이 가능하기 때문이다. 예를 들면, 분자식 C_2H_6O는 에탄올(CH_3CH_2OH)과 다이메틸에테르(CH_3OCH_3)의 분자식이다.

에탄올과 다이메틸에테르는 같은 원소 조성을 가지지만 같은 화합물이 아니며, 이성질체이다(정확하게 말하면 구조 이성질체).

구조 이성질체(structural isomer)와 **입체이성질체**(stereoisomer, 그런 이성질체의 표시에 대해서는 주제 E2 참조)의 두 종류의 기본적인 이성질체가 있으며, 형태 이성질체와 배치 이성질체는 입체이성질체의 종류이다. 미지의 것을 분명하게 확인하기 위해서는 이런 관계를 이해하는 것이 중요하다.

구조 이성질체

구조 이성질체(structural isomer)는 다른 것과 같은 분자식을 가지지만 물리적 성질이 다른 화합물을 설명하기 위하여 사용하는 가장 일반적인 용어이다. 에탄올과 다이메틸에테르의 예를 이미 제시하였다. 이것들은 화합물 종류가 서로 다르다. 프로페인-1-올($CH_3CH_2CH_2OH$, 끓는점 97.4℃)과 프로페인-2-올($CH_3CH(OH)CH_3$, 끓는점 82.4℃)은 모두 C_3H_8O의 알코올이지만 구조 이성질체이다. 이것들은 결합 회전에 의해서 서로 전환될 수 없으며, 서로 거울상 관계도 아니다. 이 때문에 이것들은 다른 이성질체 범주에 들어가지 않는다.

형태 이성질체

탄소는 4개의 공유 결합을 할 수 있는 4가 원자이다. 일단 형성되면 이 결합들은 정사면체의

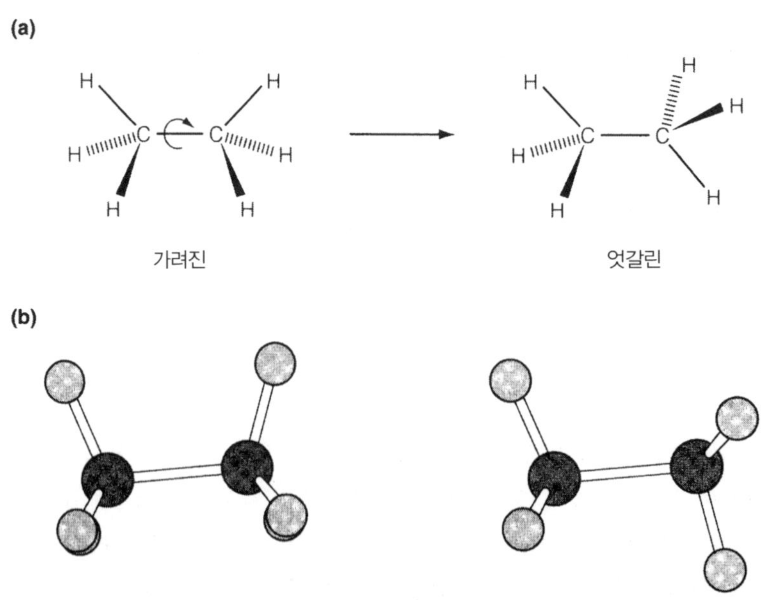

그림 1. 에테인의 (a) 가려진 형태와 (b) 엇갈린 형태.

꼭짓점들을 향한다(주제 B1과 B3 참조). 그러나 한 개 이상의 정사면체 중심이 있으면 이런 정사면체들이 서로 간에 조직화되는 방법이 여러 가지가 된다. 2개의 sp^3 탄소 중심을 가지는 에테인의 간단한 예를 들어 보자. 탄소-탄소 결합에 대한 회전 각도만 다른 여러 가지 구조를 그릴 수 있다. 두 가지 극단적인 경우를 생각해 보자. 한 경우는 모든 결합이 서로 같은 선에 있는{즉 **가려진**(eclipsed)} 것이고 다른 경우는 모든 결합이 될 수 있는 대로 멀리 떨어져 있는{즉 **엇갈린**(staggered)} 것이다(그림 1 참조).

이런 것은 에테인의 두 가지 극단적인 '**형태**(conformation)'이며 에너지가 약 2.8 kcal mol^{-1} 차이가 난다. 가려진 형태에서 두 탄소 중심에 있는 수소 원자들은 접근하여 불리한 전자와 입체 반발을 만들고, 이 때문에 에너지가 높은 형태가 된다. 반대로 엇갈린 형태에서 이런 상호작용은 감소하고 따라서 에너지에서 유리한 배열이 된다.

두 형태는 원자의 삼차원 배열이 다르기 때문에 형태 이성질체는 입체이성질체도 된다.

뉴먼 투영도

분자의 삼차원 모양을 나타낼 때 그림 1에 사용된 것과 같은 그림은 매우 귀찮은 것이 될 수 있다. 똑같은 정보를 훨씬 더 직접적으로 전달할 수 있다. 1930년대에 뉴먼(M.S. Newman)은 이차원 공간에 분자를 나타내는 규약을 개발하였다. 에테인의 엇갈린 형태를 나타내는 **뉴먼 투영도**(Newman projection)에서 탄소-탄소 결합은 종이면에 놓인다. 앞쪽 탄소는 점으로 나타나고 3개의 팔(탄소-수소 결합)은 평면에서 120°씩 떨어져 있다. 뒤쪽 탄소는 원으로 나타나고 3개의 팔(C-H 결합)이 120°씩 떨어져 원 주위에 결합되어 있다. 앞쪽 탄소와 뒤쪽 탄소의 C-H 결합 사이의 각은 60°이다(그림 2 참조).

이런 규약은 그림 3에 나타낸 뷰테인의 형태 이성질체처럼 더 큰 분자에도 쉽게 적용될 수 있다.

두 개의 '메틸'기를 에테인 골격에 첨가하면 분명히 가능한 형태의 수가 증가하고 새로운 표시법이 도입되어야 한다. 에너지에서 가장 유리한 형태는 될 수 있는 대로 메틸기가 멀리 떨어지는 것이다. 이것을 다른 엇갈린 배열과 구분하기 위하여 **안티**(anti)라고 표시를 한다.

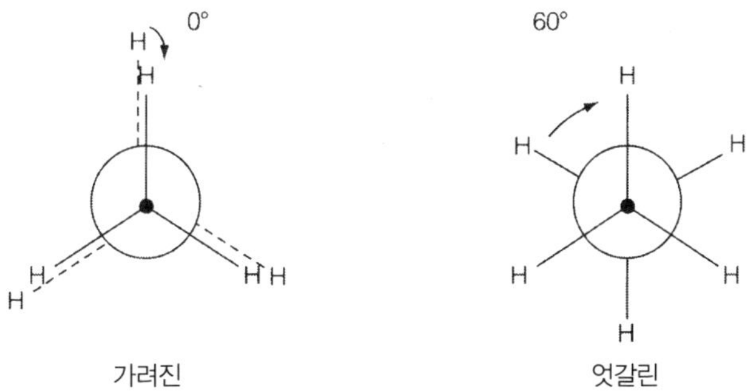

그림 2. 에테인의 가려진 형태와 엇갈린 형태의 뉴먼 투영도.

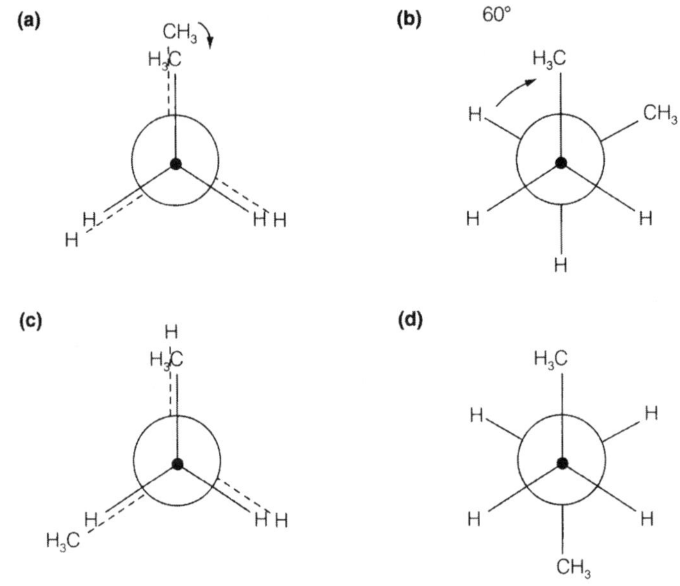

그림 3. n-뷰테인의 형태 이성질체의 뉴먼 투영도. (a) 신-가려진 (b) 고우시 (c) 가려진 (d) 안티 형태.

메틸기가 서로 일직선에 있는 가려진 형태를 신(syn)이라고 표시한다. 형태 변화에 포함된 에너지 범위는 **에너지 도표**로 쉽게 나타낼 수 있다(그림 4 참조).

형태 이성질현상은 고리형에서도 가능하다. 예를 들면, 사이클로헥세인(C_6H_{12})은 일어나는 고리를 평면으로 만든다면 생겨날 **스트레인 에너지**(strain energy)를 완화하기 위하여 결합 회전을 통해서 여러 형태를 취할 수 있다.

사이클로헥세인의 (a) 의자형과 (b) 보트형의 뉴먼 투영도(그림 5(b)와 함께 사이클로헥세인의 구별되는 형태 이성질체에 대한 에너지 도표를 그림 5(a)에 나타냈다.

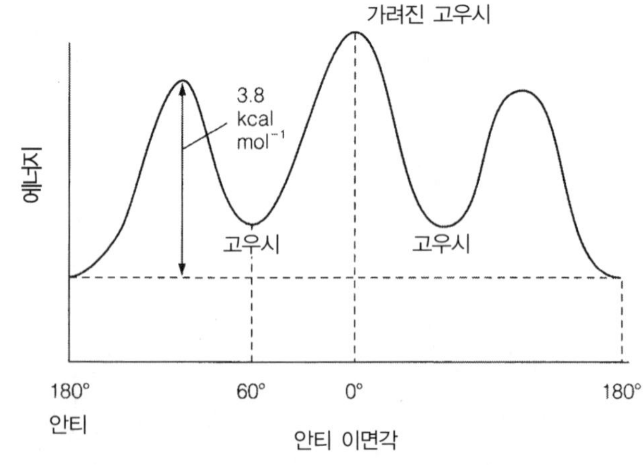

그림 4. n-뷰테인의 형태 변화에 대한 에너지 도표.

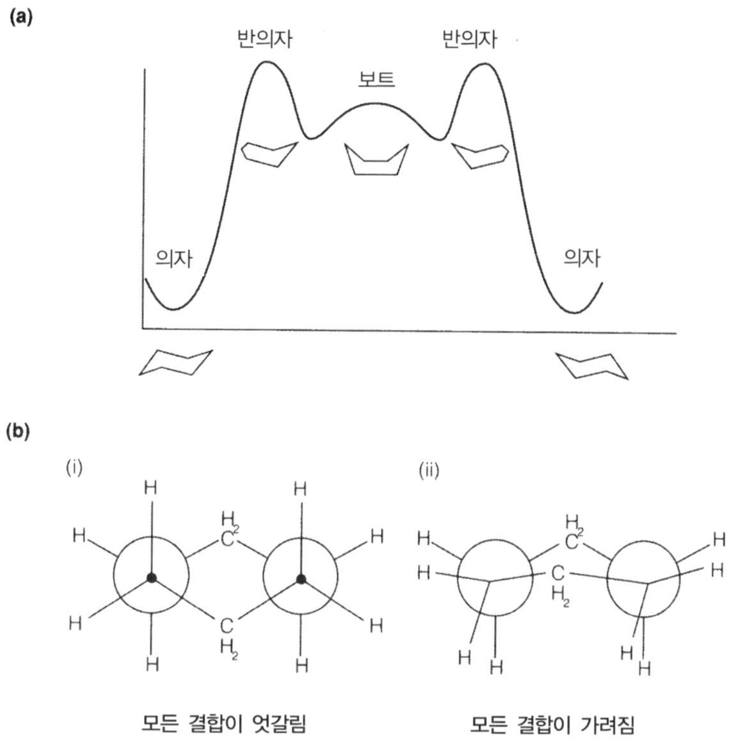

그림 5. (a) 사이클로헥세인의 형태 변화에 대한 에너지 도표와 (b) (i) 의자형과 (ii) 보트형 형태에 대한 뉴먼 투영도.

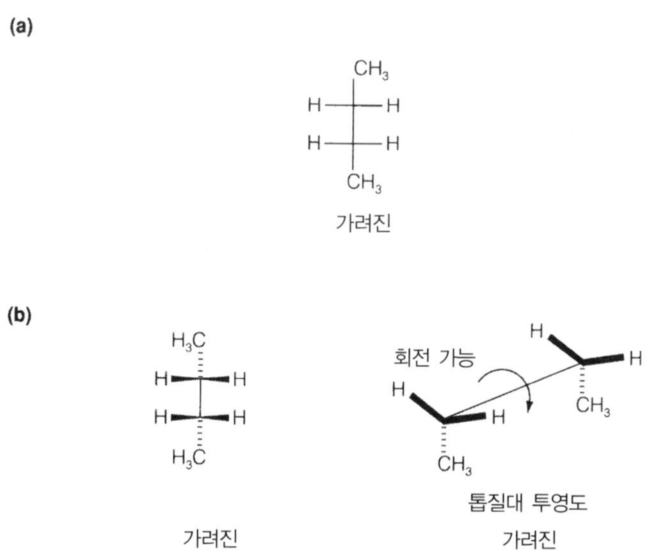

그림 6. (a) n-뷰테인의 피셔 투영도와 (b) 그것이 나타내는 삼차원 모양.

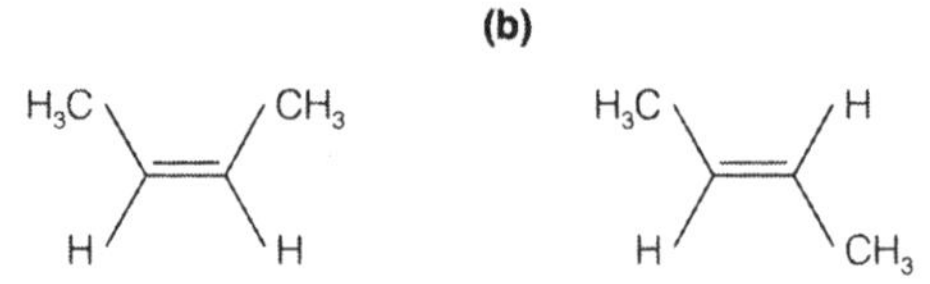

그림 7. 뷰트-2-엔의 두 가지 입체이성질체. (a) 끓는점 3.7℃. (b) 끓는점 0.9℃.

피셔 투영도

피셔 투영도는 분자의 삼차원 모양을 이차원으로 나타내는 다른 방법이다. 예를 들어, 뷰테인에 대한 피셔 투영도를 그림 6(a)에 나타냈다.

수평과 수직선은 규약에 따라서 **가려진** 형태를 반영한다. 수평선은 삼차원 구조에서 종이면 앞으로 나오는 결합을 나타내고 수직선은 종이면 뒤로 들어가는 결합을 나타낸다(그림 6(b) 참조).

배치 이성질체

사이클로헥세인의 의자와 보트 형태의 삼차원 모양은 분명히 매우 다르며 그것들은 사이클로헥세인의 입체이성질체들이다. 그러나 그것들은 일련의 결합 회전을 통하여 상호전환이 가능하다. 결합 회전에 의하여 상호전환될 수 없으며 결합의 분해와 형성에 의해서 상호전환이 되는 입체이성질체를 배치 이성질체들(configurational isomers)이라고 한다. 예를 들면, 뷰트-2-엔(2-뷰텐)에는 두 가지 입체이성질체가 있다(그림 7 참조).

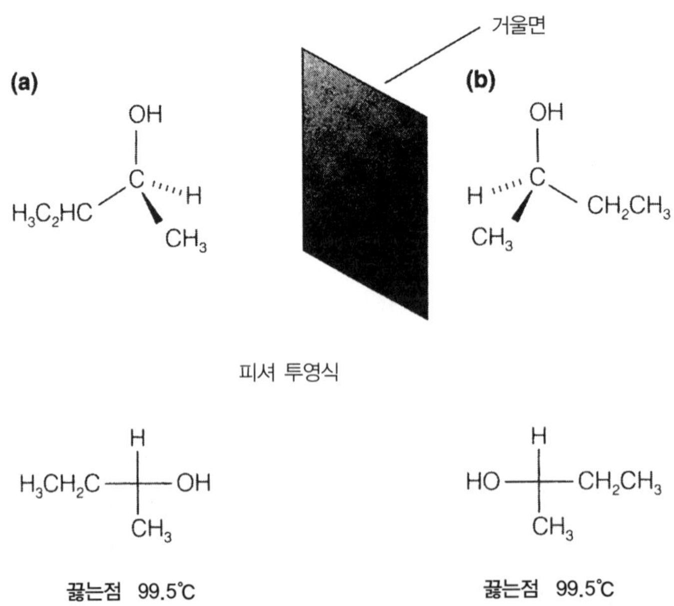

그림 8. 뷰테인-2-올의 배치 이성질체

탄소–탄소 결합에 대한 회전은 불가능하기 때문에 (보통 조건에서) (7a)와 (7b)는 배치 이성질체의 한 종류에 속하며 **기하**(geometric) 이성질체들이라고 한다(주제 E2 참조). 그런 입체이성질체는 서로 다른 물리적 성질을 가지며 혼합물로 존재하면 쉽게 분리될 수 있다. 배치 이성질체의 다른 예는 뷰테인–2–올에서 찾아 볼 수 있다(그림 8 참조). 2번 탄소 원자는 4개의 서로 다른 원자단이 결합되어 있으며, 이것을 **비대칭**(asymmetric) 중심이라고 한다. 이 탄소를 **카이랄**(chiral) 중심이라고도 한다. 4가지 원자단(H, OH, CH_3, CH_2CH_3)을 비대칭 탄소에 배열하는 데 두 가지 방법이 있으며, 이 두 가지 방법은 서로 포개지지 않는 거울상 관계이다.

(8a)와 (8b)가 거울상이기 때문에 그 구조들은 포개지지 않으며 2개의 공유 결합을 분해하고 재형성해야만 (8a)를 (8b)로 전환할 수 있다. 기하학적 배치 이성질체들과는 달리 이런 카이랄 화합물은 물리적 성질이 다르지 않으며, 따라서 혼합물로부터 쉽게 분리할 수 없다. (8a)와 (8b)가 유일하게 다른 점은 그것들이 평면 편광을 회전시키는 방향이다(주제 E2와 E3 참조). 따라서 (8a)와 (8b)를 흔히 **광학 이성질체들**(optical isomers)이라고 한다.

E2. 입체이성질현상

*중요한 용어

기하 이성질체 물리적 성질이 다르고 보통 조건에서는 결합 회전을 통하여 상호전환될 수 없는 입체이성질 화합물들을 기하 이성질체들이라고 한다.

E와 Z 이성질체 E와 Z 표시는 시스/트랜스 표시 체계가 적용될 수 없는 3- 또는 4-치환된 기하 이성질체에 적용된다. 이 표시를 적용하기 위해서는 각 치환기에 원자 번호에 의해서 결정되는 우선성을 부여해야 한다. Z 표시(시스에 해당)는 높은 우선성을 가진 치환기들이 분자의 같은 쪽에 있는 것을, E 표시(트랜스에 해당)는 그것들이 반대편에 있는 것을 나타낸다.

거울상이성질체 비대칭 또는 카이랄 탄소는 두 가지 구조를 가질 수 있다. 서로 거울상인 이 구조들을 거울상이성질체들이라고 한다. 이것들은 똑같은 물리적 성질과 화학적 성질을 가지며 평면 편광을 서로 반대 방향으로 같은 양만큼 회전시킨다.

R과 S 이성질체 R과 S 표시는 카이랄 중심에 붙여지며 카이랄 중심 주위의 치환기들의 배열을 분명하게 나타낸다. 이런 표시를 나타내기 위하여 치환기들은 원자 번호에 따라서 우선성을 따져야 한다.

부분입체 이성질체 하나 이상의 카이랄 중심을 포함하는 화합물은 거울상이성질체 쌍들이나 부분입체이성질체 쌍들로 존재할 수 있다. 부분입체이성질체는 서로 거울상이 아니며 서로 다른 물리적 성질을 가진다. 부분입체이성질체의 혼합물은 분리할 수 있다.

D와 L 이성질체 D와 L 표시는 전통적으로 천연적으로 존재하는 생화학적으로 중요한 카이랄 화합물에 주어진다. 이것들은 명확하지 않으며 광선을 회전시키는 방향을 나타내지도 않는다. 이 표시는 표준 화합물에 대하여 상대적으로 적용된다.

관련된 주제 이성질현상(E1) 광학 활성과 분할(E3)

기하 이성질체

탄소-탄소 이중 결합이나 고리에서 제약을 받는 탄소-탄소 결합에서 치환기들의 상대적 위치에 때문에 삼차원 구조가 다른 화합물을 기하 이성질체라고 한다. 기하 이성질현상의 예를 뷰트-2-엔으로 제시하였다(주제 E1 참조). 메틸기들이 이중 결합의 같은 쪽에 있는 것을 *시스*(*cis*)라고 표시하며 메틸기가 서로 반대쪽에 있는 것을 *트랜스*(*trans*)라고 표시한다(그림 1

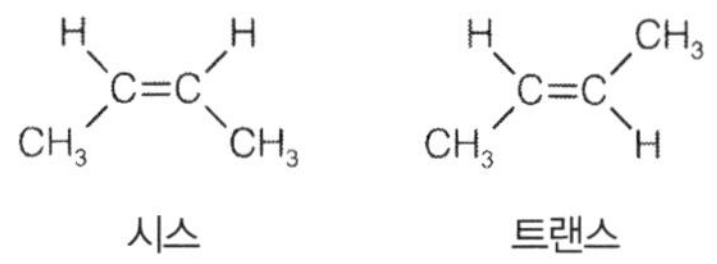

그림 1. 뷰트-2-엔의 기하 이성질체.

참조). 같은 분자식에 대하여 다른 구조를 그릴 수도 있지만(예, 2-메틸프로펜) 이것은 뷰트-2-엔의 기하 이성질체가 아니라는 점을 유의하라.

고리를 포함하는 기하 이성질체도 같은 방법으로 표시한다. 1,2-다이메틸사이클로헥세인을 그리는데 두 가지 가능한 구조가 있다(그림 2 참조). 보통의 온도와 압력 조건에서 탄소-탄소 이중 결합 주위의 회전은 억제되며 일련의 결합을 분해하고 재형성하는 반응을 통해서만 한 기하 이성질체를 다른 것으로 전환할 수 있다. 같은 방법으로 고리계에서 형태 변화가 일어날 수 있지만 치환기들의 상대적 배열을 변화시키는 것은 공유 결합을 분해해야만 가능하다. 따라서 기하 이성질체들은 서로 다른 물리적 성질과 화학적 성질을 가지기 때문에 분리할 수 있다.

E와 Z 이성질체

기하 이성질체가 3- 또는 4-치환되어 있으면(수소는 치환기로 생각하지 않음) 시스/트랜스 표시는 불충분하다. 그것들을 구별하고 큰 원자 번호를 가지는 것이 높은 우선성을 가지는 것과 같이 치환기들에 우선성을 부여하는 다른 표시계가 사용된다. 따라서 1-브로모, 1-클로

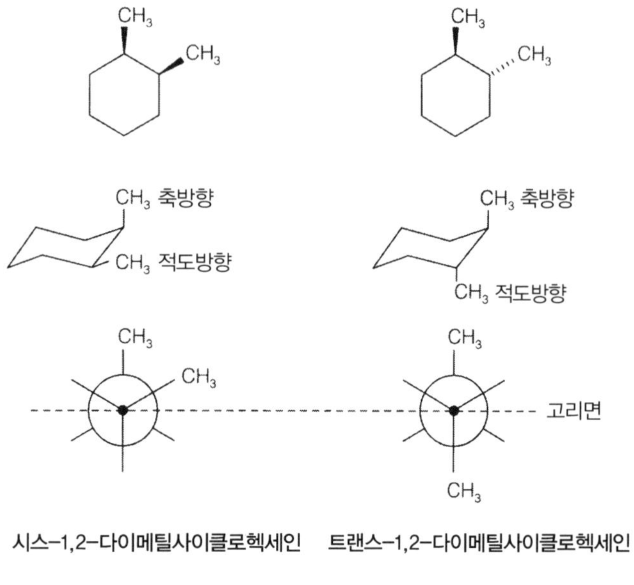

그림 2. 1,2-다이메틸사이클로헥세인의 기하 이성질체들을 나타내는 세 가지 다른 방법.

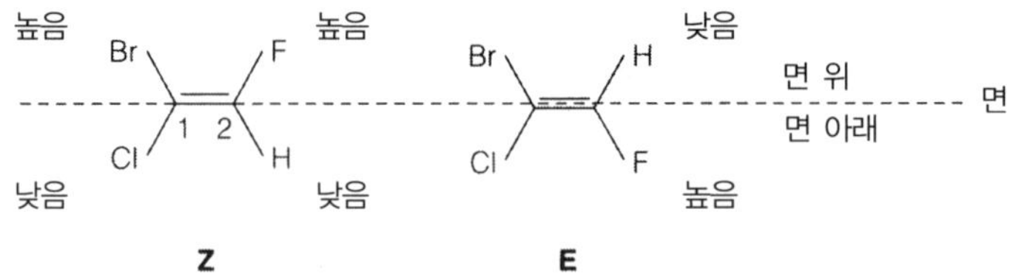

그림 3. 1-브로모, 1-클로로, 2-플루오로에텐의 E와 Z 표시 정하기.

로, 2-플루오로에텐의 기하 이성질체는 그림 3과 같이 나타낸다.

특별한 이성질체를 지정하기 위하여 치환기인 Cl, F, Br의 우선성을 따지고 상대적 위치를 결정하는 것이 필요하다.

	Br	>	Cl	>	F	>	H
원자 번호 (화학식)	35		17		9		1
	높은 우선성				낮은 우선성		

그림 3의 왼쪽 구조에 있는 1번 탄소에서 Br은 Cl보다 원자 번호가 더 크므로 Br이 더 높은 우선성을 가진다. 2번 탄소에서 F는 H보다 우선성이 더 높다. 따라서 왼쪽 구조에서 2개의 우선성이 높은 치환기들이 면의 같은 쪽에 있으며, 이 분자를 '함께'를(시스와 유사) 의미

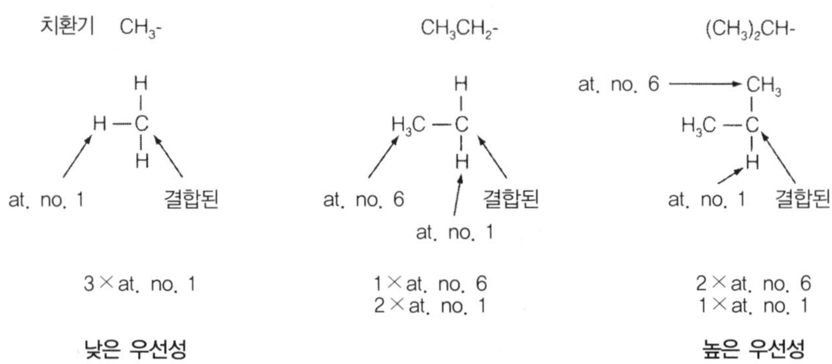

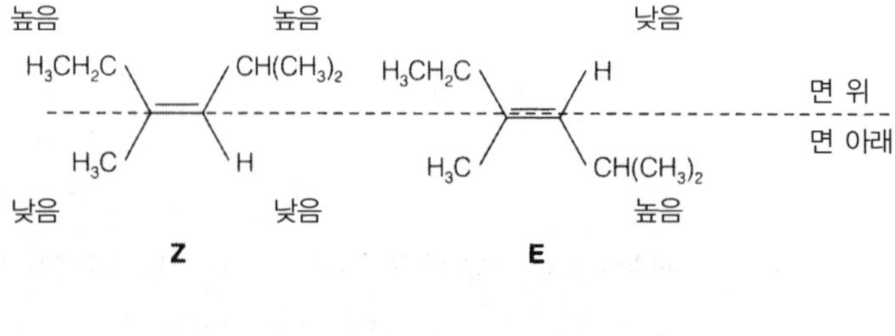

그림 4. E와 Z 결정을 위한 우선성 결정의 추가적인 예.

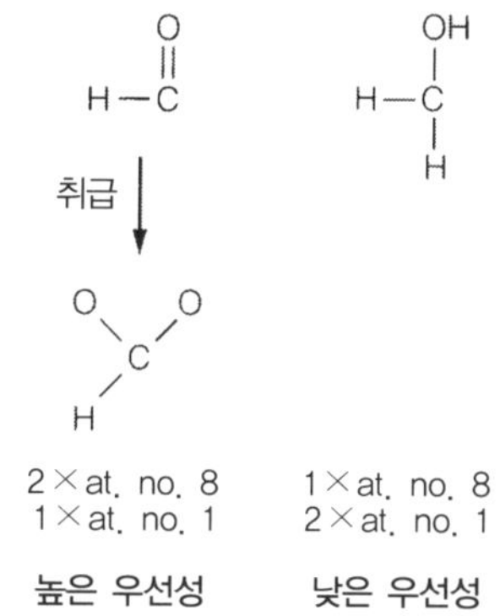

높은 우선성 $-H < -CH_3$, $-CH_2CH_3 < -CH{=}CH_2 < -Ph < CH_2OH < -CHO < -COR < -COOH < -COOR < -NH_2 < -NR_2 < -OH < -F$ **낮은 우선성**

그림 5. 다중 결합과 다른 흔한 작용기인 Ph(벤젠 고리)와 R(알킬기)를 포함하는 원자단의 우선성 지정.

하는 독일어의 zusammen에서 따와서 Z로 표시한다.

역으로 오른쪽 구조에선 2개의 우선성이 높은 원자단들이 면의 반대쪽에 있으므로 이 분자를 '반대'를 의미하는 독일어의 entgegen에서 따와서 E로 표시한다. 처음 결합된 원자의 원자 번호가 같다면 다음에 결합된 원자로 이동하여 따진다(그림 4 참조).

2,4-다이메틸헥스-3-엔의 E와 Z 이성질체를 그림 4에 나타냈다. 결합된 원자단이 결합된 다른 원자단에 다중 결합을 하고 있다면 각 결합을 별개의 치환기로 취급한다(그림 5 참조).

거울상이성질체

서로 거울상이며 하나 이상의 카이랄 중심을 가진 한 쌍의 화합물을 **거울상이성질체**(enantiomer)라고 한다. 이런 화합물은 평면 편광을 반대로 회전시키는 점을 제외하고는 모

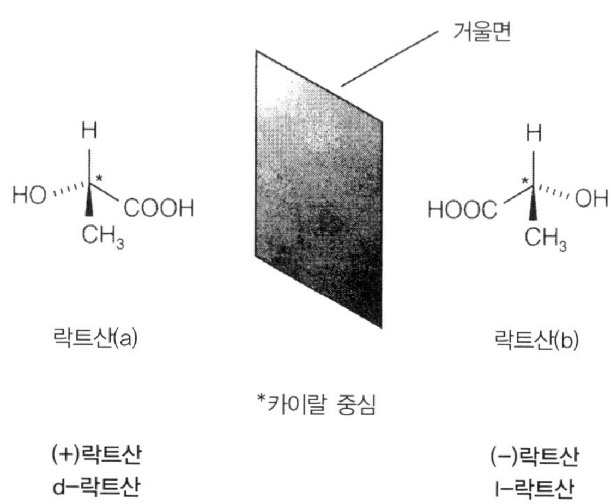

그림 6. 락트산의 거울상이성질체들.

락트산(a) HO>HOOC>H_3C>H

1 2 3 4

1.

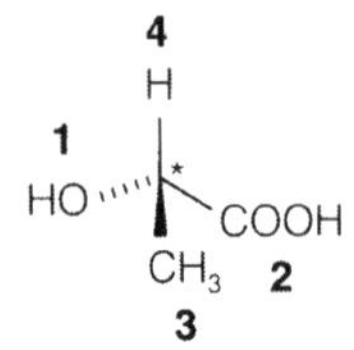

2. 'H'의 반대편에서 본다. 화합물을 아래쪽에서 보면 이렇게 그릴 수 있다.

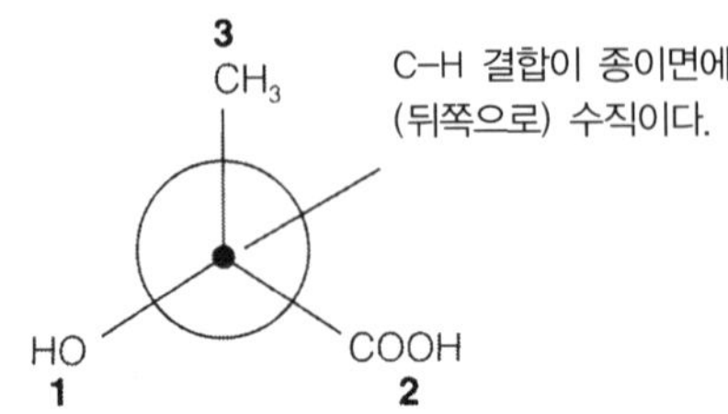

2. 우선성이 높은 쪽에서 낮은 쪽으로 원을 그린다.

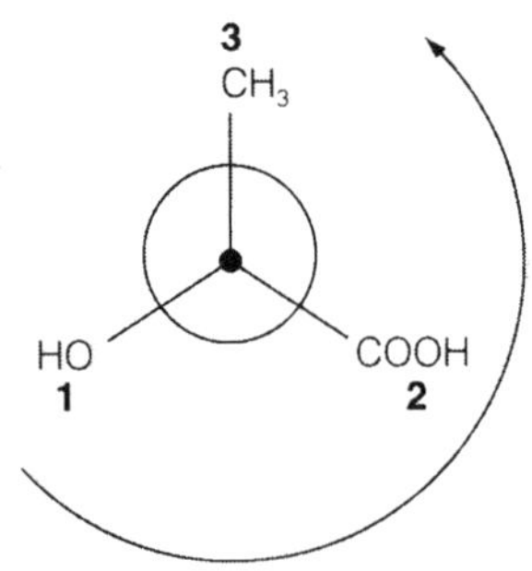

반시계 방향 S

반시계 방향 화살표, 분자는 '**S**'로 표시된다. 따라서 락트산(b)는 'R'로 표시되어야 한다.

증명: 1.

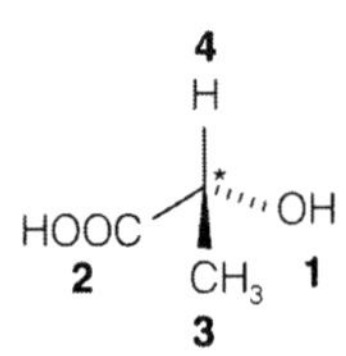

2.

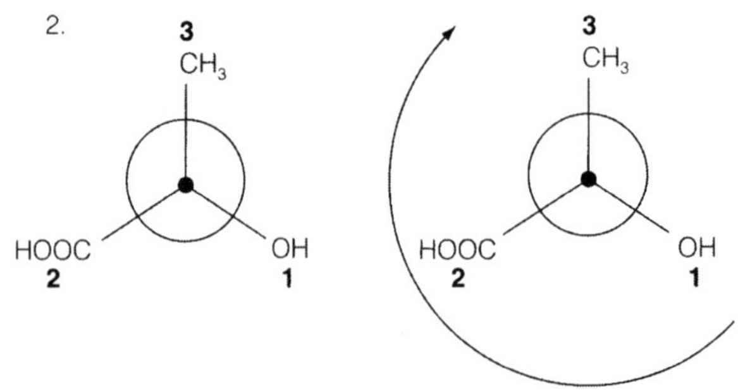

시계 방향 R

그림 7. 락트산 거울상이성질체들에 대한 R과 S 표시 정하기.

든 면에서 똑같다. 예를 들면, 락트산(a)는 락트산(b)의 거울상 짝이다(그림 6 참조). 락트산(a)는 평면 편광을 시계 방향으로 회전시킨다(주제 E3 참조). 따라서 이것은 (+) 또는 (d) 거울상이성질체로 표시된다. 'd'는 **시계 방향**(clockwise)을 의미하는 오른쪽(dextrorotatory)에서 유래하였다. 락트산(b)는 빛을 반시계 방향으로 회전시키므로 (–) 또는 (l)로 표시한다. 'l'은 **반시계 방향**(anticlockwise)을 의미하는 왼쪽(levorotatory)에서 유래하였다.

d–와 l–락트산의 1:1 **혼합물**은 평면 편광의 **알짜**(net) 회전을 일으키지 않는다. 이런 비를 이룬 거울상이성질체들의 혼합물을 **라세미 혼합물**(racemic mixture)이라고 한다(주제 E3 참조). 많은 천연 화합물과 약품들은 카이랄 중심을 가지므로 거울상이성질체 쌍들로 존재할 수 있지만 생물학적 상호작용의 삼차원 구조의 특이성 때문에 흔히 한 가지 거울상이성질체만이 천연 화합물, 효소 또는 약품 표적에 의해서 인식된다.

R과 S 이성질체

카이랄 중심에 표시하는 R과 S 표시는 *d*와 *l* 표시와 별개이다. 특별한 중심이 S라는 것을 안다면 한 가지의 삼차원 모양을 그릴 수 있다. 이것은 명확한 표시 체계이다. S형 분자는 R형 분자를 거울상 짝으로 가진다. 특별한 화합물의 R과 S 이성질체는 빛을 서로 반대 방향으로 회전시키지만 그 방향이 어느 쪽일지는 예측할 수 없다. 이것을 위해서는 실험이 필요하다(주제 E3). 따라서 일반적으로 R(+)와 R(–) 이성질체가 있을 수 있다.

R과 S 표시에는 다음과 같은 Cahn–Ingold–Prelog **규칙**이 적용된다.

- 카이랄 중심 주위의 원자단들에 우선성을 부여하여 이것들을 우선성이 제일 큰 것을 1로 하여 1부터 4까지 표시를 한다.
- 가장 낮은 우선성을 가진 원자단의 반대편에서 분자를 보고 원자단 1, 2, 3을 순서대로 통과하는 원을 그린다.
- 원의 방향이 **시계 방향**이면 카이랄 중심에 R(오른쪽)을 표시하고 **반시계 방향**이면 S(왼쪽)를 표시한다.
- 각 카이랄 중심에 대하여 반복한다.

락트산의 거울상이성질체들에 대하여 이 규칙을 적용한 것을 그림 7에 나타냈다.

R과 S(그리고 D와 L, d(+)와 l(–))는 **배열**(configuration)의 표시이다. 락트산의 경우 R–**배열**은 빛을 –3.82°, 즉 반시계 방향으로 회전시키므로 이 이성질체는 (–) 또는 l로 표시될 수 있다. S–**배열**은 빛을 +3.82°, 즉 시계 방향으로 회전시키므로 이 이성질체는 (+) 또는 d로 표시할 수 있다.

부분입체이성질체

한 분자에 둘 이상의 카이랄 중심이 있으면 거울상이성질체나 부분입체이성질체 쌍들을 그릴 수 있다. 이런 것은 똑같은 조성을 가지지만 관련된 거울상이 아니며, 실제로 다른 물리적 성질을 가진다(그림 8 참조). 그림 8의 각 화합물은 같은 치환기들을 가진다.

(8a)와 (8b)의 C-1 NH_2, COOH, $CH(OH)CH_3$, H
(8a)와 (8b)의 C-2 OH, $CH(COOH)NH_2$, CH_3, H

그러나 (8a)와 (8b)는 서로 거울상이 아니며 실제로 서로 다른 물리적 성질을 가져서 혼합물에서 서로 분리될 수 있다.

(8a)와 (8b)가 거울상이 아니라는 것을 증명하기 위하여 카이랄 중심의 배열인 R과 S를 정하는 것이 필요하다. 그림 7의 절차에 따르면 (8a)의 C-은 'R' 배열을 가지고 C-2도 같은 배열을 가진다. 이 화합물을 1R,2R로 표시하며, 그 거울상이성질체는 1S,2S로 표시된다. 화합물 (8b)의 C-1은 'S' 배열을 가지지만 C-2는 'R' 배열을 가지므로 이 화합물은 1S,2R로 표시되며 분명히 화합물 (8a)의 거울상이 아니다.

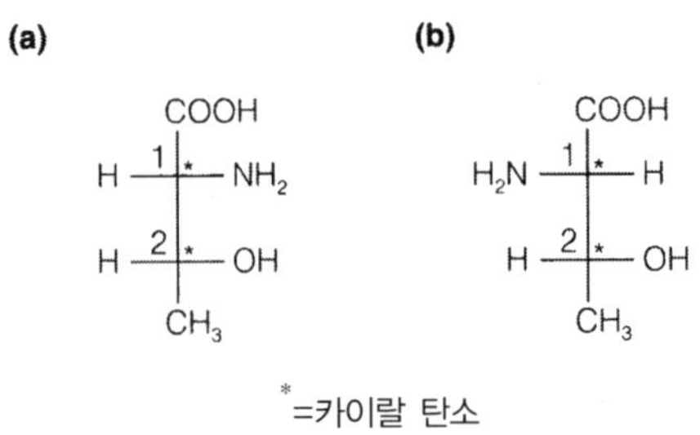

그림 8. 부분입체이성질체로 관련된 두 분자의 피셔 투영도. (a) D-알로트레오닌 $[\alpha]_D^{26}$ −9.6°. (b) L-알로트레오닌 $[\alpha]_D^{26}$ −28.3°.

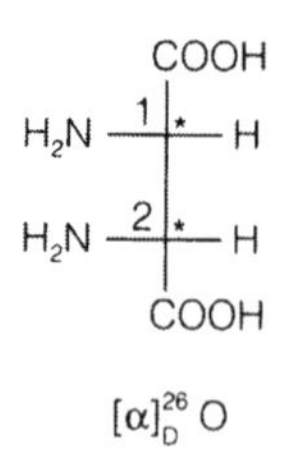

그림 9. **메조**(meso) 화합물의 예. 카이랄 중심(1)과 카이랄 중심(2)의 광학 회전이 방향이 서로 반대이고 크기는 같기 때문에 알짜 광학 회전은 영이 된다. 분자내 라세미 혼합물이다.

부분입체이성질체는 광학 이성질체이며 평면 편광을 회전시킨다. 그러나 **분자내 라세미 혼합물**(intramolecular racemic mixture)의(그림 9 참조) 특수한 조건에서 알짜 광학 회전이 영이 될 수 있다.

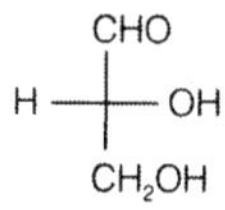

(+) 글리세르알데하이드

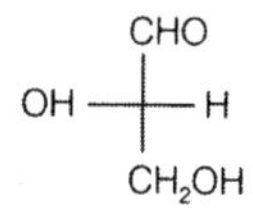

(−) 글리세르알데하이드

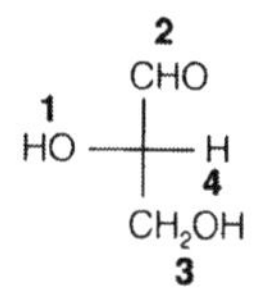

L−글리세르알데하이드

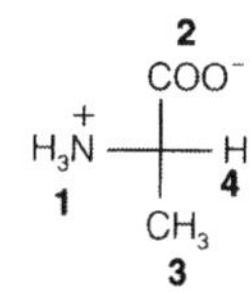

L−알라닌

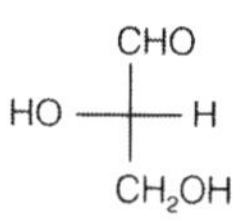

L−(−) 글리세르알데하이드

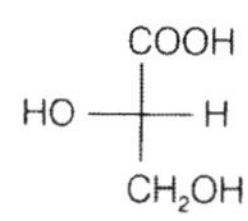

L−(+)−2,3−다이하이드록시프로판산

그림 10. '상대적' 배열의 D와 L 표시. (숫자는 다른 작용기들의 우선성을 나타내며 1이 가장 높고 4가 가장 낮다.)

D와 L 이성질체

D와 L 표시는 생물학자가 천연 아미노산과 당(주제 K1 참조)을 나타낼 때를 제외하고는 오늘날 거의 사용되지 않는다. 이것은 표준 화합물에 대한 상대적인 배열을 지정하는 것으로서 보통 표준으로 글리세르알데하이드가 이용된다.

(+)−글리세르알데하이드는 'D' 배열로 나타내며 (−)−글리세르알데하이드는 'L' 배열로 나타낸다. 따라서 (+) 이성질체와 유사한 배치를 가진 구조를 'D'로 표시하고 (−)와 유사한 것을 'L'로 표시한다. 흔한 아미노산 중에서 이런 점을 보여 주는 한 예를 그림 10에 나타냈다.

숫자 1에서 4는 높은 것부터 낮은 것으로 우선성을 나타낸다. L−알라닌에 대한 우선성의 배열이 L−글리세르알데하이드의 것과 똑같다는 것을 유의하라. 그러나 이 체계는 치환기들의 화학적 성질을 설명하지 못하기 때문에 붕괴되었다. 따라서 L−(−)−글리세르알데하이드의 산화 생성물인 L−(+)−2,3−다이하이드록시프로판산 같은 카복실산의 경우처럼 우회전성 (+)로 밝혀진 것이 'L' 배열을 가질 수도 있다(그림 10 참조).

E3. 광학 활성과 분할

***중요한 용어**

편광 측정	편광 측정은 거울상 화합물들에 대한 평면 편광의 효과를 결정하는 데 이용된다.
고유 광회전도	고유광회전도는 시료 농도와 빛 행로 거리를 고려한 평면 편광의 각도이다.
광학 순도	한 가지 거울상이성질체 시료를 광학적으로 순수하다고 한다.
분할	혼합물에서 거울상이성질체를 분리하는 것을 분할이라고 한다.
관련된 주제	**이성질현상(E1)** **입체이성질체(E2)** **원편광 이색성(Q5)**

편광 측정

거울상 화합물들(주제 E1과 E2)은 평면 편광의 경로를 반대 방향으로 회전시키는 점을 제외하고는 똑같은 물리적 성질을 가진다. 빛의 회전 각도를 측정하는 장치를 **편광계**(polarimeter)라고 한다(그림 1 참조). 이것은 빛이 모든 방향으로 진동하는 광원으로 구성되어 있다. 이 빛은 '편광판' 또는 편광 필터를 통과하여 한 방향으로만 진동하게 된다. 그 다음에 편광은 거울상이성질체 용액이 들어 있는 편광계 관을 통과한다. 빛은 용액을 통과하면서 회전한다. 관 끝에는 빛이 회전한 정도(광학 회전)를 검출하는 분석계가 있다.

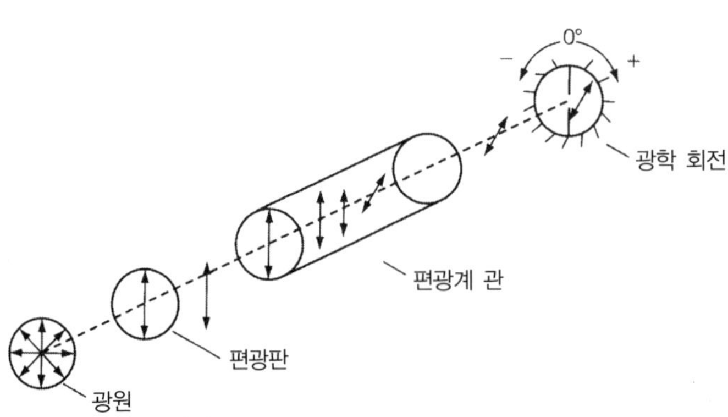

그림 1. 편광계의 모식도.

고유 광회전도

광학 활성인 화합물에 의해서 평면 편광이 회전한 각도를 **광학 회전**(optical rotation)이라고 하면 기호 α로 나타낸다. 그러나 거울상 화합물의 성질 이외에도 α에 영향을 줄 수 있는 몇 가지 인자가 있다. 광원의 파장, 온도, 시료 농도, 용매 유형, 실제 편광계 관의 길이가 모두 광학 회전의 크기에 영향을 준다. 따라서 '광학 회전' 값을 인용하기 보다는 **고유 광회전도**(specific rotation), $[\alpha]$를 인용하는 것이 보통이다. 고유 광회전도의 정의에 의해서 회전은 10 cm 관과 1 g ml^{-1}의 시료 농도를 사용하여 측정한다.

$$[\alpha] = \frac{\alpha}{c \cdot l}$$

여기에서 c는 밀리리터당 그램이고 l은 센티미터로 나타낸 행로 길이이다.
광원의 성질은 흔히 다음과 같이 나타낸다.

$$[\alpha]_{D}^{20°}$$

여기에서 D는 **소듐** D선을 나타내고 20°는 섭씨 **온도**이다.

광학 순도

한 가지 거울상이성질체 시료를 광학적으로 순수하다고 한다. 대부분의 경우 자연은 광학적으로 순수한 화합물을 이용하고 생성하지만 화학자들을 거의 그렇게 하지 못한다. 화학 반응의 흔한 결과는 카이랄 중심이 거울상이성질체들의 혼합물이다. 혼합물이 1:1 혼합물이라면 결과는 라세미 혼합물이 생기고(주제 E1과 E2) 알짜 광학 회전이 전혀 나타나지 않는다. 그러나 보통 광학 회전이 관찰되지만 예상한 크기는 아니다. 이것은 한 가지 거울상이성질체가 과잉으로 있기 때문이다. 거울상 초과량(enatiomeric excess, ee)은 다음과 같다.

$$\text{거울상 초과량}(ee) = \left(\frac{\text{한 거울상 이성체의 몰수} - \text{다른 거울상 이성질체의 몰수}}{\text{전체 몰수}}\right) \times 100$$

흔히 ee는 카이랄 화합물의 합성에서 이용된다. 그러나 이것은 거울상이성질체들이 분리되어야만 결정될 수 있다.

분할

거울상이성질체들의 분리를 **분할**(resolution)이라고 이에 대한 일반적인 아이디어를 1800년대 중반에 파스퇴르가 개척하였다.

거울상이성질체들의 혼합물을 분리하는 데는 세 가지 기본적 방법이 있다.

(a) 생성물이 결정이고 1:1 비율로 존재하지 않는다면 기계적 수단을 이용한다.

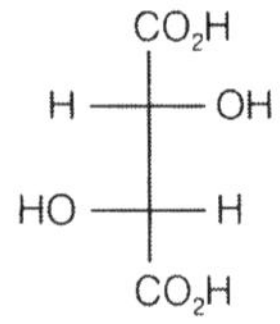

(+)-타타르산

그림 2. 타타르산의 피셔 투영식

(b) 거울상이성질체들 중 하나는 효소에 의해서 인식되고 전환되지만 나머지는 그대로 용액에 남는다면 효소적 방법을 이용한다.

(c) 서로 다른 물리적 성질을 가지는 부분입체이성질체들을 생성한다. 그 다음에 전통적인 분리 절차를 적용한다.

파스퇴르는 최초로 타타르산 암모늄 소듐의 결정성 거울상이성질체들을 관찰에 의해서 분리하였다. 두 가지 결정 형태가 존재하였으며 핀셋을 사용하여 각 형태를 분리하였다. 이것은 오늘날 사용되는 일반적 방법은 아니다.

몇몇 종류의 거울상 화합물들은 효소의 기질로 작용한다. 일반적으로 한 가지 입체이성질체만이 인식되고 전환(대사)이 되기 때문에 이것은 한 가지 순수한 거울상이성질체를 얻는 방법이 된다. 예를 들면, 파스퇴르가 증명한 대로 *Penicillium galucum*(녹색 곰팡이의 일종)은 타타르산 암모늄 소듐의 (+)-이성질체만을 대사하고 (−)-거울상이성질체를 그대로 남겨두므로 이것을 분리할 수 있다. 부분입체이성질체 합성은 아마도 가장 흔한 분할의 접근 방법일 것이다. 거울상이성질체들의 혼합물이 다른 반응물의 한 가지 거울상이성질체와 반응하면 부분입체이성질체들이 생긴다. 산성 카이랄 화합물을 이용한 이 접근 방법을 그림 3에 나타냈다.

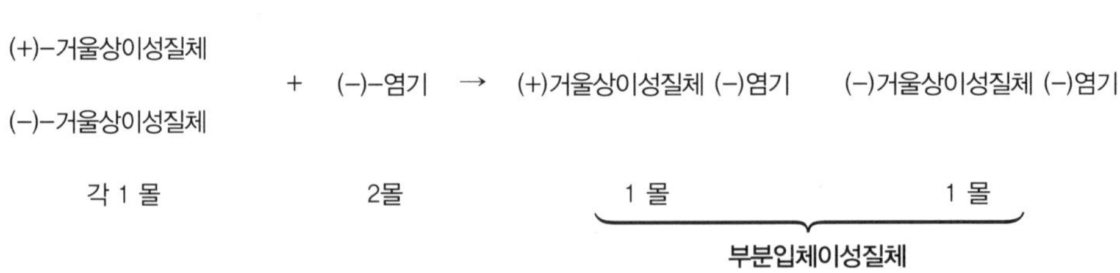

그림 3. 거울상이성질체들이 부분입체이성질체로 전환하는 것은 분할의 중요한 접근 방법이다.

부분입체이성질체들은 서로 다른 물리적 성질을 가지기 때문에 표준적인 분석 기술에 의해서 분리될 수 있다. 이것들은 일단 분리가 되면 염기 원자단을 제거하여서 원하는 거울상이성질체로 되돌려질 수 있다.

Section F 생물학적으로 중요한 작은 무기 분자들

F1. 인산과 인산 이온

중요한 용어

화학적 성질 인산은 일반적으로 점성이 큰 수용액으로 볼 수 있는 조해성이 큰 고체이다. 인산은 약산이며 세 번의 연속적인 탈양성자화를 거쳐서 인산 이온을 형성한다. 카복실산과 마찬가지로 인산은 탈수 반응을 통해서 이합체화를 이루어 인산 무수물을 형성할 수 있다.

생물학에서 분포 생물학적 계에서 인산은 흔히 인산 이온으로 이온화된 형으로 존재한다. 인산의 무수물은 아데노신 삼인산(ATP)과 아데노신 이인산(ADP)에서처럼 흔하게 존재한다. ATP는 인산 이온을 내놓고 ADP를 형성하며 에너지를 방출하기 때문에 인산 이온은 많은 대사 과정에서 나타난다. 인산 이온은 핵산에서 포스포다이에스터로서 '생명의 구성 단위'에도 존재한다.

관련된 주제 산소(F3) 올리고뉴클레오타이드 합성(M2) 카복실산과 에스터(J3)

화학적 성질

인산(H_3PO_4)은 흔히 오쏘인산(orthophosphoric acid)이라고 한다. 인산 이온이나 오쏘인산 이온($H_2PO_4^-$, HPO_4^{2-}, PO_4^{3-})은 이온화된 형들과 마찬가지로 사면체형 화합물이다(그림 1 참조). 그 결과 사면체로 치환된 탄소와 마찬가지로 인산의 인은 카이랄성의 가능성을 가진다(E 절 참조). 인산 자체는 반-고체이지만 흔히 점성이 큰 수용액으로 이용할 수 있다. 점성은

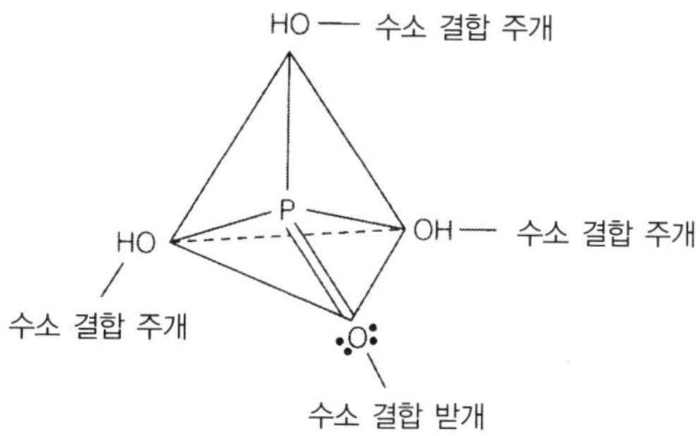

그림 1. 인산; 사면체 구조와 수소 결합 자리.

인산이 수소 결합을 할 수 있어서 생겨난다. 수소 결합 주개 자리 3개와 수소 결합 받개 자리 1개를 가진다(그림 1과 주제 H1 참조).

인산은 세 번의 해리 단계가 가능하기 때문에 **삼염기성**(tribasic)이라고 한다(주제 N3 참조). 그 결과 인산의 모노-와 다이-소듐 그리고/또는 포타슘염은(주제 N1 참조) 일상적으로 시험관 내 생화학적 연구의 pH 완충 용액으로 이용되며, 실제로 생체 내 생화학적 과정의 완충에서도 중요한 부분이다.

생물학에서 인산과 그 유도체의 가장 중요한 반응 중 하나는 다량체화이다. 카복실산의 경우처럼(주제 J3 참조) 두 인산 분자가 물을 잃으면서 결합하여 **파이로인산**(pyrophosphate)이라고 하는 이인산 에스터를 형성한다. 그러나 인산은 추가적인 'OH' 작용기를 가지기 때문에 삼인산도 형성될 수 있다.

인산의 염은 고체이며 많은 것은 강한 무기산이 존재하지 않는 한 비교적 물에 녹지 않는다. 염은 보통 인산과 소듐 사이에 형성되지만 생물학에서는 인산 칼슘과 인산 마그네슘(주제 G3 참조)도 흔하다.

생물학에서 분포

인산 이온은 인산 칼슘 형태로 뼈와 이에 존재하며, 그 단단함에 도움을 준다. 인산 이온은 모든 세포에 존재하며 세포내 유체의 중요한 음이온이다. 그 중요성을 알아보기 위하여 **글리코젠**(glycogen)의 분해를 생각해 보자. 글리코젠은 간단히 말하자면 글루코스의 중합체이다(그림 2 참조). 식사 전이나 운동 동안 글루코스의 공급이 부족하면 글리코젠이 대사되어서 글루코스의 수요를 맞춘다(글루코스는 신체의 중요한 에너지원이다.). 글리코젠 분해는 코리 부처(Carl과 Gerty Cori)에 의해서 최초로 밝혀졌으며, 오쏘인산[이것을 **무기 인산**(inorganic phosphate, Pi)이라고도 함]을 이용하는 단계에서 가인산분해를 포함한다(그림 3 참조). 이 반응은 물론 **글리코젠 가인산분해효소**(glycogen phosphorylase)라는 **효소**에 의하여 촉매되며, 글루코스-1-인산이라는 인산-당이 생긴다. 이 과정은 세포 바깥으로 확산할 수 없는 인산화된 당이 형성되기 때문에 에너지에서 유리하다(주제 H2 참조). 반대로 글리코사이드 결합의 가수분해(그림 3 참조)는 세포막을 가로지를 수 있는 글루코스를 형성할 것이다.

인산 이온과 인산 에스터는 각각 아데노신 삼인산(ATP)의 합성과 분해에서 매우 중요하다(그림 4 참조). ATP는 생물계에서 '자유 에너지의 보편적 통화'(주제 O4 참조)로 생각된다.

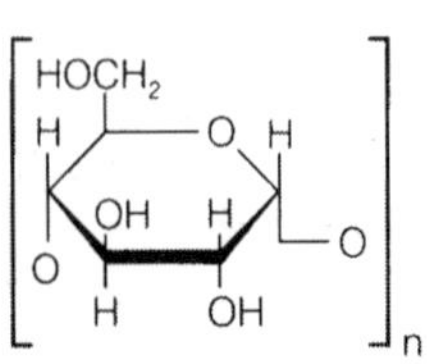

그림 2. 글루코스 중합체의 하나인 글리코젠.

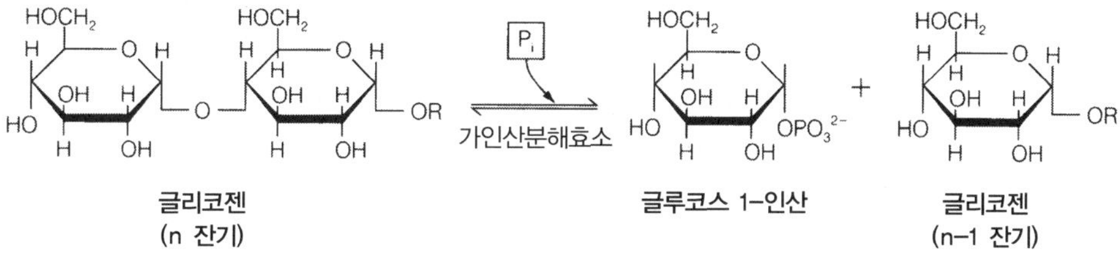

그림 3. 글리코젠 대사에는 인산화 단계가 포함된다.

따라서 인산 에스터 결합은 계속적으로 형성되고 분해되며 인산 이온은 계속하여 발생하고 소비된다(그림 4 참조).

인산기(더 정확하게는 포스포다이에스터)가 있는 또 다른 중요한 자리는 핵산이며(주제 M2 참조), 핵산에서 인산기는 연속된 뉴클레오사이드들의 라이보스 고리들을 연결한다.

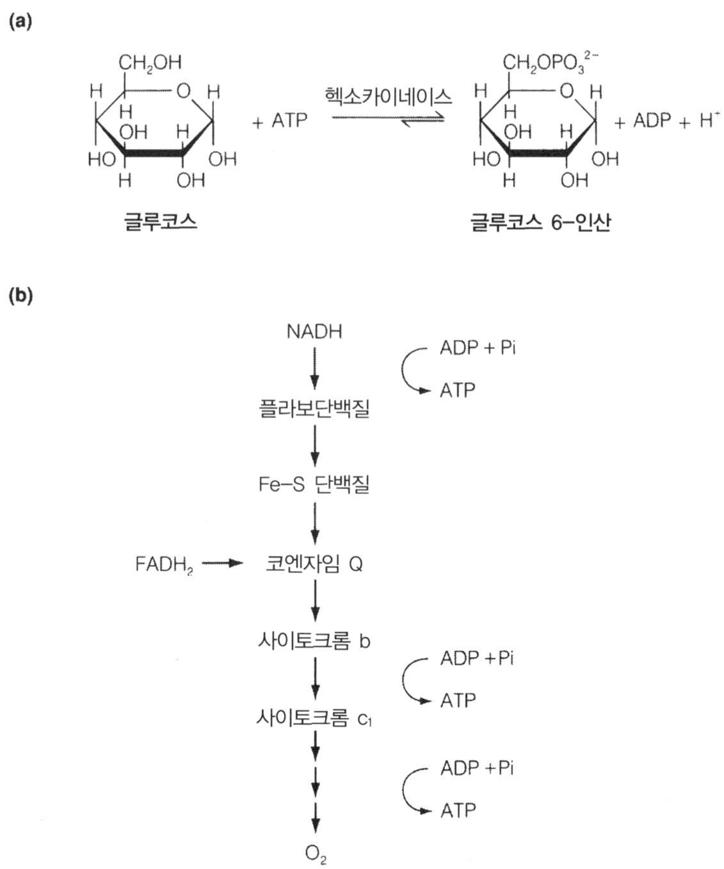

그림 4. ATP가 형성되고 소비되는 과정의 예. (a) 글루코스의 인산화에서 ATP의 사용. (b) 산화성 인산화의 형성(G 절 참조).

F2. 질소

중요한 용어

N_2 분자 질소는 지구 대기의 주요 성분이다. 질소 분자는 두 원자로 구성되어 있으며(때때로 이질소라고도 함) 형식적 삼중 결합으로 결합되어 있다. 이것은 특히 강한 결합이며, 이 때문에 분자는 비교적 안정하며 화학적으로 반응성이 없다.

생물학적 중요성 질소는 많은 생체분자에서 중요한 성분이다. 대기 질소가 다른 화합물로 전환되는 것을 고정이라고 한다. N_2는 화학적 무반응성에도 불구하고 N_2 고정은 어떤 박테리아의 특별한 효소들에 의해서 수행된다. 질소는 토양의 탈질소화 미생물의 작용에 의해서 대기로 돌아간다.

질소의 산화물 대기의 N_2는 번개와 태양 복사선의 작용에 의해서 여러 가지 질소 산화물로 전환된다. 그런 화합물들은 수많은 공업과 연소 과정에서도 생성되며 도시와 산업 공해의 중요한 성분이다. 이산화 질소는 독성이 있으며, 물과 반응하면 질산을 생성하기 때문에 특히 위험한 공해 분자이다. 질소 산화물은 광화학적 스모그의 중요한 성분이다. 일산화 이질소는 웃음기체라고도 알려져 있으며, 마취 성질을 가진다. 일산화 질소는 광범위한 생리적 과정들에서 중요한 신호 분자이다.

물에 대한 용해도 질소는 보통 조건에서 물에 거의 녹지 않지만 압력을 높여주면 용해도가 증가한다. 이것은 심해 다이빙에서 일어나는 것처럼 고압에서 정상적인 공기를 호흡하면 혈액과 신체 조직에 질소가 녹는다는 것을 의미한다. 이것은 '잠수병'과 질소 혼수의 원인이 된다. 뒤의 것은 신경과 뇌 세포의 지방 성분에 녹는 질소의 경향과 관련되어 있다.

관련된 주제 화학 결합의 성질(B2) 열역학 제일법칙(O2) 마그네슘과 망가니즈(G3)

N_2 분자

지구 대기의 주성분은 N_2 형태의 질소이다. 이것을 때때로 '이질소'라고도 하지만 흔히 '질소' 또는 '질소 분자'로 부른다. 질소는 부피로 대기의 약 78%를 구성한다. 이것은 특별히 안정하며 화학적으로 반응성이 없는 분자이다. 질소 분자를 두 원자 사이에 삼중 결합을 가지는 다음과 같이 나타낼 수 있다.

$$N \equiv N$$

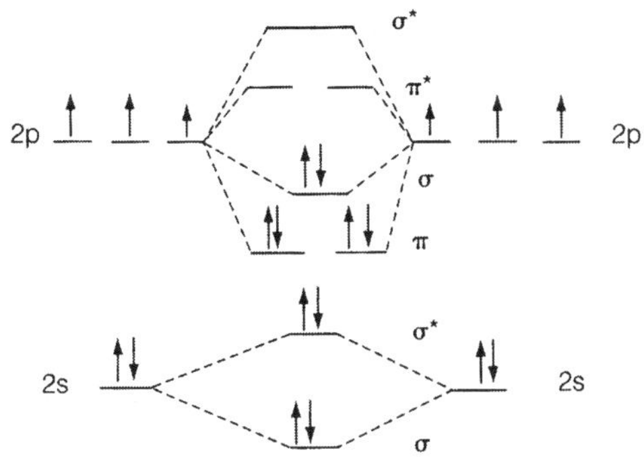

그림 1. N_2의 MO 도표.

분자의 안정성은 이 삼중 결합의 비교적 강한 세기와 관련된다. N≡N 분자의 결합 에너지(두 개의 질소 원자를 생성하는 동종 분해를 위해 필요한 에너지, 주제 B3 참조)는 942 kJ mol^{-1}로서 이것은 H_2 분자의 H−H 결합에 대한 432와 대조가 된다.

분자 궤도함수를 이용하여 원자들 사이의 결합을 나타낼 수 있다. 우리는 앞에서 이미 일산화 탄소의 결합을 분석하면서(B2 절) 이 방법을 사용하였다. 실제로 같은 수의 전자가 관련되어 있기 때문에 이 상황은 일산화 탄소의 경우와 매우 유사하다. CO와 N_2는 **등전자**(iso-electronic)라고 한다. 우리는 앞에서와 마찬가지로 한 벌의 분자 궤도함수들을 구성할 수 있다. 그러면 2s 원자 궤도함수들이 결합하여 시그마 결합(σ)과 반시그마 결합성(σ^*) 분자 궤도함수를 형성한다. 각 원자에서 온 2p 원자 궤도함수도 결합하여 σ와 σ^* 결합을 형성하지만 다른 2p 궤도함수들(각 원자에서 2개)은 π와 π^* 궤도함수를 형성한다. 이것을 그림 1에 나타냈다.

쌓음 원리에 따라서(주제 A2 참조) 분자 궤도함수에 전자를 배치하면 모든 p-전자들은 결합 궤도함수(σ와 π)에 들어가지만 반결합성 궤도함수들(σ*와 π*)에는 ('p' 전자가) 전혀 들어가지 않는다. 따라서 결합은 이상적이며, 두 개의 강하게 연결된 원자들이 존재한다.

생물학적 중요성

질소는 생물학적으로 매우 중요하다. 질소 원자는 단백질과 핵산같은(주제 K1과 K2 참조) 많은 생체분자들을 구성한다. 대기에는 질소가 풍부하지만 보통 조건에서 질소는 특별히 반응성이 있는 분자가 아니며 대부분의 생물은 필요한 질소를 대기로부터 직접 얻을 수 없다.

다행스럽게도 대기의 질소를 이용할 수 있는 생물학적 과정이 진화하였다. 대기의 질소를 다른 화합물로 반응시키는 것을 **고정**(fixation)이라고 한다. 대기의 질소는 특수한 효소의 작용에 의해서 암모니아 뿐 아니라 아질산염과 질산염으로 전환된다. 그런 효소 중 한 가지는 중심에 몰리브데넘 원자를 함유한다(G4 절). 그러한 효소는 질소 고정 박테리아에서 발현된다. 이것에는 독립으로 생활하는 종류와 식물과 공생을 하며 사는 종류의 두 종류가 있다. 이런 박테리아는 많은 식물의 뿌리혹에서 발견되며 그곳에서 식물과 박테리아는 친밀하게 연결되어 있다. 식물은 박테리아에게 적절한 환경을 제공하며 박테리아는 식물의 대사에 필요한 질산염과 다른 질소 화합물을 제공한다. 번개와 태양광의 작용도 대기의 질소를 소모하지만 (다음을 참조) 박테리아가 지구 전체 질소 고정의 90% 이상을 담당한다.

질소 고정은 결국 대기의 질소 보존량을 고갈시킬 것이지만 토양에 살고 있는 **탈질소화 미생물**(denitrifying microorganisms)의 작용이 이것을 막아준다. 이것은 질산염을 N_2로 전환하며 N_2는 대기로 돌아간다. 이것은 **질소 순환**(nitrogen cycle)의 중요한 고리이다.

질소의 산화물

번개 방전과 태양광의 작용으로 대기의 질소는 다른 대기 성분인 반응성 산소 분자 O_2(주제 F3 참조)와 반응하여 집합적으로 질소 산화물이라고 하는 여러 가지 화합물을 형성한다. 이런 것은 N_2가 O_2와 반응할 수 있는 특별한 고온에서 연소가 일어날 때도 생성된다. 따라서 질소 산화물의 생성은 흔히 산업 활동과 연료 연소와 관련이 있다.

일반적으로 여러 가지 질소 산화물은 일반적으로 이용되는 개별적 이름을 가지고 있지만 규약에 의해서 로마 숫자로 표시하는 질소의 산화 상태(주제 I2 참조)에 따라서도 부를 수 있다. 몇 가지 질소 산화물을 표 1에 나타냈다. 다른 많은 질소 산화물도 존재할 수 있지만 그것들은 생물학적 중요성을 거의 가지지 않는다.

일산화 이질소는 웃음 기체라고도 알려져 있으며, 마취제로 사용된다. 이것은 약한 히스테리증을 일으키며 노동을 하는 동안 고통 경감제로 선택될 수도 있다.

일산화 질소는 무색의 독성 기체이며 홀수개의 전자를 가진 안정한 화합물이라는 점이 특이하다. 이것은 라디칼이다. 일산화 질소는 전통적으로 독약으로 생각되었지만 최근에 예상하지 못하게도 여러 가지 조직과 생리적 과정들에 작용하는 중요한 신호 분자라는 것이 알려졌다. 조직 안에서 이 분자는 비교적 수명이 짧으며(몇 초 동안) 일산화 질소 생성효소라는 특별한 효소에 의해서 생성된다. NO가 관여된 과정들이 많기 때문에 당연히 잘못된 NO 합성의 조절에서 생기는 여러 가지 병들이 있다.

이산화 질소는 냄새가 고약하고 자극적인 기체이며 산업과 도시 대기 오염에서 위험한 성분 중 하나이다. 이것은 폐에서 체액의 축적을 일으킨다(폐수종). 이것은 낮은 온도에서 다음과 같이 물과 반응하여 질산(HNO_3)과 아질산(HNO_2)의 혼합물을 생성한다.

표 1. 몇 가지 질소 산화물

이름	분자식	다른 이름	기타
일산화 이질소	N_2O	산화 질소(I)	'웃음 기체'
일산화 질소	NO	산화 질소(II)	전령 분자
이산화 질소	NO_2	산화 질소(IV)	갈색
질산	HNO_3		강산

$$2NO_2 + H_2O \rightarrow HNO_3 + HNO_2$$

이것은 한 화합물이 생성물 중 한 가지는 원래의 것보다 더 높은 산화 상태이고 나머지는 더 낮은 산화 상태인 두 가지 생성물을 만드는 **불균등화 반응**(disproportionation)의 예이다(주제 I2 참조). 아질산은 불안정하며 쉽게 분해하여(역시 불균등화 반응임) 일산화 질소와 질산을 생성한다.

$$3HNO_2 \rightarrow HNO_3 + 2NO + H_2O$$

따라서 고온에서 이산화 질소는 질산과 일산화 이질소를 생성한다. 대기 중에서 질산의 생성이 일어나면 산성비를 만들기 때문에 특히 관심거리이다.

질산을 센산이다(주제 N2 참조). 질산은 염인 질산화물을 생성하며, 이것은 중요한 비료가 된다. 이것을 토양 넣으면 일반적으로 물에 잘 녹기 때문에 흐르는 빗물에 의해서 씻겨 내려가서 강과 바다의 환경문제를 일으킨다.

질소의 산화물들은 도시 지역 위에서 생성될 수 있는 광화학적 스모그의 중요한 성분이다. 탄화수소와 질소 산화물의 혼합물은 햇빛에 의해서 촉매되는 여러 가지 반응을 한다. 생성물들 중에서 매우 독성이 큰 오존(주제 F3 참조)과 NO_2가 있다. NO_2는 이 위중한 형태의 공해에 독특한 엷은 갈색을 띠게 한다. 그것들이 대기의 상층부로 올라가면 질소 산화물들(특히 일산화 이질소)은 오존층 고갈의 원인이 된다(주제 F3 참조). 질소 산화물들은 자외선에 의해서 분열되어서 원자와 자유 라디칼을 생성하며(주제 I1 참조) 다음에 이것들은 오존 분자와 반응한다.

물에 대한 용해도

질소 분자의 물에 대한 용해도는 온도가 증가할수록 감소한다. 이것은 O_2 경우에도 마찬가지이며, 이 때문에 물의 온도가 올라가면 기포가 생겨서 떠오른다. 온도가 오르면 용해도가 감소하는 것은 N_2(와 O_2)의 용해가 발열 과정(주제 O2 참조)의 예이기 때문이다. 온도가 올라가면 불리해지는 것이 발열 반응의 특징이다.

물에 대한 N_2의 용해도는 보통 조건에서 특별히 높지는 않다. 25℃, 1 atm의 대기에서 질소의 용해도는 6.8×10^{-4} mol/l 정도이다. 이것은 약 18 mg의 질소이며 기체로서 약 15 cm^3를 차지한다. N_2 분자는 쌍극자 모멘트가 없기 때문에 소수성 상호작용(주제 H2 참조)을 통해서 다른 분자와 상호작용을 한다. 따라서 질소는 물보다 지방 조직과 지방질에 더 잘 녹는다(주제 K3 참조).

질소의 물에 대한 용해도가 높지는 않더라도 심해 다이빙에는 매우 중요한 인자이다. 이것은 압력이 변화할 때 기체와 인체 조직의 상호작용에 관한 훌륭한 예이다. 잠수부가 수면에서 아래로 내려갈수록 수압이 빠르게 증가한다. 잠수부와 그가 숨쉬는 기체에 압력이 가해진다. 잠수부가 보통 공기를 호흡한다면(즉, 대부분이 질소인) 잠수부의 혈액에 녹는 질소의 양이 증가할 것이다(그리고 신체 조직 특히 지방 조직에 전달될 것이다). 압력이 낮은 수면으로 너무 빠르게 다시 올라오면 문제가 발생할 것이다. 이렇게 하면 질소가 용액에서 나와서 혈액에서 기포를 형성할 것이다. 이것이 고통스럽고 염려하던 '잠수병'이다. 이것은 수면으로 매우 느리게 올라오거나 느린 감압 과정이 수행되면 방지할 수 있다. 이것은 녹아 있던 질소가 기포를 형성하지 않고서 신체로부터 천천히 빠져나오게 해 준다. 다른 방법은 산소와 헬륨의 혼합물을 호흡하는 것이다. 헬륨은 화학적으로 안정하며(주제 A1 참조) 질소보다 물에 잘 녹지 않는다. 따라서 압력을 받으면 헬륨은 질소보다 적은 양이 혈액과 조직에 녹을 것이며, 따라서 감압 과정을 더 빠르게 할 수 있다. 연관된 상황이 가압하지 않은 비행기의 비행사에게도 생길 수 있으며, 높은 고도에서 잠수병에 걸릴 수 있다.

높은 압력에서 보통 공기를 호흡하는 또 다른 위험은 정신 기능이 손상되는 질소 혼수이며, 이것은 매우 위험하고 우려할 만하다. 위에서 질소는 지방 조직에 잘 녹는다고 설명하였다. 신경과 뇌 세포들은 지질의 수준이 높으며(주제 K3) 이런 성분들에 녹아 있는 질소가 증가하면 병이 생긴다.

질소 용해도 때문에 생기는 문제는 호흡 장치를 사용하는 심해 잠수부에게 국한되지는 않는다. 일본과 폴리네시아의 진주 잠수부들에게서 타라나바병(taranava syndrome)이라고 하는 병이 관찰되었는데 그들은 반복적으로 50 m 부근을 잠수하며 그동안 숨을 멈춘다. 이런 반복은 조직에 질소가 축적되게 한다. 이 병은 잠수 사이에 신체에서 질소가 나올 수 있도록 충분한 시간을 가지면 예방할 수 있다.

F3. 산소

중요한 용어

O_2 분자 O_2 분자의 분자 궤도함수를 분석하면 π 반결합성 궤도함수에 2개의 전자가 있다. 이런 전자가 가장 에너지가 낮게 배열되면 전자들은 같은 스핀을 가지며 별개의 궤도함수에 있게 된다. 이 때문에 분자는 다이라디칼이 되고 O_2는 매우 반응성이 크게 된다.

산소의 생물학적 중요성 O_2의 반응성이 크기 때문에 화학 평형에서 지구 대기에는 O_2가 거의 없을 것이다. 그러나 O_2는 계속하여 광합성에 의해서 만들어지고 있다. 산소는 지구상의 많은 생물들에게 절대적으로 필요하다. 산소는 탄수화물을 산화하여 고에너지 ATP를 생성하는 데 필요하며, 그 다음에 ATP는 일반적인 대사 과정들에 이용된다. 산소는 폐로부터 적혈구 속의 헤모글로빈과 마이오글로빈에 결합하여 운반된다. 폐에서 멀어지면 O_2의 기체 압력은 낮아지고 헤모글로빈과 마이오글로빈의 산소 친화력은 상당히 감소하여서 조직으로 산소가 방출될 수 있다.

산소의 물에 대한 용해도 산소는 산소를 호흡하는 수중 생물을 지탱할 정도로 물에 녹는다. 산소의 용해가 발열 과정이기 때문에 산소의 물에 대한 용해도는 온도가 올라가면 상당히 감소한다. 산소는 플루오린화 탄소에 매우 잘 녹으며, 그 에멀션은 합성 혈액으로 사용될 수 있다.

오존 햇빛이나 전기 방전에서 O_2는 오존, O_3을 발생시키며, 이것은 산소의 다른 동소체이다. 오존은 지상 높이에서 생성된다면 매우 유독하며 위험하지만 대기 상층부에서는 자외선의 중요한 흡수제로서 지상 거주 생물을 위한 중요한 보호작용을 한다. 오존은 광화학 반응 때문에 어떤 클로로플루오로탄소과 반응을 한다. 이런 화합물들이 대기 상층부로 확산하여 그곳의 오존을 고갈시킬 수 있다.

관련된 주제 분자 궤도함수(B1) 완충 용액(N4) 반응종(I1)

O_2 분자

산소 분자에 있는 두 원자의 결합은 CO(주제 B2 참조)와 N_2(주제 F2 참조)에서 본 것과 같이 분자 궤도함수 접근법을 이용하여 분석할 수 있다. O_2의 분자 궤도함수들의 에너지 준위에 대한 도표를 그림 1에 나타냈다. 이것은 분광학적 분석과 상세한 계산에 의하면 2p 원자 궤도함수들에 의해서 형성된 σ와 π 분자 궤도함수의 상대적 에너지가 N_2나 CO의 것과는 다르다는

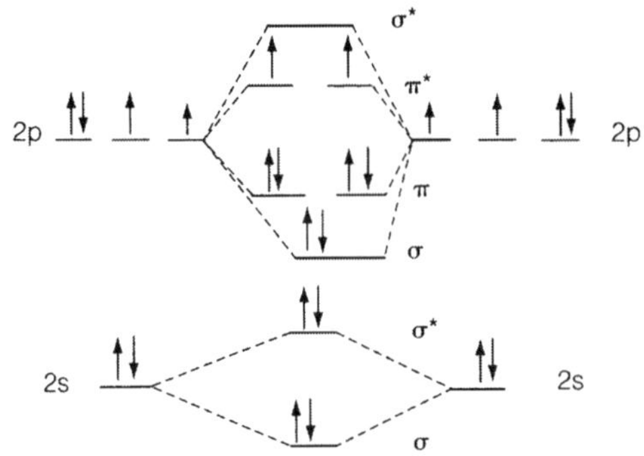

그림 1. O_2의 분자 궤도함수 표현.

점을 제외하면 CO나 N_2의 것과 유사하다.

쌓음 원리(주제 A2 참조)에 따라서 분자 궤도함수에 전자를 배치하면 일단 낮은 궤도함수들을 모두 채운 후 2개의 전자가 남는다. 표준 규칙에 따라서 이것들은 π^* 궤도함수에 놓여야 한다. 이 궤도함수는 똑같은 에너지를 가진 것이 2개가 있다(즉, 축퇴되어 있다). 이 두 궤도함수는 두 쌍의 원자 p-궤도함수들 사이에 옆으로 겹침이 가능하기 때문에 생긴다. 이 두 전자들의 가장 낮은 에너지 분포는 평행한 스핀을 갖도록 한 개씩 π^* 궤도함수에 놓는 것이다. 이것은 훈트의 규칙(주제 A2 참조) 때문이다. 이렇게 처리하면 O_2 분자는 다이라디칼(즉, 두 개의 쌍을 이루지 않은 전자를 가짐, 주제 I1 참조)로 행동한다고 예측할 수 있다. 또 이 분자는 분자에 있는 쌍을 이루지 않은 전자들 때문에 생기는 자기의 한 형태인 **상자기성**(paramagnetic)일 것이다. 이런 예측은 옳다고 판명되었다. 2개의 쌍을 이루지 않은 전자들은 분자가 매우 반응성이 크다는 것을 의미한다.

O_2 분자는 두 원자 사이에 이중 결합이 있는 O=O로 나타낼 수 있지만 이것은 좋은 표현은 아니다. 또 다른 표현은 $O^{\bullet}=O^{\bullet}$로 나타내는 것이며, 여기에서 점은 쌍을 이루지 않은 전자를 나타낸다.

산소의 생물학적 중요성

산소는 지구의 생물들에게 매우 중요하다. 인간은 숨을 쉬지 않고 겨우 몇 분 동안 살 수 있다.

지구 대기의 약 21%는 O_2 분자 형태의 산소로 구성되어 있다. 그러나 산소는 매우 반응성이 크며 화학 평형이 우세한 조건이라면 대기 중에는 산소가 거의 없을 것이다. 그러나 이런 경우는 생기지 않는데, 생물학적 광합성(주제 G3 참조)에 의해서 계속적으로 산소가 만들어지기 때문이다. 대기 중에 상당한 양의 O_2가 있는 것은 오존이 발생한다는(아래 참조) 것을 의미하며, 이것도 생물에게 매우 중요하다.

산소의 필요성은 주로 유용한 에너지를 생성하는 탄수화물(당)의 산화(주제 F1 참조)를 위한 대사적 수요에서 생긴다. 전체 반응은 다음과 같다.

$$\underset{\text{글루코스}}{C_6H_{12}O_6} + 6O_2 + 36ADP + 36P_i \rightarrow 6CO_2 + 36ATP + 6H_2O$$

이 과정은 일련의 반응들의 합이며 글루코스 이외의 분자도 산화될 수 있다.

에너지는 ATP 분자(주제 F1 참조)에 저장된다. P_i(무기 인산)와 ADP(아데노신-5′-이인산) 또는 AMP(아데노신-5′-일인산)가 생기는 ATP의 가수분해는 깁스 자유 에너지 측면에서 매우 유리하며(주제 O4 참조), 이것은 다음에 대사 목적을 위하여 이용될 수 있다. 일반적 대사에서 ATP의 가수분해는 흔히 단독으로는 열역학적으로 불리한 다른 반응과 짝을 짓는다.

고등 생물에서 O_2는 적혈구에 있는 헤모글로빈과 마이오글로빈(주제 G2 참조) 같은 특별한 산소 결합 단백질에 의해서 기관과 조직들 사이에서 운반된다. 산소는 어느 정도까지는 물에 녹지만(다음을 참조) 산소에 대한 일반적 수요는 혈액의 수용성 성분에 녹은 산소로는 충당할 수 없을 정도이다. 혈액 1리터는 헤모글로빈 덕분에 약 250 cm^3의 산소를 흡수하지만 수용성 성분에는 단지 약 3 cm^3가 녹을 수 있다.

헤모글로빈과 마이오글로빈이 산소를 운반하는 능력은 O_2 분자에 대한 친화력과 친화력이 산소 기체 압력과 연관된 방법에 달려 있다. 그림 2에 이것을 헤모글로빈에 대하여 나타냈다.

폐처럼 높은 O_2 압력에서 헤모글로빈은 효과적으로 산소로 포화된다. 즉, 100%(또는 거의 그 정도로)의 헤모글로빈이 O_2와 결합한다. 모세혈관처럼 낮은 O_2 압력에서는 친화력이 감소하고 따라서 O_2가 헤모글로빈으로부터 방출되어 조직 안으로 확산되어 갈 수 있다. 높은 고도에서 그림 2에 나타낸 것처럼 O_2 압력이 감소하면 폐에서 나오는 헤모글로빈이 포화되지 못할 수 있다. 이것은 조직이 더 적은 산소를 이용할 수 있어서 산소 결핍이 된다는 것을 의미한다. 고산병이 생길 수 있다. 시간이 주어지면 신체는 적혈구 수를 증가시켜서 이 상황에 적응한다. 그러나 이런 조건에서 헤모글로빈은 부분적으로 포화된다. 분명히 헤모글로빈은 낮은 고도에서 진화하였다.

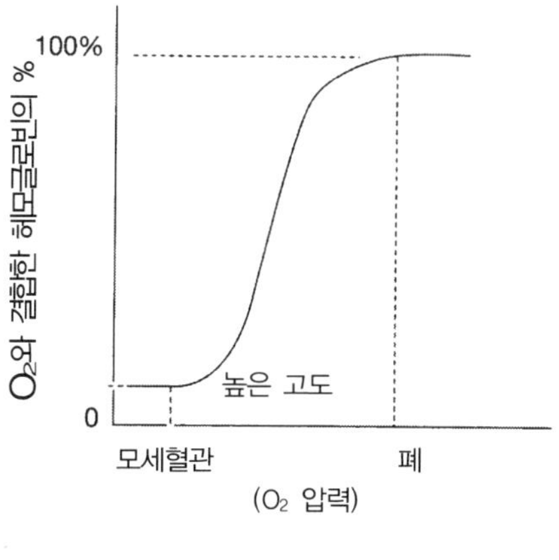

그림 2. 헤모글로빈/O_2 친화력의 간단한 작도.

산소의 물에 대한 용해도

산소가 물에 녹기 때문에 수생 생물은 산소를 호흡할 수 있다. O_2의 물에 대한 용해도는 N_2의 약 2배이다(주제 F2 참조). N_2처럼 O_2의 용해가 **발열** 과정이기 때문에 O_2의 용해도는 온도가 증가함에 따라서 감소한다. 발열 과정은 고온에서는 불리해진다(주제 O_2 참조). 이것은 온도가 5에서 35℃로 올라가면 물에 녹는 산소의 양이 거의 절반이 된다는 것을 의미한다. 따라서 온도가 높은 담수에서 물고기는 어려움에 처할 수 있다.

산소의 물에 대한 용해도는 기체 압력이 높아지면 증가한다. 이것은 질소의 경우에도 마찬가지이며(주제 F2) 이것은 심해 잠수부에게 문제를 일으킨다. 고압에서 혈액에 녹는 산소의 양은 증가한다. 압력이 급격하게 낮아지면 원리상으로 질소의 경우와 마찬가지로 산소 기포가 조직과 혈액 세포에서 형성될 것으로 예측할 수 있다. 그러나 산소의 경우 그런 일은 일어나지 않는다. 잠수에 의해서 증대된 잠수부의 대사적 필요성이 조직에 있는 여분의 산소를 소비하는 데 충분한 것으로 생각된다. 질소와 달리 산소는 다른 기체로 대치할 수 없는 공기의 성분이기 때문에 이것은 다행스러운 일이다.

산소는 플루오린화 탄소(수소 원자가 플루오린으로 대치된 탄화수소)에 녹는다. 용해도는 이런 유체에 잠긴 동물이 살 수 있을 정도이며 확신한다면 정상적으로 호흡을 할 수 있다. 이런 플루오린화 탄소는 물에 녹지 않지만 물에서 에멀션(주제 C1 참조)을 만들 수 있으며, 수술 동안 혈액 대용으로 사용될 수 있다. 이 합성 혈액은 환자가 혈액 은행에서 지원을 받지 못하는 희귀한 혈액형일 때 유용하다.

오존

오존은 삼원자로 된 산소이다. 즉, 3개의 원자가 분자를 구성하고 있다. 원자들은 분자가 'V'자 모양을 이루도록 배열되어 있다. O_3와 O_2는 산소의 동소체이다. 즉, 이것들은 순수하고 같은 원소의 다른 형태이다. 다른 예로는 탄소의 동소체인 흑연과 다이아몬드가 있다.

오존은 자외선의 작용이나 전기 방전에 의해서 O_2로부터 형성된다. 오존은 독특한 냄새가 나며, 이것은 천둥을 친 후나 전기 방전 장치 주위에서 맡을 수 있다. 오존은 연한 푸른색 기체로서 실제로는 매우 유독하다. 이것은 어떤 유형의 대기 오염에서도 발생할 수 있다. 탄화수소와 질소 산화물의 혼합물에 대한 햇빛의 작용(광화학 스모그처럼, 주제 F2 참조)은 오존을 생성하며, 이것은 지면 근처에서는 심각한 건강의 위협이 된다. 그러나 오존은 상층부 대기의 중요한 성분이며 현존하는 지구상의 생물에게 매우 중요하다.

자외선(파장이 242 nm 이하)의 작용으로 O_2 분자는 원자로 쪼개진다.

$$O_2 \rightarrow O + O$$

이것이 또 다른 O_2 분자를 만나면 산소 원자가 그것과 결합하여 오존을 형성한다.

$$O + O_2 \rightarrow O_3$$

오존 분자는 파장 300 nm 이하의 자외선에 의해서 쉽게 분해된다. 이런 오존의 광화학적 생성과 오존 파괴의 알짜 결과로 대기 상층부에는 비교적 오존이 풍부한 층이 있다. 이것을 **오존권**(ozonosphere) 또는 더 흔히 **오존층**(ozone layer)이라고 하며, 고도 10에서 50 km 사이의 영역에 있다. 오존권은 효과적으로 290 nm 이하의 태양 복사선을 막아주어서 그것이 지상에 도달하지 않도록 해 준다. 오존의 이런 가리움이 없다면 이 복사선은 치명적이 될 것이다.

최근에 클로로플루오로탄소(흔히 CFC라고 함)에 의한 오존층의 손상 가능성에 대하여 상당한 관심이 생겼다. 이런 염소와 플루오린을 함유하는 유기 화합물들은 주로 냉매로 사용하기 위해서 개발되었다. 이런 화합물들은 오존층까지 확산하여 올라갈 수 있으며, 그곳에서 자외선을 만난다. 이 때문에 예를 들면 다음과 같이 분자가 분해된다.

$$CCl_2F_2 \rightarrow CClF_2 + Cl$$

염소 원자는 매우 반응성이 크며 ($CClF_2$ 보다 더 크며) 다음과 같이 오존과 반응한다.

$$Cl + O_3 \rightarrow ClO + O_2$$

이런 방법으로 오존이 고갈될 수 있다. 오존층의 모든 손상은 심각한 결과를 가져올 것이며, 따라서 CFC의 사용은 현재 심하게 규제되고 있다. 대체 냉매에는, 예를 들면 1,1,1,2-테트라플루오로에테인 같은 하이드로플루오로탄소(HFC)가 있다. 이런 화합물들은 CFC 보다 반응성이 더 크며, 이 때문에 오존층 고도까지 올라가기 전에 파괴된다.

질소 산화물들(주제 F2 참조)도 오존 고갈에 관련되어 있다. 이런 화합물들의 대부분은 일산화 질소를 제외하고는 많은 양이 상층부 대기에 도달하지 못한다. 그러나 성층권을 비행하는 비행기에 의해서 그 자리에서 만들어지는 질소 산화물들은 그렇지 않다. 이것은 논쟁을 일으키고 있지만 당분간 그런 비행기는 매우 적을 것이다.

G1. 앞전이 금속

중요한 용어

화학적 성질과 물리적 성질

앞전이 금속 원소들의 중요한 특징에는 높은 녹는점과 유리한 기계적 성질들이 포함되어 있으며, 이 때문에 공업적으로 중요한 금속이 된다. 생물학에서 더 중요한 다른 특징에는 여러 가지 산화 상태를 나타내는 능력과 촉매 활성이 포함된다.

전이 금속의 상대적 분포

많은 금속들이 생물학에 필수적이다. 그중에서도 전이 금속에는 철, 코발트, 아연, 구리, 바나듐, 크로뮴, 망가니즈, 니켈, 몰리브데넘이 포함된다. 이 중에서 몰리브데넘만이 상대적으로 공급이 부족하다. 지구상의 생명은 가장 풍부한 원소들을 이용하도록 진화하였다.

포피린 복합체

전이 금속과 같은 중금속은 일반적으로 생물계에서 유기 리간드들과 복합체를 이루어 유지된다. 그런 의미에서 아마도 가장 중요한 유기금속 복합체는 금속 이온을 함유한 포피린 고리일 것이다. 포피린은 테트라피롤 계의 하나로서 피롤 자체의 방향성을 유지하도록 구성되어 있다. 피롤의 4개의 질소 중 2개는 2가 금속 양이온과 공유 결합으로 연결되어 있으며, 나머지 2개의 질소는 고립 전자쌍을 통해서 금속과 배위 결합을 하고 있다. 포피린은 여러 가지 이온들을 함유할 수 있으며, 정확한 이온-포피린 복합체의 성질은 부분적으로는 테트라피롤계에 부착된 치환기들의 성질에 의해서 정해진다.

관련된 주제

주기율표(A1)
화학 결합의 성질(B2)
철(G2)
마그네슘과 망가니즈(G3)
코발트와 몰리브데넘(G4)

화학적 성질과 물리적 성질

원래 전이 금속의 정의는 부분적으로 채워진 d-궤도함수를 가지는 원소나 이온이었다(주제 A1 참조). 이 정의는 약간 시대에 뒤떨어진 것이며, 오늘날 전이 금속은 예를 들면 아연, 구리, 은, 카드뮴 같이 완전하게 바깥 d-궤도함수를 채운 것들까지 포함하도록 논의되고 있다. 그러므로 전이 금속은 그 화학적 성질과 물리적 성질에 따라서 분류된다.

전이 원소들은 공업 과정에서 매우 중요하며 높은 녹는점과 기계적 강도 때문에 귀중하다. 일반적으로 금속은 밀도가 높다. 이것은 비교적 작은 원자 반지름으로 설명할 수 있다. 스칸

표 1. 전이 금속의 바깥 전자 배치, 산화 상태와 이온의 색

바깥 전자 배치	산화 상태(굵은 글씨는 안정한 상태임)	이온의 색(수용액에서)
Sc $3p^6$ $3d^1$ $4s^2$	3	Sc^{3+} 무색
Ti $3p^6$ $3d^2$ $4s^2$	4 3 2	Ti^{3+} 자주
V $3p^6$ $3d^3$ $4s^2$	5 4 3 2	V^{3+} 녹색
Cr $3p^6$ $3d^5$ $4s^1$	6 3 2	Cr^{3+} 보라
Mn $3p^6$ $3d^5$ $4s^2$	7 6 4 3 2	Mn^{3+} 보라, Mn^{2+} 분홍
Fe $3p^6$ $3d^6$ $4s^2$	6 3 2	Fe^{3+} 노랑, Fe^{2+} 녹색
Co $3p^6$ $3d^7$ $4s^2$	4 3 2	Co^{2+} 분홍
Ni $3p^6$ $3d^3$ $4s^2$	4 2	Ni^{2+} 녹색
Cu $3p^6$ $3d^{10}$ $4s^1$	2 1	Cu^{2+} 청색
Zn $3p^6$ $3d^{10}$ $4s^2$	2	Zn^{2+} 무색

듐(첫 번째 전이 계열에서 가장 큰 원자)은 1.44Å로서 1.74Å인 염소와 비교가 된다. 전이 계열에서는 원자 반지름의 변화가 거의 없다.

대부분의 전이 금속은 색을 가지고 있다(표 1 참조). 예외는 첫 번째 계열의 스칸듐과 아연으로서 d-껍질이 비었거나 완전히 채워져서 들뜬 전자가 전혀 없기 때문이다(주제 Q1과 Q2 참조). 전이 금속 화학의 특징은 배위 화합물을 형성할 수 있는 능력이다(주제 B2 참조). 배위된 리간드의 성질이 특정한 착이온에서 검출되는 색을 결정한다. 대부분의 전이 금속 이온 착물은 중심 이온 주위에 6개의 리간드를 **정팔면체**(octahedral) 배열로 포함한다. 그러나 다른 착물들은 **정사면체**(tetrahedral)이나 **사각 평면**(square planar) 배열로 존재한다(그림 1 참조). 이런 착물들은 공유 결합과 '**정전기적 상호작용**(electrostatic interaction)'이나 **배위**(dative) 결합의 조합을 포함한다.

전이 금속이 생물학적으로 중요한 것은 그것이 **여러 가지 산화 상태**를 나타내는 능력 때문이다(표 1 참조). 연속적인 이온화에 대하여 이온화 에너지가 점차적으로 증가하기 때문에 여

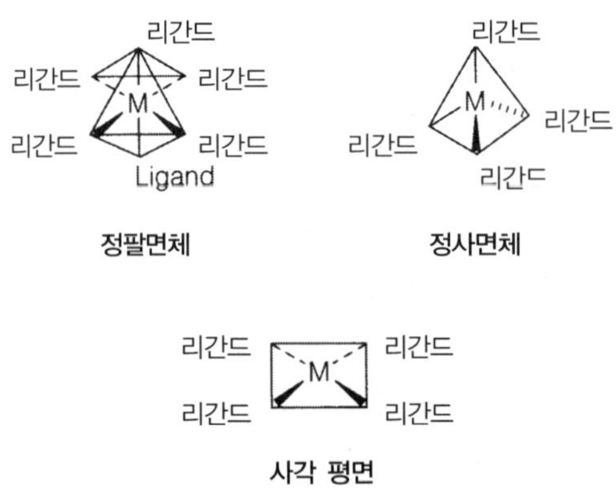

그림 1. 전이 원소에 의해서 형성된 배위 화합물의 모양.

러 가지 산화 상태를 이용할 수 있다. 비전이 금속에서는 연속적인 이온화 단계들에 필요한 에너지에 상당한 격차가 있다.

전이 금속

$$V \xrightarrow{648} V^{+} \xrightarrow{1,364} V^{2+} \xrightarrow{2,858} V^{3+} \xrightarrow{4,634} V^{4+}$$

비전이 금속

$$Al \xrightarrow{578} Al^{+} \xrightarrow{1,811} Al^{2+} \xrightarrow{2,745} Al^{3+} \xrightarrow{11,540} Al^{4+}$$

에너지, kJ mol^{-1}

일반적으로 산화 상태가 낮을수록 환원성이며, 높을수록 산화성이다. 여러 산화 상태를 결합하면 전이 금속이 화학 반응을 촉매하는 능력이 생긴다. 촉매 작용은 흔히 금속의 산화 상태 변화를 포함한다. 예를 들면, 철(II)은 아이오딘화 이온과 과황산 이온 사이의 반응을 촉매한다.

$$\underline{2Fe^{3+}} + 2I^{-} \longrightarrow 2Fe^{2+} + I_2$$

$$2Fe^{2+} + S_2O_8^{2-} \longrightarrow \underline{2Fe^{3+}} + 2SO_4^{2-}$$

금속이 생체계에 있을 때도 비슷한 과정들이 존재한다(주제 G2, G3, G4 참조).

전이 금속의 상대적 분포

주기율표에 100가지 이상의 원소가 있지만 이중 비교적 적은 것들이 생물학에서 중요성을 갖는다. 이것들 중에서도 원소들은 **필수**(essential) 원소와 **비필수**(nonessential) 원소로 구분될 수 있다. 필수 원소의 정의는 간단하다. 생명에 꼭 필요한 원소들이다. 비필수 원소의 정의는 좀 모호하며 종에 따라서 변한다. 비필수 원소는 흔히 공급이 **미량**(trace)인 원소로 생각된다. 그러나 포유류 생물학에서 중요한 원소 중 하나인 몰리브데넘은 미량이지만 필수 원소이다.

전이 원소 중에서 생물학에 필수적인 것에는 철, 코발트, 아연, 구리, 바나듐, 크로뮴, 망가니즈, 니켈, 몰리브데넘이 포함되어 있다. 앞에서 언급한 몰리브데넘을 제외하면 이런 것들은 지구에서 매우 풍부한 원소들이다. 철은 네 번째로 풍부한 원소이다(표 2 참조). 실제로 풍부하지만 생물학과 관련이 없는 원소는 규소, 알루미늄, 타이타늄, 지르코늄의 4가지뿐이다. 따라서 생명이 가장 쉽게 얻을 수 있는 이런 원소들을 이용하도록 진화하였다고 생각하는 것이 합리적이다. 과열된 물에 의해서 주위의 암석에서 녹아 나온 철, 구리, 아연 농도가 매우 높은 열수공 같은 환경에서 생존하는 생물과 같이 특별하게 높거나 특별하게 낮은 분포를 가진 원소의 스트레스를 다루도록 발달된 생물체를 고려한다면 이런 생각을 지지할 수 있다.

포피린 착물

생물학적으로 중요한 많은 전이 금속은 유기 리간드를 가진 착물로 저장된다. 그중에서도 이런 유기금속 착물의 가장 중요한 예는 포피린 고리와 금속 이온을 포함하는 것이다.

포피린 고리는 4개의 피롤 고리(그림 2 참조)가 탄소 원자를 통해서 다른 것과 연결되어 구성된 거대 고리 계이다. 일련의 하나씩 건너뛴, 짝지은 이중 결합이 존재하여(주제 L1 참조) 피롤 자체의 방향족(aromatic) 성질이 거대 고리에서 유지될 수 있다. 4개 피롤의 질소들은 금속과 착물을 형성하는 데 관여한다. 포피린은 이가산(diacid)을 형성하기 위하여 2개의 수소를 받아들이거나(그림 2 참조) 2가 음이온을 형성하기 위하여 2개의 양성자를 내놓을 수 있다. 생물학에서 중요한 것은 나중의 것이며 흥미로운 금속 이온은 일반적으로 2개의 양전하를 가진다.

M^{2+}(M은 전이 금속)가 착물을 만들 때 금속을 포피린 고리면에 붙드는 데 필수적인 두 개의 공유 결합이 형성되고 두 개의 '배위' 결합이 형성된다(주제 B2 참조). 포피린 고리의 중심에 있는 구멍은 첫 번째 주기의 전이 금속들이 모두 쉽게 들어갈 수 있을 정도의 크기이다. 니켈은 약간 작기 때문에 평면인 거대 고리에서 약간의 접힘이 일어난다. 반대로 더 큰 금속은 고리면의 위쪽에 머무른다. 전이 금속 중 많은 것은 정팔면체 착물을 형성할 수 있기 때문에 포피린 고리면의 위와 아래에 2개의 리간드가 더 있을 수 있다(주제 G2–G4 참조).

포피린-M^{2+} 착물의 안정성 순서는 $Ni^{2+} > Cu^{2+} > Co^{2+} > Fe^{2+} > Zn^{2+}$이다. 금속-포피린의 형성에 대한 속도론은 $Cu^{2+} > Co^{2+} > Fe^{2+} > Ni^{2+}$이다. 이것은 코발트 포피린이 철 포피린보다 더 흔해야 한다고 제시하기 때문에 흥미롭다. 실제로 그 반대라는 사실은 아마도 철이 코발트보다 훨씬 더 풍부하기 때문일 것이다.

표 2. 생물학적으로 중요한 몇 가지 원소들의 상대 분포량

원소	지각(g kg^{-1})
산소	474
소듐	24
마그네슘	20
인	1
황	0.26
칼슘	42
망가니즈	0.95
철	56
코발트	0.025
몰리브데넘	0.0015
아이오딘	0.0005

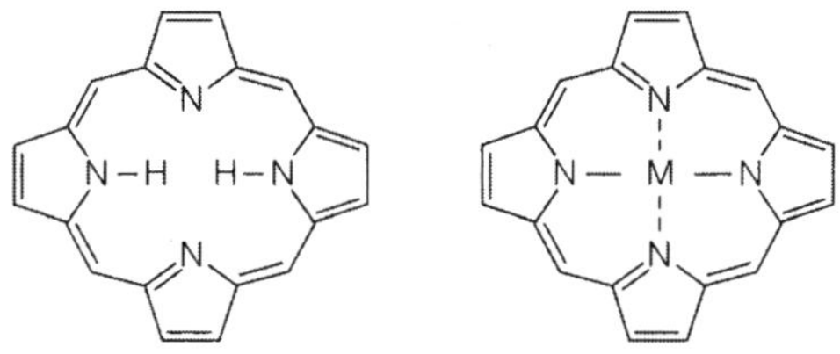

포피린 포피린-M^{2+} 착물

그림 2. 금속 배위 자리를 보여 주는 일반적인 포피린 고리 구조.

생물학에서 존재하는 포피린들은 똑같은 기본 구조를 가지지만 피롤 고리에 결합된 치환기들의 성질은 다르다. 이런 차이 때문에 생물학적으로 중요한 특별한 금속과 과정들에 대한 세밀한 조정을 할 수 있다(주제 G2–G4 참조).

G2. 철

중요한 용어

화학적 성질과 생화학적 성질

철은 세 가지 산화 상태를 나타내며 가장 안정한 것은 +3가이다. 철은 흔히 산화물과 수산화물 상태로 존재한다. 철 수산화물은 비교적 물에 녹지 않는다. 식물이 철을 흡수하기 위해서는 때때로 유기 착물로 철을 가리는 것이 필요하다. 신체에서 철은 단백질 껍질로 둘러싸인 철 수산화물 입자로 저장된다. 고등 동물에서 철은 혈액 중에서 트랜스페린을 통해서 운반된다. 미생물에서는 시더로포가 이 일을 수행한다.

헴 단백질

헴 단백질은 한 개 이상의 철-포피린 착물을 포함한다. 많은 헴 단백질은 생물학에서 중요한 역할을 한다. 그런 단백질 중에는 광합성과 호흡에서 중요한 사이토크롬, 혈액의 산소 운반과 저장에 필요한 헤모글로빈과 마이오글로빈이 포함되어 있다.

철-황 단백질

철-황 단백질은 철이 시스테인의 설프하이드릴기과 무기 황 또는 황화물을 통해서 착물을 이룬 단백질이다. 그중에서 가장 중요한 철-황 단백질은 페레독신과 그것과 관련된 루브레독신이다. 이런 단백질은 모든 녹색 식물, 조류(藻類)와 광합성 박테리아에 있다. 페레독신은 질소 고정에서 중요한 역할을 한다.

관련된 주제

산소(F3) 용해도(N5)
앞전이 원소(G1)

화학적 성질과 생화학적 성질

순수한 철은 겉모양이 은과 비슷하며 1528℃에서 녹는다. 철은 가열하면 산소, 할로젠, 질소, 황, 탄소와 쉽게 결합한다. 할로젠 화합물을 제외하면 모두 생물학적으로 중요하다. 철은 세 가지 산화 상태를 나타내며 +3가(철(III)으로 나타냄)가 가장 안정하다. +2가는 환원성이며 (철(II)로 나타냄) 드문 +6 상태는 매우 산화성이다(주제 G1과 I2 참조). 수용액에 철(III)이 존재하는지에 대한 간단한 화학적 시험은 헥사사이아노철(II)산 포타슘을 이용한다. **프러시안 청색**(Prussian blue)라고 하는 진한 청색 침전이 생긴다.

$$K^+ + \underset{\text{헥사사이아노철(II)}}{[Fe^{II}(CN)_6]^{4-}} + Fe^{3+} \longrightarrow \underset{\text{프러시안 청색}}{K^I Fe^{III}[Fe^{II}(CN)_6]^{4-}}$$

철은 흔히 산화물과 수산화물 형태로 존재하며 수산화물은 물에 거의 녹지 않는다. 실제로 낮은 pH의 토양(주제 N3 참조) 조건에서 수많은 식물은 그것들이 광합성을 위해서 필요로 하는 철을 합성한 유기-철 착물로 얻는다. 그럼에도 불구하고 신체에서 철은 **페리틴**(ferritin)이라고 하는 철(III) 수산화물 입자로 저장된다. 이것은 단백질 껍질로 덮여 있으며, 예를 들면 **산화환원 반응**(주제 I2 참조)에 필요할 때까지 그대로 유지된다. 고등 동물에서 철(III)은 혈액에서 **트랜스페린**(transferrin) 단백질에 의해서 운반된다. 미생물에서 용해와 운반은 **시더로포**(siderophore)라고 하는 저분자량 단백질에 의해서 이루어진다.

헴 단백질

많은 매우 중요한 단백질은 중심부에 철-포피린(주제 G1 참조) 착물을 가지는 헴기를 한 개 이상 포함한다. 헴 단백질의 예에는 광합성과 호흡에서 중요한 **사이토크롬**(cytochrome), 각각 혈액을 통한 산소의 운반과 근육의 산소 저장에 필요한 **헤모글로빈**(hemoglobin)과 **마이오글로빈**(myoglobin) 단백질이 있다.

가장 잘 알려진 사이토크롬 중 하나가 사이토크롬 c이다. 이 특별한 계에서 폴리펩타이드 사슬이 헴기에 결합하여 그것에 둘러싸고 있다. 철은 피롤 질소와 상호작용에 의해서(주제 G1 참조) 포피린에 결합해 있으며, 다섯 번째와 여섯 번째 배위 자리는 (폴리펩타이드 사슬에 있는) 히스티딘 잔기의 질소와 메싸이오닌 잔기의 황이 차지하고 있다(주제 M1 참조, 그림 1 참조). 모든 배위 자리가 채워졌기 때문에 사이토크롬 c는 단순한 배위를 통해서 반응을 할 수 없으며 **전자-전이**(electron-transfer) 메커니즘을 통해서 간접적으로 반응을 해야 한다.

광합성이나 호흡처럼 특별한 전자 전이 구조의 특정한 필요에 대응하여 여러 가지 산화환원 전위(주제 I2 참조)를 나타내는 다양한 사이토크롬들이 있다. 이런 것들이 사이토크롬 a,

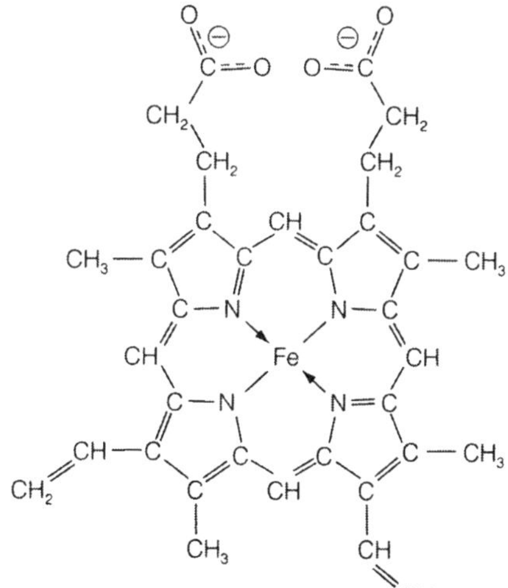

그림 1. 사이토크롬 c에서 헴기의 배열을 나타낸 모식도.

b, c이다. 전위는 b에서 c를 거쳐서 a로 그리고 방출하는 분자 산소로 전자가 흐를 수 있게 되어 있다. 몇 가지 'a'형 사이토크롬은 산소를 결합하여 그것을 환원할 수 있다고 생각된다. 따라서 중심의 철은 처음에 6개의 배위 자리 중 5개만 채워져 있다. 이런 특징으로 사이안화 이온(CN^-)의 독성을 설명할 수 있다. 사이안화 이온은 철에 매우 단단하게 결합하고 쉽게 환원되지 않아서 특별한 산화환원 사슬을 막는다.

헤모글로빈의 중요한 기능은 공급원으로부터 근육 세포의 사용 자리로 산소를 운반하는 것이다. 이어서 산소는 마이오글로빈으로 전달되어서 호흡에 이용된다.

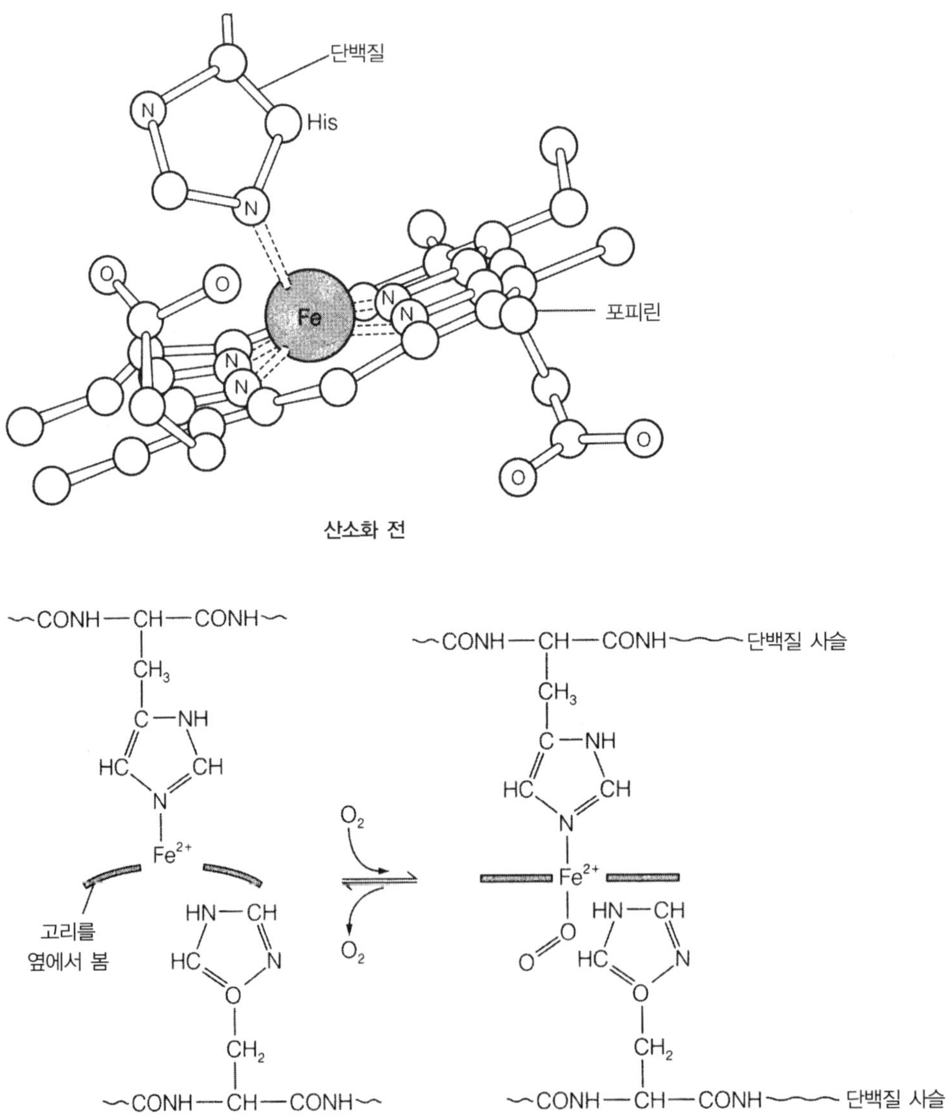

그림 2. 산소와 착물을 이루기 전과 후의 헤모글로빈과 마이오글로빈의 헴기를 나타내는 모식도.

헤모글로빈과 마이오글로빈에서 철은 +2 산화 상태이다. 이런 단백질의 철은 사이토크롬 c와 유사한 환경에 놓여 있다. 철은 단백질 사슬에 있는 히스티딘의 질소에 배위되어 있다. 그러나 포피린의 피롤 고리들은 단백질과 결합하고 있지 않으며 6개의 배위 자리 중 5개만이 채워져 있다. 산소가 결합할 자리가 남아 있다. 분자 산소 뿐 아니라 물과 일산화 탄소도 모두 리간드로 작용할 수 있다. 일산화 탄소는 산소보다 마이오글로빈에 50배 더 강하게 결합하고 헤모글로빈에 200배 더 강하게 결합한다. 이런 이유 때문에 일산화 탄소에 지속적으로 노출되면 치명적이다.

헤모글로빈이나 마이오글로빈에서 6번째 리간드가 결합하기 전에 배위된 철은 포피린 면의 약간 위쪽에 위치한다고 알려졌다(그림 2 참조). 예를 들어, 산소가 결합하면 철은 테트라피롤면 안으로 떨어지면서 단백질 사슬을 끌어당긴다(그림 2 참조). 산소 분자가 방출되면 단백질은 원래 구조를 회복한다.

헤모글로빈은 사량체, 즉 각 사슬이 헴기를 가지고 있는 4개의 글로빈 폴리펩타이드 사슬로 구성된 계이다. 그러나 실험에 의하면 이런 헴기들은 독립적이 아니며 실제로 산소 결합과 방출에서 협조를 한다.

철-황 단백질

많은 중요한 단백질에는 금속포피린 이외의 다른 방법으로 착물을 이룬 철이 포함되어 있으며, 이런 것 중에서 철-황 단백질은 잘 알려져 있다. 루브레독신과 페레독신은 식물과 광합

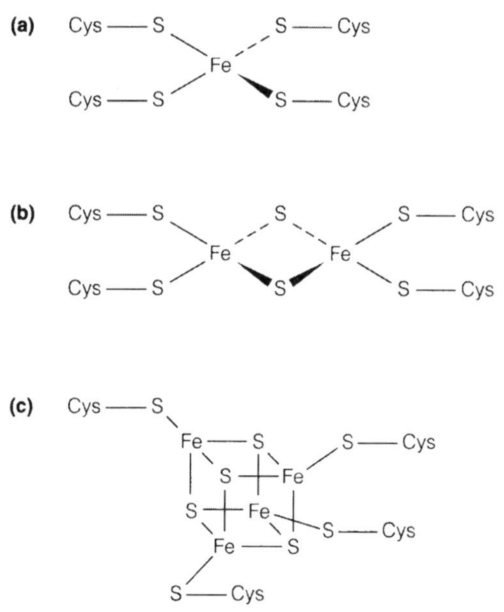

그림 3. 페레독신과 루브레독신의 철-황 뭉치. (a) 박테리아의 루브레독신에서, (b) 광합성의 페레독신에서, (c) 페레독신과 유사한 입방체에서 (S는 무기 황).

성 박테리아 있는 철-황 단백질이며, 질소 고정(주제 G4 참조) 뿐 아니라 광합성 운반에도 필요하다.

이런 단백질에 있는 철-황 단백질은 시스테인 잔기의 싸이올기, 다른 황 원자나 황화물(페레독신의 경우)에 연결된 철을 포함한다. 각 경우 철은 정사면체로 치환되어 있다. 몇몇 페레독신들에서는 이런 원자단들이 함께 연결되어 입방체 배열을 형성한다(그림 3 참조).

생물학에서 암모니아를 형성하는 질소의 환원 또는 **질소 고정**(nitrogen fixation)은 **환원효소**(reductase)와 **질소화효소**(nitrogenase)의 두 가지 효소의 복합체에 의해서 이루어진다. 이 효소들은 각각 철-황 단백질을 함유하며 질소화효소는 몰리브데넘-철 착물도 필요하다(주제 G4 참조). 페레독신은 잘 알려지지 않은 철-황 단백질이다(그림 3 참조).

G3. 마그네슘과 망가니즈

중요한 용어

화학적 성질

2A족 원소인 마그네슘은 +2가 산화 상태를 나타낸다. 그 화합물은 일반적으로 이온 결합성이지만 몇 가지는 공유 결합 특성을 나타낸다. 마그네슘은 흔히 광물에 탄산이나 황산 화합물로 존재한다. 마그네슘 수산화물은 센염기이다. 망가니즈는 첫 번째 전이 금속 주기에 있는 것들 중 하나이며 다른 전이 금속처럼 여러 가지 산화 상태를 나타내며 +2 상태가 가장 안정하다. 망가니즈는 일반적으로 산화물 형태로 존재한다. 망가니즈 수산화물은 물에 녹는다.

광합성의 마그네슘

광합성의 중요한 성분 중 하나는 마그네슘-포피린 착물인 클로로필이다. 두 가지의 (주요) 클로로필인 a와 b가 있으며, 이것들은 포피린 고리에 있는 치환기 하나가 서로 다르다. 클로로필의 기능은 빛을 흡수하여 이 빛을 산화와 환원의 반응 폭포를 위한 에너지원으로 사용할 수 있게 하는 것이다. 마그네슘은 인광을 발생하기 위해서 필요한 것으로 보이지만 다른 금속도 시험관 내 실험에서 이런 일을 수행할 수 있는 것으로 나타났다.

ATP와 결합한 마그네슘

아데노신 삼인산(ATP)이 존재하면 당은 인산당으로 전환될 수 있으며, 카이네이스 효소에 의하여 촉매된다. 모든 카이네이스 효소들은 가장 흔한 2가 금속 이온 중 하나인 Mg^{2+}가 필요하다. 삼인산기와 착물을 이룬 마그네슘 이온은 인-산소 결합의 분해를 쉽게 한다.

광합성의 망가니즈

광합성에서 가시광선 형태의 전자기 복사선은 쉽게 광반응계 I과 광반응계 II로 분리하여 다룰 수 있는 일련의 산화환원 반응을 위한 에너지원이다. 광반응계 II에서 센산화제가 형성되며, 이것은 분자 산소 생성의 원인이 된다. 이 산화제는 환원되고 망가니즈 착물과 상호작용에 의해서 더 사용하기 위하여 재활용된다. 환원을 일으키는 사건들의 서열에서 망가니즈는 세 가지 산화 상태를 나타낸다.

관련된 주제

인산과 인산 이온(F1)　　유기 반응의 종류(I2)
앞전이 금속(G1)

화학적 성질

마그네슘은 2족 알칼리금속의 두 번째 구성원이다(주제 A1 참조). 이 족의 모든 구성원은 반응성이 크기 때문에 거의 순수한 금속으로 존재하지 않는다. 순수한 마그네슘 원자는 육각형 형태로 서로를 둘러싸며 배열되어 있으며, 금속의 전체적 외관은 은빛이다. 2족 금속들은 열과 전기의 좋은 전도체이다. 대부분의 전이 금속과는 달리 마그네슘은 +2가의 한 가지 산화 상태만 나타낸다. 마그네슘은 흔히 산화물로 존재하며 산화물의 녹는점은 2800℃이며 공업적으로 중요한 화합물이다(이것은 철용광로의 내면에 이용된다.). 또 마그네슘은 탄산 화합물로도 존재하며 거의 녹지 않는 화합물이며 가열하면 분해하여 이산화 탄소를 방출하며 산화물을 형성한다. 수산화 마그네슘도 산화물과 마찬가지로 매우 센염기로서 산을 중화시키며 암모늄염에서 암모니아를 치환한다.

망가니즈는 대표적인 전이 금속이며 5가지 산화 상태를 나타낸다. 가장 높은 +7가는 센산화성이며, 다른 상태는 +6, +4, +3, +2가이며 +2가가 가장 안정하며 수용액에서 분홍색을 나타내는 특징을 지닌다. 순수한 망가니즈는 녹는점이 1247℃이며 부서지기 쉬운 금속이다. 망가니즈는 철과 같은 다른 금속과 결합하는 것을 제외하면 공업적 중요성은 거의 없다. 망가니즈는 공기에 의해서 쉽게 공격을 받지 않지만, 가열하면 쉽게 산소, 질소, 황과 결합하며 따뜻한 물에서 수소를 발생시킨다. 망가니즈의 산화물, 특히 높은 산화 상태의 것은 매우 센 산화제이다. 몇 가지 망가니즈염들(예를 들면, 탄산과 염산 화합물)은 물에 녹지 않지만 망가니즈의 수산화물은 수용액에 녹는다.

광합성의 마그네슘

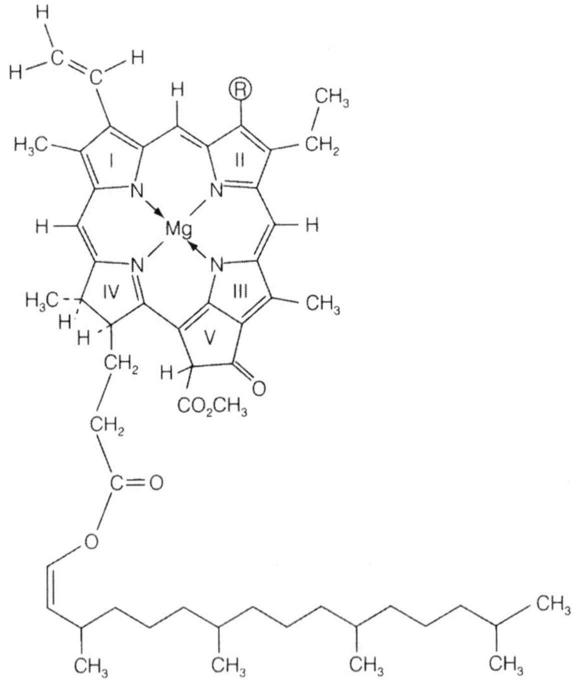

클로로필 a (R=CH₃)
클로로필 b (R=CHO)

그림 1. 클로로필 a와 b의 구조.

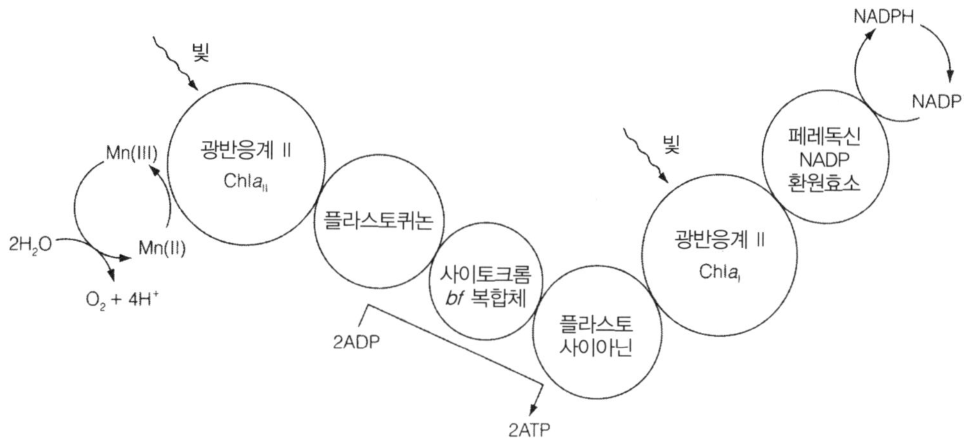

그림 2. 광반응계 I과 II의 모식도.

마그네슘은 생물학에서 여러 가지 역할을 수행하는 것으로 보이지만 그 모든 것이 완전히 알려지지는 않았다. 그러나 가장 잘 알려진 계 중의 하나에서 마그네슘은 클로로필(a와 b)에 포함되어 있다(그림 1 참조). 클로로필은 본질적으로 변형된 포피린 고리이다. 두 피롤 고리 사이의 탄소 연결자 중 하나가 없어서 중심의 구멍이 포피린 모형에서보다 약간 더 작지만 (주제 F1과 그림 1 참조, 다른 2가 이온들 가운데서) 마그네슘 이온을 붙드는 데는 알맞은 크기이다. 클로로필의 목적은 전자기 복사선(주제 Q1과 Q2 참조) 중에서 가시광선 영역 부근의 빛을 흡수하는 것이다. 클로로필은 빛을 흡수한 다음 광합성의 산화환원 반응을 위한 에너지원이 된다. 광합성에는 광반응계 I과 광반응계 II라는 두 가지 일반적인 성분들이 있으며(그림 2 참조) 클로로필은 두 가지 모두에 포함되어 있다. 클로로필이 빛을 흡수하면 이 에너지는 광반응계 I로 전달되어 강한 환원 종과 중간 세기의 산화 종을 생성한다. 광반응계 II에서 에너지 전달은 더 센산화제(분자 산소의 발생을 일으키는 것, 다음을 참조)와 더 약한 환원제를 생성한다.

클로로필의 용도는 몇 가지 요인들 때문에 생길 수 있다. 포피린 계는 콘쥬게이션되어 있기 때문에 전자 전이에 필요한 에너지가 가시광선 영역으로 낮아진다(주제 Q2 참조). 계가 콘쥬게이션되기 위해서는(주제 L1과 I3 참조) 평면이고 단단해야 하므로 에너지가 내부 운동으로 소비되지 않는다. 또 클로로필은 **인광성**(phosphorescent, 주제 Q2 참조)이다. 이것은 들뜬 상태가 화학 반응이 일어나는데 충분한 수명 동안 존재하며, 이 시간 동안 계에서 에너지가 유지된다는 것을 의미한다. 인광을 위하여 마그네슘과 합성계에서 시험된 다른 2가 금속 이온들이 필수적이었다. 금속이 없으면 형광만 생기며 거의 즉시 에너지를 잃는다.

ATP와 결합한 마그네슘

해당은 거의 모든 생물계에 존재하는 대사과정이다. 해당에는 글루코스를 피루브산으로 전환

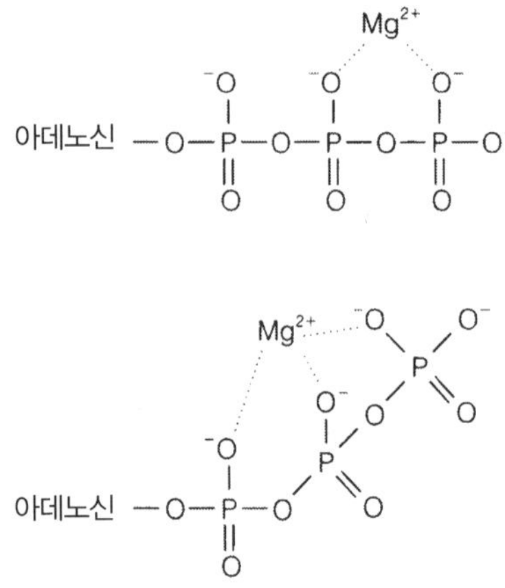

그림 3. Mg^{2+}와 ATP 사이에 형성된 착물에 대하여 제안된 구조.

하면서 동시에 ATP를 생성하는 반응 서열들이 포함되어 있다(주제 J3와 L2 참조).

해당 반응 폭포의 첫 단계는 글루코스를 인산화여 그것을 세포 안에 붙잡는 것이다. 인산화는 인산의 원천으로 ATP가 존재하고 카이네이스 효소(헥소스의 경우에 헥소카이네이스)가 있을 때 일어난다. 이때 2가 금속 이온도 필요하며 다른 2가 이온도 이 역할을 수행할 수 있지만 일반적으로 마그네슘 이온이 수행한다. 마그네슘은 삼인산 사슬의 산소와 상호작용하여서 인-산소 결합을 약화시켜서 인산기 전이에 필요한 분해 반응을 받기 쉽게 한다(그림 3 참조).

마그네슘은 RNA를 포함한 촉매계에서 유사한 역할을 하는 데도 포함된다. 촉매 작용을 하는 RNA계를 효소(enzyme)와 비슷한 이름으로 **라이보자임**(ribozyme)이라고 한다.

광합성의 망가니즈

광합성의 두 성분 중 광반응계 II(그림 2 참조)는 더 센산화제를 함유하고 있다. 생물학자들은 이 산화제를 $P680^+$라고 한다. 여기에서 P는 색소를 나타내고 680은 흡수하는 빛의 파장을 나타내며(이것은 가시광선 스펙트럼의 붉은색 영역이며 다른 것들을 흡수하지 않기 때문에 식물은 '녹색'으로 보인다.) 플러스 기호는 이것이 양이온 종임을 나타낸다. '색소'는 광합성 단위라고 나타내는 클로로필 분자 집단에 있는 반응성 클로로필이다. '비반응성 중심' 클로로필을 **안테나**(antenna) 분자라고 하며, 단순히 한 개의 반응 중심 클로로필로 에너지를 전달한다. $P680^+$는 효소와 협력하여서(Z라고 함) 물로부터 전자를 추출하여 산소의 생성을 가져온다. 이 물을 분해하는 효소가 촉매 중심에 4개의 망가니즈 뭉치를 포함하는 망가니즈 효소이다(그림 4 참조). 산소를 발생하는 사건 서열은 여러 산화 상태를 통한 망가니즈의 변화를 포함한다(그림 4 참조). 그러는 과정에서 망가니즈계는 **전하 축전기**(charge accumulator)로 작용하여 위험하게 부분적으로 환원된 중간물질을 발생시키지 않고서 산소가 형성되게 한다.

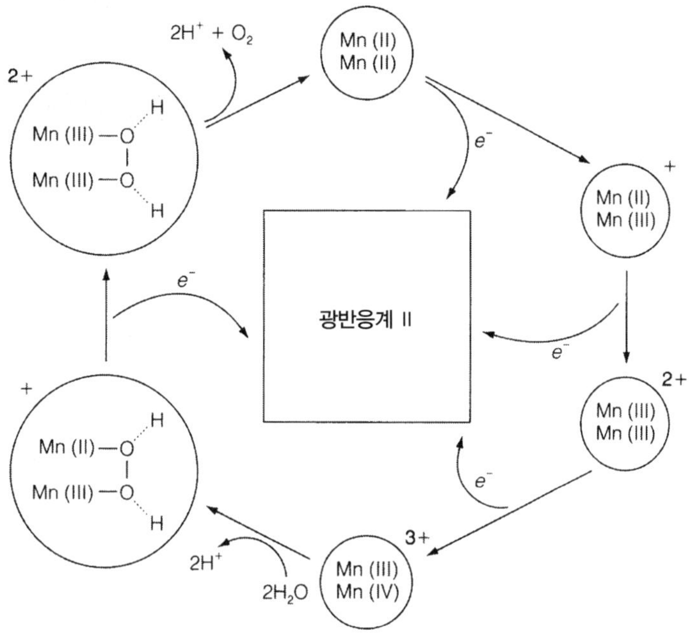

그림 4. 광반응계 II에서 제안된 망가니즈의 산화 상태들의 변화.

G4. 코발트와 몰리브데넘

중요한 용어

화학적 성질

코발트는 첫 번째 전이 금속 주기에 속하며, 세 가지 산화 상태를 나타내지만 +2가가 더 안정하다. 코발트의 원천은 비소나 비소와 황과 함께 들어 있는 광물이다. 몰리브데넘은 두 번째 전이 금속 주기에 속하며 4가지 산화 상태를 나타낸다. 몰리브데넘은 미량 원소이지만 아마도 녹조류를 제외하고는 모든 생물에 필수적이다.

비타민 B_{12}의 코발트

비타민 B_{12}는 중심에 코발트 이온을 가진 변형된 포피린 고리(코린 고리라고 함)에 기반을 두고 있다. 비타민 B_{12}는 금속을 포함한다고 알려진 유일한 비타민이다. 이 착물은 1전자나 2전자 환원을 할 수 있으며, 2전자 환원에서는 강한 친핵성 Co(I) 종이 생기며, 이것은 이 비타민 B_{12}의 메틸기 전이에 중요하다고 생각된다.

잔틴 산화의 몰리브데넘

요산은 여러 종들에서 퓨린 대사의 주요 최종 산물이다. 효소인 잔틴 산화효소가 있어야 잔틴이 요산으로 산화가 된다. 이 효소는 2개의 몰리브데넘 원자, 4개의 철-황 뭉치, 2개의 플라빈 아데닌 다이뉴클레오타이드(FAD) 성분을 포함하는 복잡한 구조물이다. 몰리브데넘은 산화 상태들 중 2개를 요산의 생성에 관여하는 반응 폭포에 이용한다.

질소 고정의 몰리브데넘

몇 가지 박테리아와 청록조류들은 질소를 고정할 수 있으며, 이것에 필요한 효소를 질소화효소라고 하며 종마다 다르다. 두 단백질을 포함하는 효소계에 공통적인 것은 작은 단백질에 있는 철-황 뭉치와 큰 단백질에 있는 2개의 몰리브데넘 원자와 30개의 철 원자와 약 30개의 황화 이온의 배열이다. 몰리브데넘은 활성을 위하여 필수적이며, 이 원소를 텅스텐으로 치환하면 계는 불활성이 된다.

관련된 주제 질소(F2) 앞전이 금속(G1)

화학적 성질

코발트는 +3, +2, +1의 세 가지 산화 상태를 나타낼 수 있으며, +1가는 매우 불안정하지만 생물학에서 중요하다. 코발트는 일반적으로 비소나 비소와 황과 함께 광물에 존재한다. 순수한 코발트 금속은 청백색을 나타내며, 매우 단단하며, 녹는점이 1490℃이다. 이것은 비교적 반응성이 없는 금속이며, 공기에 의해서 쉽게 공격을 당하지 않으며, 고온에서 산소에 의해서 유일하게 산화된다. +2 산화 상태가 가장 안정하기 때문에 코발트(II) 화합물이 가장 흔하다.

코발트(II)는, 예를 들면 용액에서 암모니아나 사이안화 이온과 착물을 형성하지만 그러는 과정에서 이런 리간드들에 의해서 쉽게 Co(III)로 산화된다.

몰리브데넘은 두 번째 전이 금속 주기에 있으며, 크로뮴과 같은 족에 속한다. 몰리브데넘은 +6, +4, +3, +2의 4가지 산화 상태를 나타내며 처음 두 상태는 생물학에서 매우 중요하다. 몰리브데넘은 **필수 미량 원소**이다. 단지 1.5 mg의 몰리브데넘이 지각 1 킬로그램에 들어 있다(비교하자면 비필수 원소인 규소는 지각 킬로그램당 282 g이 들어 있다.). 몰리브데넘의 동위원소 중 하나인 Mo-98은 진단 의학에서 가장 중요한 방사성 동위원소 중 한 가지이다(주제 A3 참조).

비타민 B_{12}의 코발트

1948년에 '항악성 빈혈 인자'가 분리되었다. 악성 빈혈은 장벽을 통해서 비타민 B_{12}를 흡수하지 못하기 때문에 생기는 병이다. 이 인자는 오늘날 **비타민 B_{12}**(vitamin B_{12}) 또는 **코발라민**(cobalamin, 원래 화합물이 사아이안화 이온과 함께 분리되었기 때문에 사이아노코발라민이라고 불림)이라고 부른다. 1956년에 착물 구조가 호지킨(Dorothy Hodgkin)에 의해서 X-선 구조결정법을 통해서 해명되었다. 이 분자는 주위에 코린 고리가 있고 그 고리 가운데 코발트가 +3가 상태로 있다. 코린 고리는 피롤을 연결하는 탄소가 없어지도록 변형된 포피린 고리이다(그림 1 참조). 코발트는 6개의 배위를 한 착물을 형성할 수 있으며, 비타민 B_{12}에서 다섯 번째와 여섯 번째 자리는 이미다졸 고리의 질소와 물로 채워져 있다. 비타민 B_{12}는 1전자

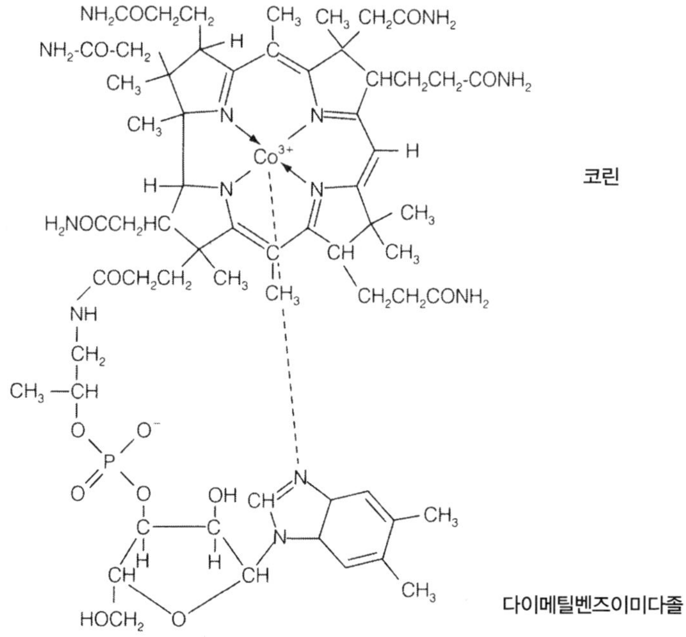

그림 1. 비타민 B12의 구조.

나 2전자 환원을 하여 각각 코발트(II)와 코발트(I)을 생성할 수 있다. 이런 환원은 니코틴아마이드 아데닌 다이뉴클레오타이드(NADH)와 플라빈 아데닌 다이뉴클레오타이드(FAD)에 의해서 이루어질 수 있다(주제 M2 참조).

$$[B_{12}(Co^{III})] \xrightarrow[\text{or FAD}]{\text{NADH (1e)}} [B_{12}(Co^{II})] \xrightarrow{(2e)} [B_{12}(Co^{I})]$$

코발트(I) 형태의 비타민 B_{12}는 효소 반응의 기질이며 아미노산의 분해(주제 M1 참조)에서 중요한 보조효소를 만든다(그림 2 참조). 보조효소 B_{12}는 탄소-금속 결합을 포함하는 유일한 생체분자이기 때문에 생물학에서 매우 독특하다.

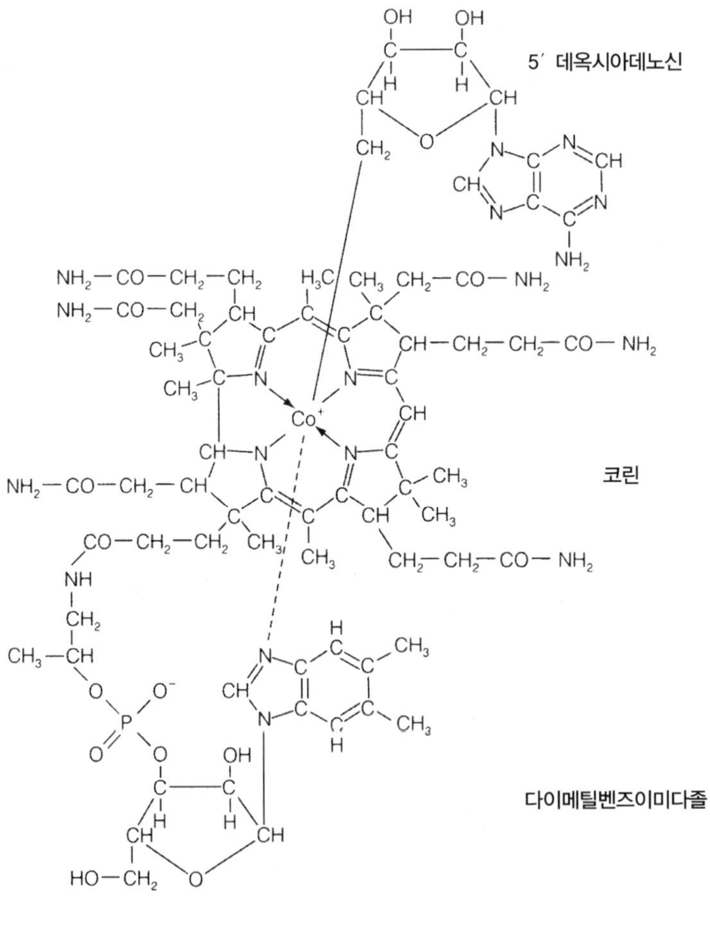

그림 2. 보조효소 B_{12}의 구조.

잔틴 산화의 몰리브데넘

퓨린의 대사 동안 아데닌과 구아닌(주제 L2와 M2 참조)는 잔틴을 거쳐서 요산으로 분해된다. 전체 대사 회로에 포함된 한 가지 생합성 과정은 잔틴의 산화이다. 이것은 **잔틴 산화효소**(xanthine oxidase)의 도움으로 이루어진다. 이 효소는 분자량이 약 300 kDa으로 크고, 2개의 몰리브데넘 원자, 4개의 Fe_2S_2 뭉치와 2개의 플라빈 아데닌 다이뉴클레오타이드(FAD) 분자를 포함하여 복잡하다. 이것은 3개의 황과 1개의 산소 원자와 결합된 몰리브데넘을 포함하는 산화 회로의 중간물질 중 하나라고 생각된다.

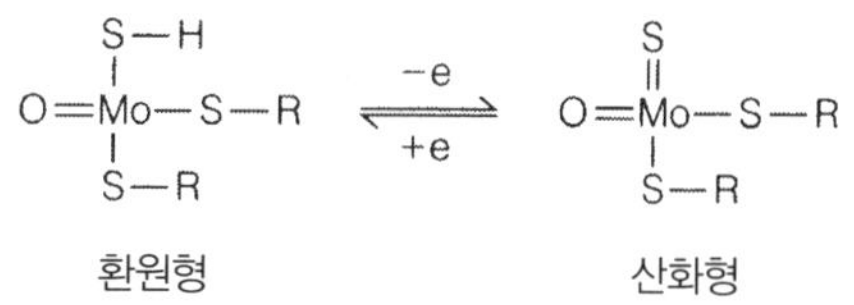

산화 과정 동안(그림 3 참조) 몰리브데넘은 +6에서 +4 산화 상태로 전환한다. 전체적 전자 흐름은 잔틴에서 몰리브데넘, Fe_2S_2, FAD를 거쳐서 분자 산소로 흐른다고 생각된다.

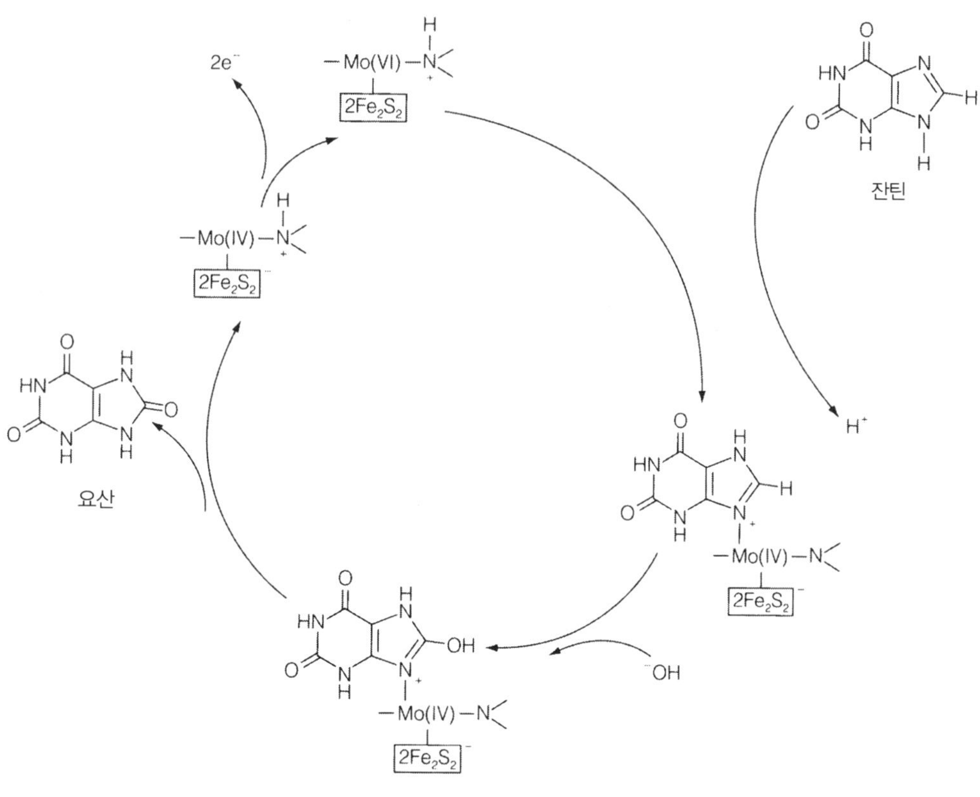

그림 3. 잔틴 산화.

질소 고정의 몰리브데넘

질소화효소는 박테리아에서 일어나는 질소 고정에 관여하는 효소이다. 이 효소는 2개의 단백질 사슬로 구성된다. 저분자량 단백질은 Fe_4S_4 뭉치를 포함하고 있다(주제 G2 참조). 더 큰 단백질은 그 자체가 사량체이며 2개의 몰리브데넘 원자와 많은 수의 철 원자와 황화 이온들을 포함하고 있다. 활성에는 두 단백질이 모두 필요하다. 철-황 뭉치가 산화환원의 중심이라고 생각되지만 몰리브데넘이 결정적으로 중요하다(그림 4 참조). 산화 몰리브데넘(VI) 이 아닌 산화 텅스텐(VI)이 존재하는 곳에서 배양한 박테리아는 텅스텐을 포함할 수 있지만 질소 고정 활성은 전혀 나타내지 않는다. 따라서 고정 과정 동안 질소는 실제로 몰리브데넘과 배위를 한다.

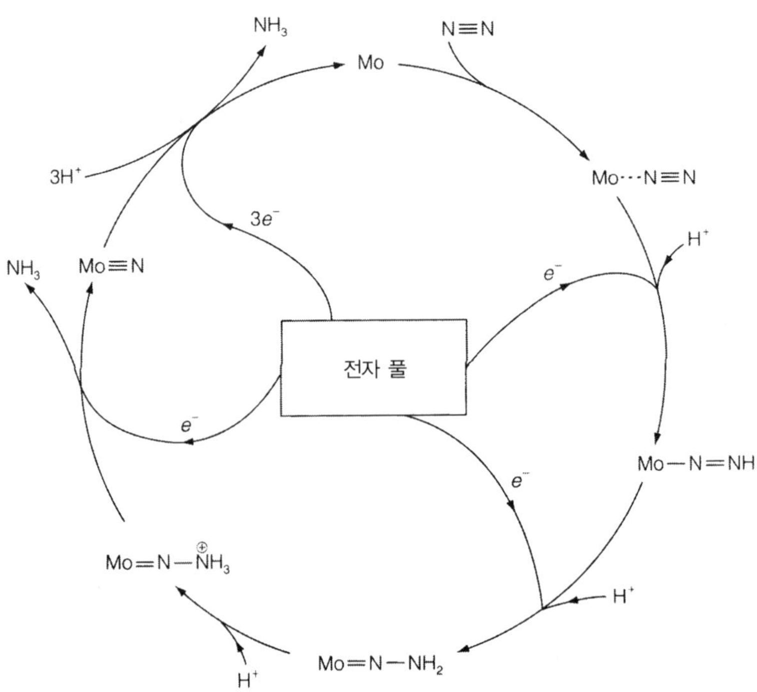

그림 4. 제안된 질소 고정과 전환의 촉매 회로.

Section H　수소 결합

H1. 수소 결합

중요한 용어

정의	수소 결합은 원자 사이의 상호작용의 특별한 한 형태이다. 이 결합은 수소 원자(수소 결합 주개 역할)가 전기음성도가 큰 원자(수소 결합 받개 역할)가까이에 위치하게 되었을 때 이들 간에 극성 공유 결합이 생김으로 형성된다. 수소 결합은 다른 공유 결합에 비해서는 상대적으로 약한 상호작용이지만 생물학에 있어서 아주 기본적으로 중요한 역할을 하는 결합이다.
단백질구조에서의 역할	단백질의 기본 구성 요소인 α-아미노산은 분자내에 수소 결합 주개(아마이드 결합의 NH기)와 수소 결합 받개(아마이드 결합의 C=O기)를 모두 가지고 있게 된다. 따라서 단백질 연결 순서를 결정하는 아미노산 사슬은 일련의 분자내 수소 결합으로 이루어지게 된다. 이 결합은 단백질의 이차 구조인 α-나선 구조와 β-병풍 구조뿐만 아니라 삼차 구조까지도 안정시키는 중요한 역할을 한다.
핵산에서의 역할	핵산의 뉴클레오타이드를 형성하는 이종원자고리 염기는 분자내에 수소 결합 주개와 수소 결합 받개를 모두 가지고 있다. 이들 염기의 구성은 삼중 수소 결합을 형성하거나 (사이토신과 구아닌) 이중 수소 결합(아데노신과 타이민 또는 유리딘)을 형성하므로 유지된다. 이들 결합은 이중 나선 구조를 가진 DNA의 핵산 사슬을 연결시키고 안정시켜 주는 중요한 역할을 한다.
관련된 주제	**주기율표(A1), 단백질(K1), 물 - 생물학적 용매(C), 핵산(K2)**

정의

분자내에 원자는 여러 가지 방식으로 연결된다. 공유 결합은 유기 화합물을 연결하는 특징적 결합이고(주제 B2 참조) 이온 결합은 무기 화합물간의 특징이다(주제 B2 참조). 공유 결합은 아주 강한 결합이고(표 1 참조) 비슷한 전기음성도를 가진 원자들 사이에 전자쌍을 공유함으로써 형성된다. 이온 결합은 반대 전하를 가진 원자들 사이의 **정전기**(electrostatic) 인력에 의해 형성된다. 또한 분자들은 쌍극자 인력에 의해서도 상호작용하게 된다. 아주 다른 전기음성도를 가진 원자들 사이에 공유 결합이 형성되면 각각의 원자들이 약하지만 상대적인 양전하나 상대적인 음전하를 띠게 되면서 쌍극자 힘이 생기게 된다. 또 다른 중요한 상호작용은 수소 결합이다. 이것은 수소 결합 받개(전기음성도가 큰 원자, 즉 짝짓지 못한 전자쌍을 가지는 것)와 수소 결합 주개(전기음성도가 큰 원자에 붙어 잇는 수소 원자)가 존재할 때 상호간에 형성되는 특별한 결합이다(그림 1 참조).

표 1. 원자나 분자 사이의 상호작용 에너지

상호작용의 형태	예	크기(kJ mol⁻¹)
공유 결합	H–H	200–800
이온 결합	Na^+ Cl^-	40–400
이온–쌍극자	$Na^+(H_2O)n$	4–40
수소 결합	$H_2\ddot{O}\cdots H_2\ddot{O}$	4–40
쌍극자–쌍극자	SO_2SO_2	0.4–4.0

보통 수소 결합 받개와 주개 능력을 모두 가지고 있는 분자들은 분자량이 큰 물리적 특징을 가지게 된다(절 C 참조).

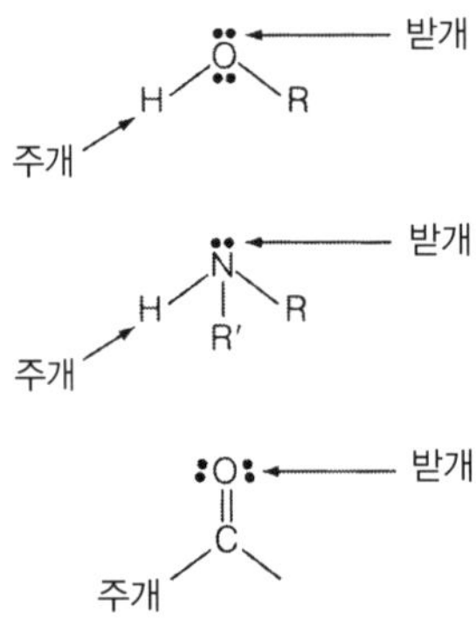

그림 1. 수소 결합 받개와 주개

단백질 구조에서의 역할

자연적으로 존재하는 α–아미노산은 (주제 M1 참조) 단백질의 구성 요소이다. 이들은 아마이드 결합을 형성하는 축합 반응에 의해 생성된다(주제 K1 참조).

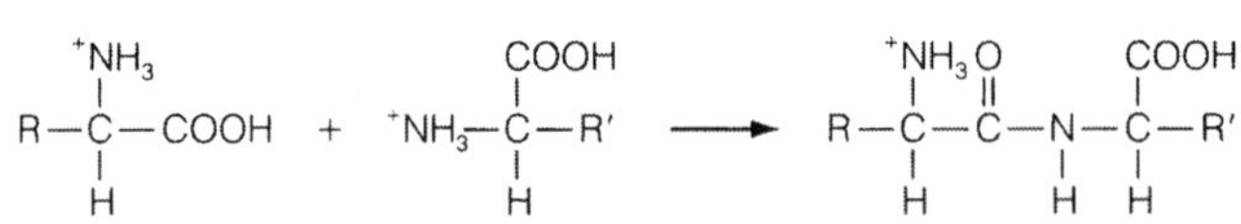

아마이드 카보닐기의 산소 원자는 수소 결합 받개로 역할을 하게 되고, 아마이드의 N–H에 있는 수소는 수소 결합 주개로서의 역할을 하게 된다. 단백질이나 펩타이드에서 수소 결합은

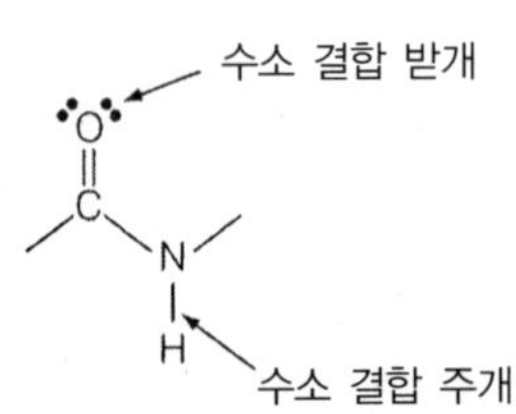

규칙적 구조 단위 형성을 가능하게 하는데, α-나선이나 β-가닥, β-병풍, 및 β-turns 등이 그에 해당한다(그림 2 참조). 이들 결합은 단백질의 삼차 구조나 나아가 단백질의 기능을 결정하는 데 중요한 역할을 하게 된다.

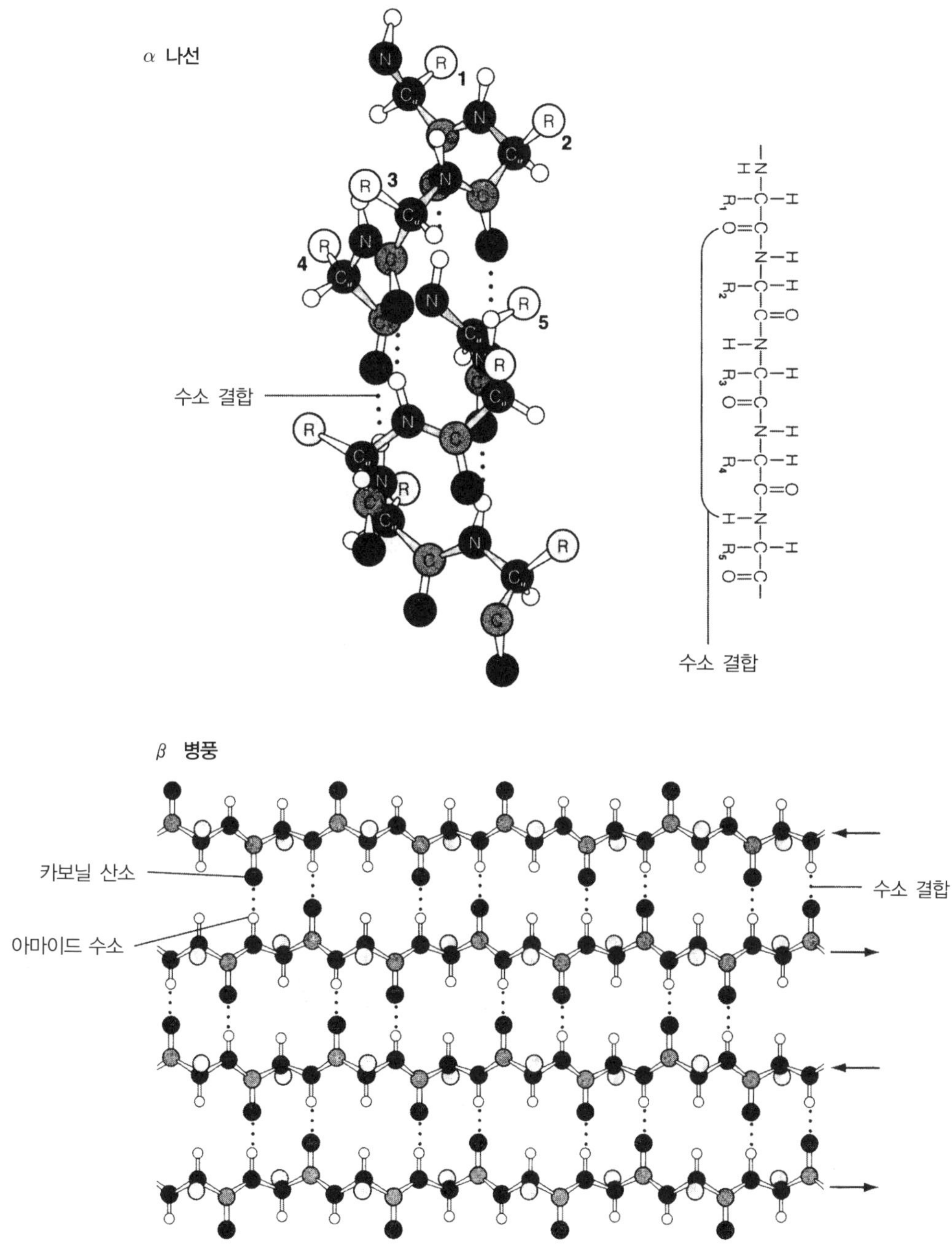

그림 2. 수소 결합에 의해 안전된 단백질의 이차 구조. From: BLOCHMISTRY by Stryer © 1998, 1995, 1981, 1975 by Lubert Stryer. Used with permission by W.H. Freeman and Company.

핵산에서의 역할

핵산의 이종원자고리(heterocyclic) 염기(아데노신, 구아닌, 사이토신, 타이민, 유리딘)는 수소 결합 주개와 받개 능력을 모두 가지게 된다(그림 3 참조). 두 가닥의 올리고뉴클레오타이드(oligonucleotide)가 꼬이거나 접히게 되면 각각은 서로 가까운 자리에 위치하게 되고 수소 결합을 가능하게 해 준다. 즉, 수소 결합은 DNA의 이중 나선 구조를 안정하게 해 주는 가장 주된 역할을 하게 된다(그림 4 참조). 이종방향족(heteroaromatic) 고리 주변의 수소 결합 주개와 받개의 배열은 4개의 염기가 최대한의 수소 결합을 형성할 수 있도록 위치하게 된다(주제 L2와 M2 참조). 이러한 배열은 아데노신(adenine)이 타이민(thymine) 또는 유리딘(uridine)과 2개의 수소 결합에 의해 연결되게 해 주고, 사이토신(cytosine)과 구아닌(guanine)이 3개의 수소 결합에 의해 연결되게 한다. 핵산에 존재하는 인산과 당은 이러한 염기들 간의 상호작용이 각 가닥(strand)들 사이에 일어날 때 핵산의 각 가닥이 역방향으로 배치되게 해 준다(주제 M2 참조).

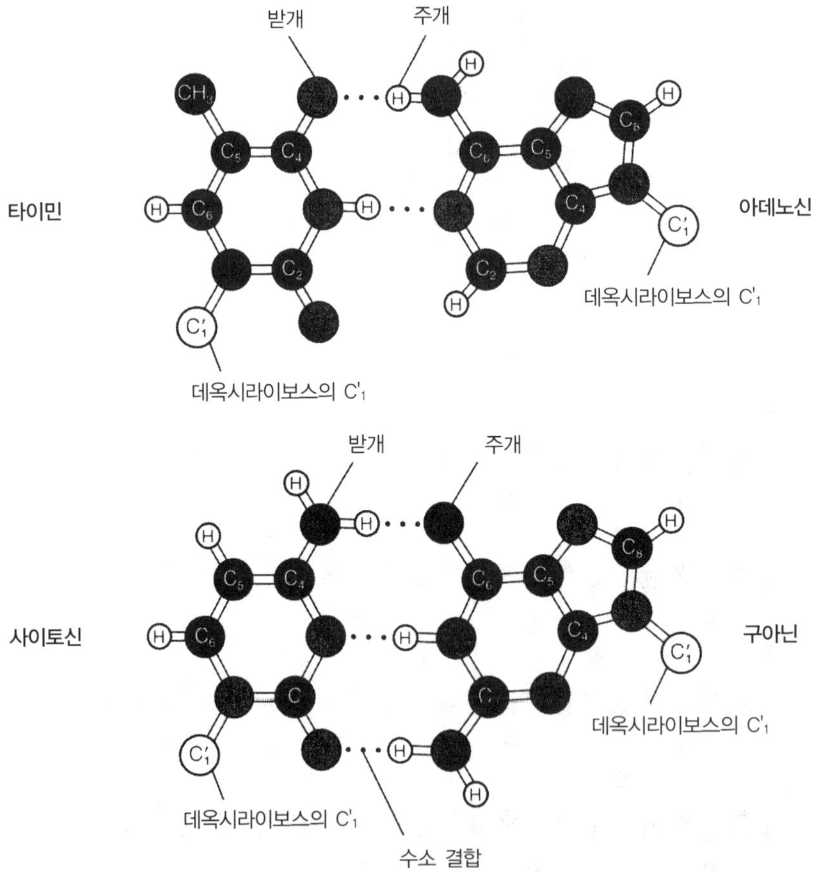

그림 3. 이종원자고리 염기의 수소 결합 주개와 받개. From: BIOCHEMISTRY by Stryer © 1998, 1995, 1981, 1975 by Lubert Stryer. Used with permission by W.H. Freeman and Company

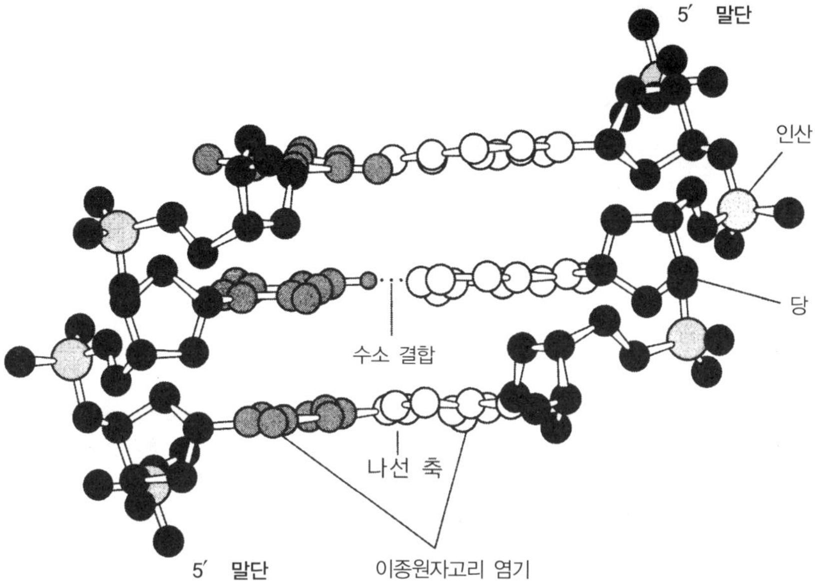

그림 4. 수소 결합에 의해 안정된 DNA의 이중 나선 구조. From: BIOCHEMISTRY by Stryer © 1998, 1995, 1981, 1975 by Lubert Stryer. Used with permission by W.H. Freeman and Company.

H2. 소수성 결합

*중요한 용어

정의

소수성(hydrophobic)이란 말은 물을 싫어하고 두려워 한다는 뜻이다. 따라서 소수성 결합이란 말은 소수성 분자들 사이에 물과의 접촉을 최소화시키면서 구조적 연결을 가져오게 하는 상호작용을 의미한다. 결과적으로 소수성 결합은 수동적인 개념으로 해석될 수 있으며, 서로간에 끌림이 없는 소수성 분자들이 물을 물리침으로써 생겨나는 힘을 의미한다.

생체막에서의 중요성

생체막은 지질과 단백질로 구성되어 있다. 지질은 보통 전하를 띤 즉 친수성 머리 부분과 소수성의 비극성 꼬리 부분으로 구성된 긴 선형 구조의 분자이다. 생체막은 지질의 이중층으로 구성된 막 구조인데, 지질의 각 꼬리 부분이 서로 연결되어 있다. 이러한 극성분자의 통과를 어렵게 하는(막에 끼어 있는 단백질에 의해 형성된 게이트를 통한 물질 이동 제외)막 구조를 형성하는 힘은 지질층 사이에 생긴 소수성 결합이다.

핵산에서의 중요성

DNA의 가장 일반적인 형태는 이중 나선 구조이다. 이중 나선은 DNA 두 가닥이 서로 역방향으로 배치되어 꼬임으로 형성되는데, 이때 이종원자고리 염기 사이에 수소 결합이 형성되게 된다. 그러나 수소 결합만이 이들 분자의 안정성을 완전히 설명할 수는 없고, 다른 안정화시키는 힘이 존재하게 되는데, 이것이 바로 인접한 염기들 사이에 생기는 소수성 결합이다.

관련된 주제

수소 결합(H1), 올리고뉴클레오타이드 합성(M2), 지질(K3)

정의

물에 기름방울을 떨어뜨렸을 때 물 분자 사이의 수소 결합을 깨지게 되고 **비극성**(nonpolar), **소수성**(hydrophobic) 방울을 위한 공간이 생기게 된다. 이 방울 주변에 물이 모이게 되면 열역학적 손실을 당하게 되어 물 분자는 **엔트로피**(entropy)를 잃게 된다. 몇 개의 소수성 방울이 존재하게 되면 이들은 함께 뭉쳐지려는 경향을 보이게 되고 이들 주변의 물 분자는 분리되게 된다(그림 1 참조). 소수성 분자가 관여할 때는 원자 수준에서 이와 비슷한 현상이 생기게 된다. 사실 소수성 분자들은 서로 끌림 현상이 없기 때문에 서로에게 관심이 없으나 물 분자에 둘러싸여 서로 뭉쳐지게 되는 것이다.

소수성 현상은 생물학에서 중요한데 많은 분자들이 비극성 소수성 부분을 가지는 단위체를 가지고 있기 때문이다. 예를 들면, 많은 수의 아미노산들이 물에 녹지 않은 탄화수소 곁사슬을 가지고 있게 되고 (주제 M1 참조), 이들이 단백질에 들어가게 되면 단백질은 이런 소수성 부분을 수용성 환경으로부터 멀리 떨어지게 배치시키기 위해 접히게 된다.

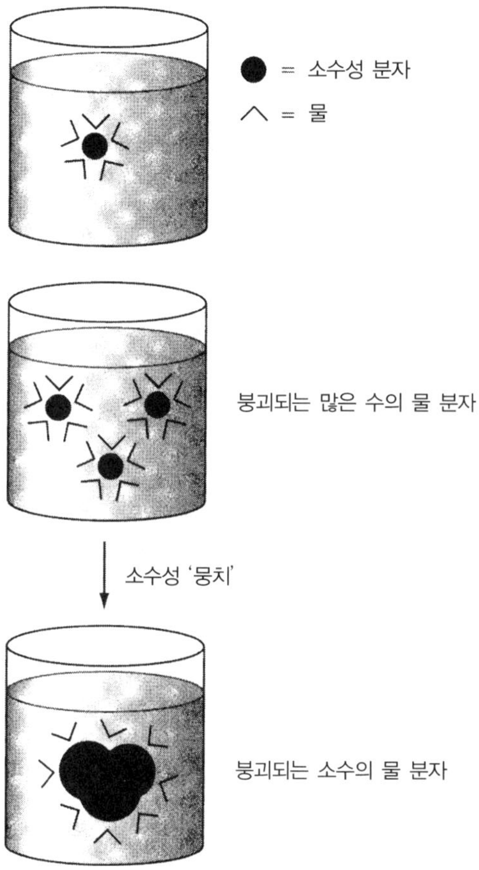

그림 1. 소수성 분자 주변의 물 분자 배치와 소수성 분자들의 뭉침 현상

생체막에서의 중요성

생체막은 아주 선택적으로 물질을 통과시키는 장벽이다. 세포막은 세포의 분자와 이온 조성을 조절해 주며 정보의 흐름을 조절하기도 한다. 생체막은 막구조인데, 다른 조성물을 가진 구획 사이를 구분시켜 주는 닫힌 경계선 역할을 한다. 그들은 단백질과 지질로 구성되어 있다. 단백질 분자가 대개 **게이트**(gate)나 **펌프**(pump) 역할을 하면서 지질층 사이에 끼여 있게 되고 막 사이의 물질 통과를 담당하게 된다. 두분자층에 들어 있는 지질은 극성 분자의 흐름을 막아주는 장벽 역할을 한다. 이러한 두분자층은 지질 꼬리 부분의 소수성 성질 때문에 물 속에서 자동적으로 형성되게 된다. 여러 가지 종류의 지질이 있고 (표 1 참조)이들의 공통된 특징은 극성, 즉 친수성의 머리 부분과 소수성의 꼬리 부분이 있다(그림 2 참조).

표 1. 머리와 꼬리 부분을 형성하는 지질의 예

지질	꼬리	머리
인산글리세라이드	지방산 사슬 (긴 사슬 탄화수소)	인산화된 알코올
당지방질	지방산 사슬	하나 이상의 당 찌꺼기
콜레스테롤	링크된 탄소고리계	'OH' 기

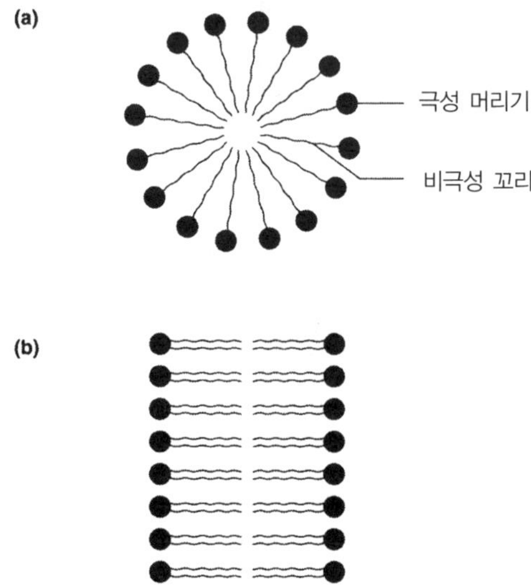

그림 2. 기본적인 지질의 구조: 마이셀과 두분자층.
(a) Cross-section of a (spherical) micelle.
(b) Lipid bilayer showing tail-to-tail alignment.

물 속에서 일어나는 가장 우호적인 지질의 배치는 머리(head) 부분이 물 분자와 접촉하게 되고, 꼬리 부분은 물로부터 먼 곳에 떨어져 배치되게 된다. 일반적으로 두 가지 방식으로 이와 같은 현상이 생기게 된다. 즉, **마이셀**(micelle)을 형성하거나 두분자층(그림 2 참조)을 형성하게 된다. 두분자층은 생물학에서 더욱 중요한데 마이셀 구조보다 더욱 질서정연한 구조를 형성할 수 있게 한다. 이러한 두분자층을 형성하는 힘은 비극성 꼬리 사이의 소수성 작용이다.

핵산에서의 중요성

DNA 이중 나선 가닥은 역방향으로 배치된 두 가닥에 존재하는 이종원자고리 염기 사이의 수소 결합에 의해 연결되어 있다(주제 H1 참조). 그러나 수소 결합만이 이중 나선 구조의 전체적인 안정성을 설명해 주는 것은 아니다. 그 이외의 다른 안정화시키는 힘으로 염기 자신들로부터 오는 영향을 들 수 있다. 이종원자고리 염기나 방향족(aromatic) 분자가 수용성 환경에 노출되면 수소 결합을 형성하여 수평적으로 쌓여 배치될 뿐만 아니라 동전이 쌓이듯이 수직적으로도 쌓여 배치된다(그림 3 참조). 이러한 쌓여 배치되는 현상에는 몇 가지 힘이 중요하게 작용하는 것으로 보이는데 쌍극자의 배치, 파이 전자의 근접성, 소수성 결합(즉, 물을 멀리 물리침) 등이 그와 같은 힘으로 보인다. 수소 결합에 의해 매개되는 즉 핵산의 조성에 의존하는 염기의 수평적 배치와는 달리, 염기의 수직적 배치는 핵산의 조성과 순서에 의존한다.

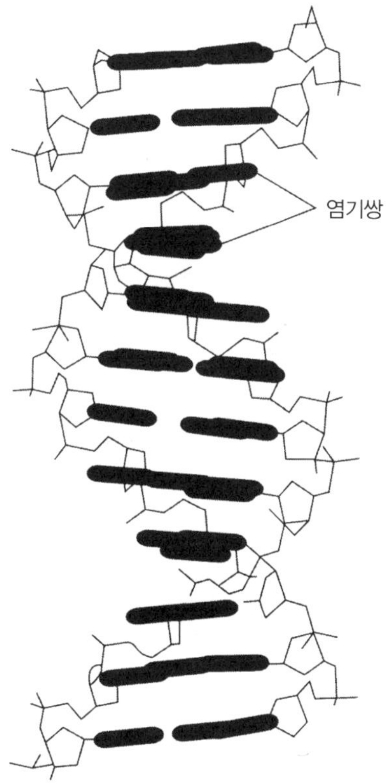

그림 3. DNA에 있어서 염기의 배치(염기는 짙은 검정으로 표시됨)
Reproduced from Instant Notes in Molecular Biolgy Second Edition, Turner st al., BIOS Scientific Publishers, 2000.

I1. 반응성이 큰 물질들

중요한 용어

친핵체

친핵체의 글자적 의미는 "핵을 사랑하는 것"이며, 이것은 양전하의 중심 혹은 부분적이나마 양전하를 가지는 중심에 친화력을 가지는 모든 물질에 적용된다. 따라서 친핵체는 전자가 풍부해야 된다. 분자내에서 전자가 풍부한 부분은 친핵성 중심이라고 하며, 예로서 물과 알코올에서 산소, 암모니아와 아민에서 질소가 이것에 해당한다.

친전자체

친전자체의 의미는 "전자를 사랑하는 것"이며, 이것은 분자내에서 음전하 혹은 부분적이나마 음전하를 가지는 부분에 친화력을 가지는 모든 물질에 적용된다. 따라서 친전자체는 전자가 부족해야 된다. 친전자체 중심의 예로는 탄소와 산소간 이중 결합의 탄소 원자, 혹은 일반적으로 전자를 끌어당기는 작용기에 결합한 탄소들이 있다.

자유 라디칼

친전자체와 친핵체와는 달리 자유 라디칼은 전하을 가지고 있지 않다. 이들은 매우 반응성이 큰 홀전자를 가진 물질들이다. 일반적으로 라디칼 반응을 사용하는 화학공정의 초기에 라디칼 반응을 시작하기 위해 많은 양의 에너지를 필요로 한다. 그럼에도 불구하고 많은 생화학적 과정에 자유 라디칼들이 관여되고 있다. 예로서 플라빈 뉴클레오타이드와 라이보뉴클레오타이드의 환원 반응들이 라디칼 과정이다.

관련된 주제

화학 반응의 분류(I2), 생물학에서의 몇 가지 금속(G)
화합물 종류에 따른 유기 화합물들(J)

친핵체

한 분자의 일정 부분이 **전자가 풍부**(electron rich)하면, 분자는 **친핵체**(nucleophile: 핵을 사랑하는 것) 그리고 전자가 풍부한 부분을 **친핵성 중심**이라고 한다. 분자나 분자의 일부분이 **음전하**를 가지고 있거나, **고립 전자쌍**(lone pairs of electron)을 가지고 있거나, 하나 이상의 **파이 결합**(pi bonds)을 가지고 있을 때 전자가 풍부하게 된다. 친핵성 물질들의 몇 가지 예가 그림 1에 나타나 있다. 정의에 따르면 친핵체가 반응시 전자가 풍부한 것과 같이, **친전자체**(electrophile)들도 반응시 전자가 부족하다. 분자의 어느 부분이 전자가 풍부하고 부족한 가를 확인하는 과정에서 이미 화학 반응의 생성물을 상당 부분 예측하게 된다. 다양한 친핵체의 친핵성도를 고려할 때 친핵체의 공격으로 생성되는 양전하 물질들의 안정성들 고려하는 것이 매우 유익하다. 간단한 예로 플루오린화 수소(HF), 암모니아(NH_3), 그리고 물의 양성자화 반응을 보자(그림 2). 플루오린화 수소에서 플루오린은 가장 전기음성도가 큰 원소(주제 A1)로 3개의 고립 전자쌍을 가지고 있으므로 가장 친핵성이 클것으로 예상된다. 실제로는 이 세 종류 중에서 가장 친핵성이 낮은데, 이것은 플루오린은 자신에 양전하가 오는 것을 허용하지 않기 때문이다. 반면에, 질소는 가장 전기음성도가 작지만 양전하를 수용할 수 있기 때문에 암모니아가 가장 친핵성이 크다. 이것은 화학과 생물학에 암모늄 이온이 자주 사용되는 것으로도 알 수 있다.

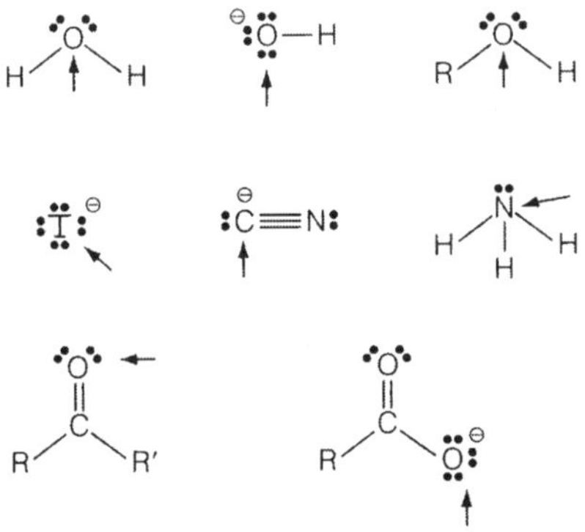

그림 1. 일반적인 친핵성 중심. R, 알킬; R′, 알킬 혹은 수소; ↑, 친핵성 중심

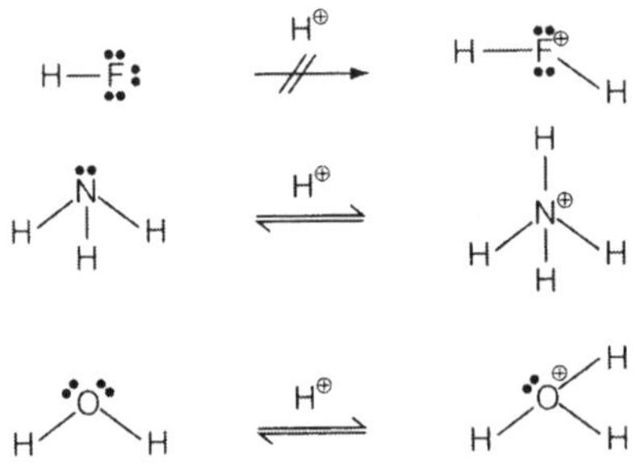

그림 2. HF, NH_3, H_2O의 양성자화 반응. ⇌, 평형

친전자체

친전자체(electrophile, 전자를 사랑하는 것)는 **전자 결핍**(electron deficient) 분자내의 부분이나 원자들을 말한다. 따라서 친전자체는 친핵체의 정반대이며, 친핵체가 반응하는 분자의 부분들 혹은 원자들이다. 결과적으로 친전자체의 친전자체 강도는 친핵체의 강도와 정확히 반대이다. 그러므로 플루오린화 수소는 친전자체로 작용하여 염기에 의해 쉽게 수소를 빼앗기고 음전하를 띤다. 반면에, NH_3가 친핵체의 공격을 받아 생성되는 NH_2^-는 매우 불안정 하

여 쉽게 생성되지 않는다. 따라서 NH_3는 친전자체로 고려되지 않는다. 몇몇 일반적인 친전자성 중심들이 그림 3에 표시되어 있고, 일련의 유기 화합물 (class 별로 정리됨)에 대한 친전자성 중심과 친핵성 중심들이 그림 4에 표시되어 있다.

자유 라디칼

자유 라디칼은 **홀전자**(unpaired electron)를 가지고 있는 것들이다. **불균일 과정**(heterolytic process, 주제 B5, 즉 전자쌍의 이동이 관여됨)인 친핵체와 친전자체가 관여된 반응들과는 달리 자유 라디칼 반응은 전하가 생성되거나 소멸되지 않는 **균일 과정**(homolytic process, 주제 B5)이 관여되어 있다.

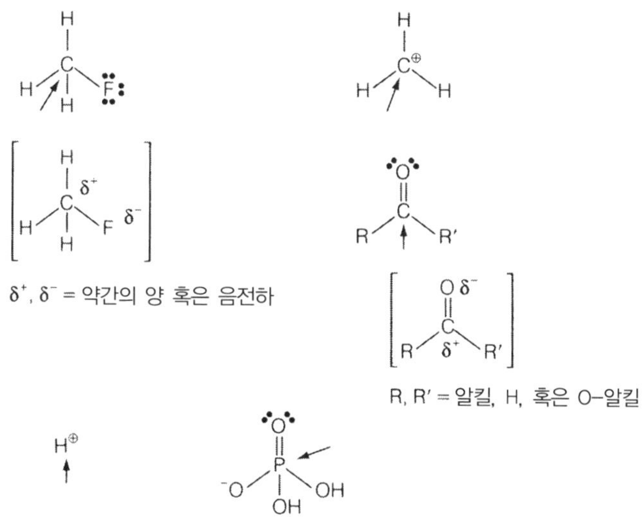

그림 3. 일반적인 친전자성 중심들. ↑, 친전자성 중심.

자유 라디칼 반응은 고에너지 과정이다. 자유 라디칼을 생성시키는데 매우 많은 양의 에너지가 요구된다. 결과적으로 한 번 생성된 자유 라디칼은 급격하게 반응하며, 무차별적으로 반응하여 다양한 반응 생성물을 만들게 된다. 이러한 반응성을 보여 주는 예로 정상적인 상태에서는 전혀 반응성이 없는 탄화수소인 메테인의 자유 라디칼 염소화 반응을 조사해 보자. 반응의 첫 번째 단계에서는 염소 라디칼을 생성시키기 위한 열이나 빛의 공급이 요구된다. 일단 생성되면 이들은 메테인과 쉽게 반응하여 수소 라디칼을 떼어내어 HCl을 만들면서 메틸 라디칼을 생성시켜 계속 반응하게 한다. 여러 가지 반응 가능성들(그림 5)을 통해 에테인과 클로로메테인을 생성시키게 된다.

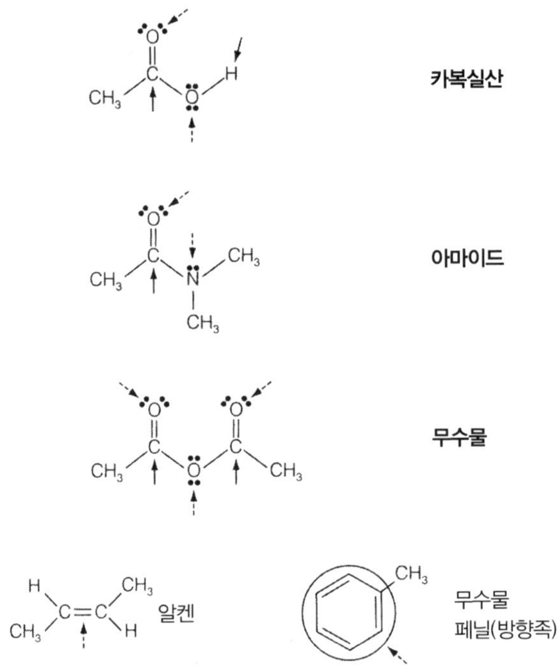

그림 4. 다양한 class의 유기 화합물들의 친핵성과 친전자성 중심들.
⇡, 친핵성 중심; ↑, 친전자성 중심.

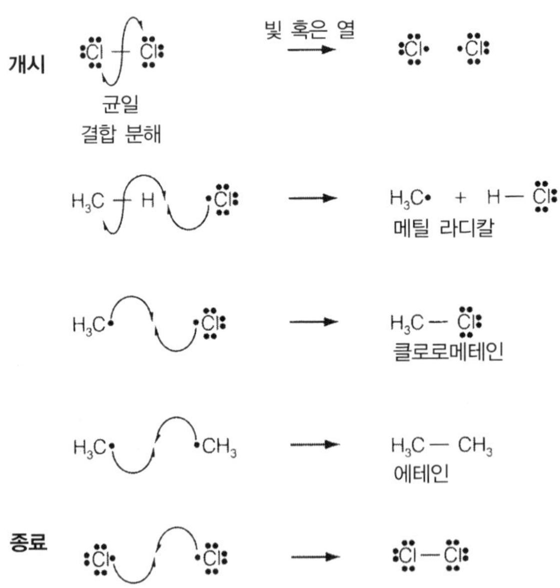

그림 5. 염소와 메테인 간의 자유 라디칼 반응.

자유 라디칼 공정이 매우 고에너지 과정이지만, 이들은 많은 생물학적 과정에 필수적이다 (주제 13과 절 G). 플라빈 모노뉴클레오타이드와 라이보뉴클레오타이드가 데옥시뉴클레오타이드로 환원되는 반응에 대해 제안된 라디칼 메커니즘이 그림 6에 제시되어 있다. 이들 과정의 중요성은 주제 H3에서 언급될 것이다.

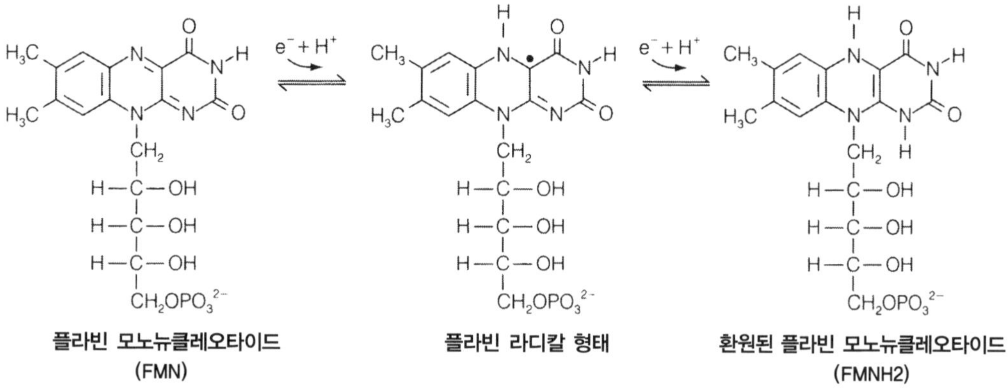

그림 6. 플라빈 모노뉴클레오타이드와 라이보뉴클레오타이드의 일반적인 환원 반응에 대해 제안된 메커니즘.

Section I 탄소 기반 화합물의 공통적인 반응 형태

I2. 유기 화학 반응들의 분류

*중요한 용어

첨가 반응

첨가 반응은, 이름에서 알 수 있듯이, 존재하고 있는 작용기의 소실 없이 새로운 작용기를 더해지는 반응이다. 첨가 반응이 일어나기 위해서는 분자가 불포화(이중 결합이나 삼중 결합)를 가지고 있어야 한다.

치환 반응

치환 반응은 분자의 일부분(원자 혹은 원자단)을 도입되는 작용기와 바꾸는 반응이다. 때때로 치환 반응을 유도하기 위하여 잠재적 이탈기를 좋은 이탈기로 활성화시키는 것이 요구되기도 한다. 치환 반응은 카복실산과 방향족 화합물 화학의 중요 현상이다.

제거 반응

제거 반응은 하나의 큰 분자가 일반적으로 중성인 작은 분자를 잃어버리는 반응이다. 제거 반응은 할로젠화 알킬과 알코올에서 흔히 발생하는 알켄으로의 변형 과정에 일어나는 반응들이다.

산화와 환원 과정

유기 화학에서 산화 반응은 산소를 얻는 것 그리고 환원 반응은 산소를 잃는 것이다. 환원 반응은 산소를 잃는 것과 동등한 것인 수소를 얻는 것이기도 하다. 대다수의 경우에 이들 과정은 자유 라디칼이 관여된 과정이다. 산화 환원 반응은 거의 모든 유기 화합물들의 화학 현상이며 생물에서 매우 중요한 역할을 한다.

관련된 주제   주기율표(A1)   전자 배열(A2)

첨가 반응

하나의 분자가 다른 분자와 어떤 부분(원자나 원자단)의 손실도 없이 합쳐졌을 때 첨가 반응이 일어났다고 말한다. 첨가 반응은 크게 두 가지, **친핵성**(nucleophilic)과 **친전자성 첨가**(electrophilic addition, 주제 I1)로 구분된다. 둘 중 어느 것이든지 일어나기 위해서는 첨가가 일어나는 분자에 하나 이상의 **불포화**가 존재해야 된다. 따라서 첨가 반응은 알켄, 알카인, 알데하이드 그리고 케톤 등에서만 가능하다. 첨가 반응은 방향족 화합물에서는 일반적으로 일어나지 않는다. 그 이유는 첨가 반응의 결과 화합물을 안정화시키는 힘인 방향족성을 잃게 되기 때문이다(주제 L1).

친전자성 첨가 반응의 예로 알켄으로부터 알코올의 합성을 들 수 있다.

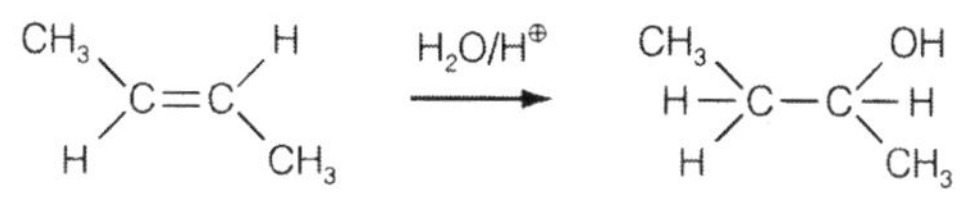

비슷한 방법으로 일- 혹은 이할로젠화 화합물이 생성될 수 있다.

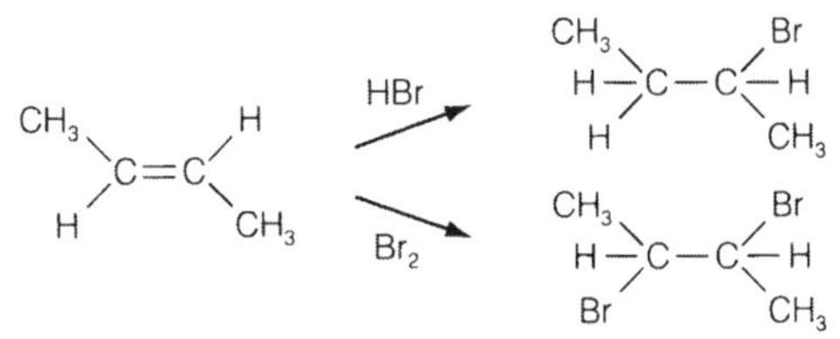

탄소-탄소 이중 결합이 **전자가 풍부**(electron rich)하여 친전자체(OH_2 혹은 BrH, 주제 I1)를 유인하므로 이 반응들을 친전자성이라고 부른다. 하나의 원자나 그룹이 다중 결합의 한쪽 끝에 첨가되면, 다른 한쪽에 양전하가 생성되어 친핵체의 공격을 받게 된다. 친핵성 첨가 반응은 카보닐 화합물들(주제 J2)에서 일반적인데, 이때 카보닐 탄소는 친전자적이고 카보닐 산소는 친핵성이다. 탄소의 친전자성이 산소의 친핵성 보다 강하여 친핵성 치환 반응이 더 잘 일어난다. 친핵성 첨가 반응의 예로 케톤과 사이아노 수소의 반응으로 사이아노하이드린이 생성되는 것을 들 수 있다.

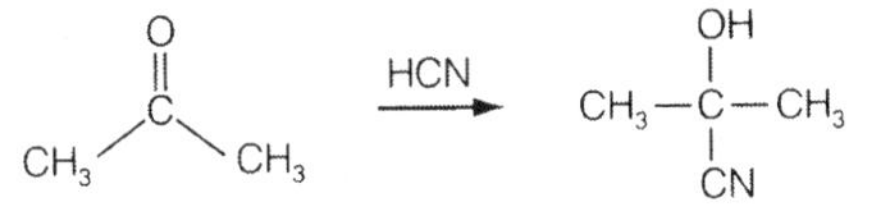

케톤 사이아노하이드린

치환 반응

한 분자의 하나의 원자나 그룹이 다른 분자의 원자나 그룹으로 대체되었을 때 치환 반응이 일어났다고 한다. 첨가 반응에서와 마찬가지로 치환 반응도 친핵성과 친전자성이 있으며, 친핵성은 할로젠화 알킬과 카복실산과 그 유도체들에서 그리고 친전자성은 방향족 화합물에서 특징적으로 일어난다.

할로젠화 알킬에서 일어나는 친핵성 치환 반응은 반응의 속도결정단계의 분자도(molecularity, 주제 P3)에 따라 세분된다. 반응 속도결정단계에 2개의 물질이 관여되는 친핵성 치환 반응을 S_N2 반응이라 하며, 이때 S는 **치환**(substitution), N은 **친핵성**(nucleophilic), 그리고 2는 **이분자성**(bimolecular)을 나타낸다. 속도결정단계에 하나의 반응물만 관여하는 치환 반응을 S_N1이라고 한다. 각각의 세분된 반응들의 예가 그림 1에 제시되어 있다. 치환 반응이 S_N1 혹은 S_N2 중 어느 경로로 진행되는가는 이탈되는 할라이드에 따라 그리고 더 중요하게는 결합이 끊어지고 생성되는 탄소 중심에 따라 결정된다. 만일 이 탄소가 생성되는 양전하[**카보늄 이온**(carbonium ion) 혹은 **탄소양이온**(carbocation)으로 됨]를 안정화시킬 수 있다면, 탄소와 할로젠 간의 결합이 친핵체의 공격이 이루어지기 전에 끊어질 수 있다. 이것이 **일분자성**(unimolecular) 반응 속도결정단계이다. 이렇게 생성된 양이온은 sp^2 혼성화된 탄소(주제 B1)이고, 따라서 탄소의 치환체들은 평면에 배치되게 된다. 이것은 원래의 할로젠화 알킬이 카이랄(chiral, 절 E)인 경우에 중요한 점으로, 생성된 화합물은 **라세미체**(racemic mixture, 절 E)가 된다(그림 2). 반대로 생성되는 탄소양이온이 안정하지 않으면, 할로젠이 이탈되기 전에 친핵체가 탄소와 상호작용을 하게 된다. 따라서 속도결정단계는 할로젠화 알킬과 친핵체가 모두 관여하는 이분자성이 된다. 만약 할로젠화 알킬이 카이랄이었으며, 친핵체가 이탈기의 반대쪽 면으로 들어가기 때문에 **입체 배열의 반전**(inversion of configuration, 절 E)이 일어나는 쪽으로 반응이 진행된다(그림 2).

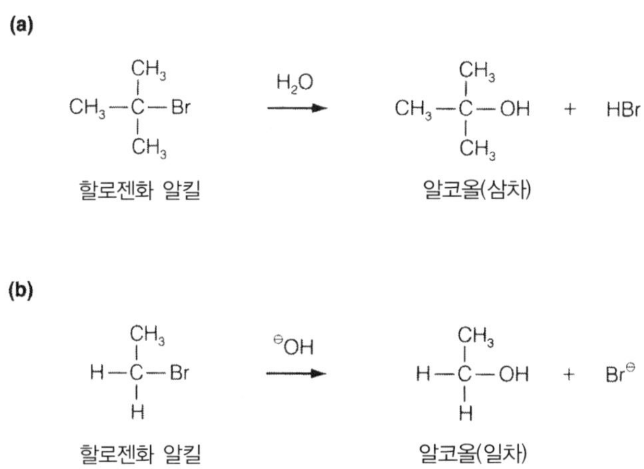

그림 1. (a) S_N1 과 (b) S_N2 반응의 예.

방향족 화합물들은 친전자성 치환 반응들을 한다. 벤젠의 경우는 일반적으로 촉매를 필요로 한다. 이들 반응이 첨가 반응보다 선호되는 이유는 방향족성이 유지되기 때문이다.

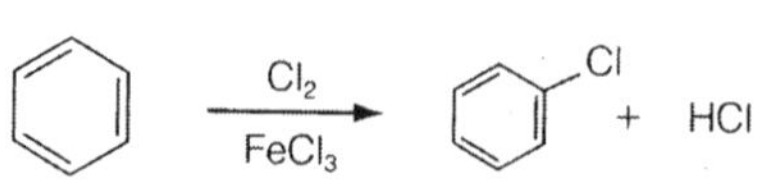

제거 반응

제거 반응은 할로젠화 알킬과 알코올 등에서 일어날 수 있으며, 알켄과 HX(X는 할로젠) 혹은 H_2O를 각각 생성시킨다. 제거 반응은 자주 친핵성 치환 반응과 경합하며, 치환 반응에서와 같이 반응 속도결정단계의 분자도에 따라 세분된다. E2 표기는 **이분자성 과정**(bimolecular proecss), E1 표기는 **일분자성 과정**(unimolecular proecss)을 나타낸다.

제거 반응이 일어나기 위해서는 좋은 이탈기와 센염기가 필요하다. 어떤 이탈기라도 이탈된 상태가 안정하면 "좋은" 이탈기라고 말하며(예, 이탈되는 할로젠화 이온은 전기음성도로 인하여 안정하다), 이것들은 반응을 촉진시킨다. 만약 좋은 이탈기가 있고, 이탈기가 붙어 있는 탄소가 양전하를 안정화시키면 탄소양이온 생성이 첫 단계가 되고 반응 속도결정단계가 일분자성이 된다(E1). 이 과정은 항상 S_N1 반응 메커니즘과 경합하게 된다. 반응의 두 번째 단계는 염기에 의해 인접된 탄소의 양성자를 떼어내어(그림 3) 알켄을 생성하는 것이다. 그러나 만일 탄소양이온 생성이 안정하지 않으면, 반응의 첫 번째 단계는 이탈기에 인접된 양성자를 떼어 내는 것이고, 속도결정단계는 이분자성, E2가 된다(그림 3). 염기들 중 많은 수가 친핵체로도 작용할 수 있으므로, 이 과정은 S_N2 메커니즘과 경합하게 된다.

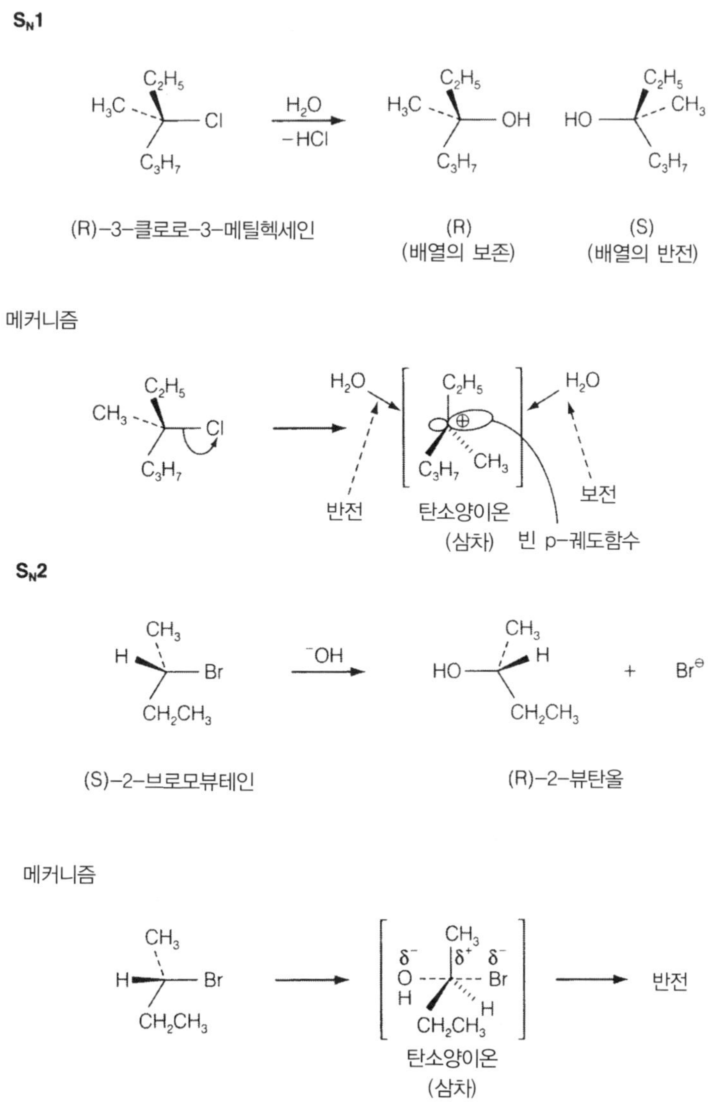

그림 2. S_N1과 S_N2 반응의 메커니즘.

산화와 환원 과정

환원 반응은 산소의 소실 혹은 수소의 첨가가 일어나는 것으로 알카인, 알켄, 방향족, 그리고 카보닐 화합물들에서 특징적으로 일어난다(절 I). 산화 반응은 산소의 첨가가 일어나는 것으로 알켄과 알데하이드에 특징적으로 일어난다. 이것들은 유기 화학자들에게 일상적으로 사용되는 정의이다. 그러나 생물학에서 산화와 환원을 이야기할 때는 보다 일반적인 정의가 사용된다. 즉, 원자나 화합물이 전자를 얻으면 **환원**(reduced)된 것이고, 전자를 잃어버리면 **산화**(oxidized)된 것이다. 산화 혹은 환원 반응들이 가역적이고 이들 반응이 동시에 일어나면 이것을 **산화환원짝**(redox couple)이라고 하는데, 생물에서는 이것이 일반적이다.

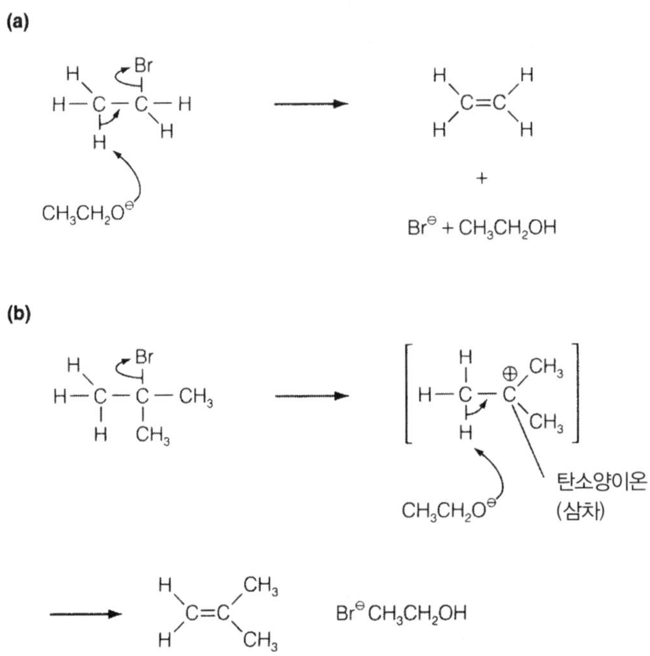

그림 3. (a) E1과 (b) E2 반응의 메커니즘.

명확한 수소와 산소 분자들 없이 산화환원 반응을 이해하기 위해서는, 첫째 **산화수**(oxidation number)를 배우는 것이 필요하다. 한 분자내의 어떤 원자의 산화수는 모든 결합 전자들이 가장 전기음성도가 큰 원자에 의해 소유되었을 때 원자가 가지게 되는 전하이다.

H_2O 산소의 산화수 = −2

CH_4 탄소의 산화수 = −4

NO_2 질소의 산화수 = +4

한 분자내 원자들의 산화수의 합은 분자의 전체 전하와 동일해야 된다. 또한 한 원자의 산화수가 반응 과정에서 더 양으로 변하면 산화 과정이 일어났다고 한다. 반대로, 산화수가 적어지면 환원 반응이 일어났다고 한다.

산화 혹은 환원 반응이 가역적이면, 특정한 반응 속도 상수를 가지고 있는 정반응과 역반응 사이에 평형이 이루어지게 된다(주제 N2와 P1). 평형 과정을 속도식으로 표현할 때 반응하는 물질들의 농도가 포함되게 된다. 그러나 산화환원 반응들은 전자의 이동이 일어나고 전자농도의 개념을 이해하기는 어렵다. 이 문제를 풀기 위해서 **반쪽 반응**(half reaction)에 대해 알아보는 것이 유용하다. 모든 산화환원 반응은 2개의 반쪽 반응들을 가지고 있다. 하나는 전자를 소모하는 것이고, 다른 하나는 전자를 생성시키는 것이다. 주어진 일련의 반쪽 반응들에서 각각의 구성 성분들은 전자들을 다루는 능력을 가지고 있으며, 전자가 소모되는 반응의 경우에서 이것을 **환원 전위**(reduction potential)라고 한다. 표 1에 여러 종류의 이온들과 분자들의 **표준 환원 전위**(standard reduction potential, E^0)가 주어져 있다. 표준 환원 전위란 기체계에서 1 M 농도, 25℃, 그리고 1기압일 때, 임의의 기준에 대한 상대적인 환원 전위이다. 강한 환원제는 음수인 환원 전위를 가지고, 센산화제는 양수인 환원 전위를 갖는다. 이 환원 전위값들을 바탕으로 어떤 조합의 반응이 진행될 수 있는가를 예측할 수 있다(그림 4).

표 1. 표준 환원 전위(25℃에서)

반쪽 반응			E^0(전압)
$O_2(g) + 4H^+(aq) + 4e^-$	⇌	$2H_2O$	+1.23
$NO_3^-(aq) + 4H^+(aq) + 3e^-$	⇌	$NO(g) + H_2O$	+0.96
$Fe^{3+}(aq) + e^-$	⇌	$Fe^{2+}(aq)$	+0.77
$Cu^{2+}(aq) + 2e^-$	⇌	$Cu(s)$	+0.34
$2H^+ + 2e^-$	⇌	$H_2(g)$	0.00
$Co^{2+}(aq) + 2e^-$	⇌	$Co(s)$	−0.28
$2H_2O + 2e^-$	⇌	$H_2(g) + 2OH^-(aq)$	−0.83
$Mg^{2+}(aq) + 2e^-$	⇌	$Mg(s)$	−2.37
$K^+(aq) + e^-$	⇌	$K(s)$	−2.92

소듐이 염소와 반응할 것인가?

$$Na^+(aq)+e^- \rightleftharpoons Na(s) \qquad E^0=-2.71V$$

$$Cl_2(g)+2e^- \rightleftharpoons 2Cl^{\ominus}(aq) \qquad E^0=+1.36V$$

염소의 E^0가 소듐보다 크므로 염소는 환원되고 소듐은 산화된다.

$$Na(s) \longrightarrow Na^+(aq)+e^- \quad \text{(산화)}$$

$$Cl_2(g)+2e^- \longrightarrow 2Cl^{\ominus}(aq) \quad \text{(환원)}$$

(반쪽 반응들)

알짜 반응

$$2Na(s) \longrightarrow 2Na^{+}(aq) + 2e^{-}$$

$$Cl_2(g) + 2e^{-} \longrightarrow 2Cl^{-}(aq)$$

$$: 2Na(s) + Cl_2(g) \longrightarrow Na^{+}(aq) + 2Cl^{-}(aq)$$

환원 전위에 따르면 **정반응**으로 진행될 것이고,
거꾸로 진행되지는 않을 것이라는 것을 예측할 수 있다.

그림 4. 반응의 가능성을 예측하는 데 환원 전위를 사용하는 예.

생물학적 일련의 산화환원짝의 예인 유비퀴놀–사이토크롬 c 계가 그림 5에 나타나 있다.

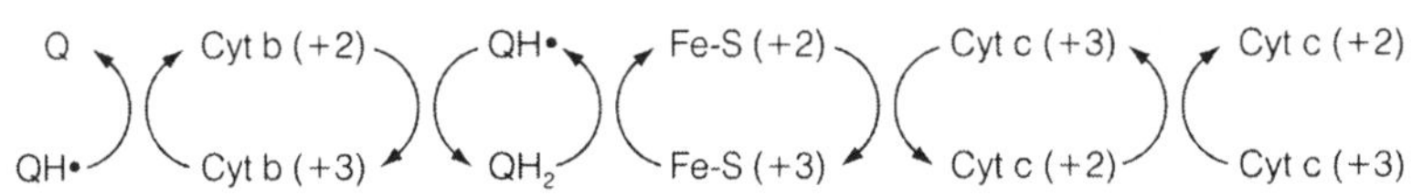

그림 5. 생물학에서의 산화환원짝의 예 : 유비퀴놀–사이토크롬 c 종. Q, 유비퀴논; QH, 세미퀴논(라디칼) 중간체; QH_2, 유비퀴놀; Cytb, 사이토크롬 b; Cytc, 사이토크롬 c; 괄호 안의 숫자들은 산화 상태를 표시.

I3. 반응성에 영향을 주는 인자들

중요한 용어

유도 효과

화학 반응이 진행되는 하나의 계에 붙어 있는 치환체(반응이 일어나는 작용기의 위나 근처의) 의 성질은 반응성 혹은 반응의 진행경로에 커다란 영향을 준다. 이 책에서 가장 중요한 치환체의 성질들 중의 하나는 전자를 받는 능력이다. 이것은 치환체의 전기음성도와 직접적으로 관련되어 있다. 전자를 받는 그룹은 이웃한 원자들에 음전하가 쌓이는 것을 안정화시킬 수 있다. 이것은 한 예로 탈양성자화 반응에 확실히 중요하게 작용한다.

공명 효과

많은 치환체들의 또 다른 전자적 성질은 공명이다. 고립 전자쌍을 가지고 있는 치환체들은 이 전자들을 제공하여 π-결합을 만들면서 양전하를 안정화시킬 수 있다. 만일 치환체가 번갈아 있는 π-결합들 네트워크에 연결되어 있다면, 공명 효과는 비편재화를 통하여 이들 모든 결합들에 전달될 수 있다.

관련된 주제

주기율표(A1) **방향족성(L1)**

유도 효과

다양한 요인들이 반응의 경로에 영향을 미친다. 이것들 중에서 가장 중요한 것은 변화가 일어나는 중심의 전기음성도일 것이다(주제 H1). 그러나 이것 이외에도 반응의 진행 여부에 영향을 미치는 요인이 두 가지 더 있다. 그 첫 번째가 치환체의 **유도 효과**(inductive effect)이고 두 번째는 치환체가 **공명**(resonance)에 참여할 수 있는 능력이다. 치환체의 유도 효과의 중요성은 트라이플루오로에탄올(CF_3CH_2OH)과 에탄올 간의 산-염기 성질을 비교함으로써 쉽게 설명된다. 에탄올의 pK_a는 16(주제 N2와 N3)이고 트라이플루오로에탄올의 pK_a는 12.4이다. 각각의 경우에 반응은 산소로부터 양성자를 제거하여 산소에 음전하가 생기는 것(그림 1.)임에도 불구하고 트라이플루오로에탄올의 산성이 강하다. 이러한 차이는 가장 전기음성도가 큰 원소인 플루오린(주제 A2)이 자기 쪽으로 전자를 잡아당겨 산소의 전자 밀도를 감소시켜 줌으로써 전하를 가진 계를 안정화시켜 주는 플루오린의 능력 때문에 일어난다. 만일 반응의 중간체나 전이 상태(주제 E1)가 안정화될 수 있다면, 반응은 훨씬 잘 일어나게 된다.

플루오린에 의한 효과(즉, 음전하의 안정화)와 같은 유도 효과는 **음성 유도 효과**라 하고, 양전하를 안정화시키는 것은 **양성 유도 효과**라고 부른다.

수소를 유도 효과가 0인 기준 치환체로 설정하면, 알킬기는 양성 유도 효과를 가지고 있게 된다. 이것이 삼차 탄소양이온이 이차 탄소양이온보다 안정하고, 일차 탄소양이온보다 훨씬 더 안정한 이유이다(주제 I2); 탄소양이온이 관여된 반응의 진로를 결정하는 데 절대적으로 중요한 요인이다.

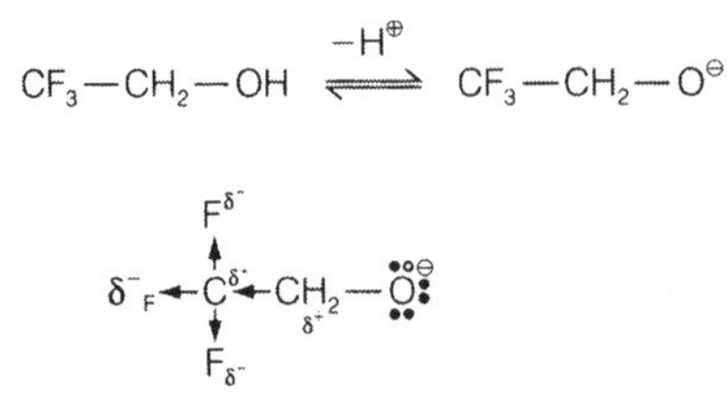

'F'는 유도 효과를 통해 음전하를 안정화시킨다.
따라서 탈양성자화를 쉽게 한다(산성도)

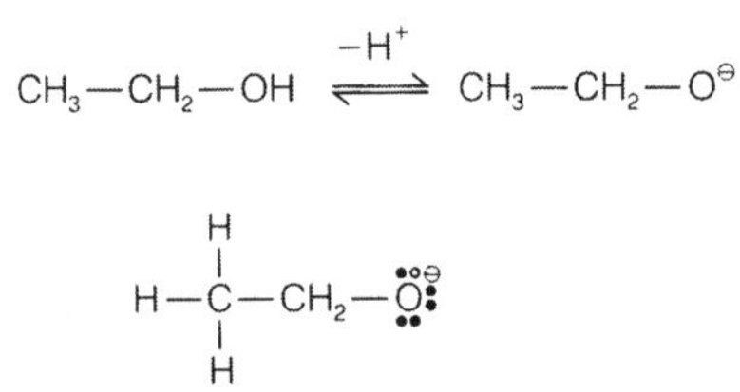

음전하를 안정화시킬 수 있는 유도 효과가 없다.

그림 2. 에탄올과 트라이플루오로에탄올 간의 pK_a 차이가 유도 효과를 이용하여 설명될 수 있다.

공명 효과

음전하가 생성되는 반응에서는 유도 효과가 가장 중요한 요인이다. 반대의 경우에는 공명 효

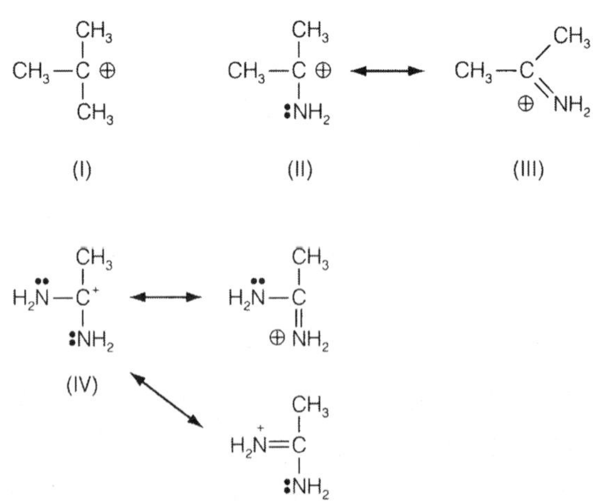

그림 2. 탄소양이온의 공명 안정화.

과가 중요한 요인으로 작용한다. 만일 치환체가 양전하를 안정화시키는 공명에 포함되기 위해서는 고립 전자쌍을 내놓아 π-결합을 할 수 있어야 한다. 치환체가 π전자를 수용하여 고립 전자쌍으로 만들 수 있다면 공명이 음전하의 안정화에도 기여할 수 있다.

공명의 중요성은 삼차 탄소양이온 (I)과 (II)를 비교함으로써 이해될 수 있다(그림 2).

탄소양이온 (I)과 인접한 탄소 원자가 고립 전자쌍을 가지고 있지 않으므로 공명이 일어날 수 없다. 반면, 탄소양이온 (II)에 붙어 있는 질소 원자는 공명에 참여할 수 있는 전자쌍을 가지고 있다. 실제로 2개의 **정준형**(canonical form, 주제 L1)을 가지고 있는 이온 (II)와 (III)의 정확한 구조는 이들이 **혼성**(hybride)된 구조이다. 질소 원자가 존재함으로써 붙어 있는 탄소 중심에 양전하가 생성되는 반응이 촉진되게 된다.

어떤 특정한 계(전하를 띠건 안 띠건)에서 동등한 구조들이 많이 그려질수록 그 계는 안정하게 된다(주제 L1). 따라서 탄소양이온 (IV)가 이온 (III)보다 안정하다(그림 2).

유도 효과는 시그마 결합이 관여되는 것(주제 B2)이기 때문에 이것은 단지 몇 개의 결합들에게만 전달이 된다(그림 3).

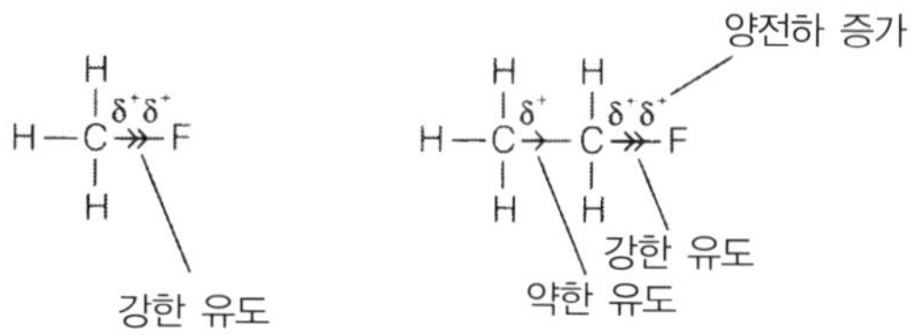

그림 3. 유도 효과는 시그마 결합들의 거리가 멀어질수록 감소한다.

그러나 공명 효과는 먼 거리까지 작용한다. 메톡시벤젠(일반적으로 아니솔로 부른다)의 가능한 동등한 구조들을 모두 고려해 보자(그림 4). 산소의 고립 전자쌍들 중에서 하나가 벤젠 고리의 π-계에 관여될 수 있으며, 이것으로 인하여 벤젠 고리의 오쏘 (2)와 파라 (4) 위치에 음전하가 모이게 된다. 결과적으로 고리의 이 부분들이 **친전자성** 공격을 받게 된다(주제 I1).

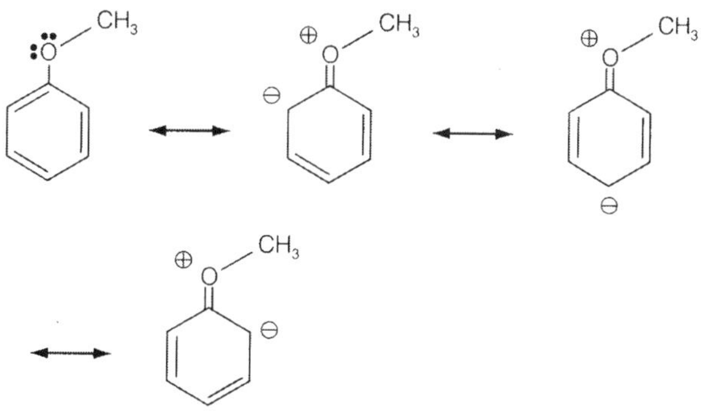

그림 4. 메톡시 벤젠의 동등한 구조들.

메톡시기(OCH_3)는 양성 공명 혹은 **비편재**(mesomeric) 효과를 보이며, 고리의 전자 밀도를 증가시켜 반응성을 증진시킨다. 반면에 벤조산과 같은 산 작용기는 음성 비편재 효과를 보이며, 고리의 전자 밀도를 감소시켜 친전자성 공격을 잘 받지 못하게 한다(그림 5).

치환체가 고리에 미치는 유도 효과와 공명 혹은 비편재 효과를 표 1에 나타내었다.

표 1. 대표적 치환체들의 유도 성질과 비편재 성질들

유도 성질들	효과	작용기
가장 강한 전자 받개	−I	$—NO_2$
	−I	—CN
	−I	—F
	−I	—Cl
	−I	$—O—C(=O)—CH_3$
	−I	$—C(=O)CH_3$
	−I	$—OCH_3$
	−I	$—N(CH_3)_2$
전자 주개	+I	—alkyl
비편재 성질들	**효과**	**작용기**
가장 강한 전자 받개	+M	$—N(CH_3)_2$
	+M	—OH
	+M	$—OCH_3$
	+M	$—NH\ COCH_3$
	+M	—F
	+M	—Cl
전자 주개	−M	$—C(=O)OCH_3$
	−M	$—C(=O)OH$
	−M	—CN
	−M	$—NO_2$

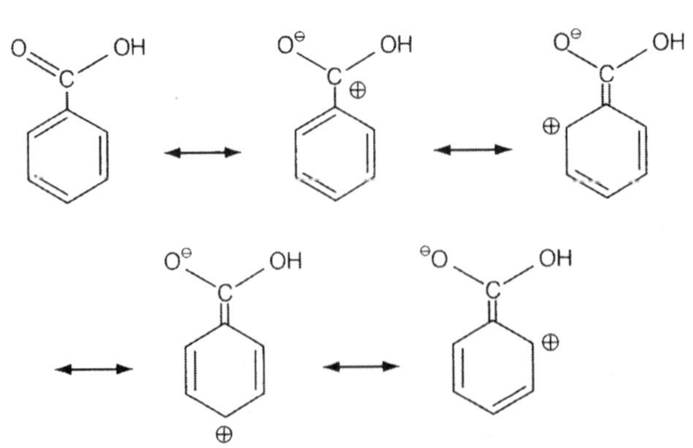

그림 5. 벤조산의 정준형들.

Section J **화학족에 의한 유기 화합물**

J1. 알코올 및 알코올과 관련된 화합물들

*중요한 용어

알코올의 반응들

알코올들은 매우 다양한 반응을 수행한다. 2개의 고립 전자쌍을 가지고 있는 산소 원자의 존재로 인하여 알코올은 친핵체로 작용할 수 있다. 그러나 이것들 중에서 물을 잃어버리는 반응(탈수 반응)과 카보닐 화합물을 생성하는 반응(산화 반응)이 가장 중요한 반응이다.

중요한 알코올들

가장 간단한 알코올인 메탄올은 거대한 양이 상업적으로 생산되고 있다. 알코올이 함유된 음료를 이야기 할 때 언급되는 알코올이 에탄올이다. 또한 에탄올은 에틸렌글리콜(다이올)에 의한 독성을 치료할 때 경쟁적 저해제로 치료제로 사용된다. 보다 복잡한 알코올들은 소독 기능(프로페인-2-올)과 다른 치료제적인 성질을 가지고 있다.

방향족 알코올들

벤젠과 관련된 알코올을 페놀이라 부른다. 최근에는 페놀 유도체들이 소독의 목적으로 더 보편적으로 사용되기는 하지만 페놀 그 자체의 소독 기능으로 잘 알려져 있다. 하이드록시기의 탈양성자화로 생성되는 음이온이 공명으로 안정화되기 때문에 페놀은 약산으로 작용한다. 탈수 반응이나 산화 반응이 쉽게 일어나지 않는다.

에테르

지방족 에테르들은 화학이나 생물학적 공정에서 반응물로는 거의 사용되지 않는다. 반면, 이들은 화학 반응의 용매로 또는 마취제로 많이 사용된다. 퓨란과 피란(또한 이들의 포화유도체들)등의 고리형 유도체들은 많은 종류의 탄수화물에 들어 있다.

싸이올

싸이올은 알코올의 황 유도체로 알코올과 성질이 많이 비슷하다. 싸이올은 불쾌한 냄새가 나는 것으로 일반적으로 알려져 있다. 이것들은 쉽게 산화되어 다이설파이드가 되는데, 이것은 단백질 화학에서 특별히 중요하다. 또한 싸이올은 수은과 같은 중금속과 쉽게 반응하며, 이것은 생물학적 계에서 중요한 역할을 한다.

관련된 주제 **반응성이 큰 물질들(I1)   유기 반응의 분류(I2)**

◎ 알코올의 반응들

알코올의 성질은 물의 성질과 많이 비슷하다(절 C). 이들은 산소가 고립 전자쌍을 가지고 있어서 산-염기로 작용하기도 하고, 친핵체로 작용하기도 한다(주제 I1과 J3, 절 N). 그러나 알

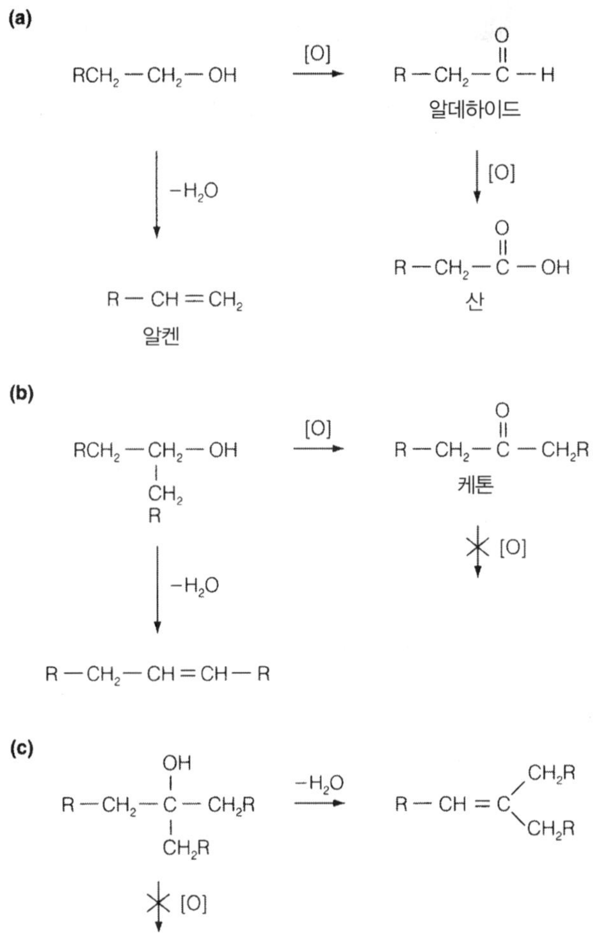

그림 1. 알코올의 분류와 그들의 탈수 반응과 산화 반응들.
(a) 일차 알코올; (b) 이차 알코올; (c) 삼차 알코올.

코올의 반응들 중에서 중요한 것은 **탈수 반응**과 **산화 반응**이다. 이러한 반응의 진행여부는 'OH'가 붙어 있는 작용기의 근본적인 성질에 따라 결정된다(그림 1).

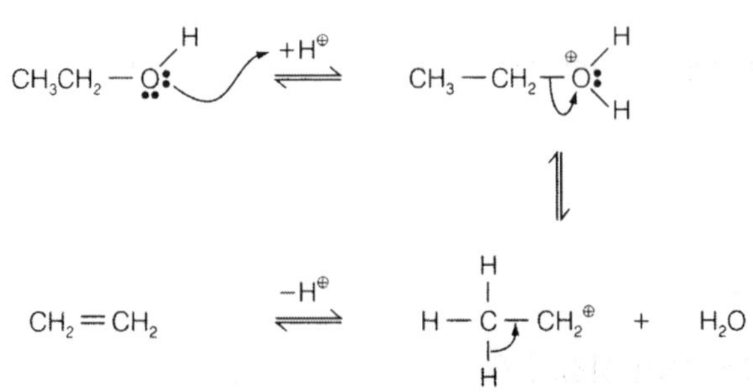

그림 2. 에탄올의 산 촉매 탈수 반응의 메커니즘.

탈수 반응은 물을 잃어버리고 알켄을 생성시키는 것이다. 이 반응은 실험실에서 황산(H_2SO_4)과 같은 산을 사용하여 쉽게 시킬 수 있다(그림 2). 이러한 **제거 반응**(elimination reaction, 주제 I2)은 하이드록시기에 양성자가 붙어 이것을 좋은 이탈기로 만드는 과정으로부터 시작된다.

알코올의 탈수 반응은 생물에서 중요한 반응이다. 생체내 탈수 반응에서는 산 촉매 대신 효소(알코올 탈수소효소)가 촉매로 작용한다. 예를 들어, 구연산(citric acid)은 시트르산 회로에서 탈수된다.

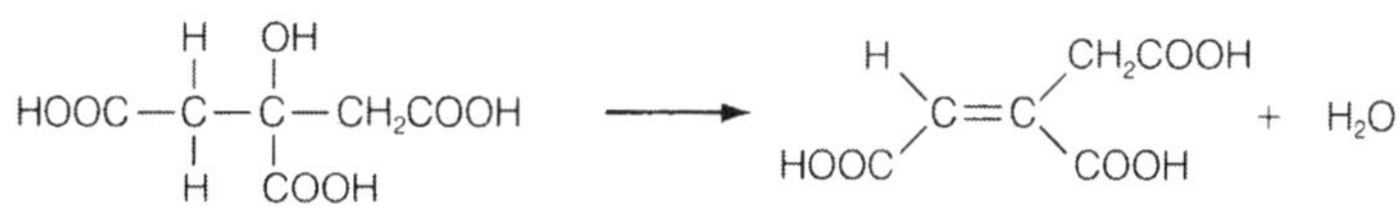

효소에 의해 촉매화되는 반응의 특이성은 일반적으로 한가지의 기하 이성질체만을 생성시킨다(절 E).

산촉매에 의한 가수분해로 생성될 수 있는 또 하나의 예는 **에테르**(ether)이다. 에테르는 두 알코올 분자간의 반응으로 생성된다.

$$R{-}OH \quad + \quad HO{-}R \xrightarrow[140°C]{H_2SO_4} \underset{\text{에테르}}{R{-}O{-}R} \quad + \quad H_2O$$

생성물이 에테르가 되느냐 아니면 알켄이 되느냐 하는 것은 반응용기의 온도를 조절함으로써 결정될 수 있다.

산화 반응은 보다 광범위해서 산소 원자를 얻거나 수소를 잃어버리는 과정을 모두 포함한다. 알코올은 다이크로뮴산 포타슘($K_2Cr_2O_7$)이나 과망가니즈산 포타슘($KMnO_4$) 등의 시약에 의해 적당한 조건에서 조절이 가능한 정도로 산화될 수 있다. 일반적으로 산화제는 '[O]'로 표기한다.

일차 알코올들은 알데하이드로 쉽게 산화되며, 온화한 산화 조건을 사용하지 않으면 더 반응하여 카복실산을 생성시킨다(그림 1.) 이차 알코올들은 산화되어 케톤이 된다. 삼차 알코올들은 일반적으로 산화 과정들에 영향을 받지 않는다.

중요한 알코올들

가장 간단한 알코올인 메탄올(CH_3OH)은 산업적으로 매우 중요한 화합물이다. 매년 38억 리터 이상이 만들어지고 소비되고 있다. 초기에는 이것은 주로 나무를 증류해서 얻어졌다. 그러나 현재에는 일산화 탄소와 수소간의 반응을 통한 합성으로 얻어지고 있다.

$$CO \quad + \quad 2H_2 \xrightarrow[\text{열, 압력}]{\text{촉매}} CH_3OH$$

표 1. 알코올들과 용도

알코올	식	용도
메탄올	CH_3OH	용매, 폼알데하이드의
2-프로판올	$CH_3-CH(OH)-CH_3$	전구체 소독용 알코올
1,2-프로페인-다이올	$CH_3-CH(OH)-CH_2(OH)$	로션과 약물의 보습제
멘톨	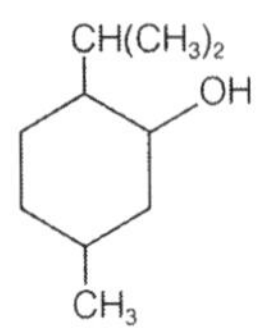	기침약 성분

메탄올은 매우 독성이 큰 알코올이다. 단 몇 스푼만 마셔도 완전히 실명하게 되며, 약간 더 초과하면 사망을 초래한다(표 1).

반면, 탄소 사슬 1개의 추가로 메탄올보다 훨씬 독성이 적은 알코올이 얻어진다. 에탄올의 대사산물들이 적은 독성을 보인다. 에탄올은 알코올 음료의 성분 알코올로서 발효 과정으로도 얻어질 수 있으나, 상업적으로는 에틸렌의 수소화를 통해 대량 생산된다.

$$H_2C=CH_2 + H-OH \xrightarrow[300°C]{70\ atm} H_2C(H)-CH_2(OH)$$

에탄올

에탄올도 치료의 목적으로 사용된다. 일반적으로 부동액으로 일컬어지는 다이올인 에틸렌글리콜(CH_2OHCH_2OH)은 체내에서 산화되어 옥살산이 되며, 이것의 결정체는 신장에 축적되어 결과적으로 신장 기능 부전을 가져온다. 그러나 효소 촉매에 의한 에틸렌글리콜의 변형은 알코올의 흡수를 통해 경쟁적으로 저해될 수 있다. 에탄올의 산화로 얻어지는 것은 자연적인 대사산물인 에탄산(아세트산)이다(그림 3).

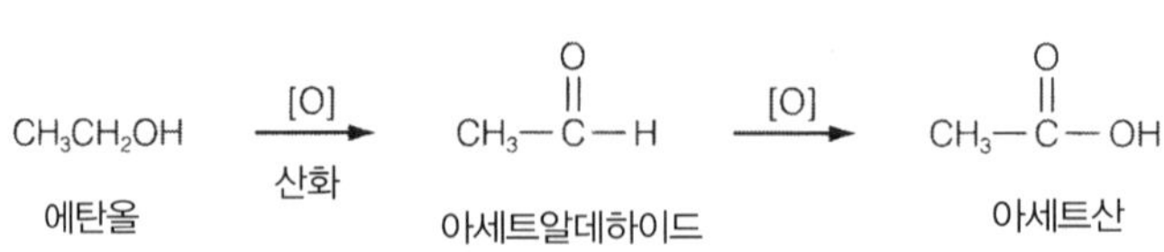

그림 3. 아세트산을 생성시키는 에탄올의 산화.

방향족 알코올들

지방족(포화) 알코올들은 일반식 ROH로 표시하며, 이때 R은 알킬 사슬을 의미한다. 동일하게, 방향족 알코올들은 일반식 ArOH로 나타내며, Ar은 벤젠 고리를 의미한다. ArOH 형태의 알코올은 일반적으로 **페놀류**(phenols)로 지칭되며, 이 하이드록시벤젠의 가장 간단한 형태가 페놀이다.

페놀들도 일반적으로 지방족 알코올들과 비슷한 성질을 보인다. 이들은 산과 친핵체로 작용한다. 그러나 'OH'기와 벤젠 고리간의 근접성으로 인하여 산화와 탈수 현상은 일어나지 않는다.

페놀들은 살균제로 널리 사용되고 있다. 1800년에 Joseph Lister에 의해 페놀 자체가 수술과정의 살균제로 처음 사용되었다. 최근에는 치환된 페놀들이 이 목적으로 더 일상적으로 사용되고 있다.

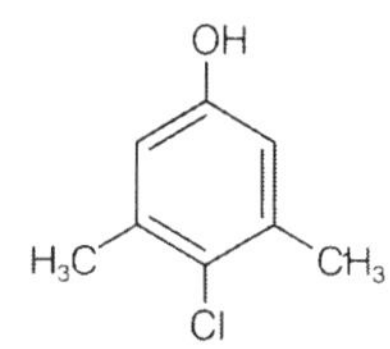

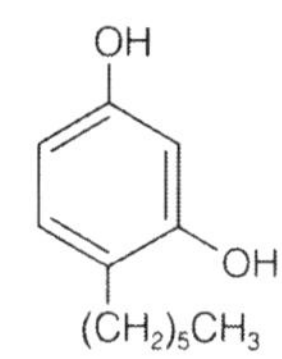

에테르

에테르는 알코올과 매우 유사하지만, 'OH'의 'H'가 'R'로 바뀌어진다. 이들은 서로 공통점을 전혀 가지고 있지 않다. 에테르는 분자간 수소 결합(주제 G1과 C1)을 할 수 없기 때문에 일반적으로 끓는점이 매우 낮다. 대부분의 에테르들은 상대적으로 반응성이 매우 적으며, 이로 인해 이들은 주로 반응의 용매로 사용되고 있다. 그러나 에테르는 마취제로 임상적인 용도에 사용된다.

$$CH_2 = CH-O-CH=CH_2$$

다이비닐 에테르

$$CH_2F-O-C(F)H-C(F)(Cl)H$$

엔플루레인

생물학적으로 관련 있는 것들은 고리형 에테르들이다.

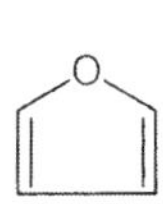

퓨란

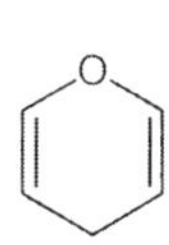

피란

많은 탄수화물과 핵산의 기본 구조에 퓨란과 피란 고리, 그리고 이들이 소화된 유도체들, 가 포함되어 있다(주제 M2).

싸이올

싸이올들은 그들의 불쾌한 냄새로 유명하다. 예로 이들은 마늘과 양파 냄새의 원인이다. 싸이올들은 알코올의 황 동등체로서, 산소와 황이 같은 족에 속하므로 알코올과 싸이올은 비슷한 성질을 보일 것으로 예상할 수 있다. 실제로 싸이올은 친핵체로 작용하며 산화될 수 있다. 그러나 싸이올은 알코올과는 대조적으로 산화의 주된 산물은 다이설파이드이다.

$$\mathrm{R{-}SH} \quad \mathrm{HS{-}R} \longrightarrow \mathrm{R{-}S{-}S{-}R}$$

이 반응은 단백질 화학에서 극히 중요하다(주제 M1).

싸이올의 생물학적으로 중요한 다른 반응은 중금속과의 결합이다.

$$\mathrm{2R{-}SH} + \mathrm{M^{2+}} \longrightarrow \mathrm{R{-}S{-}M{-}S{-}R} + \mathrm{2H^{\oplus}}$$

M=중금속

많은 효소들이 싸이올기가 자유롭게 있는 시스테인을 가지고 있다. 이러한 효소들이 중금속들에 노출되면, 중금속들이 싸이올기들을 연결시킴으로써 효소의 기능을 마비시키거나 효소의 저해제로 작용한다(주제 P1). 이것에 의해 일련의 생물학적 과정들이 영향을 받게 된다.

J2. 알데하이드와 케톤

*중요한 용어

물리적 성질

알데하이드와 케톤은 일반적으로 알코올 보다 낮은 끓는점을 갖는다. 이것은 이들 분자들이 서로 수소 결합을 할 수 없기 때문이다. 그러나 알데하이드와 케톤이 알코올이나 아민과 같은 수소 결합 주개와 섞이게 되면 수소 결합을 할 수 있다. 이러한 성질과 카보닐 결합의 극성 성질로 인하여 작은 알데하이드와 케톤은 물에 녹는다.

산화 반응

알데하이드는 보토의 산화 조건에서 쉽게 산화되어 카복실산이 된다. 반대로 케톤은 쉽게 산화되지 않는다.

환원 반응

알데하이드와 케톤은 수소의 첨가로 쉽게 환원될 수 있다. 이들 반응의 생성물은 알코올이다.

헤미아세탈 생성

알데하이드가 알코올과 반응하여 합성된 α-하이드록시 에테르 생성물을 헤미아세탈이라고 한다.유사한 방법으로 헤미케탈(케톤과 알코올의 반응 생성물)이 생성될 수 있다. 헤미아세탈과 헤미케탈 모두 추가의 알코올과 반응하여 α-다이에테르인 아세탈과 케탈이 될 수 있다. 고리형 에세탈, 케탈, 헤미아세탈, 헤미케탈은 탄수화물 화학에서 가장 중요하다.

이민 형성

알데하이드와 케톤이 아민과 반응하여 이민이라고 부르는 탄소-질소 이중 결합 화합물을 생성한다. 이 반응은 아미노산의 생산에 중요하다.

케토-엔올 토토머화

알파(탄소) 원자에 수소 원자를 가지고 있는 카보닐 화합물은 상응하는 엔올(불포화 알코올)로 빠른 속도로 상호변환한다. 이 상호변환을 토토머화라고 한다. 케토-엔올 토토머화는 간단한 카보닐 화합물 및 핵산의 헤테로고리 염기들과 같이 복잡한 계의 화학을 결정하는 데 중요하게 작용한다.

중요한 알데하이드와 케톤

가장 간단한 알데하이드는 폼알데하이드이며, 이것의 수용액은 수술 장비의 소독 시에 자주 사용된다. 가장 간단하고 널리 사용되는 케톤이 아세톤이며, 이것의 가치는 이것이 수용성이면서 대부분의 유기 화합물을 녹이는 능력에 기인한다. 대사 과정의 구성 성분, 당, 호르몬 등과 같이 생물학적으로 중요한 화합물들이 알데하이드와 케톤 작용기를 가지고 있다.

관련된 주제 알코올과 관련된 화합물(J1) 카복실산과 에스터(J3)

물리적 성질

알데하이드와 케톤이 가지고 있는 산소는 이들이 알코올과 비슷한 물리적 성질 특히 끓는점을 가질 것으로 가정하게 한다. 알코올, 알데하이드, 케톤은 수소 결합 상호작용에 전자 주개로 작용할 수 있는 고립 전자쌍을 가진 산소 원자를 가지고 있다(주제 H1). 그러나 알데하이드와 케톤은 수소 결합 받개로 작용할 수 있는 작용기를 가지고 있지 않다. 만일 알데하이드와 케톤이 수소 결합 받개로 작용할 수 있는 분자와 용액 속에 있게 되면, 수소 결합 네트워크가 형성된다. 용액에서 수소 결합을 할 수 있는 능력과 카보닐 결합 고유의 극성 성질은 작은 분자량의 알데하이드와 케톤이 물에 녹을 수 있게 한다.

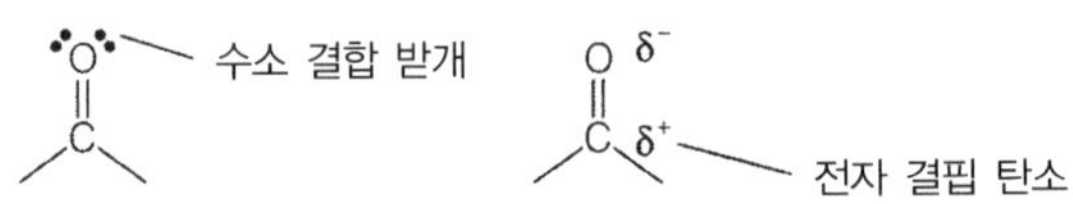

산화 반응

산화 조건에 대한 알데하이드와 케톤의 서로 다른 반응성이 이들을 구분하는 주요 이유이다. 알데하이드는 쉽게 카복실산으로 산화된다.

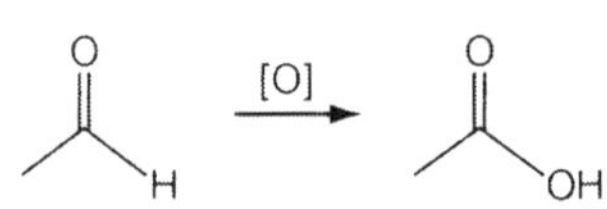

[O] 산화제

실제로 이 반응은 너무 잘 일어나서 알데하이드 시료를 오래 동안 공기 중에 방치하면 일반적으로 상당량의 산이 포함되게 된다.

쉽게 산화되는 성질을 이용하여 알데하이드의 존재를 파악하는 여러 가지 반응들이 개발되었다(그림 1). 생물학자들에게 특히 중요한 반응으로서 베네딕트 시약은, 당뇨환자들에게 흔히 발생하는, 소변 속의 글루코스 존재를 임상적으로 확인하는 데 자주 사용된다(그림 1b).

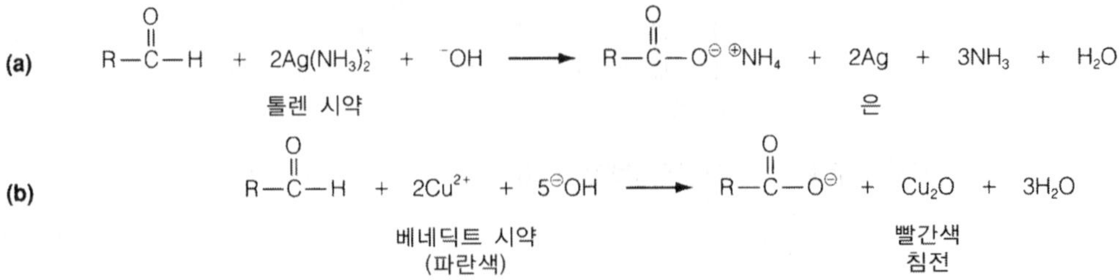

그림 1. (a) 톨렌 시약과 (b) 베네딕트 시약을 이용한 알데하이드의 산화 반응.

정상적인 상태에서 케톤은 산화되지 않는다. 실험실의 매우 강력한 조건에서는 케톤(RCOR′)을 2개의 카복실산 분자(RCOOH와 R′COOH)로 산화시킬 수 있다.

환원 반응

알데하이드와 케톤의 환원 반응은 알코올 산화 반응의 역이다(주제 J1). 이것은 실험실에서 일반적으로 수소 기체와 금속 촉매를 사용하여 이루어진다(그림 2).

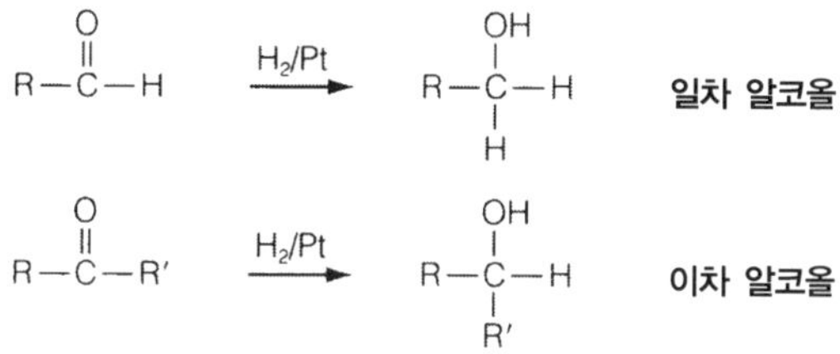

Pt 백금 촉매

그림 2. 알데하이드와 케톤의 환원은 알코올을 생성한다.

헤미아세탈 형성

알데하이드는 일반적으로 산 촉매하에서 알코올과 반응하여 일상적으로 헤미아세탈로 부르는 α-하이드록시에테르를 생성한다(그림 3).

헤미아세탈은 불안정하여 분리할 수 없다. 그러나 반응 혼합물 속에 알코올이 과량으로 존재하면 헤미아세탈이 계속 반응하여 아세탈(α-다이에테르)을 생성시킨다. 이것은 안정하여 분리할 수 있다(그림 3).

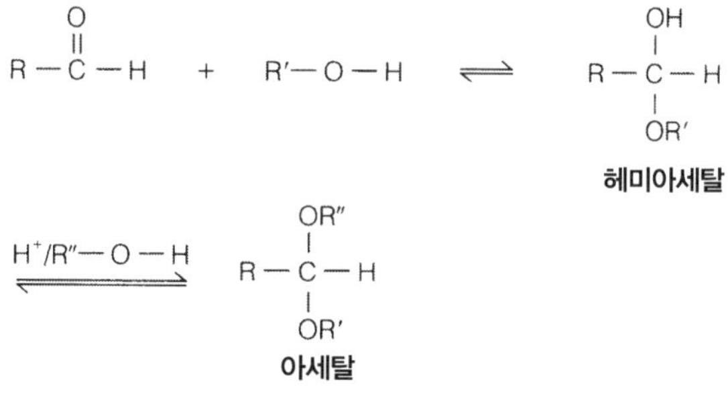

그림 3. 에세탈을 생성하는 알데하이드와 알코올의 일반적 반응.

케톤도 매우 비슷하게 헤미케탈과 케탈을 생성한다. 케톤 혹은 알데하이드와 알코올의 반응은 생물에서 매우 중요하다. 이들 카보닐과 알코올이 모두 당에 존재하여 고리형 아세탈과 케탈이 생성될 수 있다. 예를 들어, 열린 사슬 당인 글루코스는 용액 속에서 대부분 (분자내) 헤미아세탈인 글루코피라노스(glucopyranose, 그림 4)로 존재한다. 이들 육각형 고리들이 일반적으로 중요한 이당류와 다당류의 구성 성분들이다(그림 5). 라이보스에서 유도된 오각형 헤미아세탈은 핵산의 중요 성분이다.

이민 형성

알데하이드와 케톤 그리고 일반적인 카보닐 화합물은 친핵성 첨가 반응을 할 수 있다(주제 I). 이들 중에서 생물학에서 가장 중요한 것은 친핵체가 암모니아인 것이다. 암모니아가 알데하이드나 케톤과 반응하면 **카비놀아민**(carbinolamine)이 생성된다. 산의 존재하에서 탈수가 진행되어 **이민**(imine)을 생성시킨다. 일차 아민(NH_2R)도 동일한 과정을 진행할 수 있다. 이 반응이 생물에서 중요한 것이다. 그 이유는 이것이 환원된 이민인 아미노기를 아미노산에 도입하는 중요한 경로이기 때문이다(그림 6과 주제 M2).

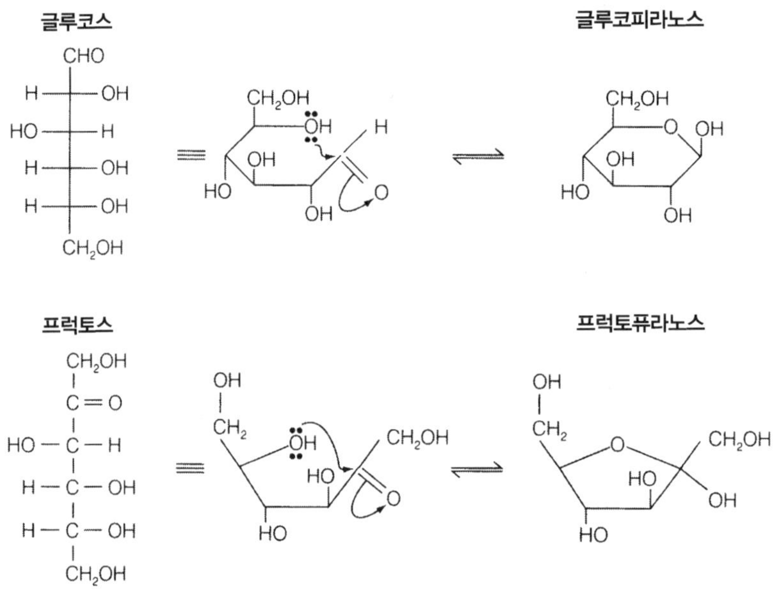

그림 4. 분자내 헤미아세탈 형성; 글루코스의 글루코피라노스로 변형과 프럭토스의 프럭토퓨라노스로 변형

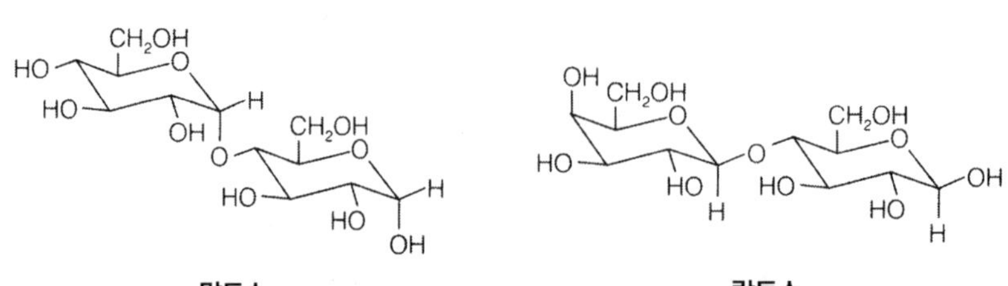

그림 5. 고리 헤미아세탈의 조합으로 이루어진 이당류의 예.

케토-엔올 토토머화

α-탄소(카보닐기에 결합한 탄소)에 하나 혹은 그 이상의 수소 원자를 가지고 있는 알데하이드와 더 중요하게는 케톤은 **토토머화**(tautomerism)라는 특별한 종류의 이성질화(주제 E1)를 할 수 있다.

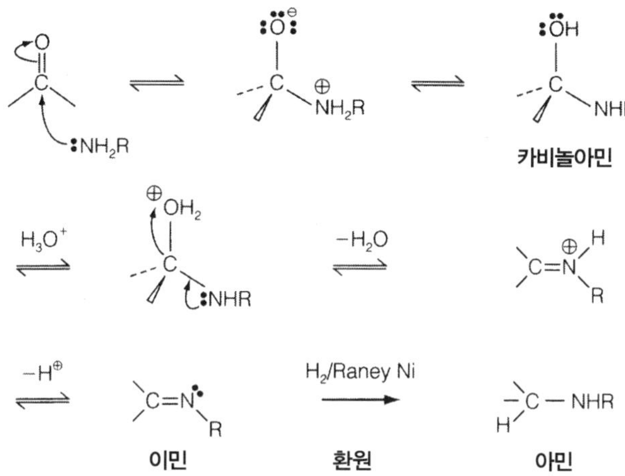

그림 6. 이민과 아민의 합성 메커니즘

이 빠른 이성질화 과정은 평형 과정이며 불포화 알코올인 **엔올**(enol)이 생성된다. 그러므로 이것을 **케토-엔올 토토머화**(keto-enol tautomerism)라고 한다. 평형은 카보닐 쪽으로 많이 치우쳐 있다. 엔올은 정상적인 조건에서는 적은 양만 존재한다. 그러나 산이나 염기 촉매가 존재하면 평형의 위치는 이동될 수 있다(그림 7).

케토-엔올 토토머화는 카보닐의 알파 원자가 질소(수소를 가진)인 경우, 헤테로고리 염기(주제 L2)에도 관찰된다. 또한 카보닐의 질소 동등체인 이민(피리독살 인산에 의해 촉매되는 아미노산의 아미노기교환 반응에서 생성)에서도 비슷한 과정이 발생될 수 있다.

중요한 알데하이드와 케톤

가장 간단한 카보닐 화합물은 폼알데하이드(체계적 이름은 메탄알) CH_2O이다. 폼알데하이드의 수용액은 수술 장비의 소독시와 생물학 표본의 보존 등에 일상적으로 사용된다. 37% 수용액을 **포르말린**(formalin)이라고 한다.

가장 간단한 케톤이 아세톤(체계적 이름은 프로판온)이다. 이것은 수용성이면서 대부분의 유기 화합물을 녹이는 능력으로 인하여 광범위하게 사용된다.

케톤과 알데하이드는 일반적으로 매우 기분 좋은 냄새가 나며, 향기를 내는 식물 유래 천연물의 구성 성분으로 자주 밝혀진다(표 1). 또한 이들은 당과 시트르산 회로(주제 J1)와 같은 대사과정의 중간체에 존재한다. 이들 카보닐 화합물은 스테로이드 호르몬이 일상적으로 가지고 있다.

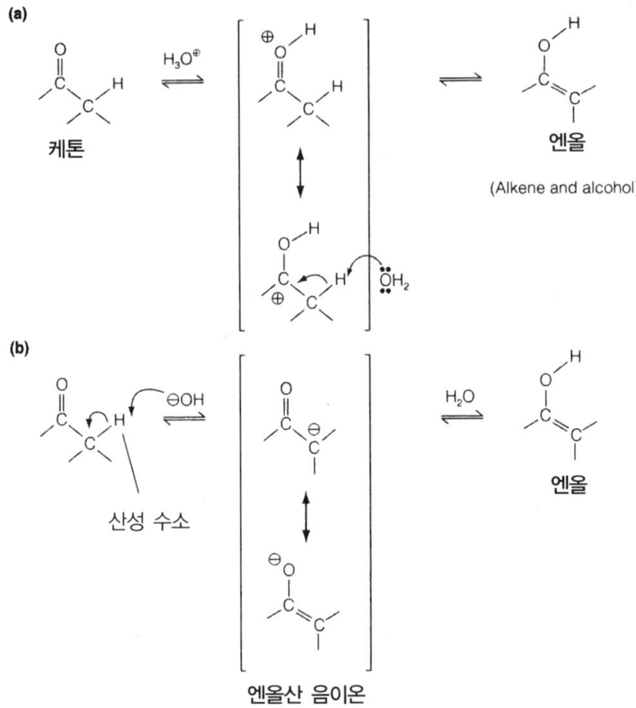

그림 7. 카보닐 화합물의 (a) 산과 (b) 염기 촉매 토토머화.

표 1. 향기로운 알데하이드와 케톤의 예

알데하이드 또는 케톤	이름	출처
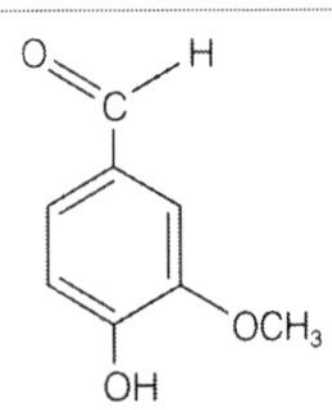	Vanillin	Vanilla bean
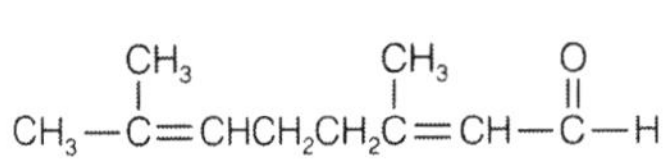	Citral	Rinds of citrus fruit
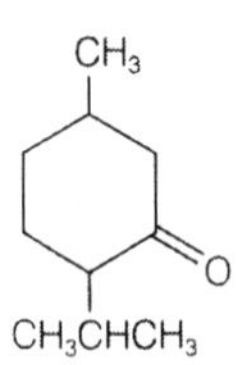	Methone	Mint plants
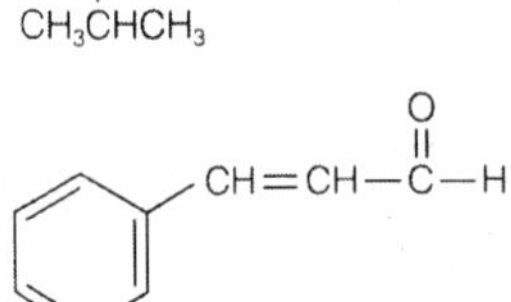	Cinnamaldehyde	Oil of cinnamon

J3. 카복실산과 에스터

*중요한 용어

산의 물리적 성질

적은 분자량의 카복실산들은 상온에서 끓는점이 높은 액체이고 일반적으로 불쾌한 냄새가 난다. 높은 끓는점을 가지는 이유는 카복실산들 사이에 수소 결합을 할 수 있기 때문이다.

카복실산의 해리

카복실산은 일반적으로 매우 약산으로 물에서 해리되어 카복실산 음이온을 만든다. 수산화 소듐이나 수산화 포타슘과 같은 센염기가 존재하면 카복실산의 해리는 염을 만든다. 카복실산의 염은 일반적으로 수용성이며 다양한 식품의 방부제로 사용된다.

친핵성 치환 반응

모든 카보닐 화합물과 동일하게 카복실산은 친핵체의 공격을 받는다. 이런 반응들 중에서 가장 중요한 것은 공격하는 친핵체가 알코올인 경우이다. 이 반응의 생성물은 카복실산 에스터로 일반적으로 간단히 에스터라 부른다. 산(혹은 유도체)이 아민과 반응하면 아마이드가 생성된다. 두 산들 간에 탈수 반응으로 무수물이 생성된다.

에스터의 반응

상업적 및 생물학 적으로 가장 중요한 에스터의 반응은 에스터 결합이 절단되어 가수분해(산 생성)나 비누화(염 생성)되는 것이다.

무기산의 에스터

산과 알코올의 반응으로 에스터가 생성되는 것은 유기 화합물에 한정되지 않는다. 무기산도 유사한 방식으로 반응한다. 생물학에서 가장 중요한 무기산 에스터는 인산(H_3PO_4)에서 유도된 것이다. 인산 무수물 연결은 핵산의 중요한 성분이다. 다이- 혹은 트라이에스터 상응물은 생물학적 과정의 핵심 에너지 원천에서 발견된다. 무수물 상응물인 아데노신 삼인산(ATP)과 아데노신 이인산(ADP)도 똑같이 중요하다.

관련된 주제

인산과 인산 음이온(F1)   유기 반응의 분류(I2)
반응성이 큰 물질(I1)

산의 물리적 성질

간단한 카복실산들은 일반적으로 상온에서 액체이고, 일반적으로 특징적인 불쾌한 냄새가 난다(표 1). 그러나 이들은 끓는점이 높은 액체이다. 알코올(주제 I1과 J1)과 마찬가지로 카복실산은 분자간 수소 결합을 할 수 있다. 카복실산은 일반적으로 같은 분자량의 알코올보다 높은 끓는점을 갖는다. 이유는 카복실산들이 두 개의 수소 결합으로 붙어 있기 때문이다.

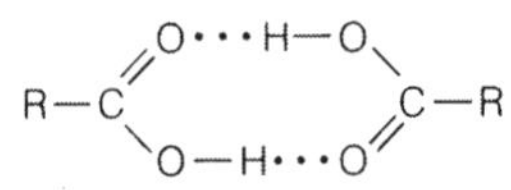

수소 결합을 할 수 있는 능력으로 인하여 작은 카복실산들은 수용성이다.

표 1. 자연에 존재하는 카복실산의 예

카복실산	이름	출처
$CH_3(CH_2)_{12}CO_2H$	Myristic acid	Nutmeg
$C_6H_5CH = CH\ CO_2H$	Cinnamic acid	Cinnamon
$CH_3CH(OH)CO_2H$ (CH₃CHCO₂H, OH)	Lactic acid	Sour milk

카복실산의 해리

아마도 카복실산의 가장 중요한 성질은 이것이 산으로 작용하는 것일 것이다. 물에서 양성자가 산으로부터 떨어져 나가 카복실산 음이온(그림 1a)으로 변한다. 카복실산은 상대적으로 약산으로서 보통의 수용액 조건에서는 단지 적은 일부분만이 해리된다. 그러나 수산화 소듐이나 수산화 포타슘과 같은 센염기가 존재하면 카복실산은 쉽게 해리되어 염을 만든다(그림 1b).

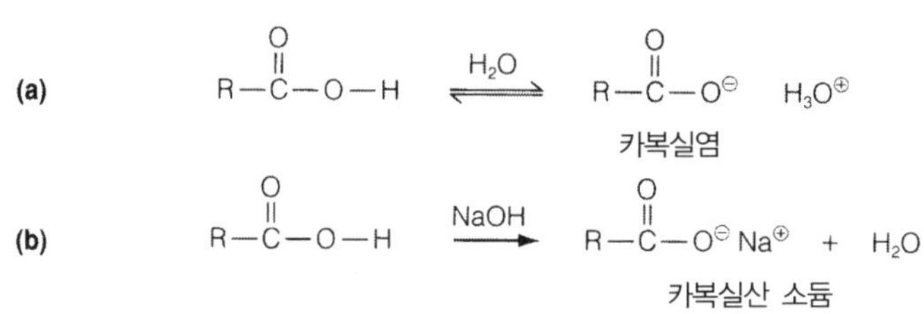

그림 1. 카복실산은 (a) 물에서 적은 양이 해리되나 (b) 염기의 존재하에서는 보다 많이 해리된다.

이 염들은 일반적으로 상온에서 고체이며 수용성이다. 많은 수의 카복실산의 염은 식품의 방부제로 상업적으로 사용된다. 예를 들면, 프로판산 칼슘과 소듐($CH_3CH_2COO^-Na^+$)들은 빵과 케이크의 방부제로 사용된다. 벤조산 소듐($C_6H_5COO^-Na^+$)은 많은 음식에 자연적으로 존재하지만 다양한 음식 원료에 첨가되기도 한다.

친핵성 치환 반응

카보닐기를 가진 모든 화합물들과 같이 카복실산도 이 작용기의 탄소가 약한 양전하를 띠므로 친핵체의 공격을 받는다(주제 I). 생물학적 과정에서 이것과 관련된 반응들 중에서 가장 중요한 것은 카복실산 에스터, 아마이드(주제 M), 무수물을 만드는 반응이다.

오랜 옛날인 1895년에 Fisher와 Speier는 약간의 무기산이 포함된 알코올 용액의 카복실산을 가열하면 에스터가 생성되는 것을 발견하였다. 이 반응을 일반적으로 Fisher 에스터화 반응이라고 부르며, 이 반응의 메커니즘은 잘 알려져 있다(그림 2).

카복실산의 아마이드로의 변형은 간단하지 않다. 단순히 아민을 첨가하면 염을 생성시킨다.

염

반응이 진행되기 위해서는 중간체가 필요하다. 주로 산 염화물이 사용되며 반응은 아민에 의한 염소의 단순 친핵성 치환이다(주제 M1). 카복실산 무수물 또한 생화학에서 다루어지며, 이들은 두 분자의 산에서 한 분자의 물을 제거시켜 얻는다(그림 3).

에스터의 반응

상업적 및 생물학 적으로 가장 중요한 에스터의 반응은 에스터 결합(C–O 단일 결합)이 절단되는 것이다. 이 과정은 가수분해와 **비누화**(saponification)와 같이 일어난다. 에스터의 가수분해는 산 촉매(그림 4)의 존재하에서 쉽게 일어난다. 이 반응의 메커니즘은 ^{18}O 동위원소가 축적된 물(주제 A3)을 사용하여 확립되었다. 반응 종료시에 ^{18}O 동위원소가 에스터에 존재하였다. 에스터의 생성과 가수분해는 생물의 기본 반응들이며, 이들 반응의 촉매는 물론 효소이다. 동물 지방과 식물 기름들은 에스터이므로 가수분해가 이들의 소화의 중요한 과정이다.

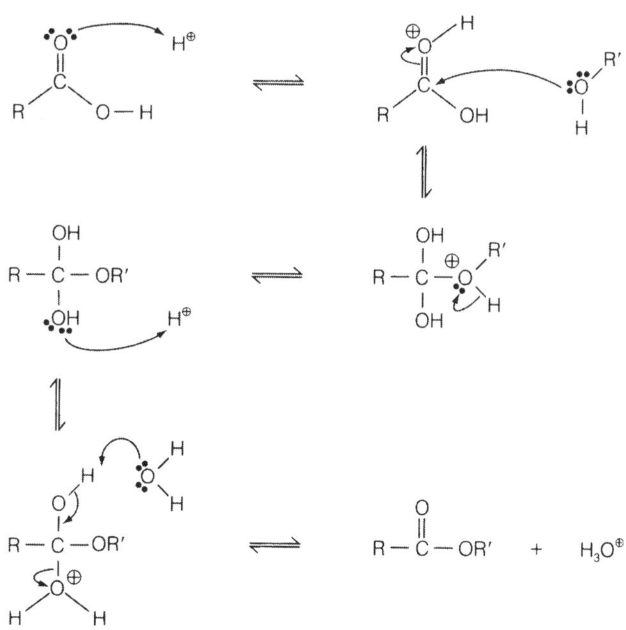

그림 2. Fisher 에스터 합성법.

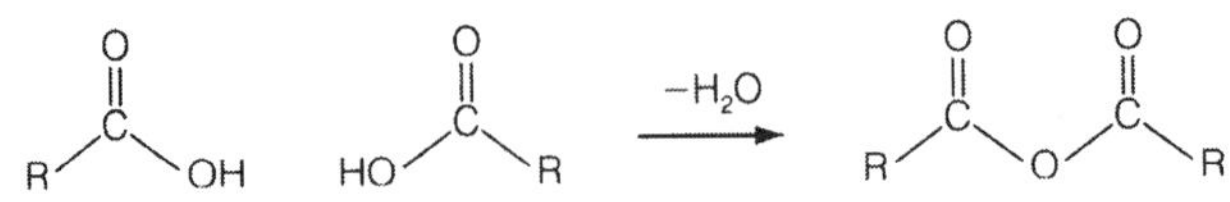

그림 3. 카복실산은 탈수 반응으로 무수물을 생성한다.

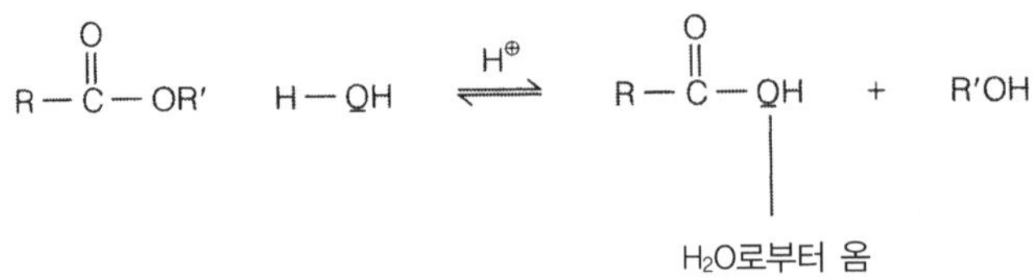

그림 4. 에스터 가수분해.

비누화는 또 다른 에스터 결합을 절단하는 과정이며 센염기의 존재하에 일어난다(비교, 카복실산염 생성, 그림 5).

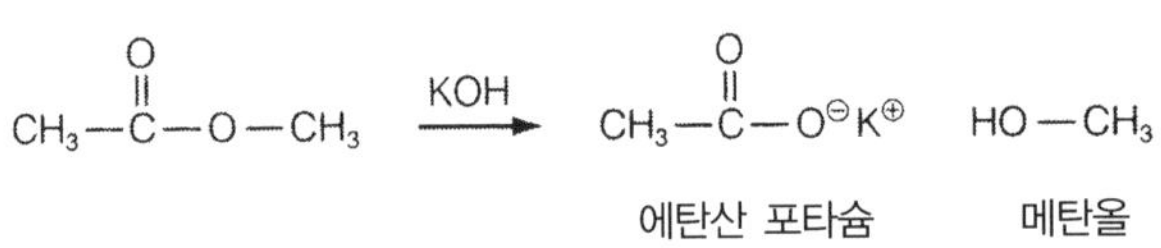

그림 5. 에스터 비누화.

무기산의 에스터

카복실산의 에스터는 생물에서 대단히 중요하지만 다른 형태의 에스터도 못지 않게 중요하다. 카복실산이 알코올과 반응하여 에스터를 만드는 것과 동일하게 무기산도 반응하여 무기산 에스터를 만들며, 이런 에스터 중에서 인산으로부터 생성된 것이 생물학적으로 매우 중요하다(주제 F1);

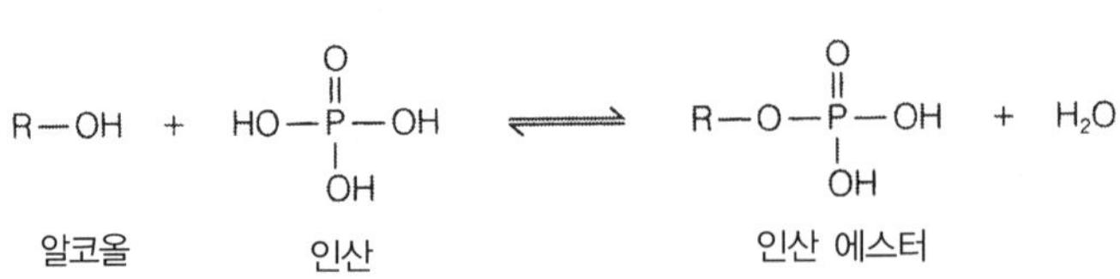

인산이 세 개의 'OH'기를 가지고 있으므로 다이에스터와 트라이에스터를 만들 수 있다(이 결합을 무수물이라고도 한다);

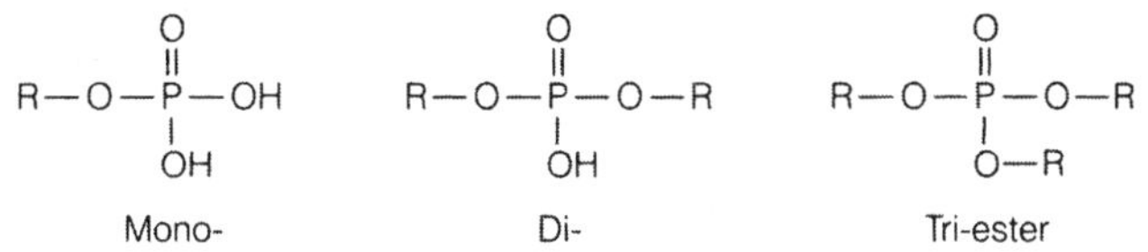

모노와 다이에스터는 생명에 필수적이고 매우 중요한 생물학적 분자들의 일부를 나타낸다. 예로 글루코스일인산은 생체의 주요 에너지 원천인 글루코스 산화의 첫 번째 중간체이다.

카복실산과 같이 인산도 탈수 과정을 통해 이합체와 삼합체를 만들 수 있다. 이 무수물들을 **이인산 에스터**와 **삼인산 에스터**(혹은 무수물)라고 부르며, 이들이 핵심 에너지 근원인 아데노신 삼인산과 아데노신 이인산의 인산 성분이다(주제 F1, G3, M2).

J4. 아민과 아마이드

*중요한 용어

아민과 아마이드의 물리적 성질	가장 간단한 아민은 상온에서 기체이고 분자량이 증가함에 따라 액체와 고체로 존재한다. 질소 원자의 고립 전자쌍은 아민이 수소 결합 받개로 작용할 수 있게 한다. 또한 일차와 이차 아민은 수소 결합 주개로도 작용한다.
아민의 반응	아민은 약한 염기(그리고 친핵체)로 작용하며 용액에서 산과 염을 쉽게 형성한다. 아민염은 수용성이며, 따라서 약은 주로 염으로 복용된다. 아민의 중요한 반응은 카복실산 유도체와 반응하여 아마이드를 생성시키는 것이다.
아마이드의 반응	아마이드의 가장 중요한 반응은 가수분해되어 카복실산을 만드는 것과 반응 조건에 따라 아민염 혹은 카복실산염과 아민을 만드는 것이다.
생물학적으로 중요한 아민과 아마이드	자연에 존재하는 화합물들 중에서 많은 수가 중심에 아미노기를 가지고 있다. 많은 신경전달체와 암페타민(역자 주; 중추신경을 자극하는 각성제) 그리고 알칼로이드들은 아민에 기초를 두고 있다. 많은 의약품들 예를 들어 다이아제팜(diazepam)과 앰피실린(ampicillin) 등이 아마이드에 기초를 두고 있다.
관련된 주제	**유기 반응의 분류(J2)** **펩타이드 합성(M1)**

아민과 아마이드의 물리적 성질

가장 간단한 아민은 상온에서 기체이다. 아민에 치환체가 늘어감에 따라 끓는점이 올라가고, 액체와 고체로 존재한다. 반면 가장 간단한 아마이드는 폼아마이드(HCONH2)는 상온에서 액체이다. 치환체가 증가됨에 따라 일반적으로 고체로 존재한다.

아민과 아마이드는 수소 결합을 할 수 있으며, 이것은 끓는점에 예상된 효과를 보인다(그림 1).

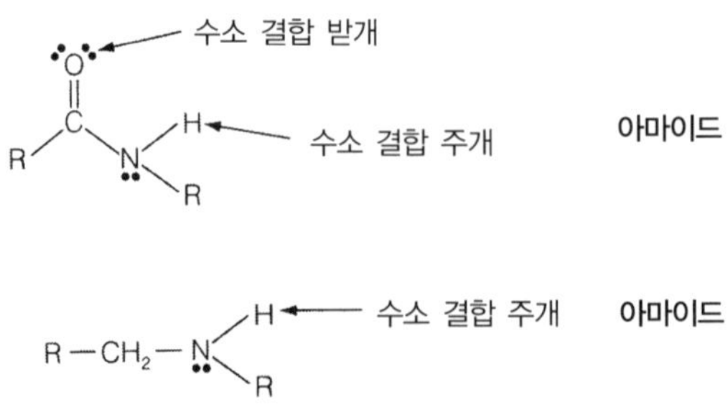

그림 1. 아민과 아마이드의 수소 결합 능력

아민은 불쾌한 냄새의 특징을 가지고 있으며, 분자량이 작은 아민은 암모니아 같은 냄새가 난다.

아민의 반응

알코올과 물과 같이 아민도 염기적 성질(절 N)을 보인다. 실제로 아민은 가장 일반적인 유기 염기이다. 아민은 물로부터 양성자를 받아 암모늄 이온은 만든다. 산이 존재하면 아민염이 생성된다.

아민염은 카복실산염(주제 J3)과 같이 수용성이다. 아민이 의약품 분자에 흔히 존재하므로, 약품은 확실한 흡수를 위하여 주로 아민염으로 복용한다.

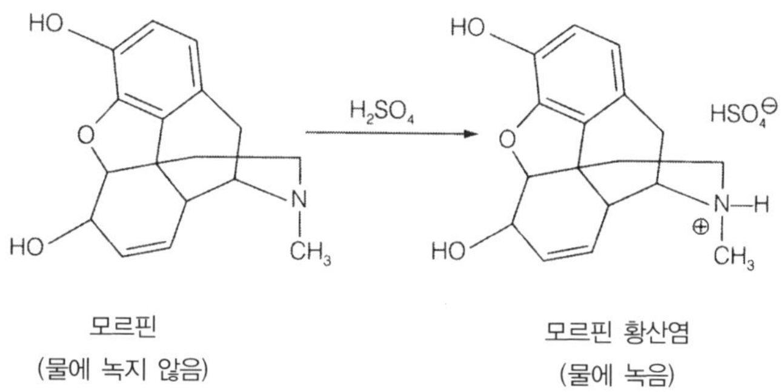

아민의 가장 중요한 반응은 아마이드를 합성하는 반응일 것이다(주제 J3, 그림 2).

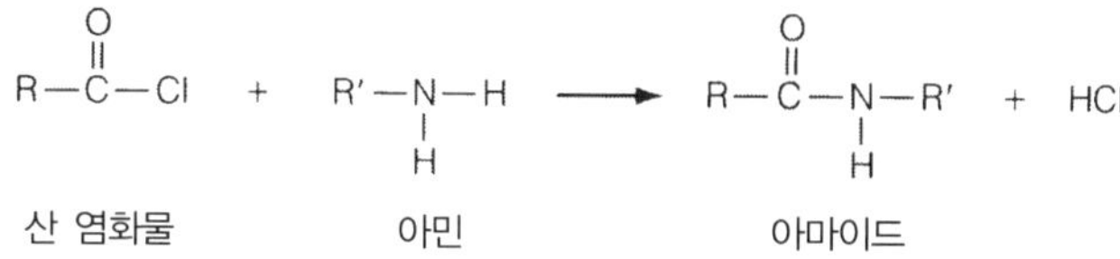

그림 2. 아마이드 합성.

아마이드의 반응

아마이드를 아민과 비교할 때 주목할 가장 중요한 것은 아마이드가 중성이라는 점이다. 아마이드의 질소 원자에 있는 고립 전자쌍은 양성자화가 되지 않는다. 이 고립 전자쌍은 실제로 C=O 이중 결합의 파이 전자와 비편재화되어 있다(주제 I3). 이것은 C–N의 결합 길이가 단일 결합의 길이보다 짧은 것을 측정함으로써 확인되고, 이것이 C–N 결합의 회전이 불가능한 이유를 설명할 수 있도록 한다. 아마이드의 가장 중요한 반응은 가수분해이며, 이것은 아마이드 생성의 역반응이다(주제 J3). 가수분해의 생성물은 사용한 반응조건에 의존된다. 산 촉매 반응은 아민염을 생성시킨다. 염기 촉매 반응은 아민을 생성시킨다(그림 3).

아마이드의 가수분해는 생물에서 매우 중요하다. 이것은 단백질 소화의 중심 반응이다.

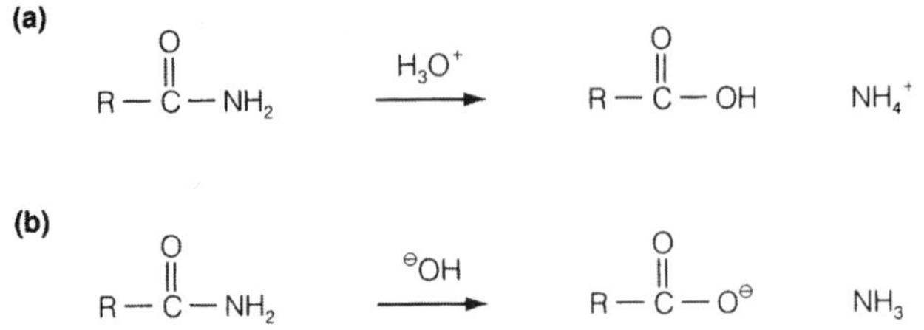

그림 3. 아마이드 가수분해의 생성물에 미치는 반응 조건의 영향. (a) 산 촉매, (b) 염기 촉매.

생물학적으로 중요한 아민과 아마이드

많은 자연에 존재하는 화합물과 의약품들은 아민과 아마이드 작용기를 가지고 있다. 중요한 아민 화합물 중의 하나가 도파민이나 세레토닌과 같은 신경전달체이다(그림 4). 이들은 신경 충동을 몸 전체에 전달하는 데 핵심 역학을 수행한다. 벤제드린과 같은 암페타민들은 일반적으로 신경계의 강력한 자극제이다. 이들 중 많은 것들이 합법적으로 의약으로 사용되고 있으나, 감정의 강화나 자극을 위해 불법적으로 사용되기도 한다(그림 4).

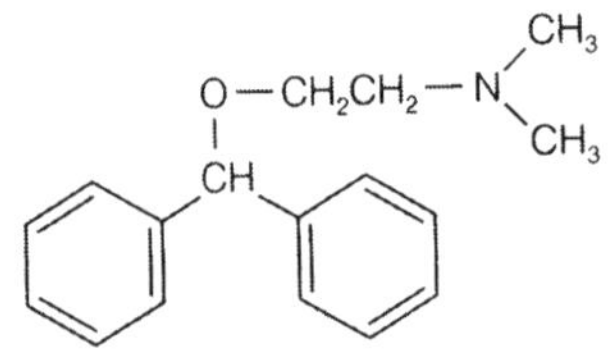

Diphenylhydramine
(Benadryl, 항히스타민)

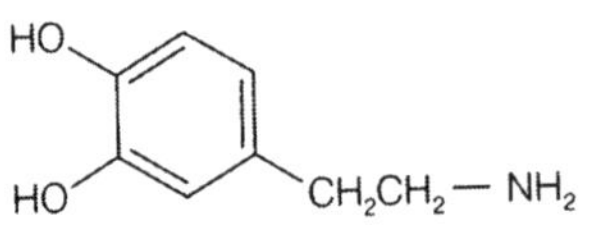

Dopamine
(신경전달물질)

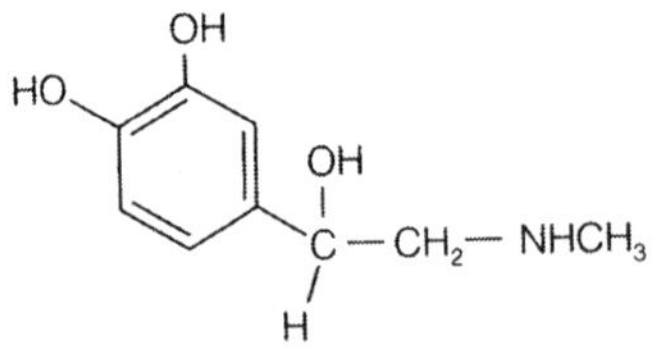

Adrenaline
(중추신경계 자극)

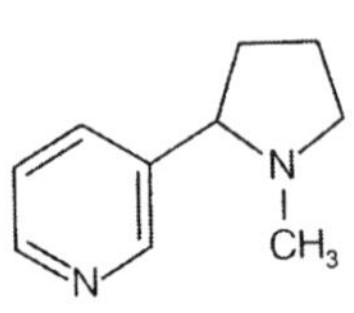

Nicotine
(흥분제)

그림 4. 생물학적으로 중요한 아민의 예.

알칼로이드는 아민에 기초한 화합물로 일반적으로 식물에서 분리되며, 가장 강력한 정신안정제이다. 이 약물들의 일부는 치료하는 데 사용되지만, 다른 것들, 즉 니코틴 같은 것들은 질병을 유발하며 중독성이다(그림 4).

아마이드는 펩타이드의 중요 구조적 및 기능적 단위(주제 M1)일 뿐만 아니라 수많은 의약품의 핵심이다(그림 5). 예를 들어, 파나돌을 포함한 여러 이름으로 시판되고 있는 아세트아미노펜은 아스피린의 효과적 대용품으로 아스피린의 부작용인 위장관 출혈이 없다. 그러나 아세트아미노펜은 항염증 작용이 없어 아스피린과는 달리 류마티즘의 치료에는 사용될 수 없다.

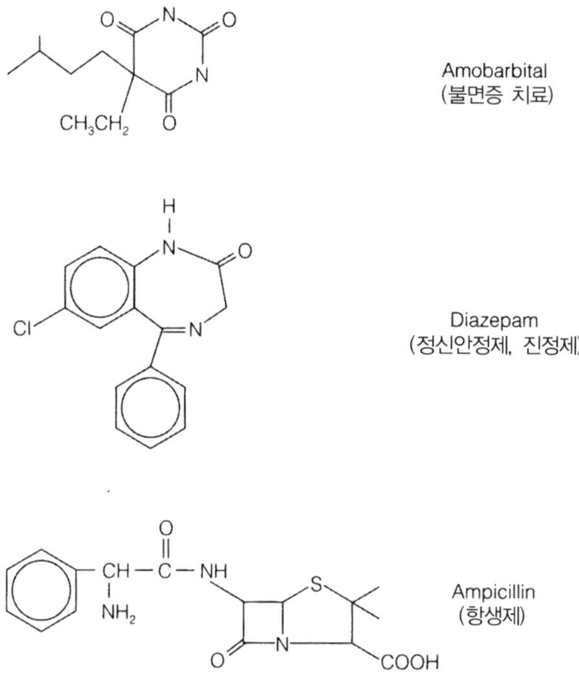

그림 5. 생물학적으로 중요한 아마이드의 예.

Section K 족에 의한 중요한 생물학적 거대분자

K1. 단백질

중요한 용어

단백질의 역할	단백질은 여러 가지 기능을 수행한다. 단백질은 화학 반응을 촉매하거나 소분자의 이동이나 저장을 촉진시키고 면역 반응을 매개하며 세포 성장을 조절해 준다. 단백질은 거의 모든 생물학적 과정에 관여한다.
단백질의 조성	단백질은 고분자 물질이다. 이러한 거대분자의 단위체는 L-아미노산이다. 두 개의 아미노산 간의 축합 반응에 의해 이러한 고분자 물질이 형성되는 것이다.
단백질 구조	단백질은 아주 복잡한 구조로 형성되어 있고, 이러한 구조가 그들의 기능을 결정한다. 단백질의 일차 구조는 아미노산의 순서이고, 여기에 정보가 들어 있는 것이다. 단백질의 이차 구조는 α-나선이나 β-병풍과 같이 일차 구조가 규칙적으로 질서정연하게 접힌 구조를 말한다. 삼차 구조는 이차 구조가 둥근 형태로 다시 접힌 것을 말한다. 많은 단백질은 하나의 단위체라 부르는 한 가닥의 폴리펩타이드 사슬 여러 개가 관여되어 구성된다. 이처럼 다른 단위체가 상호작용하여 형성되는 구조를 단백질의 사차 구조라고 한다.
관련된 주제	펩타이드 형성(M1) 효소 속도론(P4) 수소 결합(H1)

단백질의 역할

단백질은 아주 다양한 거대분자이며, 거의 모든 생물학적 과정에 관여한다. 단백질은 생리적 조건하에서 일어나는 화학 반응의 **촉매**(catalyst)로서 작용한다. 많은 경우에 단백질은 반응 속도를 백만 배 이상 증가시키게 된다. 단백질의 이러한 역할을 **효소**(enzyme)라고 부른다. 단백질 분자는 소분자나 이온의 이동에도 관여하는데, 예를 들면 헤모글로빈이란 단백질은 적혈구에서 산소 분자의 이동에 관여하고, 트랜스페린(transferrin)이란 단백질은 혈장에서 철 이온을 이동시키는 데 관여한다. **항체**(antibody)는 세균과 같은 외부 이물질에 대항하여 형성된 단백질로 이들을 제거하는 역할을 한다. 단백질의 기계적 성질로서의 역할을 나타내는 예는 피부에 존재하는 섬유상 단백질인 **콜라젠**(collagen)이다. 단백질은 신경세포에 자극이 생성되고 전달되는데도 관여하며, 세포의 성장과 분화에도 관여한다. 단백질은 호르몬이라 부르는 고도로 특수화된 분자로서의 역할을 하며, 그 예는 **인슐린**(insulin)이다.

단백질의 조성

단백질은 아미노산으로 구성된 복합체이다. 이러한 아미노산은 약 20여종으로 모두 알파 아미노산이며 글리신(glycine)을 제외한 모든 아미노산은 카이랄 탄소를 가진다. 자연계에 존재하는 아미노산은 L형이며, 모든 아미노산은 그들의 곁사슬인 R기의 성질에 따라 분류된다.

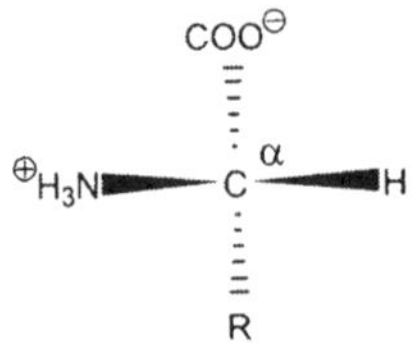

곁사슬 R은 극성, 비극성, 양전하, 또는 음전하를 띠게 되며, R기의 성질이 단백질의 구조와 기능을 결정해 주게 된다. 이러한 고분자 물질은 하나의 아미노산에 있는 아미노기와 다른 아미노산에 있은 카복실기 사이의 축합 반응에 의해 트랜스 구조를 가지는 펩타이드 결합을 형성하므로 생기게 된다. 이러한 반응의 결과 항상 단백질의 첫 번째 아미노산은 자유 아미노기(N-말단)를 가지게 되고, 마지막 아미노산은 자유 카복실기(C-말단)을 가지게 된다.

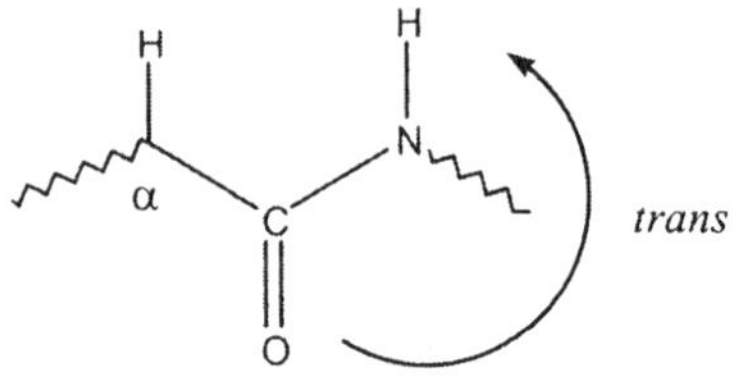

단백질 구조

단백질은 수백 개의 아미노산을 가지고 있는 긴 사슬 분자이다. 따라서 이들은 접혀져 존재하게 되는데, 폴리펩타이드 사슬은 여러 가지 방식으로 접히게 된다. 따라서 단백질을 설명할 때는 그것의 아미노산 구성 성분만으로는 충분하지 않고 반드시 그것이 연결된 순서, 즉 접힘의 방법을 지시해 주는 아미노산 순서를 알아야 한다. 아미노산의 순서를 단백질의 **일차 구조**(primary structure)라고 한다. 이를 바탕으로 시스테인(cysteine) 잔기의 존재 여부와 함께 단백질의 **이차 구조**(secondary structure)를 예측할 수 있게 된다. 즉, 메씨이오닌(methionine)이나 알라닌(alanine)과 같은 아미노산이 있을 때 단백질은 α-나선을 형성하는 경향을 보이고, 발린(valine)이나 아이소루신(isoleucine)을 가지고 있을 때 β-가닥이나 β-병풍 또는 β-turns 구조를 형성하는 경향을 띤다. 이러한 규칙적 구조 사이에 이차 구조가 서로 접혀서 상호작용할 수 있도록 만드는 좀 더 유연한 공간이 생기게 되고, 이에 따라 단백질의 **삼차 구조**(tertiary structure)가 형성되는 것이다. 단백질의 삼차 구조는 아미노산 잔기들의 입체 배열을 가장 잘 설명해 준다. 이러한 삼차 구조를 만드는 데는 여러 가지 형태의 상호작용이 관여하는데, 수소 결합이나 소수성 결합, 정전기 인력, 이황화 결합의 경우에 생기는 공유 결합 등이 그 예이다. 단백질이 이처럼 완전히 접히기 전에는 활성을 띠지 못한다. 만약 단백질이 두 가닥 이상의 폴리펩타이드 사슬로 구성되어 있다면 각각의 폴리펩타이드 사슬은 단위체라 부르며, 이들은 삼차 구조로 접혀져 있다. 헤모글로빈은 4개의 단위체로 구성되어 있으며, 이러한 4개의 단위체가 어떻게 상호작용하는가를 설명해 주는 것이 단백질의 **사차 구조**(qualternary structure)이다.

단백질의 접힘을 유지시켜 주는 힘은 쉽게 분산시킬 수 있는데, 예를 들면 가열이나 용매를 바꿔줌으로써 이러한 현상을 유도할 수 있다. 만약 단백질을 물 대신 클로로폼에 녹이게 되면 삼차 구조를 결정 지어주는 소수성 결합이 사라지게 되고 단백질은 풀리게 된다. 이렇게 풀린 단백질은 곁사슬이 노출되게 되고 뭉침 현상이 생겨 덩어리가 되어 용액으로부터 분리된다. 이것은 계란의 알부민이 열에 노출되었을 때 생기는 현상이다(완숙 계란 흰자가 생성됨).

K2. 핵산

중요한 용어

핵산의 역할

핵산에는 두 종류가 있다. DNA와 RNA가 그 형태이다. DNA는 세포 내에서 생명 현상에 필요한 유전 정보를 운반한다. DNA는 다른 DNA 분자를 형성하기 위한 템플릿으로 자신이 작용한다(복제). RNA는 DNA에 의해 운반되는 유전 정보를 해독하는 중간 역할을 하며 단백질 합성을 조절해 준다(전사와 번역). RNA는 또한 많은 종류의 바이러스의 유전 물질이다.

핵산의 조성

핵산은 고분자 물질이다. 이러한 고분자 물질의 단위체는 뉴클레오타이드 삼인산(NTP)이다. NTP는 당의 성질에 따라 종류가 달라지는데, DNA에는 데옥시라이보스가 있고 RNA에는 라이보스가 있다. 이종원자고리 염기는 DNA의 경우 아데노신(A), 구아닌(G), 타이민(T)과 사이토신(C)이 있고 RNA에는 A, G, C와 유리실(U)이 있다.

핵산의 구조

DNA는 대부분 두 가닥의 핵산이 역방향으로 배치되어 꼬여 있는 형태로 발견된다. 이 가닥들은 수소 결합에 의해 연결되어 있으며, 이중 나선 구조를 하고 있고 이종원자고리 염기들의 파이 쌓임에 의해 안정화되어 있다. 가장 흔한 이중 나선 형태는 우선성의 나선이고, 이는 Watson과 Crick에 의해 가장 먼저 보고되었다. 더 복잡하게 접힌 DNA 형태도 나타나고 있다. RNA는 이중으로 접힐 수는 있지만 항상 한 가닥의 형태로 발견된다.

관련된 주제

올리고뉴클레오타이드 합성(M2) **소수성 결합(H2)**
수소 결합(H1)

핵산의 역할

1944년까지 우리들의 유전 지령은 단백질에 의해 지시되고, 핵산(좀 더 구체적으로 DNA)은 이차적인 역할을 담당하는 비교적 덜 중요한 물질이라고 생각되어 왔다. 그러나 이러한 견해는 *Pneumococcus*를 연구하던 Oswald Avery와 그 공동 연구자들에 의해 없어지게 되었는데, 이들은 단백질 없이 DNA가 유전 정보를 지닌다고 보고하였다. 이제는 DNA가 모든 세포의 유전 정보를 운반한다는 사실을 널리 받아들이고 있고, DNA의 구조도 밝혀져 있으며, 그것의 작동 메커니즘도 알려져 있다. 새로운 DNA 분자가 합성되는 것을 지시하는 단순한 과정은 템플릿으로 작용하는 어미 DNA와 딸 분자로서 설명된다(그림 1 참조). 이러한 과정을 **복제**(replication)라고 부르며, 이 반응의 정확성은 이종원자고리 염기 사이의 정확한 연결에 의

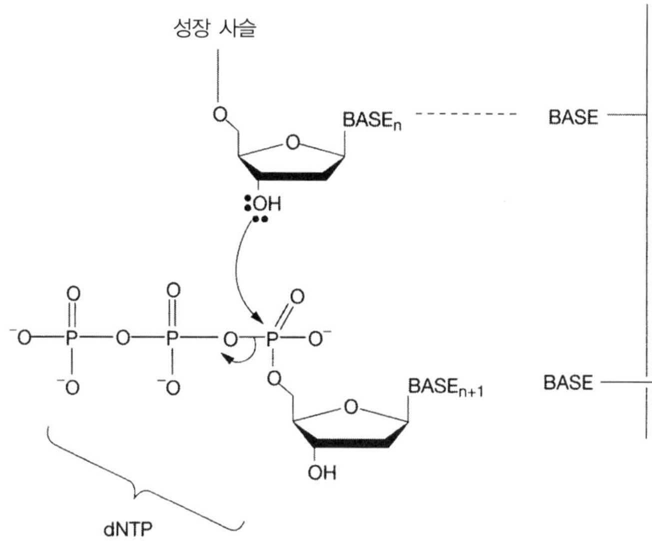

그림 1. 템플릿에 의해 지시되는 DNA 합성.

해 이루어지며, 이 반응은 DNA **중합효소**(polymerase)에 의해 촉매된다(주제 K1 참조).

DNA의 염기 서열은 여러 가지 세포에서 생성될 단백질의 종류를 결정해 주게 된다. 그러나 DNA는 단백질 합성에 직접적으로 관여하는 것은 아니다. 단백질 합성에 필요한 지시는 RNA분자에 의해 운반되는데, 이는 크게 세 가지 종류로 나누어진다. **전령**(messenger, m), **전달**(transfer, t), **라이보솜**(ribosomal ,r) RNA가 그것으로 mRNA, tRNA와 rRNA를 만든다. RNA 중합효소의 조절에 의해 DNA 템플릿으로부터 RNA가 만들어진다. 이러한 과정을 **전사**(transcription)라 부르며, 그 결과 mRNA가 형성된다. 세포내 라이보솜(ribosome)이라 부르는 곳에서 tRNA(각각의 아미노산을 운반하는 것)와 rRNA가 mRNA가 운반하는 지시에 따라 핵산 서열을 아미노산 서열로 **번역**(translation)하는 작업을 한다.

세포의 유전 정보를 DNA가 포함하는 것으로 언급해 왔지만 많은 종류의 바이러스는 그들의 유전 정보를 RNA를 사용하여 운반한다. 이러한 바이러스에는 HIV, 홍역, 독감, 구제역, 에볼라(고열과 내출혈을 일으키는 바이러스)와 폴리오 바이러스 등이 있다. 그들의 전과정은 아주 복잡하고 DNA의 관여를 꼭 필요로 하지 않는다.

핵산의 조성

핵산은 고분자 물질로 수천 개의 저분자 단위체로 구성되어 있다. 이러한 단위체를 뉴클레오타이드(nucleotide)라고 부르며, 이것은 삼인산(triphosphate)과 연결되어 자연계에 존재한다(그림 1 참조). 뉴클레오타이드 삼인산(nucleotide triphosphate)은 붙어 있는 당의 종류에 따라 구분되는데 라이보-NTP(rNTP)는 라이보스를 가지고 있고 데옥시라이보-NTP(dNTP)

는 2′-데옥시라이보스를 가지고 있다. 여기에 염기가 붙어 있는데 dNTP에는 아데노신(A), 구아닌(G), 타이민(T)과 사이토신(C)이 붙어 있고, rNTP,에는 유라실(uracil, U)이 타이민 대신 들어 있다. NTP는 특정 순서에 따라 연결되어 있는데, 어떠한 순서이든 마지막 뉴클레오타이드(nucleoitide)가 3′-OH와 5′-인산기를 끝에 가지게 된다. tRNA와 rRNA에는 간혹 변형된 염기[드문(minor) 염기라고도 함]가 발견되기도 한다.

핵산의 구조

핵산은 긴 사슬 구조를 가지고 있고, 이는 종종 또 다른 하나의 긴 사슬과 이분자 복합체(bimolecular complex)를 이루며 상호보완적으로 연관지어져 있다. 핵산의 순서는 방향성을 지니는데(즉, 단백질의 N-말단과 C-말단처럼), 예를 들어 ACGT 순서를 가진 분자의 경우 타이민기에 자유 3′-OH기를 가지게 되고 아데노신기에 5′-인산기를 가지게 된다. 따라서 그 순서는 5′-d(ACGT)3′이라고 적을 수 있다. 이 가닥의 상호보완적인 가닥은 3′-d(TGCA)5′가 된다. 이 두 가닥은 수소 결합의 형성에 의해 상호작용할 수 있으며, A는 T와(RNA의 경우 U와 연결)작용하고 G는 C와 연결되어 서로 역방향으로 배치되어 있다.

$$\begin{array}{cccccc} & \longrightarrow & & & & \\ 5' & A & C & G & T & 3' \\ 3' & T & G & C & A & 5' \\ & \longleftarrow & & & & \end{array}$$

두 가닥이 상호작용 할 때 종종 Watson-Crick(1953년 이 두 과학자가 DNA 구조를 결정하여 유명해 지게 됨)의 이중 나선 구조라고 부르는 이중 나선 구조를 형성하게 된다(주제 H2 참조). 이 이중 나선 구조는 수직축을 따라 배치되는 이종원자고리 염기 사이의 파이 전자의 상호작용에 의해 더욱 안정화된다. 최근에는 DNA가 더 복잡한 구조인 삼중(triplex) 구조를 형성하기도 한다고 알려져 있으며, 이 경우 세 번째 DNA 가닥이 이중 나선 구조의 주요 고랑(groove)을 휘감고 있는 것으로 보고되고 있다(그림 2 참조). 이러한 구조들의 생리학적 역할은 여전히 연구 중이다.

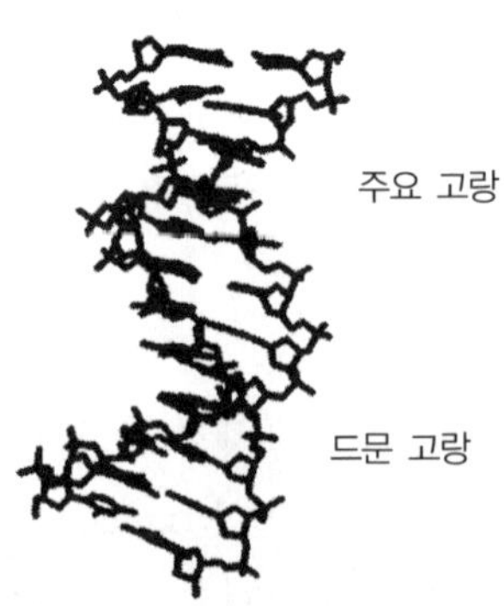

그림 2. DNA 분자에서 발견되는 이중 나선 구조.

RNA 분자는 다른 RNA 분자와 상호작용하여 DNA에서와 마찬가지로 이중 가닥을 형성할 수 있다. 그러나 RNA 구조의 더 흔한 형태는 분자내 이중 나선이 산재되어 고리(loop)나 돌출부(bulge) 같은 것을 형성하며 한 가닥이 접혀 있는 구조를 띠고 있는 것이다(그림 3 참조).

tRNA는 한 가닥의 RNA 사슬이 접혀 클로버 잎과 같은 모양으로 염기쌍이 나열된 구조를 하고 있다(그림 4 참조).

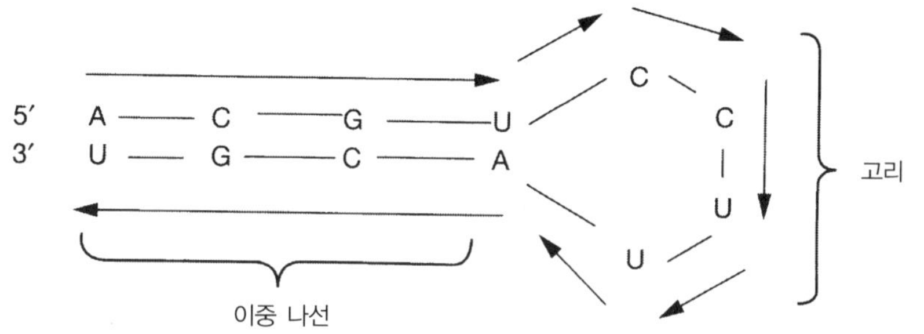

그림 3. '고리'와 이중 나선을 형성하기 위해 접혀진 RNA.

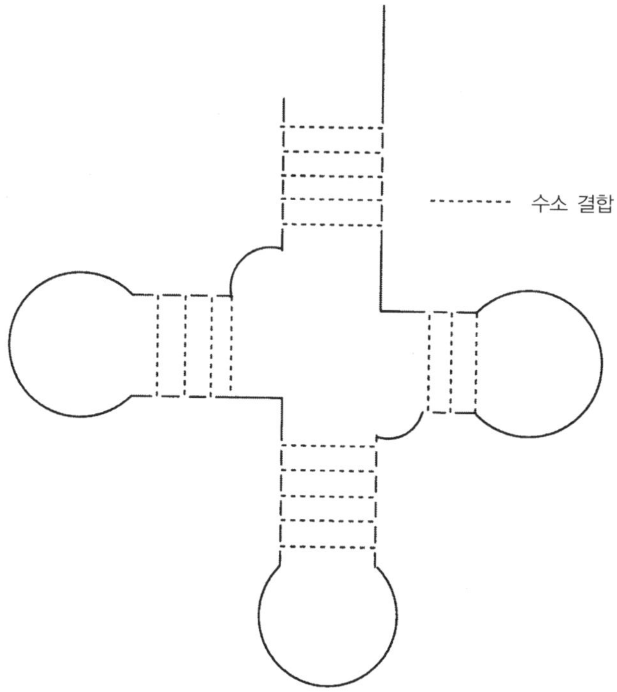

그림 4. t-RNA의 클로버 잎 구조.

K3. 지질

중요한 용어

지질의 특징

지질은 모두 상대적으로 물에 잘 녹지 않는다는 한 가지 공통된 특징을 지닌 다양한 물질이다. 지질은 일반적으로 극성의 머리 부분과 비극성의 꼬리 부분으로 구성되어 있다. 지질은 생물학에서 다양한 역할을 담당하는데, 그 예로 지방 형태로 에너지를 저장하는 것에서부터 호르몬으로써 화학 전령 역할을 하는 것까지 다양하다.

지질의 분류

지질은 두 가지 주요 그룹으로 분류할 수 있다. 즉, 비누화되는 지질(hydrolysable)과 비누화되지 않는 지질(non-hydrolysable)이 있다. 전자는 포화 지방산과 불포화 지방산 및 그들의 유도체가 그에 해당하고 트라이아실글리세롤이나 포스포아실글리세롤이 그 예이다. 후자의 경우는 스테로이드류나 에이코사노이드류가 있다.

지방산

지방산은 비누화되는 지질의 주요 구성 성분이다. 이들은 카복실산 머리 부분과 포화되거나 불포화된 긴 탄화수소 꼬리 부분을 가지고 있다. 불포화된 부분의 기하학적 특성은 항상 시스이며, 불포화 지방산 가운데 오메가-3 지방산과 오메가-6 지방산은 가장 중요한 것이다. 리놀레산과 리놀렌산, 오메가-3 지방산과 오메가-6 지방산은 인간의 체내에서 합성될 수 없으므로 반드시 식품을 통해 섭취해 주어야 하는 필수 지방산이다.

지방산 유도체

지방산은 지질의 중요한 구성 성분으로, 글리세롤과 반응한다. 여기에는 트라이아실글리세롤과 포스포아실글리세롤이 있고, 스핑고신과 반응하는 지질에는 스핑고마이엘린, 세레브로사이드 및 강글리오사이드 등이 있다.

스테로이드와 에이코사노이드

스테로이드와 에이코사노이드, 페로몬, 터펜과 지용성 비타민 등은 비누화되지 않는 지질 분자로 이들의 화학 조성은 다양하다. 많은 스테로이드 분자는 콜레스테롤을 기본으로 하며, 6개의 원소로 구성된 고리 구조 3개가 연결되거나 5개의 원소로 구성된 고리가 연결된 구조로 형성되어 있다. 에이코사노이드는 아라키돈산에서부터 만들어진다는 점에서 지방산과 유사한 점을 많이 지니고 있다.

관련된 주제 소수성 결합(H2) 카복실산과 에스터(J3)

지질의 특성

지질(lipid)이라는 말은 그리스어의 'lipos'에서 온 것으로 지방을 뜻한다. 그러나 지방은 다양한 지질의 단지 한 종류에 지나지 않으며, 지질은 생물학적으로 아주 중요한 물질이다. 지질

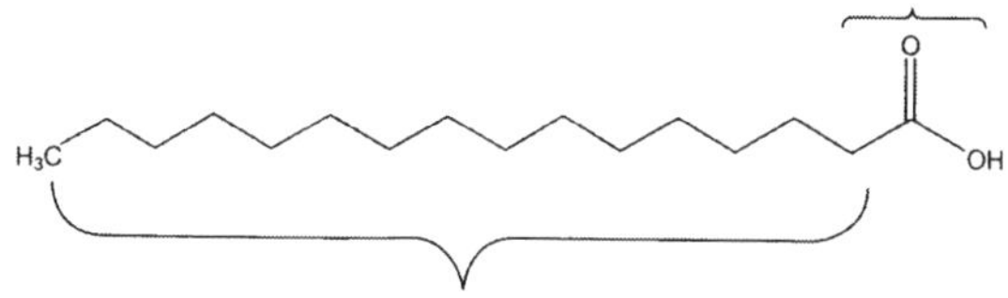

팔미트산

의 구성 성분은 다양하지만 대부분의 지질은 극성의 머리 부분과 비극성의 꼬리 부분을 가지며 물에는 잘 녹지 않는다는 공통적인 특징을 지닌다.

지질은 다양한 기능을 수행하는데, 우리가 섭취하는 음식물로부터 오는 화학 에너지를 저장하는 역할을 한다. 지질은 우리의 체온을 유지시켜 주고 기계적 자극으로부터 중요한 장기와 조직을 보호해 주는 역할을 하기도 한다. 또한 생체막의 주요 구성 성분이기도 하다. 지질의 특성화된 기능 가운데 하나는 호르몬과 같은 화학적 전령 역할을 하는 것이다.

지질의 분류

지질은 그들의 구조와 구성 성분에 있어서 다양하다. 그러나 보통 두 가지 그룹으로 나누게 되는데, 알칼리 조건에서 쉽게 가수분해가 되는지 여부를 놓고 구분한다. 즉, **비누화되는**(saponificable) 지질과 **비누화되지 않는**(non-saponificable) 지질로 나누어진다. 비누화란

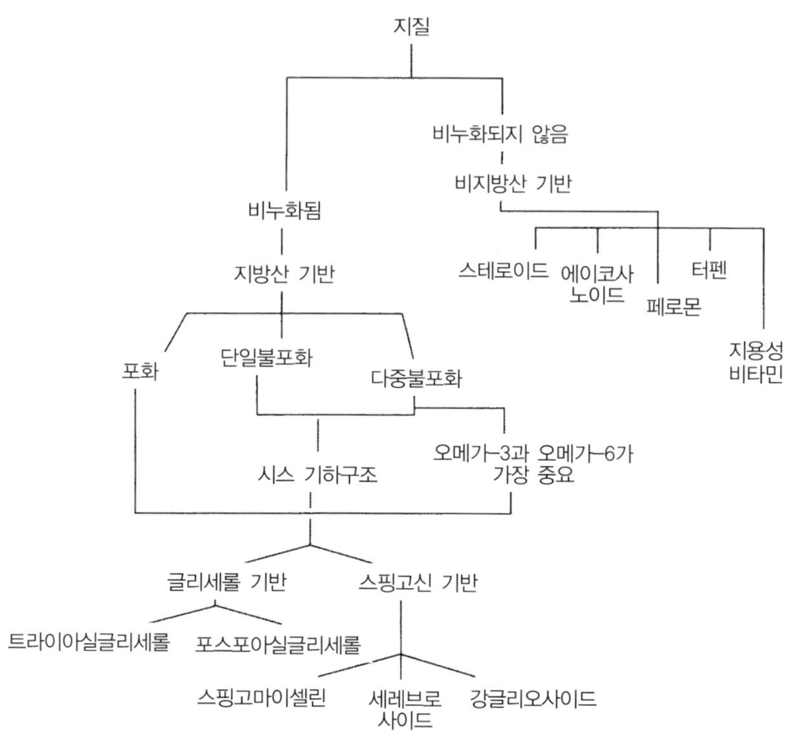

그림 1. 지질 분자의 분류.

염기가 존재하는 상황에서 에스터를 카복실산염으로 전환시키는 가수분해 반응을 의미한다. 비누화되는 지질에는 포화 및 불포화 지방산과 그 유도체가 있고(그림 1 참조), 비누화되지 않는 지질에는 스테로이드류와 에이코사노이드류가 있다.

◎ 지방산

지방산이란 용어는 이런 타입의 모든 분자가 카복실산 머리기를 가지고 긴 사슬 형태의 왁스를 형성하는 탄화수소 꼬리를 가진다는 사실에서 유래된 것이다. 체내에서 합성되는 지방산은 아세트산(CH_3COOH)에서부터 합성되고 짝수 개의 탄소수만큼 증가하게 된다. 예를 들면, 팔미트산의 경우 C-16개의 지방산이다. 탄화수소 꼬리는 팔미트산의 경우처럼 포화될 수도 있고 올레인산의 경우처럼 한 개만 불포화되거나, 리놀레산의 경우처럼 여러 개가 불포화되기도 한다. 자연계에 존재하는 생물학적으로 중요한 지방산은 불포화도의 정도가 어떻든 간에 항상 이중 결합의 기하학적 배치가 시스형으로 되어 있다.

불포화 지방산 가운데는 오메가-3 지방산과 오메가-6 지방산이 가장 중요하다. EPA (eicosapentaenoic acid)는 오메가-3 지방산의 한 예이고 리놀레산(linoleic acid)는 오메가-6 지방산의 한 예이다. 이 숫자는 꼬리에 있는 맨 마지막 이중 결합을 한 탄소의 위치를 가리키는 말이고 오메가는 그리스어 알파벳에서 맨 마지막에 나오는 글자이다. 3이란 숫자는 꼬리 끝에서부터 세 번째 위치에 있는 탄소에 마지막 이중 결합이 포함되어 있다는 뜻이고, 6이란 숫자는 꼬리 끝에서부터 여섯 번째 위치에 있는 탄소에 마지막 이중 결합이 들어 있다는 뜻이다. 델타 표시(Δ)의 기호와 아래첨자로 적힌 숫자는 사슬에서 이중 결합의 위치를 말해 준다. 즉, linoleic acid는 $18{:}2^{\Delta 9,12}$ 로 표시할 수 있는데, 여기서 18은 탄소의 길이를 의미하며, 2는 이중 결합의 개수를 말한다. 불포화 지방산 가운데 우리들의 식이에서 아주 중요한 역할을 하는 두 분자가 있는데, 이는 리놀레산(linoleic acid)와 리놀렌산(linolenic

표 1. 지방산의 예

구조 정보	관용명	구 조
18:0	steric acid	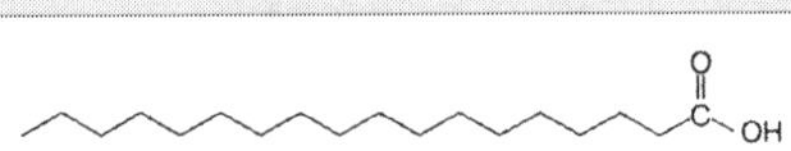
18:1	oleic acid	
18:2	linoleic acid	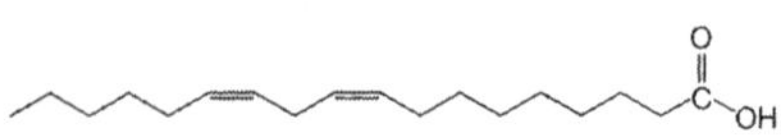
18:3	linolenic aicd	
20:4	arachidonic acid	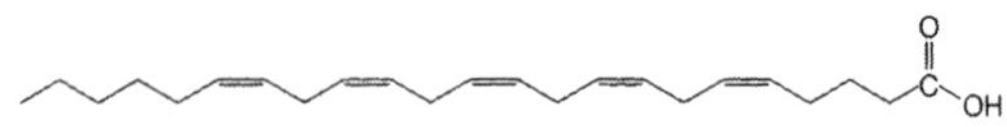

acid)이다. 이들은 인간의 체내에서 합성되지 않기 때문에 반드시 식품으로 섭취해 주어야 하는 **필수 지방산**(essential fatty acid)이다.

지방산 유도체

지방산은 비누화되는 지질의 중요한 구성 성분이다. 지방이나 기름, 인지질, 스핑고지질, 스핑고마이엘린, 세레브로사이드(cerebroside)와 강글리오사이드(ganglioside) 등은 모두 그 구조에 지방산을 포함하고 있다.

유기 화합물의 종류에서 지방과 기름은 그들의 카복실산(보통 지방산)이 알코올[보통 트라이올에 해당하는 **글리세롤**(glycerol)]과 반응하여 형성하는 결합으로 인해 에스터류에 속한다(그림 2 참조).

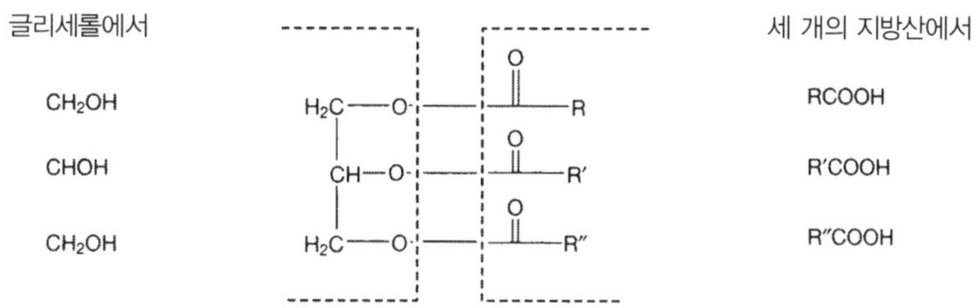

그림 2. 지방과 기름의 일반적 구조

자연계에 있어 주로 발견되는 트라이아실글리세롤(triacylglycerol)은 한 분자의 글리세롤(glycerol)과 세 분자의 지방산이 반응한 결과물이다. 지방과 기름을 구분하기 위해 보통 그들의 물리적 상태를 고려하는 것이 필요하다. 즉, 지방은 실온에서 높은 비율의 포화 지방산을 많이 포함하므로 고체이거나 반고체 상태인 반면, 기름은 불포화 지방산의 비율이 높아 실온에서 액체 상태를 띠게 된다. 트라이아실글리세롤은 **대사 연료**로서 주로 간주된다.

포스포아실글리세롤(phosphoacylglycerol)은 글리세롤과 지방산을 뼈대로 만들어져 있으나 지방산 세 개 중 하나가 인산(phosphoric acid)이나 인산 에스터로 대체되어 있는 경우이다(그림 3 참조).

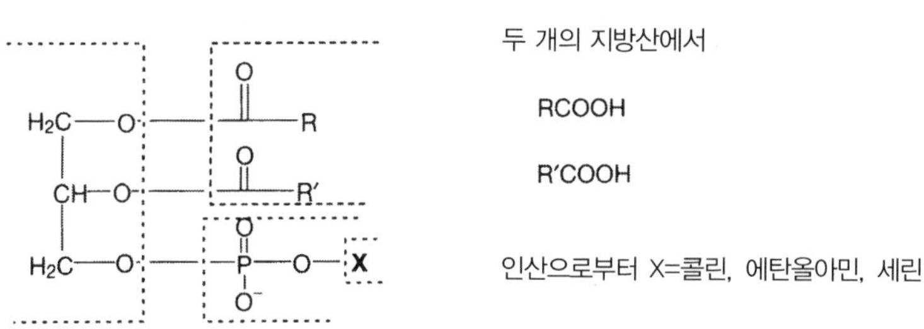

그림 3. 포스포아실글리세롤의 일반적 구조.

인산 에스터(phosphoester)의 알코올기는 콜린(choline)이나 에탄올아민(ethanolamine) 또는 세린(serine)이 될 수 있는데 여기가 생리학적 조건에서 전하가 부과되는 곳이다. 이와 같은 인산 화합물들은 세포막에서 풍부하게 발견되는데, 다양한 역할을 한다. 에탄올아민과 세린 유도체는 **세파린**(cephalin)이라고도 하며, 뇌세포에서 고농도로 발견된다.

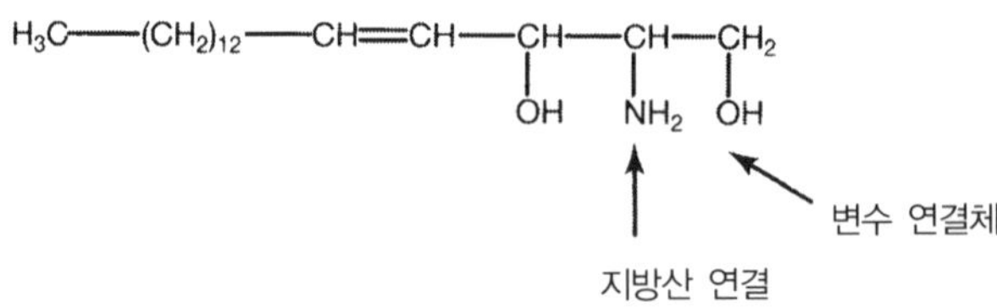

스핑고신

스핑고지질(sphingolipid)은 글리세롤이 개입되지 않는 비누화되는 지질의 일종으로 **스핑고신**(sphingosine)이 뼈대가 되어 여기에 다른 물질이 붙어 있는 구조를 하고 있다. 모든 스핑고지질은 중심의 아민(amine)에 아마이드 결합에 의해 지방산이 붙어 있게 되고 말단 OH기에 다른 기가 붙어 있게 된다. 이 말단기에 의해 그들의 성질이 달라지게 되는데, 만약 말단기에 포스포콜린(phosphocholine)이 붙게 되면 **스핑고마이엘린**(sphingomyelin)이 형성되게 된다. 이 물질은 모든 세포막에서 발견된다.

만약 말단기에 단순당이 붙게 되면 이 지질은 **세레브로사이드**(cerebroside)가 되게 되고, 훨씬 복잡한 탄수화물이 붙게 되면 그러한 분자를 **강글리오사이드**(ganglioside)라 부르게 된다(그림 4 참조).

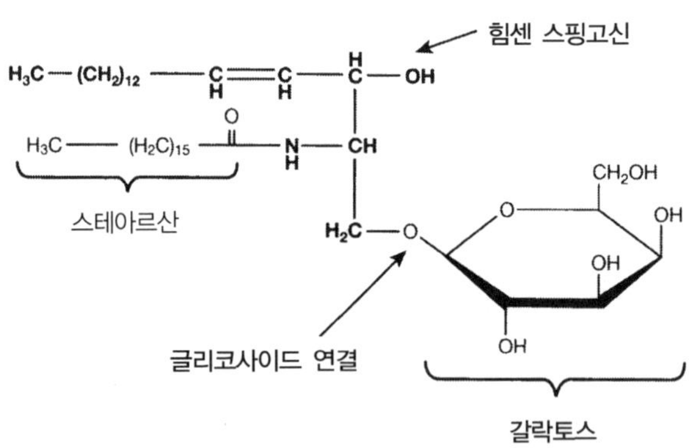

그림 4. 강글리오사이드의 한 예.

스테로이드류와 에이코사노이드류

스테로이드류와 에이코사노이드류는 다섯 가지 비누화되지 않는 지질 가운데 두 종류이다. 나머지 것들은 터펜과 페로몬, 지용성 비타민 등이 있다.

스테로이드는 여섯 개나 다섯 개의 탄소가 고리를 이루는 구조가 연결된 분자 구조를 지닌

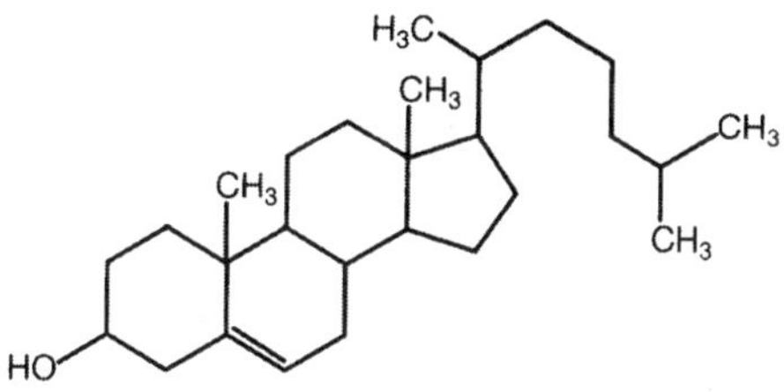

콜레스테롤

다. 콜레스테롤이 이 중 가장 흔한 것으로 이는 체내에 가장 풍부하게 들어 있는 스테로이드이다. 콜레스테롤은 세포막이나 혈액에서 발견되며, 여러 가지 종류의 호르몬 합성에 중요한 물질이다(표 2 참조). 콜레스테롤에 대한 집착은 우리 몸에서 필요한 만큼의 콜레스테롤이 충분히 합성된다는 사실과 더불어 식품으로 섭취하는 콜레스테롤이 필요량보다 남아 돌 것이라는 우려 때문에 생긴 것이다. 일반적으로 고농도의 콜레스테롤 수준과 심혈관계 질환의 발병 사이에는 상관관계가 있는 것으로 알려져 있다.

체내 화학적 전령 역할을 하는 어떤 호르몬은 콜레스테롤을 근간으로 하여 만들어진 스테로이드이다. 스테로이드를 근간으로 하는 호르몬은 주로 성호르몬으로 에스트로젠, 안드로젠, 프로제스틴 및 부신피질(adrenocortical) 호르몬이라 부르는 다른 조절 호르몬 등이 여기에 해당한다.

에이코사노이드류는 그것이 아라키돈산(C20 분자)으로부터 만들어진다는 점에서 지방산과 유사한 점을 가진다. 그 이름은 그리스어의 'eikos'에서 왔는데, 이는 20을 의미한다. 에이코사노이드는 혈액 세포를 제외한 모든 세포에서 발견되며, 염증 반응에서 유도 분만에 이르기까지 다양한 과정에 관여된다. 두 가지 종류의 중요한 에이코사노이드는 프로스타글란딘(prostaglandin)과 트롬복세인(thromboxane)이다(표 2 참조).

표 2. 스테로이드와 에이코사노이드의 예

관용명	구조
Cortisone	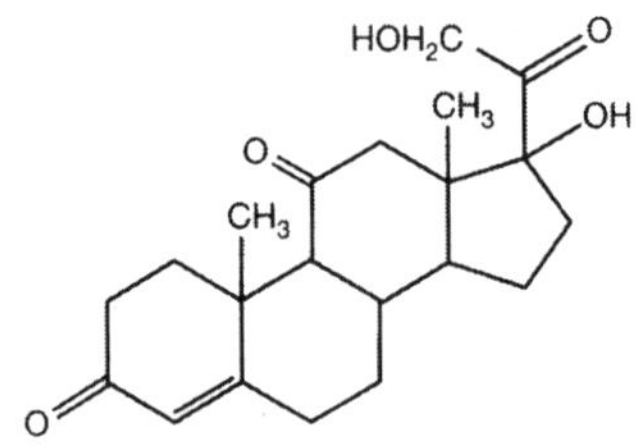
Testosterone	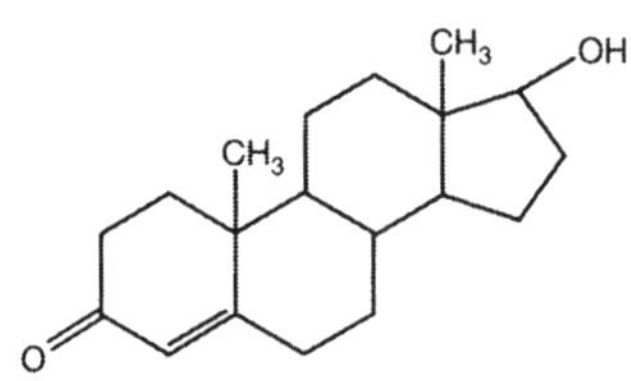
Progesterone	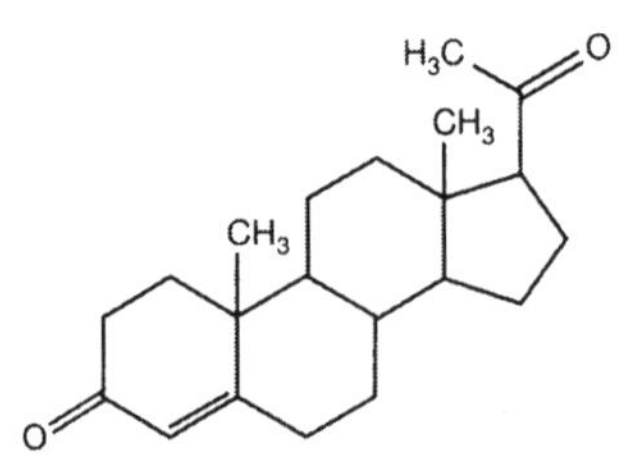
Thromboxane B_2	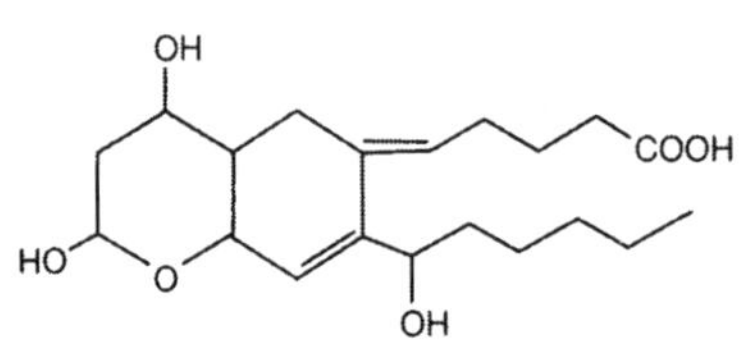
Prostaglandin E_2	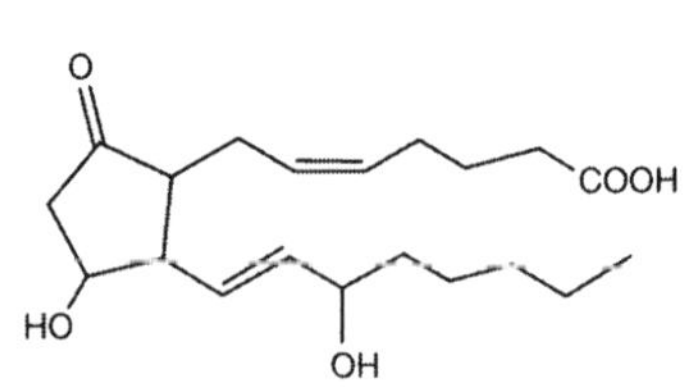

L1. 방향족성

* 중요한 용어

벤젠

벤젠은 불포화 화합물로 다른 불포화 탄화수소인 알켄과 알카인들과 비슷한 반응을 할 것으로 예상할 수 있다. 그러나 벤젠을 상대적으로 안정하며, 반응도 첨가 반응보다는 치환 반응이 더 잘 일어난다. 벤젠의 예상과 다른 물리 화학적 성질들은 파이 전자의 비편재화 개념으로 설명될 수 있다. 벤젠은 방향족 화합물의 대표적 예이다. 벤젠과 파이 전자가 비편재화된 다른 고리계들이 방향족으로 부르는 것은 이들이 방향성(fragrant)을 가지고 있기 때문이다.

벤젠의 분자 궤도함수 설명

벤젠은 탄소 원자들의 결합각이 120°인 평면 분자이다. 이 결합각은 탄소 원자가 sp^2 혼성화되어 있을 때 얻어지며, 6개의 탄소 원자들 각각은 전자 하나를 가진 p-궤도함수를 가지고 있음을 의미한다. 벤젠의 분자 궤도함수 그림은 이 분자의 독특한 안정성을 설명하는 데 도움이 된다.

방향족성의 정의

1931년에 물리학자인 Erich Hűckel이 벤젠의 분자 궤도함수 그림을 바탕으로 일련의 계산을 한 후 이것을 각각의 원자가 p-궤도함수를 가지고 있는 모든 평면 단일 고리 화합물로 확장하였다. 그의 연구 결과들로 부터 (4n+2) 파이 전자를 가지고 있는 모든 이와 같은 화합물들은 비편재화에 의해 안정화되며 이들을 방향족으로 불러야 된다는 것이 제안되었다.

관련된 주제 반응성에 영향을 주는 요인들(I3) 천연의 방향족 화합물들(L2)

벤젠

현재 **방향족**(aromatics)이라고 불리는 화합물들에 대한 연구는 1825년 Michael Faraday에 의해 **벤젠**(benzene)이 분리되면서 시작되었다. 그 당시에는 벤젠의 분자식 C_6H_6는 탄소에 비해 너무 작은 수의 수소로 인하여 매우 비정상적으로 생각되었다. 곧이어 벤젠의 평범하지 않은 성질들과 관련된 화합물들이 발견되었다. 이시기에는 방향족 화합물들은 주로 향유와 레진 그리고 필수 기름 등에서 얻어졌기 때문에 탄소 대비 수소수가 작고 향을 내면 방향족으로 구분되었다. 한동안의 기간이 지난 후에 Kekulé와 그의 동료들에 의해 이들 화합물들이 화학적 변형 과정에서도 변하지 않는 6-탄소 단위를 가지고 있다는 것이 밝혀졌다. 벤젠이 드디어 화합물의 새로운 구분 단위의 모핵으로 인식되기 시작했다. Kekulé는 1865년에 벤젠의 구조를 육각형 고리에 이중 결합이 번갈아 있는 것으로 제안하였다(그림 1). 그러나 만일 그

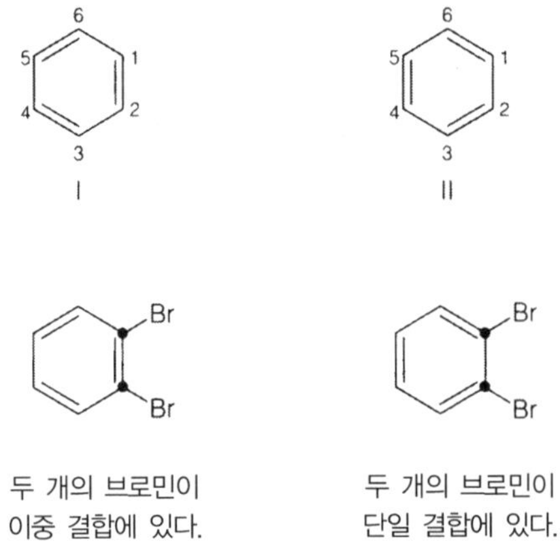

그림 1. Kekulé가 제안한 벤젠의 구조와 1,2-다이브로모벤젠의 이성질체들.

구조가 옳다면 인접된 2개의 탄소에 2개의 브로민 원자를 첨가하면 2개의 이성질체를 가진 1,2-다이브로모벤젠이 얻어지게 될 것이다(그림 1). 그러나 단지 하나의 화합물만이 관찰되었다. 이러한 비정상적인 현상을 설명하기 위하여 Kekulé는 이들 이성질체들이 매우 빠른 평형 상태에 있다고 제안하였다(그림 1). 이설명은 틀린 것으로 판명되었고, Kekulé의 구조는 벤젠의 실제 구조를 정확히 설명하지 못한다. 그럼에도 불구하고, 그 구조들은 일상적으로 사용되고 있으며, 특히 방향족 화합물의 반응 메커니즘을 설명할 때 주로 사용되고 있다.

결합에 **공명**(resonance, 주제 I3) 개념이 도입되면서 벤젠의 안정성과 화학적 반응성을 설명할 수 있는 벤젠의 구조가 만들어지게 되었다.

공명 이론의 기본은 하나의 화합물에 대하여 전자들의 위치만 다른 두 개 이상의 Lewis 구조가 그려질 수 있으면, 어느 하나도 실제 화합물의 화학적 및 물리적 성질과 완벽하게 일치하지 않는다는 것이다. 그러므로 그림 1의 Kekulé의 구조들은 벤젠의 성질을 정확히 설명하지 못하며, 실제 구조는 그들 사이의 어느 형태인 것이다. 그림 1에서 I과 II로 표시된 구조(이들은 분리될 수 있는 화합물이 아니기 때문에 지금부터는 **정준형**(cannonical form)이라고 부른다)를 섞어서 **혼성**(hybride) 구조(그림 2)를 만든다. 이 구조에서 탄소-탄소 결합은 단일 결합도 아니고 이중 결합도 아닌 2개의 중간 형태를 가지며, 이것은 실험적으로 증명되었다. 이 구조에서 파이 전자들은 특정 원자에 고정되어 있지 않고 6개의 원자에 **비편재화**(delocalize)됨에 따라 모든 탄소들은 동일하게 된다. 하나의 분자에 대하여 **동등한 에너지**의 공명 구조 혹은 정준형들을 많이 그릴 수 있을수록 그 화합물은 더 안정해 진다. 따라서 벤젠의 잉여의 안정성을 **공명 에너지**(resonance energy)라고 한다(그림 3).

일찍이 벤젠은 많은 정도의 불포화도를 가지고 있지만 산화제나 환원제에 대한 알켄이나 알카인의 반응성(주제 I2)을 보이지 않으며, 불포화 화합물의 특징적인 친전자성 첨가 반응(주제 I1, I2)을 수행하지 않는 것이 밝혀졌다. 이러한 성질은 공명 이론과 벤젠의 혼성 구조에 의해 설명될 수 있다.

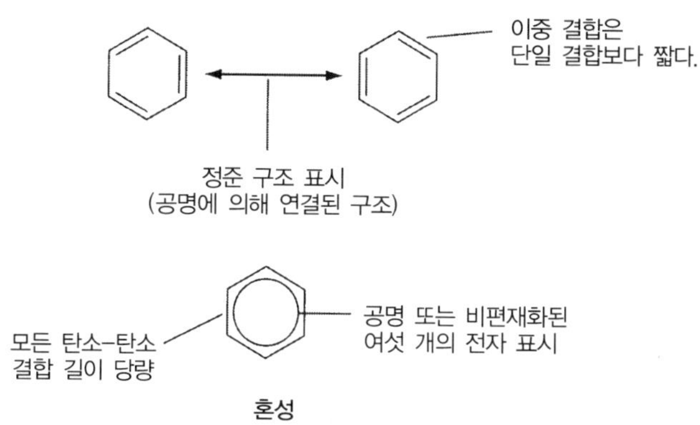

그림 2. 벤젠의 Kekulé 구조는 실제로 정준형이다. 분자의 진짜 구조를 정확하게 묘사하는 복합형 구조로서의 결합과 그것에 대한 결과이다.

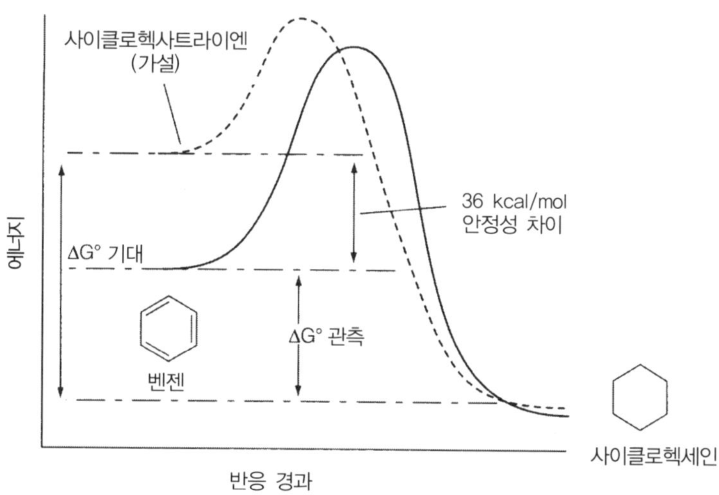

수소화 열(ΔH°hydrog)

반응물	생성물	ΔH° hydrog (kcal mol^{-1})
Cyclohexene	Cyclohexane	28.6
1,3 Cyclohexadiene	Cyclohexane	55.4
Benzene	Cyclohexane	49.8

그림 3. 사이클로헥센, 1,3-사이클로헥사다이엔,1,3,5-사이클로헥사트라이엔, 벤젠의 상대적 안정성.

벤젠의 분자 궤도함수 설명

벤젠과 관련된 화합물들의 구조는 **분자 궤도함수**(Molecular orbital, MO, 주제 B2)를 이용하여 설명될 수도 있다. 벤젠의 결합각과 결합 길이들이 sp^2 혼성 궤도함수를 가진 탄소와 일치한다. 그러므로 모든 탄소 원자들은 하나의 전자를 가진 p-궤도함수를 가지고 있다. 분자의 구조는 6개의 p-궤도함수들이 중첩되기에 충분히 가깝고 모든 탄소-탄소 결합들의 길이가 동일한 형태를 하여, p-궤도함수들이 고리 전체에 걸쳐서 동일하게 중첩된다.

분자 궤도함수 이론(주제 B2)에 의하면 6개의 중첩된 p-궤도함수들이 합쳐져서 6개의 파이 분자 궤도함수를 만든다(그림 4). 벤젠에서 모든 결합성 분자 궤도함수에 각각 2개의 전자가 들어 있으며, 반결합성 MO에는 전자가 들어 있지 않다. 벤젠은 비편재화된 파이 전자들로 채워진 닫힌 전자 껍질을 갖고 있으며, 이것으로 벤젠 안정성이 일부 설명된다.

방향족성의 정의

1900년 이전까지 화학자들은 단일 결합과 이중 결합을 번갈아서 가지고 있는 고리는 모두 방향족 화합물의 모핵인 벤젠과 비슷한 성질을 보일 것이라고 추정하였다. 그러나 4개의 단일 결합과 이중 결합이 번갈아 있는 팔각형 고리인 사이클로옥타테트라엔의 합성으로 상기의 생

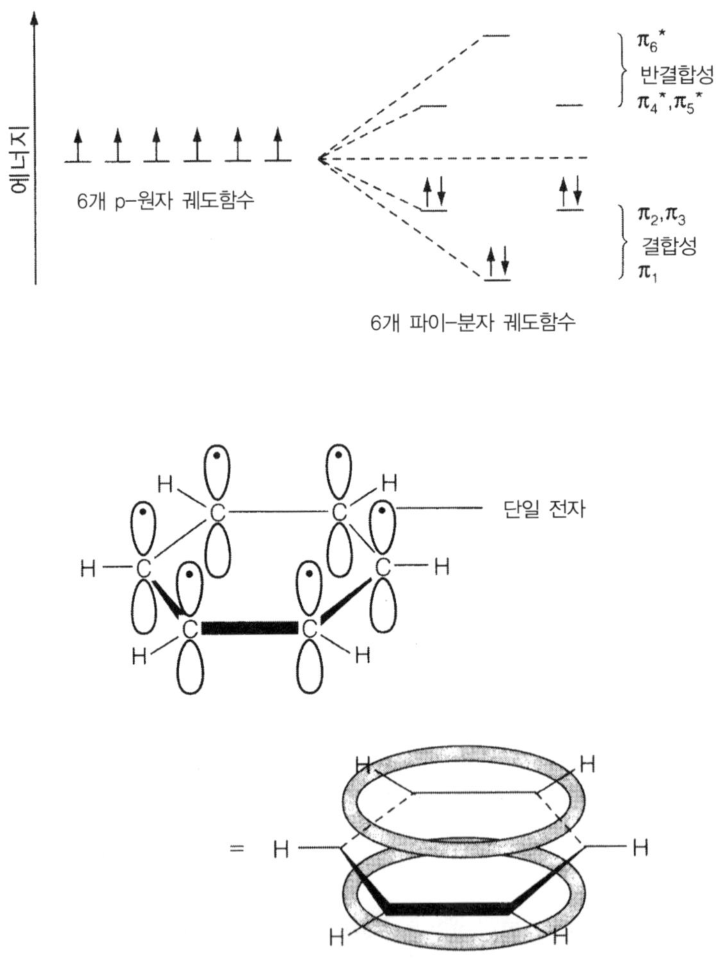

그림 4. 벤젠의 분자 궤도함수 분석과 파이 전자의 분포

각을 바꾸어야만 되었다. 사이클로옥타테트라엔은 알켄과 동일한 화학적 성질을 보인다. 1930에 와서야 방향족성이 예측 될 수 있게 되었다.

1931년에 Erich Hűckel은 벤젠의 분자 궤도함수를 바탕으로 일련의 계산을 수행하였다. 그는 단일 고리 화합물만 고려하였으나, 차후에 그의 생각은 다중 고리계에도 확대되었다. 그의 결과에 따르면 n이 0, 1, 2, 3, …인 (4n+2)의 파이 전자들을 가지고 있는 평면 단일 고리 화합물은 2, 6, 10, 14, …개의 벤젠에서와 같이 비편재화된 전자를 가진 닫힌 전자 껍질을 가지게 된다. 이 (4n+2) 조건은 방향족성을 가지기 위한 Hűckel의 법칙으로 알려져 있다. 사이클로옥타테트라엔은 8개의 파이 전자를 가지고 있어서 Hűckel에 따르면 이 화합물은 비방향족성이 된다. Hűckel의 법칙은 탄소 이외의 다른 원자를 가지고 있는 고리 화합물에도 적용할 수 있다. 예를 들면, 피리딘, 피롤, 퓨란, 싸이오펜은 모두 6개의 비편재화된 파이 전자를 가지고 있으므로 방향족성이다. 이 화합물들은 다른 방향족 화합물들(그림 5)과 함께 생물학 혹은 약학과 관련된 화합물들의 모핵 구조들이다.

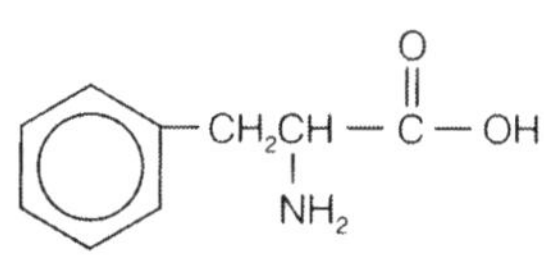

Phenylalanine
(필수 아미노산)

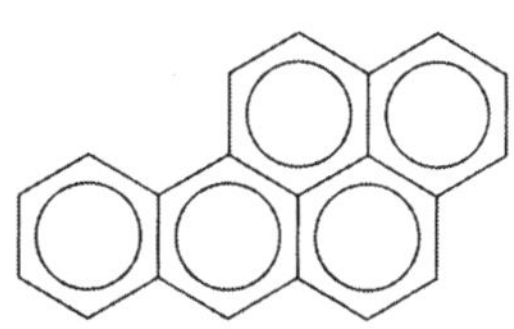

Benzo [a] pyrene
(담배연기의 성분, 발암물질)

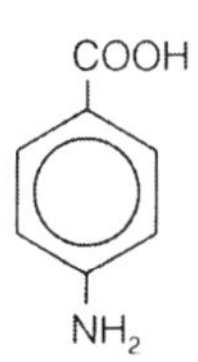

p-amino benzoic acid
(PABA, UV 방사광 흡수,
선스크린 로션에 사용)

그림 5. 생물학과 관련된 방향족 화합물의 구조들.

L2. 천연 방향족 화합물들

*중요한 용어

방향족 아미노산

자연계에는 타이로신, 페닐알라닌, 히스티딘, 트립토판 등 4개의 방향족 α-아미노산이 있다. 타이로신과 페닐알라닌은 벤젠을 바탕으로 하는 6-파이 전자계이다. 트립토판은 인돌을 바탕으로 하는 계이고, 히스티딘은 이미다졸을 바탕으로 하는 계이다.

효소 인자 속의 질소 포함 헤테로방향족

질소를 포함한 방향족 화합물들은 많은 수의 필수 효소 인자와 조효소에 존재한다. 피리딘 고리계는 비타민 B와 피리미딘 및 프테리딘(이중 고리)계의 기본이다. 프테리딘계의 삼중 고리 유도체(비타민 B_2)는 많은 탈수소화효소의 배합기이다.

핵산

핵산인 DNA와 RNA는 헤테로방향족 소단위체로 구성되어 있다. 이들 소단위체는 퓨린과 피리미딘을 바탕으로 한다. 인접한 작용기의 비편재화된 파이 전자들 사이의 상호작용이 DNA 이중 나선 구조의 전체적 안정성에 중요한 공헌을 한다.

생화학 반응의 방향족성

방향족 화합물을 포함하는 생화학 반응으로 잘 알려진 것은 아미노산의 아미노기교환 반응에서의 인산 피리독살의 역할이다. 이 효소 촉매 반응의 한 단계에서 피리딘 고리의 질소가 양성자화되어 중간체가 되며, 이것은 파이 방향족계로의 비편재화로 안정화된다. 방향족 고리가 전하를 이러한 방법으로 안정화시키는 능력이 이들의 화학적 생화학적 중요성의 기본이 된다.

관련된 주제

비수성 상호작용(H2)	핵산 중합체 계(M2)
반응성에 영향을 주는 요인들(I3)	핵산(K2)
방향족성(L1)	

방향족 아미노산

자연계에 존재하는 20개의 아미노산들 중에서 4개가 방향족이다(주제 L1, 그림 1).

페닐알라닌과 타이로신은 6개의 탄소로 구성된 고리와 6개의 파이 전자들에 의해 이루어진 방향족성을 가진 벤젠을 바탕으로 하고 있다. 타이로신은 방향족 성질을 가질 뿐 아니라 약산으로 작용하는 곁가지를 가지고 있다. OH 기가 탈양성자화되면서 산소 원자에 생성된 음전하(전자쌍)는 비편재화된 파이계에 포함하게 되어 이온에 대하여 여러 개의 **공명** 혹은 **정준형**(주제 I3)들이 그려질 수 있다(그림 2).

트립토판의 곁가지는 벤젠 고리가 질소와 탄소-탄소 이중 결합을 포함하고 있는 오각형 고리와 융합된 인돌 고리이다. 방향족계의 8개의 파이 전자는 탄소에 연관되어 있고, 나머지 2개는 질소 원자에 있는 고립 전자쌍이다. 결과적으로 인돌 곁가지가 아민 성분(주제 J4, M1)을 가지고 있지만 고립 전자쌍이 이용될 수 없으므로 이 아민은 친핵체나 염기(주제 I1)로 작용할 수 없다. 반면에 히스티딘(주제 M1)의 이미다졸 고리는 방향족성을 유지하기 위하여 2개의 질소 중에서 하나만 오각형 고리에 고립 전자쌍을 제공한다. 결과적으로 히스티딘은 염기로 작용한다.

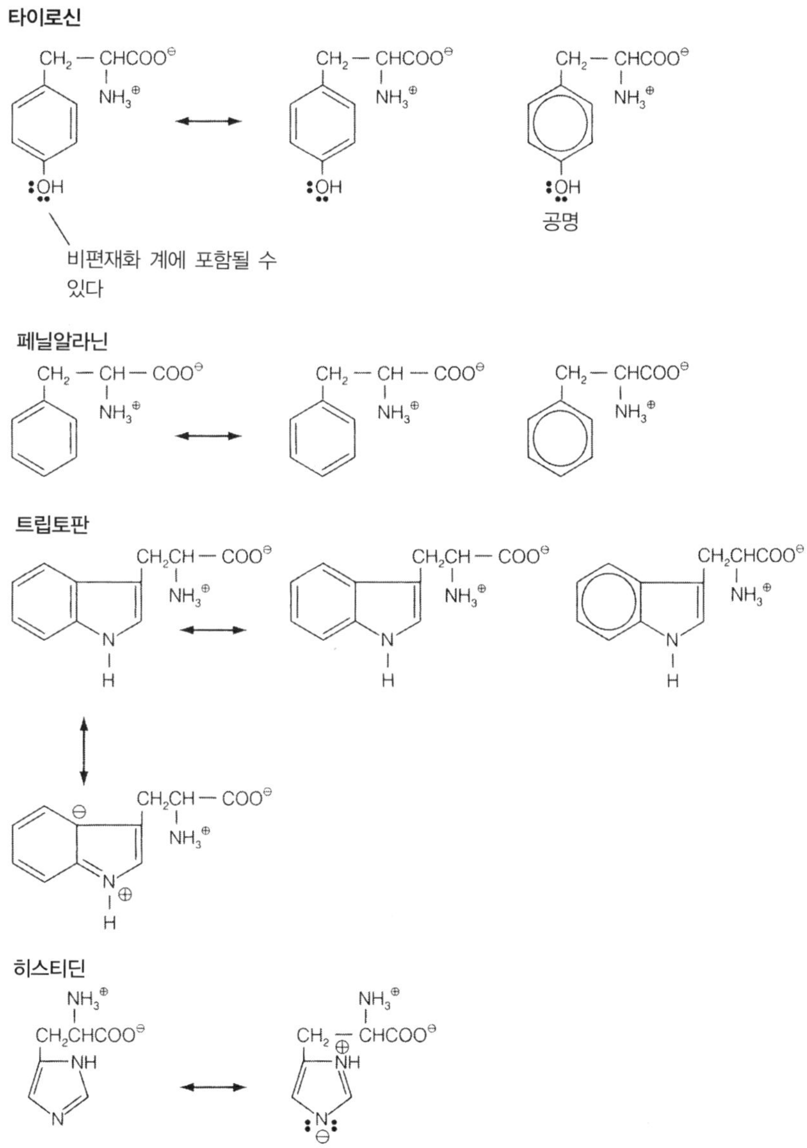

그림 1. 방향족 아미노산들; 정준형과 공명 혼성

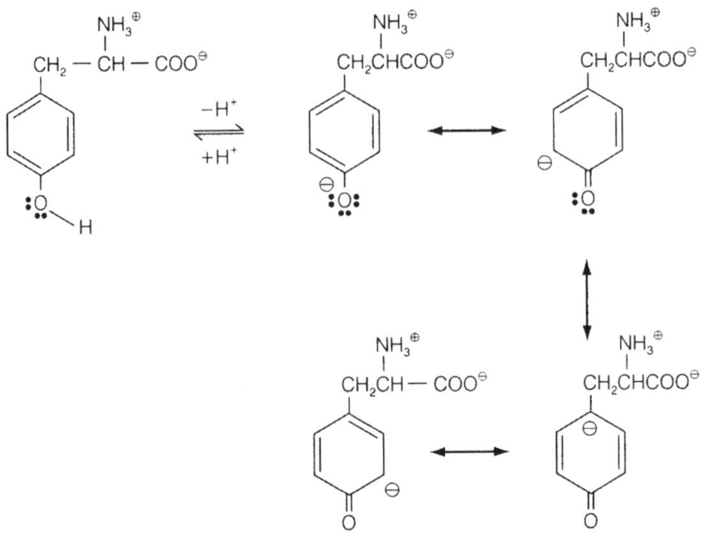

그림 2. 하이드록시기의 탈양성자화에 따른 타이로신의 정준형

인체 내에서 벤젠은 합성될 수 없으므로 페닐알라닌과 트립토판은 음식의 필수 구성 성분이다. 페닐알라닌이 생체내에서 페닐알라닌 하이드록시화효소(hydroxylase)의 촉매 반응에 의하여 타이로신으로 변형될 수 있으므로 타이로신을 직접 먹을 필요는 없다.

효소 인자 속의 질소 포함 헤테로방향족

질소가 포함된 방향족 화합물들은 생물계에서 방대한 범위의 작용을 수행한다(그림 3). 특히 피리딘 고리는 니코틴산의 아마이드인 니코틴아마이드의 바탕이 된다. 이것과 퓨린 유도체인 아데닌은 생물학적 산화 반응에서 가장 중요한 조효소(NAD^+)에 존재한다.

아미노산의 아미노기교환과 탈카복시화 반응에 필요한 효소 인자인 인산 피리독살이 피리딘을 바탕으로 하는 또 다른 계이다.

질소가 포함된 보다 복잡한 방향족도 극히 중요한 작용을 한다. 한 예로, 프테리딘 고리계(그림 3)는 비타민 B_{12}(폴산)에 존재한다. 이 비타민은 많은 음식에 들어가며, 임신 전 혹은 임신 첫 3개월 동안 모든 여성들에게 처방된다. 이것은 태아의 신경관의 변형 가능성을 낮추어 준다.

질소가 포함된 삼중 고리 방향족인 라이보플라빈(비타민 B_2)은 수소를 제거하여 산화시키는 효소인 탈수소화효소들의 배합체이다. 이들 계에서 방향족 고리의 역할은 고리에 연결된 작용기의 화학적 변형 과정에서 생기는 전하(전자 과잉 혹은 결핍)를 비편재화를 통하여 안정화시키는 것이다.

핵산

뉴클레오타이드(주제 M2)는 유전 물질인 핵산을 구성하는 물질이다. 뉴클레오타이드의 방향족 성분은 퓨린과 피리미딘 고리계이다. 아데닌과 구아닌의 퓨린 고리는 10 파이 전자계이며, 질소는 이용 가능한 고립 전자쌍을 가지고 있어서 아민 염기로 작용할 수 있다. 사이토신, 우라실, 타이민의 피리미딘은 6 파이 전자계이며, 질소의 고립 전자쌍이 염기로 작용할 수 있다(그림 4). 그림 4에서 왼쪽의 그림들이 비편재화계를 분명하게 보여 주고 있으나, 이 화합물들은 토토머 형태로 더 많이 표현된다(그림 4와 주제 J2).

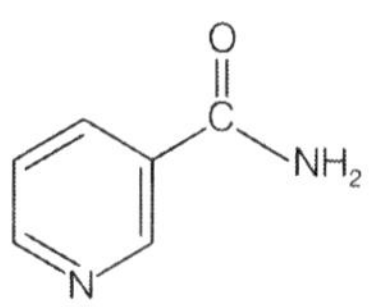

니코틴 아마이드

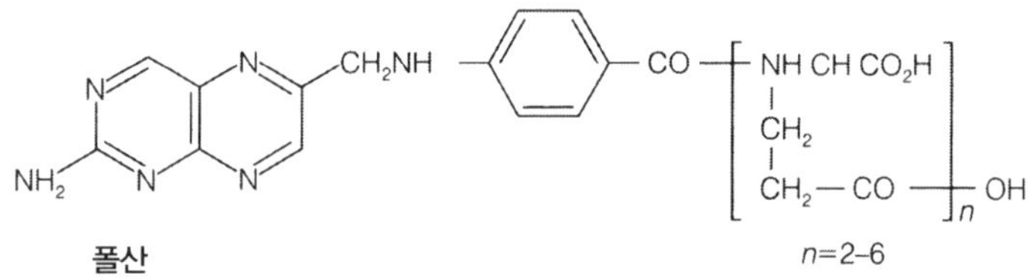

폴산

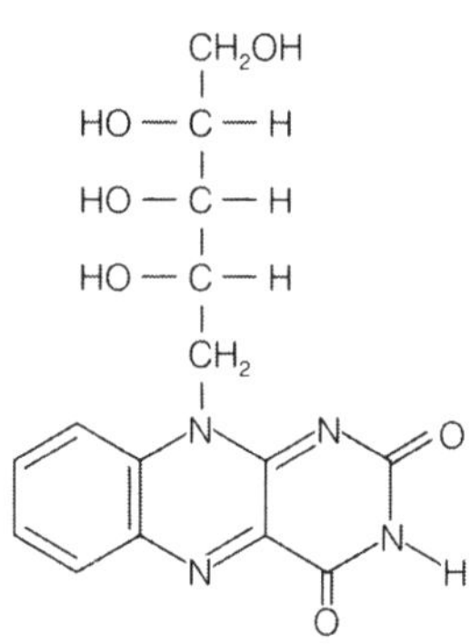

라이보플라빈

그림 3. 조효소와 효소 인자에 있는 질소를 포함한 방향족 화합물들.

뉴클레오타이드가 고리에 포함되어 이중 나선 구조의 DNA를 만들 때, 이중 나선 구조는 상보적인 헤테로고리 염기들(주제 H1) 사이의 수소 결합으로 안정화될 뿐 아니라, 연속되는 방향족고리면의 위와 아래에 있는 파이 전자들 사이의 우호적인 상호작용, 즉 파이 중첩(주제 H2)에 의해서도 안정화된다.

생화학 반응에서의 방향족성

효소에 의해 촉매화되는 아미노산의 아미노기교환 반응에서의 인산 피리독살의 역할은 이제 잘 이해되었다. 이 반응의 첫 번째 단계(그림 5)는 피리독살 고리의 알데하이드와 아미노산의 아미노기가 축합하여 이민(주제 J2)을 만드는 것이다. 산 촉매 **토토머화**와 이어지는 가수분해를 통해 α-케토(혹은 옥소)산과 인산 피리독사민이 생성된다. 피리독사민은 역반응을 통해 다른 케토-산과 반응하여 아미노기를 전달함으로써 새로운 아미노산을 생성시킨다.

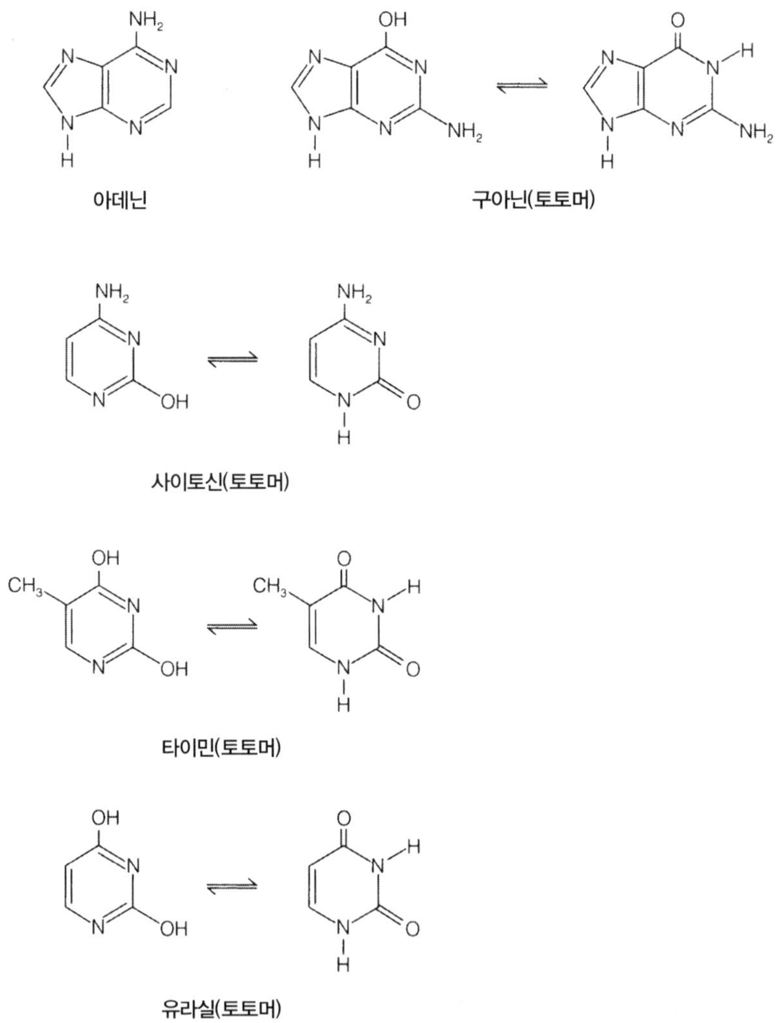

그림 3. 핵산의 헤테로고리 염기들과 그들의 토토머.

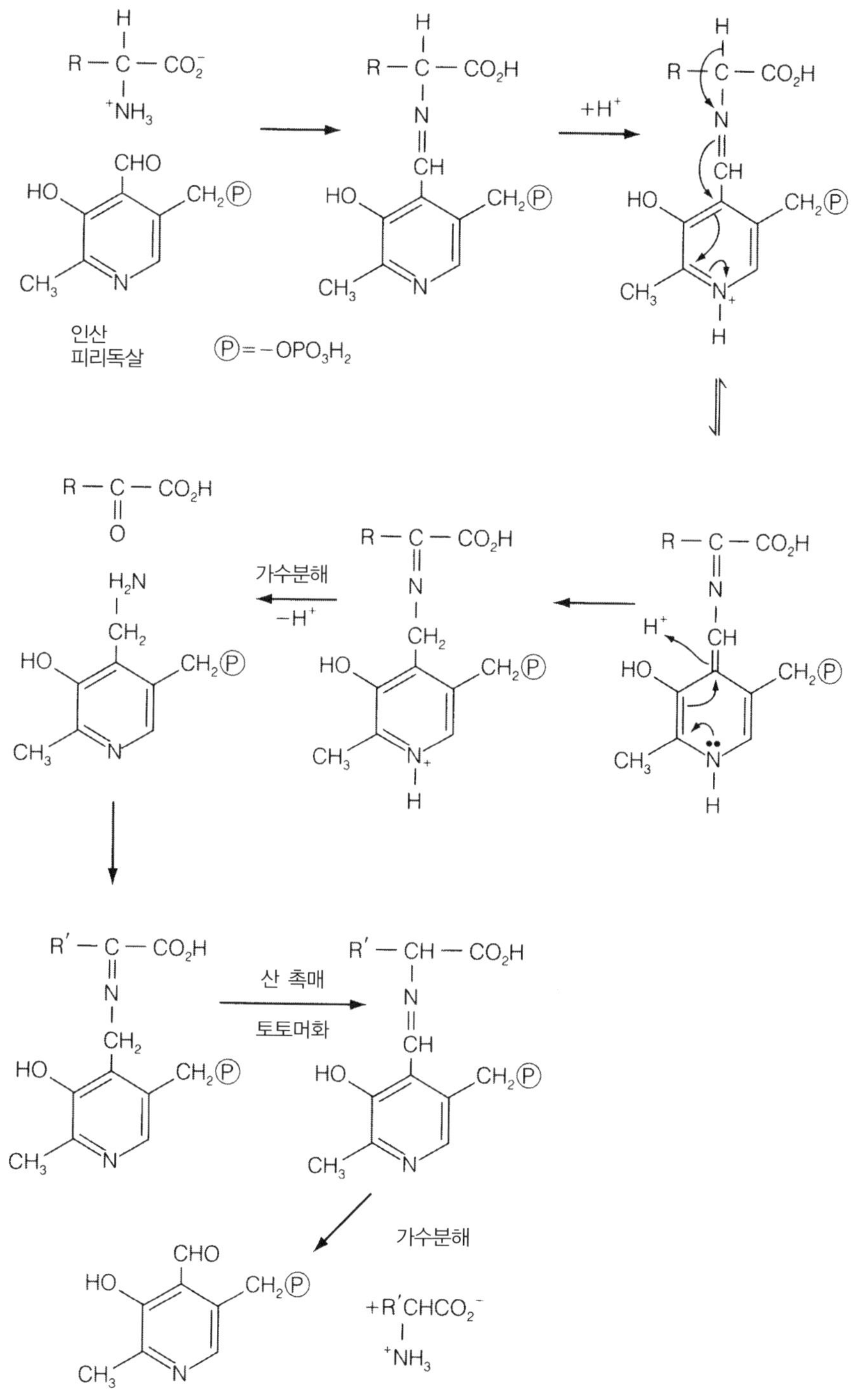

그림 5. 인산 피리독살을 이용한 아미노산의 아미노기교환 반응의 메커니즘.

M1. 펩타이드 합성

중요한 용어

아미노산

α-아미노산이란 동일한 탄소에 카복실산과 아미노기가 같이 붙어 있는 화합물을 의미한다. 자연계에는 20여개의 아미노산이 존재하는데, 모두 α-수소를 가지고 있고 R기라 부르는 네 번째 치환기에서 각각 다른 종류의 원자단을 가진다. 20개 가운데 19개는 카이랄 탄소를 가지는 아미노산이고, 모두 L형의 형태를 지닌다.

작용기 보호

펩타이드를 합성하는데 있어서 일정하게 조절되거나 지시되는 방법으로 작용기 사이에 반응이 일어나는 것이 필요하다. 따라서 아미노기나 카복실기는 곁사슬에 있는 다른 작용기와 마찬가지로 필요할 때 까지는 반응을 일으키지 않도록 보호되는 것이 중요하다.

짝지음 반응

아미노기와 카복실기 사이의 반응은 아마이드 또는 펩타이드 결합이라 부르는 결합을 형성하는데, 이것은 그다지 효율적이지 못하다. 반응의 효율성을 높이기 위해 부가적인 시약이 첨가하는데, 이것은 짝지음 시약이라 부른다. 이것은 초기에 카복실기와 결합을 함으로 반응을 시작하고, 이것의 카보닐기가 아민의 친핵성 공격을 더 잘 받을 수 있도록 도와주게 된다.

고체상 합성

가장 작은 펩타이드의 화학적 합성은 시간과 재료를 소비하는 반응으로 성장하는 펩타이드는 매 단계마다 정제해 주어야 한다. 펩타이드의 화학적 합성을 한 단계 발전시킨 것은 Merrifield 고체상 기술의 보급이다. 이 방법은 활성화된 중합체를 사용하여 여기에 아미노산의 C-말단이 가서 붙게 하는 것이다. 이때 아미노기는 아마이드 짝지음 반응을 할 수 있도록 여전히 남게 된다. 마지막 짝지음이 끝날 때까지 성장하는 펩타이드는 중합체에 붙어 남게 되며 결국 단 한 번의 정제 과정을 거치게 되므로 전체적인 반응 속도를 가속화시킬 수 있게 된다.

관련된 주제

카복실산과 에스터(J3) **아민과 아마이드(J4)**
단백질(K1)

자연계에 존재하는 아미노산

단백질의 구성 단위로 생물학적으로 중요한 역할을 하는 물질은 α-**아미노산**이다. 20여개의 자연계에 존재하는 아미노산의 구조는 그림 1을 참조하기 바란다. 이러한 분자들은 곁사슬인 R기의 종류에 따라 달라지며 하나를 제외한 모든 아미노산은 카이랄 알파 탄소(4개의 다른 원자나 원자단이 붙어 있는 탄소)를 가지고 모두 L형의 형태를 지닌다(표 1 참조).

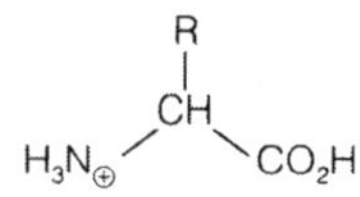

그림 1. α-아미노산의 일반적인 구조.

표 1에 나온 것처럼 이 분자들의 곁사슬에는 다른 작용기를 가질 수 있다. 이것을 근거로 아미노산은 대개 염기성, 산성, 방향족성 등으로 구분한다. 두 개의 아미노산이 결합하여 하나의 다이펩타이드를 형성하는데, 이때 아미노산의 아미노기가 다른 아미노산의 카복실기와

표 1. 가장 흔한 20개의 아미노산: 구조, 이름, 축약명과 곁사슬의 성질

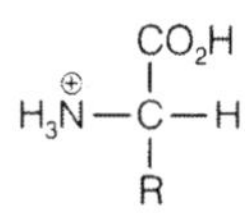 [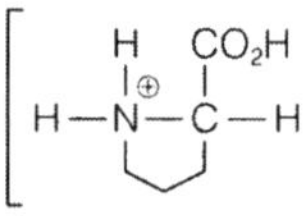 proline Pro, P]

—R	Name	Abbreviations	Property
$-CH_3$	Alanine	Ala, A	Hydrophobic
$-(CH_2)_3NHC(=NH)NH_2$	Arginine	Arg, R	Hydrophilic
$-CH_2OCNH_2$	Asparagine	Asn, N	Hydrophilic
$-CH_2-CO_2H$	Aspartic acid	Asp, D	Hydrophilic
$-CH_2SH$	Cysteine	Cys, C	Hydrophilic
$-CH_2CH_2CH_2CH_2NH_2$	Lysine	Lys, K	Hydrophilic
$-(CH_2)_2-CO_2H$	Glutamic acid	Glu, E	Hydrophilic
$-(CH_2)_2-CONH_2$	Glutamine	Gln, Q	Hydrophilic
$-H$	Glycine	Gly, G	Hydrophobic
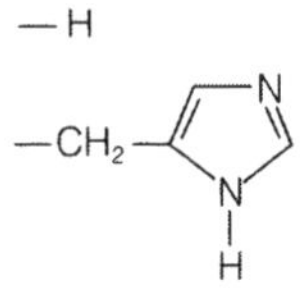	Histidine	His, H	Aromatic
$-CH(CH_3)CH_2CH_3$	Isoleucine	Ile, I	Hydrophobic
$-CH_2CH(CH_3)_2$	Leucine	Leu, L	Hydrophobic
$-CH(CH_3)_2$	Valine	Val, V	Hydrophobic
$-CH_2CH_2SCH_3$	Methionine	Met, M	Hydrophilic
$-CH_2OH$	Serine	Ser, S	Hydrophilic
$-CH(OH)CH_3$	Threonine	Thr, T	Hydrophilic
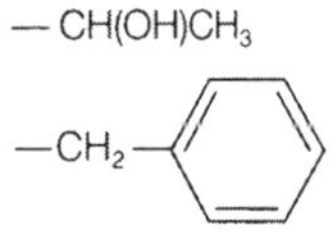	Phenylalanine	Phe, F	Aromatic
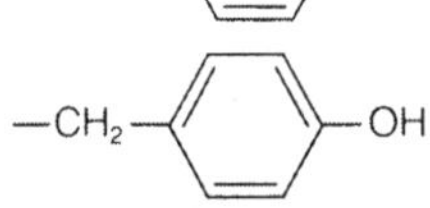	Tyrosine	Tyr, Y	Aromatic
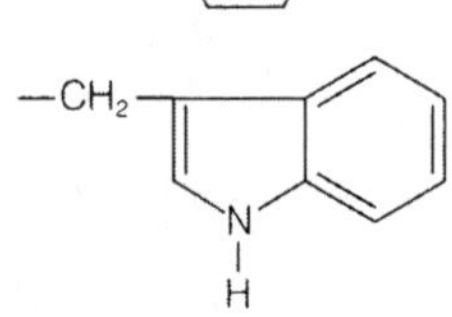	Tryptophan	Trp, W	Aromatic

반응하여 물 한 분자가 빠져나가고 **축합 반응**이 일어나게 된다(그림 2 참조).

아민과 카복실산의 반응은 J3과 J4에서 상세히 설명하였는데, 이는 펩타이드 사슬이 생성되는 데 필요한 반응과 유사한 과정을 거치게 된다.

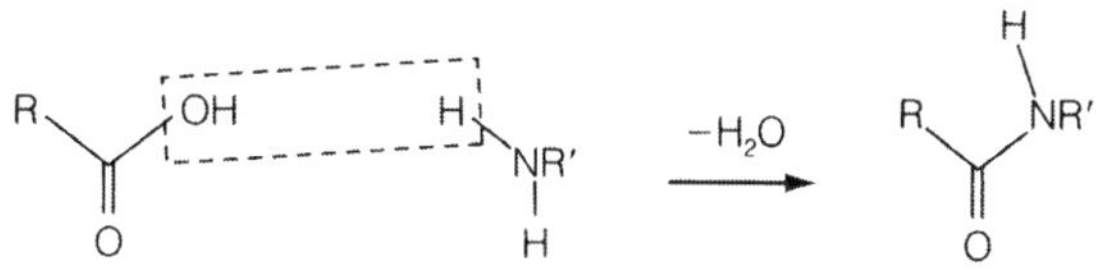

그림 2. 물 한 분자의 손실로 인해 생기는 아마이드와 펩타이드 결합의 형성.

뿐만 아니라 시스테인은 −SH 기를 곁사슬로 가지게 되는데, 이것은 이황화 결합으로 쉽게 산화되므로 특별히 주의가 필요하다(그림 3 참조).

아미노산은 알칼리와 산의 성질을 모두 가진다. 중성 pH에서 카복실기는 완전히 이온화되어 COO^-가 되고 아미노기는 NH_3^+가 된다. 이렇게 양이온과 음이온을 모두 가지는 계를 쯔비터 이온(zwitter ion)이라 부른다. 중성 조건하에서 아미노산이 이온화되면 이온성 화합물과 비슷한 물리적 성질을 가지게 되는데, 즉 높은 녹는점을 가진 고체가 된다.

작용기 보호

펩타이드나 단백질을 합성하는데 있어서 정확한 방향으로 반응이 일어나는 것이 매우 중요하다. 글리신이 라이신(lysine)과 반응할 때 세 가지 방법이 가능하다. 즉, 첫째 글리신의 카복실기와 라이신의 α−아미노기 사이의 반응과 둘째 글리신의 카복실기와 라이신의 ε−아미노기 사이의 반응, 셋째 글리신의 아미노기와 라이신의 카복실기 사이의 반응이 일어날 수 있다. 만약 원하는 펩타이드 결합이 Gly−Lys 이라면 단지 첫 번째 반응만이 바르게 일어난 것이다. 글리신은 자유 N−말단을 가지고 라이신은 자유 C−말단을 가지게 된다. 두 번째나 세 번째의 경우와 같은 부가적 반응은 원하는 아마이드 반응이 일어나는 데 사용되지 않게 하기 위해 캡핑되거나 **보호**(protecting)되어야 한다.

이처럼 분명히 아미노기와 카복실기 및 다른 작용기는 보호될 필요가 있다. 아미노기를 보호하는 가장 효율적인 방법 가운데 하나는 이것을 아마이드로 전환시키는 것이다. 이 방법은 펩타이드 합성에 있어서는 그다지 효용가치가 없는데 보호기를 제거하기 위해 펩타이드 결합

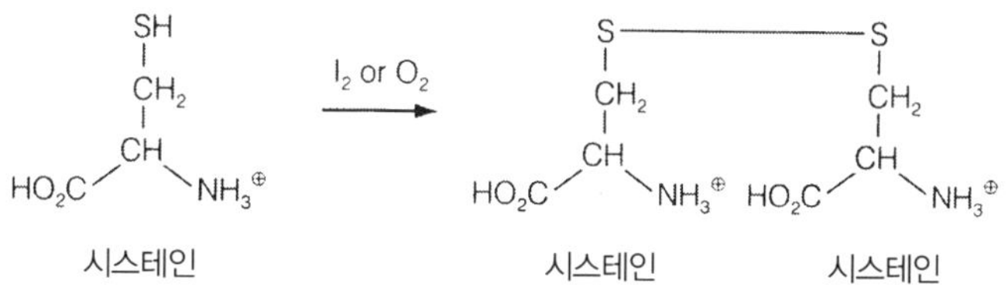

그림 3. 시스테인은 쉽게 산화되어 이황화 화합물(cystine)을 형성하게 된다.

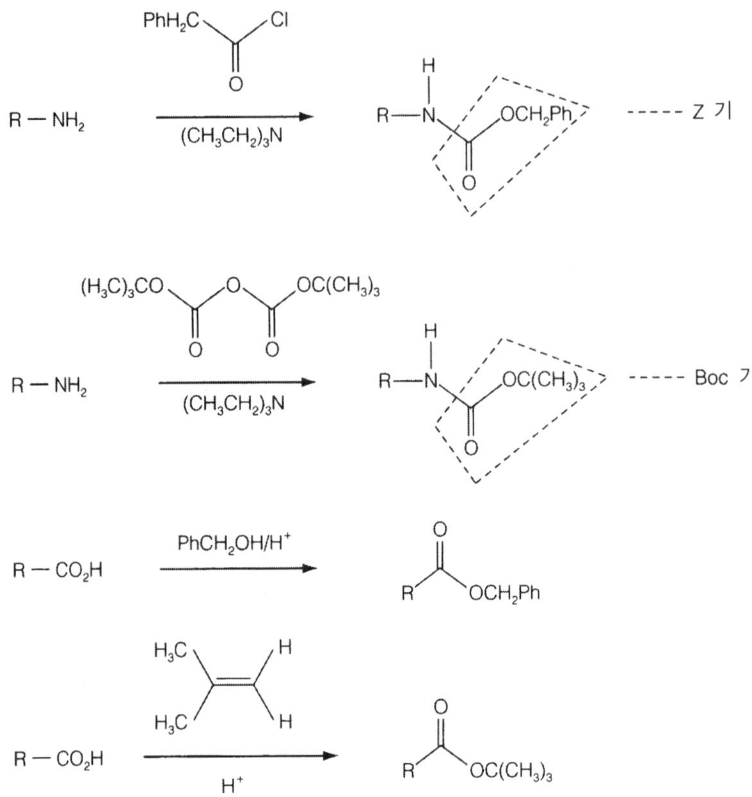

그림 4. α–아미노기와 α–카복실기를 보호하기 위한 일반적인 경로. Ph는 벤젠 고리를 나타내며, $(CH_3CH_2)_3N$ 는 트라이에틸아민(염기)이다.

이 완전히 분해될 수 있기 때문이다. 따라서 보완 방법으로 알콕시아마이드(alkoxyamide, 그림 4 참조)를 형성시키는 방법이 제안되고 있다. 이것은 아마이드 결합을 분해시키지 않을 정도의 약한 조건에서 제거시킬 수 있다.

카복실기의 보호는 주로 이것을 에스터로 전환시킴으로써 얻게 된다(그림 4 참조). 이것 역시 아마이드 결합을 자르지 않을 정도의 약한 조건하에서 제거할 수 있다. 좀 더 긴 펩타이드

표 2. 펩타이드 합성에 주로 사용되는 보호기의 예와 이들을 제거할 때 사용되는 시약들

족	아미노산	제거법
$-No_2$	Arg–N	H_2/Pd–Charcoal
$-CH_2Ph$	Cys–S	Na/NH_3(liq)
$-CH_2OCH_2Ph$	His–N	H_2/Pd–Charcoal
$-CH_2Ph$	Ser–O	HBr/CH_3COOH or Na/NH_3(liq)
$-CH_2Ph$	Tyr–O	HBr/CH_3COOH or Na/NH_3(liq)

[a]S, N, O –보호기가 붙어 있는 아미노산의 곁사슬에 있는 원자를 뜻한다.

가 형성될 때는 보호기를 좀 더 **선택적**(selectively)으로 제거할 필요가 있다. 이것을 위해 다른 조건하에서 분해되기 쉬운 다양한 보호기를 사용하는 것이 필요하다. 보완적인 보호기를 사용하는 것을 **직각 보호**(orthogonal protection)라고 부른다. 표 2에 몇몇 보호기의 예와 그들의 분해 조건 등이 제시되어 있다.

짝지음 반응

아미노산의 카복실기가 아마이드 결합을 형성하기 위해 반응하면 물 한 분자가 빠져나가게 된다. 이때 물 분자의 OH기는 카복실산에서부터 온 것이다(그림 2 참조). OH기는 좋은 이탈기가 아니기 때문에 반응이 진행되기 위해서는 카복실산이 활성화되어야 한다. 이것을 행하기 위한 가장 흔한 방법은 그것을 산 염화물로 전환시키는 것이다. 이것은 염화 싸이오닐(thionyl chloride, $SOCl_2$)를 첨가함으로써 일으킬 수 있다. 그러나 이것은 원치 않는 부가적 반응, 즉 아미노산의 라세미화가 일어날 수 있기 때문에 펩타이드 합성을 위한 최선의 방법은 아니다(그림 5 참조).

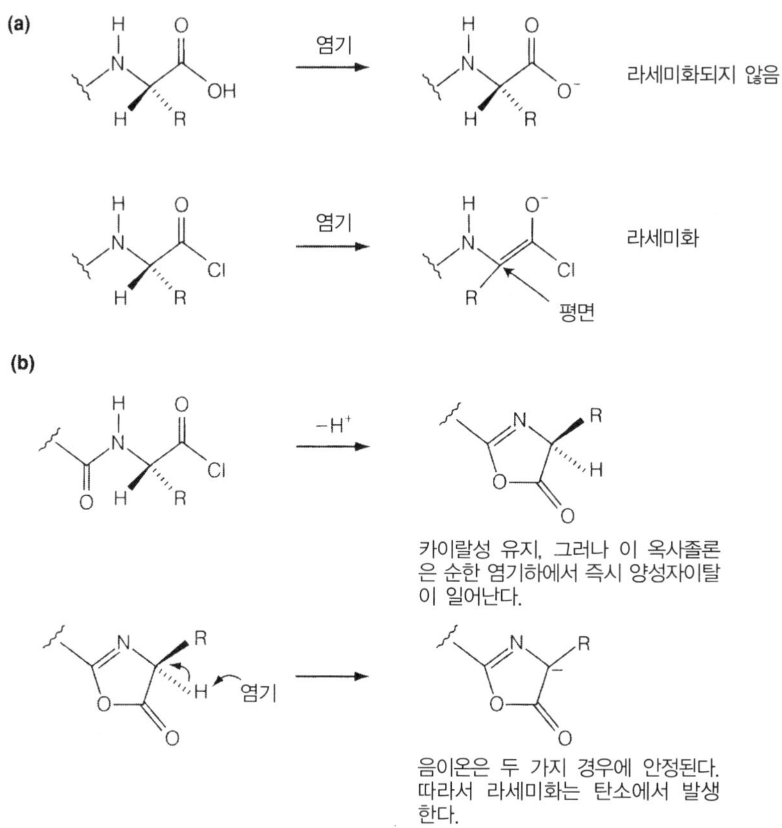

그림 5. 어떻게 라세미화가 일어나는지 보여 주는 그림. (a) 일반적으로 활성화된 카보닐 화합물. (b) 특정 펩타이드.

표 3. 펩타이드 짝지음을 위한 주요 방법: 각 방법들의 장단점

Method	Activated form 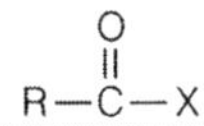	Advantages	Disadvantages
DCCI	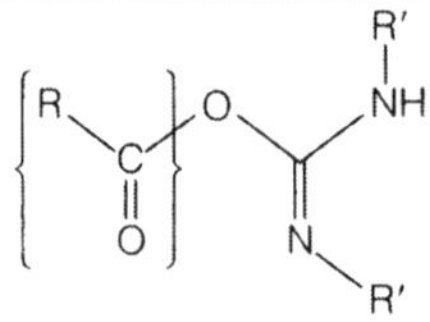	Simple to attach	Side reactions possible
Azide	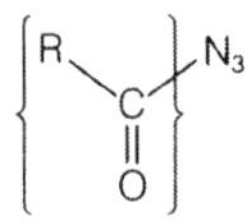	No racemization	Side reactions possible
Anhydride	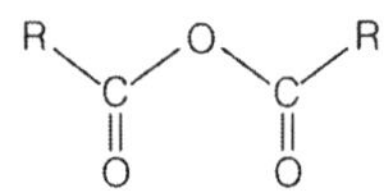	Very clean	Uses large amount of reagents therefore expensive
Active ester	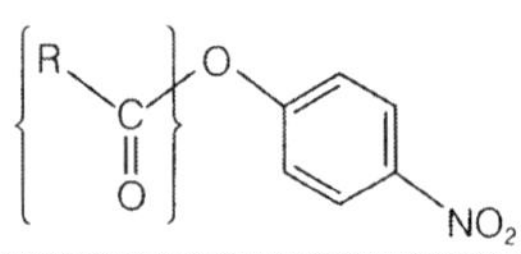	Very clean	Expensive and/or difficult to prepare

짝지음 반응을 일으키는 동안 라세미화 정도를 줄이기 위해 아주 주의해야 하며, 반응을 저온에서 일으키거나 낮은 극성을 가진 용매를 사용하고, 중성 pH에서 반응을 일으키면 라세미화의 위험을 줄일 수 있다. 또한 아미노기(반응하는 카보닐기의 알파인 것)가 알콕시카보닐기로 보호되면 라세미화를 거의 제로 수준으로 줄일 수 있다. 산 염화물을를 형성하는데는 많은 다른 대체 방법이 있지만 위의 방법들이 펩타이드 합성에 가장 흔히 사용되는 것이다. 이것은 짝지음 시약으로 다이사이클로헥실카보다마이드(dicyclohexylcarbodimide, DCCI 또는 DCCD)을 사용하거나 무수물이나 혼합된 무수물, 활성화된 에스터나 아자이드 등을 준비하는 것이다(표 3 참조).

고체상 합성

짧은 펩타이드의 화학적 합성은 플라스크에 시약을 단순히 섞어 줌으로써 일으킬 수 있다. 이 반응은 일반적으로 효율적이고 일어나지 않은 반응이나 잘못 만들어진 반응물도 표준 정제 방법을 통해 제기할 수 있다. 그러나 좀 더 긴 펩타이드를 만들 때는 아주 시간과 재료가 소비되는 반응이다. 길어지는 펩타이드는 매 짝지음 단계마다 분리시켜 정제해야 한다. 그러나 이러한 과정은 1960년대 R. B. Merrifield가 고안해 낸 **고체상 합성**(solid phase synthesis) 방법이라고 하는 것에 의해 크게 단순화될 수 있다. '**고체상**(solid phase)'이라는 것은 폴리스타이렌 구슬로 된 중합체를 언급하는 것이고 100여 개의 벤젠 고리당 하나의 chloromethyl ($-CH_2Cl$)기를 가지고 있는 것이다. 이 기에 아미노산의 카복실기가 공유 결합으로 연결되고 펩타이드 사슬을 형성하기 위해 폴리스타이렌 구슬에 붙어 있는 펩타이드 사슬에 다음 아미

노산이 계속 단계적으로 첨가되는 것이다(그림 6 참조). 이 방법은 자동화되어 현재는 컴퓨터로 조절되는 펩타이드 합성기가 상용되고 있다. 이 과정의 각 단계는 아주 높은 수율을 가지게 되고 성장하는 펩타이드 사슬은 마지막 짝지음 후 단 한 번의 정제 과정을 거침으로써 시료를 다루는 과정 동안 시료의 손실이 거의 없다.

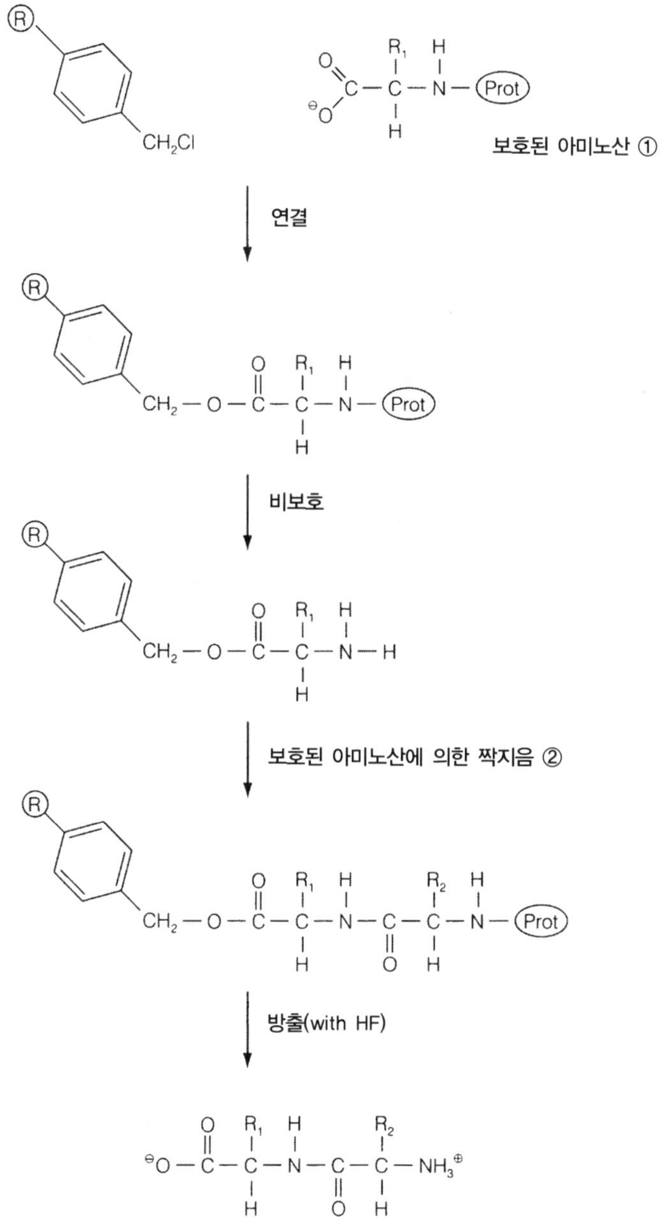

그림 6. 펩타이드의 고체상 합성을 위한 Merrifield 방법.

M2. 올리고뉴클레오타이드 합성

중요한 용어

이종원자고리 염기

이종원자고리 화합물은 고리 안에 탄소가 아닌 다른 원소를 적어도 한개 이상 가지는 고리 화합물을 의미한다. 이러한 화합물 가운데 생물학적으로 가장 중요한 것은 피리미딘과 퓨린을 들 수 있다. 이들은 각각 짝짓기 않은 전자를 가진 질소 원자를 가지고 있고 종종 이종원자고리 염기라고 부른다.

뉴클레오사이드와 뉴클레오타이드

퓨린과 피리미딘이 퓨라노스 고리에 공유 결합으로 연결되었을 때를 뉴클레오사이드라 하고, 여기에 인산기가 5번자 리에 붙게 되면 뉴클레오타이드라고 한다. 뉴클레오타이드가 핵산인 DNA와 RNA의 구성 단위체가 된다.

작용기 보호

뉴클레오타이드는 많은 작용기를 가지게 되는데, 올리고뉴클레오타이드가 합성될 때 여기에 연결이 일어나게 된다. DNA나 RNA 분자를 화학적으로 합성하는 동안 부가적인 반응이 일어나는 것을 피하기 위해 이러한 작용기들은 보호되어야 하고, 이렇게 보호된 기들은 성장하는 핵산 사슬을 분해시키지 않는 조건하에서 제거할 수 있어야 한다. 이것을 가능하게 하는 몇 가지 방법들이 있고, 작은 DNA RNA 분자들을 화학적으로 합성하는 것은 상용되고 있다.

자동화된 핵산 합성

보호기 및 뉴클레오타이드 연결을 촉진시키는 화학의 발달과 더불어 핵산 합성의 전 과정이 자동화될 수 있다. 이것은 펩타이드 합성을 위한 Merrifield 방법과 유사한 것으로, 성장 올리고뉴클레오타이드 사슬을 위해 고체상을 사용한다.

관련된 주제

인산과 인산염(F1),
자연 방향족(L2), 핵산(K1)

이종원자고리 염기

탄소 이외의 다른 원소를 하나 이상 포함하고 있는 고리를 이종원자고리라 하고 생물학에서 두 개의 중요한 이종원자고리 화합물이 있다. 퓨린과 피리미딘 고리가 그것으로 (그림 1 참조), 가장 흔한 것은 DNA와 RNA에서 발견되는 아데노신과 사이토신 그리고 DNA의 타이민과 RNA의 유라실이다.

이러한 고리계에는 짝짓지 않은 전자를 가지는 질소 원소가 있게 되며, 이것으로 인해 이들은 친핵체 및 염기가 되고, 이러한 화합물을 보통 **이종원자고리 염기**라고 부른다.

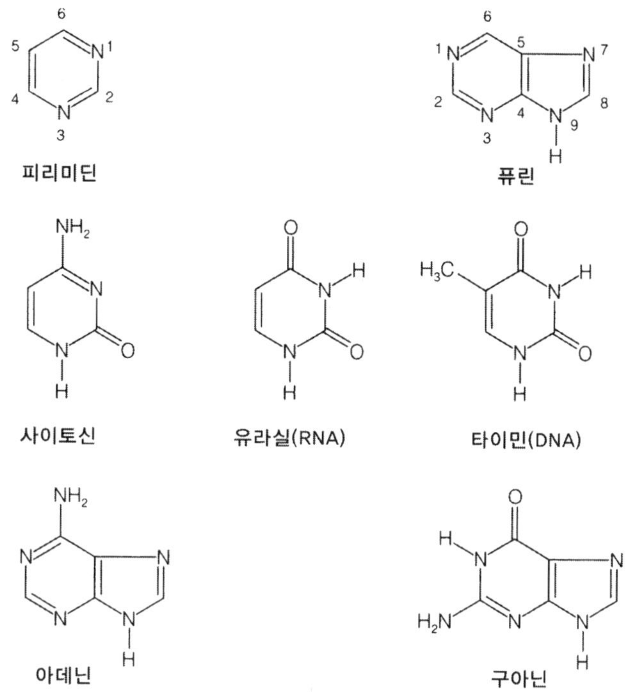

그림 1. 피리미딘과 퓨린 고리계

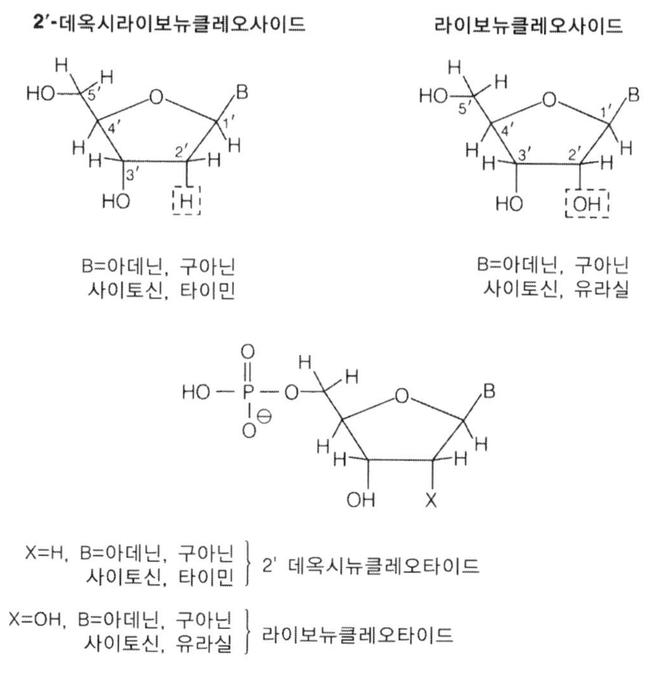

그림 2. 핵산에서 흔히 발견되는 뉴클레오사이드와 뉴클레오타이드.

뉴클레오사이드와 뉴클레오타이드

이종원자고리 염기가 고리 형의 당과 공유 결합으로 연결된 상태를 뉴클레오사이드라고 한다(그림 2 참조). 두 가지 형태의 당이 있는데당 고리의 2번째 자리에 OH기가 존재하는지의 여부에 따라 데옥시라이보핵산(deoxyribonucleic acid) 또는 라이보핵산(ribonucleic acid)이 된다. 일단 염기와 당 사이에 결합이 형성되면 당의 탄소는 염기의 탄소와 구분하기 위해 1′, 2′이라고 부르게 된다. 당의 1번 탄소와 피리미딘의 N3 사이에 당-염기 결합이 형성되고, 퓨린의 N9번과 당의 1번 탄소 사이에 결합이 형성된다(그림 1 참조).

5′번 자리에 인산기가 첨가되면 뉴클레오타이드가 되는데, 이것이 DNA와 RNA의 구성 단위체이다. 뉴클레오사이드와 뉴클레오사이드를 구분하기 위해 아데노신에 인산기가 첨가된 것을 아데노신(adenosine)이라고 부르고, 구아닌의 경우 구아노신(guanosine), 유라실의 경우 유리딘(uridine), 타이민의 경우 타이미딘(thymidine), 사이토신의 경우 사이티딘(cytidine)이라고 각각 부른다(그림 2 참조).

DNA와 RNA 분자 또는 올리고뉴클레오타이드를 형성할 때, 보통 첫 번째 뉴클레오타이드의 3′번 OH기와 두 번째 뉴클레오타이드의 5′번 인산기 사이에 공유 결합이 형성된다. 결과적

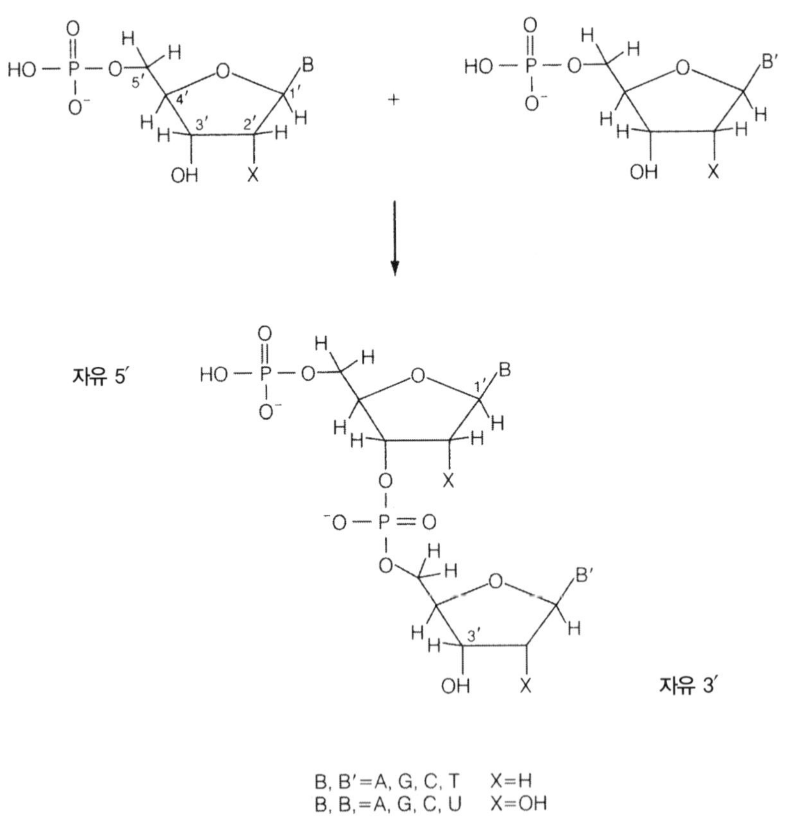

그림 3. 3′ OH와 5′ 인산 사이의 결합이 다이뉴클레오타이드의 형성을 가능하게 한다.

으로 길어진 올리고머는 첫 번째 잔기가 자유 5′번 인산기를 가지게 되고, 마지막 잔기가 자유 3′ OH기를 가지게 된다. 따라서 올리고뉴클레오타이드는 5′번에서 3′번 방향으로 합성된다(그림 3 참조).

작용기 보호

올리고뉴클레오타이드의 화학적 합성을 효율적으로 하기 위해서는 이종원자고리 염기와 라이보스 고리에 모두 존재하는 여러 가지 작용기를 보호할 필요가 있고 뉴클레오타이드의 짝지음을 촉진시켜야 한다.

여러 가지 합성 경로가 사용되고 있지만 이 중 가장 흔히 사용되는 보호기는 그림 4에 소개

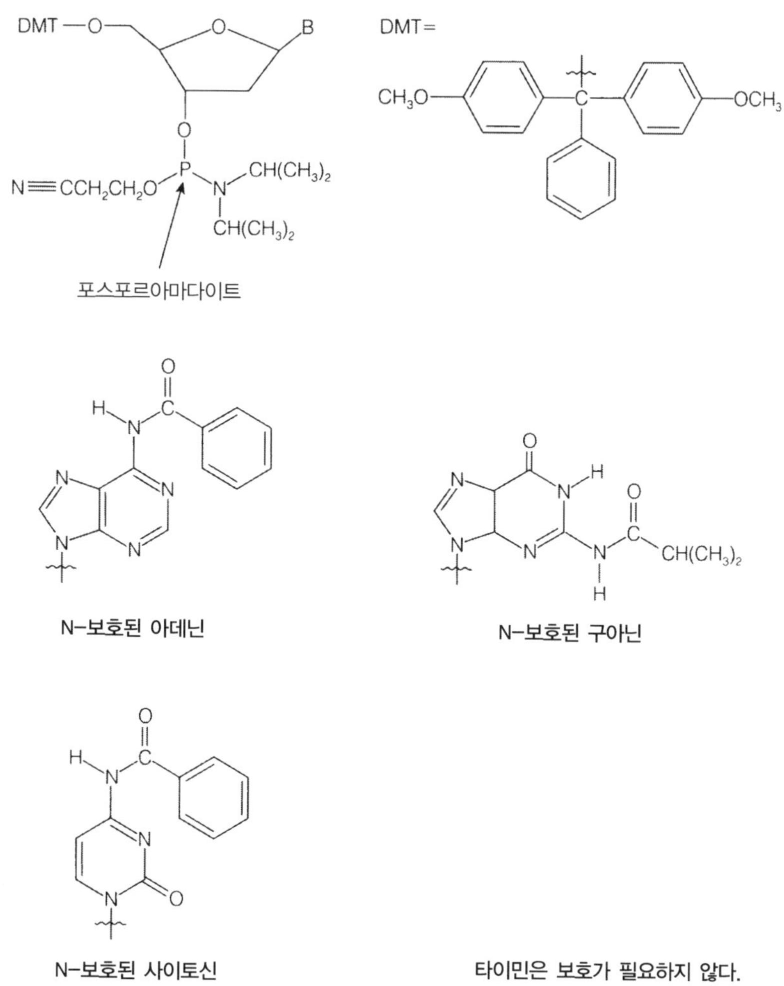

그림 4. 올리고뉴클레오타이드를 합성하기 위해 포스포르아미다이트법을 사용하여 보호하고 활성화시킨 염기와 당.

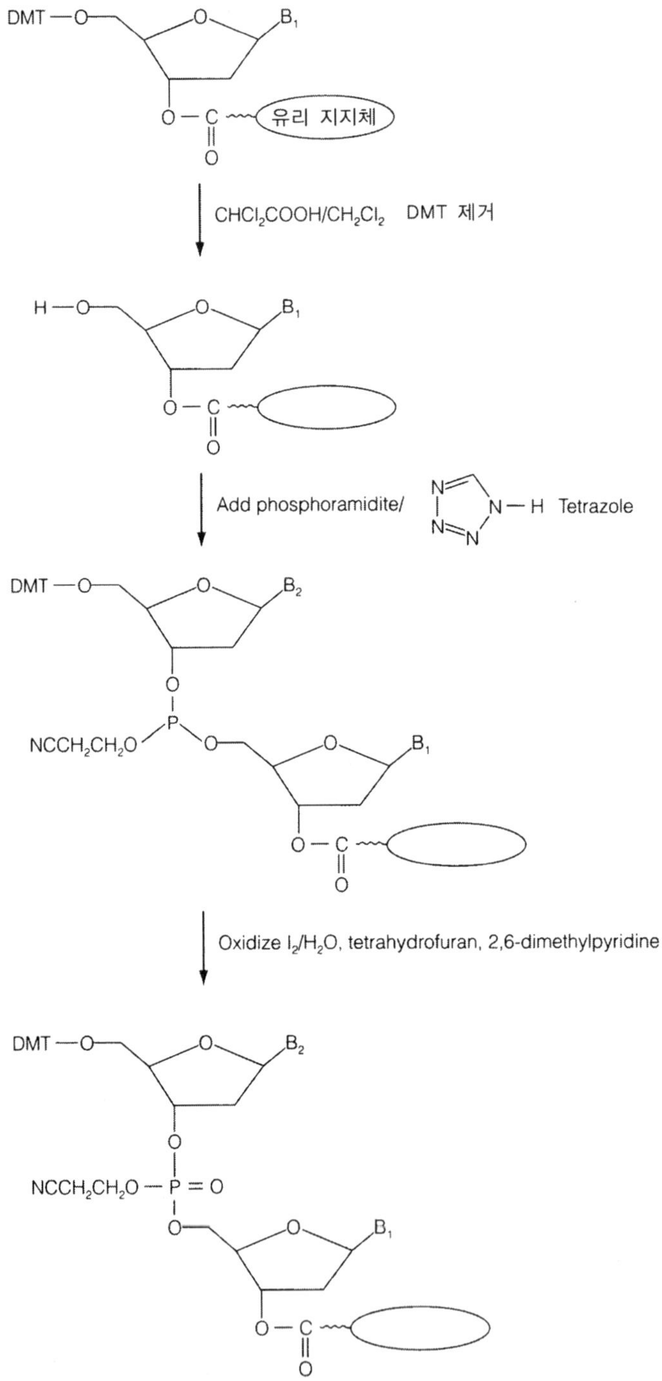

완전한 서열이 될 때까지 반복. 5′, B_2, B_1, 3′

그림 5. continued

되고 있다. 아데노신과 사이티딘의 아민기는 벤조일(benzoyl)기에 의해 보호되고 구아닌은 아이소뷰티릴(isobutyrl)기에 의해 보호된다. 타이미딘과 유리딘은 보호될 필요가 없다. 올리고라이보뉴클레오타이드가 만들어질 때는 2′-OH가 보호될 필요가 있는데, 이것은 삼차 뷰틸 다이메틸실릴(tertiary butyl dimethylsilyl, TBDMS)기를 첨가하므로 가능해 진다.

계속되는 짝지음을 위해 3′번과 5′번 방향을 지시하기 위해 사용되는 방법에는 여러 가지가 있다. 그러나 이 중 올리고뉴클레오타이드를 자동 합성하기 위해 가장 흔히 사용되는 것은 다이메톡시트리틸(dimethoxytrityl, DMT)기를 첨가하므로 5′번 위치를 보호 및 활성화시키는 것이고, 3가의 인산기를 첨가하여 3번 위치를 활성화시킴으로써 여기에 이탈기가 쉽게 붙도록 해 주는 것이다. 따라서 이러한 방법을 올리고뉴클레오타이드 합성의 포스포르아미다이트(phosphoramidite) 방법이라고 부른다. 이것은 현재 가장 흔히 사용되어지는 방법으로 상업적으로 개발되고 있다.

핵산 합성의 자동화

데옥시라이보핵산과 최근에는 라이보핵산의 합성이 자동화로 일어나는 것은 흔한 일이다. 뉴클레오타이드 합성기는 Merrifield의 고체상 펩타이드 합성기와 그 원리에 있어서 비슷하게 작동한다. 보호된 뉴클레오타이드가 유리로 만들어진 고체상(solid phase)에 공유 결합으로 연결되는 것이다. 이제는 첫 번째 보호된 뉴클레오타이드가 이미 붙어 있는 중합체를 구입하는 것은 흔한 일이다. 합성은 5-DMT기가 뉴클레오타이드로부터 제거되고 새로운 다음 뉴클레오타이드가 포스포르아미다이트로 준비되어 첨가되므로 진행되게 된다. 이러한 과정은 그림 5에 나타나 있다.

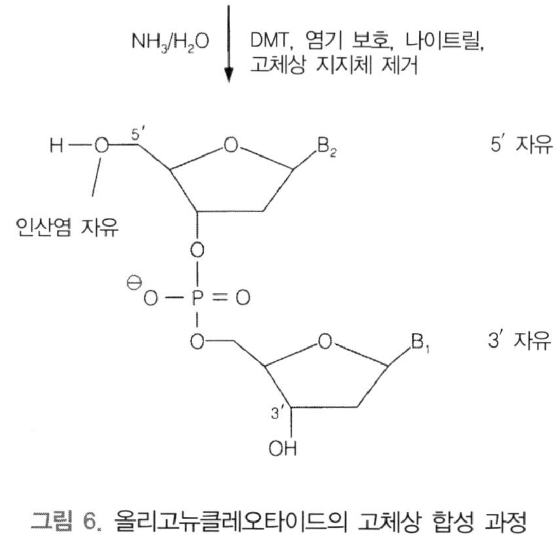

그림 6. 올리고뉴클레오타이드의 고체상 합성 과정

N1. LOWRY-BRONSTEAD 산과 염기

*중요한 용어

정의

Lowry-Bronstead의 산-염기 이론에 의하면 산은 수소 이온(양성자, proton)을 제공해 줄 수 있는 물질이고, 염기는 양성자를 받아들이는 물질이다. 이 이론은 Arrhenius에 의한 산, 염기 개념을 훨씬 뛰어넘는 것으로 수용액 환경 이상의 조건에서도 산과 염기 개념을 정립할 수 있게 한다.

짝산과 짝염기

용액 상태에서 양성자가 자유롭게 존재할 확률은 거의 없다. 결과적으로 만약 산이 양성자를 내놓게 되면 그것을 받아들이는 염기가 반드시 있기 마련이다. 따라서 산과 염기가 하나의 양성자에 의해 서로 다를 때 이것을 짝이라고 부른다. 모든 산은 짝염기를 가지기 마련이고, 모든 염기도 짝산이 있다.

이온 세기

산과 염기 반응에서 생성된 용해된 이온은 하나의 분리된 물체로 간주될 수 없다. 오히려 이온의 성질은 이웃하고 있는 이온들에 의해 영향을 받은데, 이는 이들 사이에 존재하는 정전기 인력 때문이다. 결과적으로 용액에서 하나의 이온의 농도는 그것의 농도가 묽어져 정전기 인력이 최소화될 때를 제외하고는 그 용액의 성질을 결정짓는 요인이 아니다. 이러한 문제를 극복하기 위해 Debye와 Hückel은 이온 세기(ionic strength)라는 개념을 도입했고, 이것은 모든 이온의 농도에 의존할 뿐만 아니라 각 이온이 지니고 있는 전하에도 의존하다.

관련된 주제 **물-생물학적 용매(C1)**

정의

산과 염기라는 용어는 Arrhenius에 의해 최초로 규정되어 용액에서 수소 이온(H^+)를 내놓는 물질을 산이라 하고, 수산화 이온(OH^-)을 내놓는 물질을 염기라고 했다. 산과 염기의 조화는 중성화에 이르게 되어 중성의 물을 생성하게 된다.

$$H^+ + {}^-OH \longrightarrow H_2O$$

물론 이러한 정의는 수용액 환경에서만 적용될 수 있다. 더 일반적인 이론이 개발되게 되었는데, 이는 Lowry와 Bronstead에 의해 고안된 것이다. 즉, Lowry-Bronstead의 산-염기 이론은 Arrhenius의 개념을 모두 포함하고 비수용액 환경까지도 포함하여 설명할 수 있다.

Lowry-Bronstead 이론에 의하면 양성자를 제공할 수 있는 물질은 모두 산이고 양성자를 받아들일 수 있는 물질이 염기이다.

$$\underset{\text{산}}{HA} \rightleftharpoons H^+ + \underset{\text{염기}}{A^-}$$

여기서 평형의 표시가 된 것을 주의하라. 이것은 산이 양성자를 포기하는 경향은 염기가 그것을 얼마나 잘 받아들이느냐 하는 친화성에 영향을 받는다는 것을 의미한다.

짝산과 염기

양성자와 이온은 일반적으로 용액에서 자유 상태가 되기 어렵다. 결과적으로 산이 양성자를 내놓으면 그것을 받아들이는 무언가가 항상 있기 마련이다. 따라서 산(A_1)을 포함하는 반응은 항상 짝염기 (B_1)를 가지기 마련이고 염기 (B_2)를 포함하는 반응은 항상 짝산(A_2)을 생성하게 된다.

$$A_1 + B_2 \rightleftharpoons A_2 + B_1$$

산과 염기가 용매로 작용하는 산-염기 반응의 예는 그림 1에 소개되고 있다.

이 예로부터 물은 항상 산이나 염기로 작용할 수 있다는 것이 명백하다. 이 예는 또한 용매가 산 또는 염기의 성질을 나타낼 것인가를 결정지어주는 중요한 역할을 한다는 것을 보여 준다. 이러한 생각을 바탕으로 용매는 크게 세 가지로 분류할 수 있다.

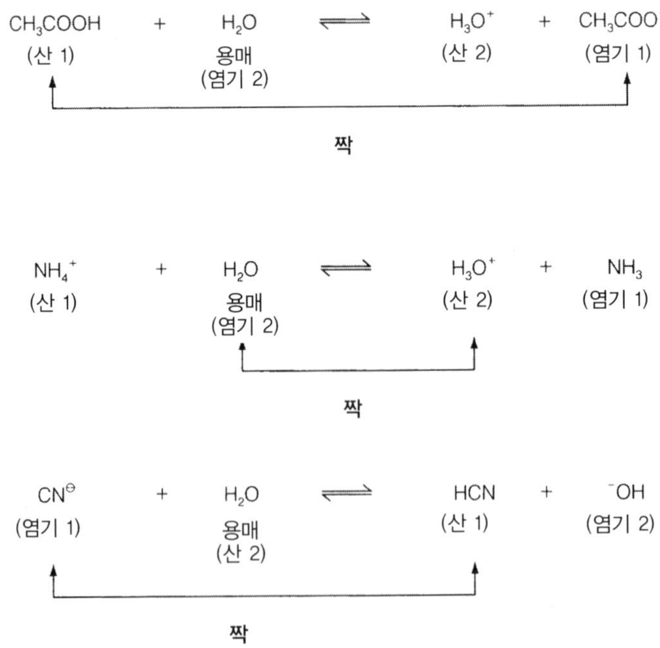

그림 1. 용매의 역할 및 짝산과 짝염기의 관계를 보여 주는 예.

(a) **양성자성**(protogenic 또는 protic) 용매 : 이 용매는 양성자를 생성할 수 있는 것으로 산으로 작용한다.

(b) **친양성자성**(Protophilic) 용매 : 이 용매는 양성자를 받아 들일 수 있는 것으로 염기로서 작용한다.

(c) **비양성자성**(aprotic) 용매 : 양성자를 생성할 수도 받아들일 수도 없는 용매로 어떠한 용질이 산이나 염기의 성질을 나타내는 것을 막아준다.

이온 세기(Ionic strength)

용액에서의 이온은 독립된 전하를 띠는 물질로 간주 될 수 없고 오히려 그들의 성질이나 용액에 미치는 영향은 정전기 인력에 의해 이웃하고 있는 이온의 존재에 의해 영향을 받는다. 이러한 결과로 특정이온의 농도(여기서는 양성자나 좀 더 정확히는 H_3O^+)는 전체적인 용액의 성질을 충분히 결정짓지 못한다. 이러한 문제로 인해 상대적인 산도(relative acidity)개념이 도입되게 되었고 이것은 이온의 농도와 주변의 상호작용 모두를 설명해 주게 된다.

$$a = yc$$

a = relative activity
y = activity coefficient
c = concentration

물론 아주 낮은 이온 농도에서는 정전기 인력이 최소로 줄어든다.

Activity coefficient는 농도에 따라 다양하며 좀 더 복잡한 방법으로 작용한다. 그러나 Debye와 Hűckel은 이들의 의존성을 설명하기 위해 하나의 방정식을 유도해 내었다.

$$\log y_i = -Az_i^2\sqrt{I}$$

y_i = activity coefficient of ion type i
A = constant
z_i = charge on i
I = ionic strength of solution

용액의 이온 세기는 다음 식에 의해 주어진다.

$$I = 1/2\ \Sigma c_i z_i^2$$

c_i = concentration of ion i

모든 종류의 이온에 대한 정리가 행해졌다

상수 A는 온도와 용매의 유전상수(dielectric constant)에 의존한다. 실제에 있어서 특별히 생물학 연구에 있어서 용액에서의 이온 농도는 아주 낮기 때문에 activity coefficient는 불변하게 되고 따라서 농도가 용액의 성질에 직접적인 영향을 주는 요인이다.

N2. 산과 염기의 해리 상수

*중요한 용어

K_a	산이 물에 용해 될 때 그것은 짝염기를 형성하기 위해 양성자를 내어 놓게 되고 이러한 과정은 평형에 이르게 된다. 이러한 반응의 정방향과 역방향으로의 해리를 열역학적으로 설명해 주는 상수가 K_a이며, 이것은 산의 해리 정도를 나타내며, 양성자의 농도와 짝염기의 농도에 의존하며 산의 농도에 반비례하게 된다.
K_b	K_b는 염기의 이온화 정도를 나타내 주는 상수이다. K_b는 양성자를 받아들인 염기(즉, 염기의 짝 산)의 농도에 의존하고 염기 생성물(원래 양성자를 제공한 물질의 짝)에 의존하지만, 원래 염기의 농도에는 반비례 한다.
짝산과 염기에 의한 해리	수용액에서 산과 염기를 다룰 때 K_a와 K_b의 해리 상수 곱은 물의 Ionic product(K_w로 표시함)와 같다. 이것은 동일한 용매에서 산과 짝염기는 역비례의 힘의 관계를 가짐을 나타내며, 결과적으로 산의 해리 상수를 관습적으로 사용하게 한다.
관련된 주제	물-생물학적 용매(C1) Lowry-Bronstead 산과 염기(N1)

K_a

산(HA)이 물에서 해리되면 산과 염기로 작용하는 물 및 그들의 짝 사이에 평형이 형성되게 된다. 이러한 평형은 열역학 상수로 설명되는데, 아래와 같은 관계로 규정될 수 있다.

$$HA + H_2O \rightleftharpoons H_3O^+ + A^-$$

$$\frac{a_{H^+} \times a_{A^-}}{a_{HA} \times a_{H_2O}} = \text{constant}$$

여기서 H^+는 수화된 양성자, H_3O^+를 나타내며, a는 상대적인 산도를 의미한다. 그러나 보통 묽은 농도의 용액이 관여하므로 그들의 활동도(activity)보다는 농도가 더 자주 사용된다. 보통 정방향으로 진행되는 반응의 평형 상수는 K_a로 규정된다.

$$\frac{[H^+][A^-]}{[HA]} \approx K_a$$

여기서 [ ]는 안에 들어 있는 물질의 농도를 의미한다.

K_a값이 아주 작기 때문에 종종 로그값이 사용되기도 하는데, 10을 밑으로 하는 K_a의 음의 로그값이 pK_a로 표현된다.

K_b

위에 설명한 산의 경우와 마찬가지로 염기가 물에 용해되었을 때는 물이 산으로 작용한다. 평형 관계가 형성되고 정방향으로 반응이 진행될 때 반응 상수는 양성자가 붙은 염기의 농도와 수산화 이온 농도에 비례하고, 원래 염기 농도에 반비례 하게 된다.

$$B + H_2O \rightleftharpoons BH^+ + {}^-OH$$
$$\frac{[BH^+][{}^-OH]}{[B]} \simeq K_b$$

산과 염기의 해리 상수는 그들의 힘을 나타내 주는 주요 상수이다. 해리 상수 값이 클수록 정방향으로 반응이 더 잘 진행되며 평형에서 염기의 힘이 더 커진다.

K_b값이 아주 작기 때문에 로그값이 사용되는데, 밑을 10으로 하는 K_b의 음의 로그값이 pK_b이다.

선택된 산과 염기의 해리 상수 값은 표 1에 제공되고 있다.

표 1. 25℃ 물에서 선택된 산과 염기의 해리 상수값

산	K_a	염기	K_b
Acetic (CH_3COOH)	1.75×10^{-10}	Ammonia (NH_3)	1.77×10^{-5}
Formic (CHOOH)	1.77×10^{-4}	Ethylamine ($CH_3CH_2NH_2$)	4.66×10^{-4}
Benzoic (C_6H_5COOH)	6.3×10^{-5}	Diethyamine $(CH_3CH_2)_2NH$	$1.00 \times 10^{-}{}_2$
		Aniline ($C_6H_5NH_2$)	3.8×10^{-10}

짝산과 염기의 해리

아주 순수한 용매조차도 아주 작은 정전기적 전도를 보인다고 알려져 있다. 이러한 성질은 자기 이온화에 의해 이온을 생성할 수 있는 경향으로 나타낼 수 있는데, 일반적으로 다음과 같은 식으로 표현될 수 있다.

$$XH + XH \rightleftharpoons XH_2^+ + X^-$$

이온화되는 정도는 아주 적기 때문에 이온화되지 않은 용매의 활성은 아주 작고 결국 다음과 같은 식으로 유도할 수 있다.

$$[XH_2^+][X^-] \simeq K_I$$

K_I 은 이온곱으로 알려져 있는데, 결국 물의 경우 다음과 같은 식으로 표현할 수 있다.

$$H_2O + H_2O \rightleftharpoons H_3O^+ + {}^-OH$$
$$[H_3O^+][{}^-OH] = K_w = [H^+][{}^-OH]$$

여기서 K_w는 물의 이온곱을 의미한다. 순수한 물의 경우 25℃에서 K_w값은 10^{-14}이다. 만약 산과 염기의 해리 상수 곱이 얻어진다면 이것은 물의 이온곱과 동일한 것이 된다.

$$K_a = \frac{[H^+][A^-]}{[HA]} \quad K_b = \frac{[HA^-][{}^-OH]}{[A^-]}$$
$$K_aK_b = [H^+][{}^-OH] = K_w$$

이러한 결과는 동일한 용매에서 짝산과 염기의 힘은 서로 반비례 관계에 있음을 나타내 준다. 즉, 산의 힘이 크면 클수록 짝염기의 힘은 작아진다. 결과적으로 하나의 해리 상수가 사용되며, 보통 산의 이온화를 나타내는 상수가 주로 사용된다.

N3. 수용액의 산도와 알칼리도

*중요한 용어

pH

순수한 물의 경우 수소 이온과 수산화 이온은 자기 이온화 과정에 의해 형성된다. 물은 중성이므로 이들 이온의 각 농도는 동일해야만 한다. 따라서 물의 이온곱 K_w는 실온에서 10^{-14} M이고, 동일한 조건하에서 각각의 이온 농도는 10^{-7} M이다. 일반적으로 용액에서 수소 이온의 농도가 10^{-7} M 농도보다 높으면 그 용액은 산성이라 하고, 만약 수소 이온의 농도가 더 적으면 그 용액은 알칼리라고 한다. 산도와 알칼리도를 나타내는 더 편한 척도는 수소 이온의 농도에 음의 로그값을 취한 것이고, 이것이 용액의 pH이다.

중성화와 가수분해

중성화는 동일한 양의 산과 염기가 반응함으로 생긴다. 반응이 진행되는 정도는 산과 염기의 힘뿐만 아니라 용매의 성질에도 의존하다. 용매가 중성화의 산물과 반응할 수 있으며, 그것을 뒤집을 수 있다. 이러한 과정을 가용매분해라고 하며, 용매가 물일 때를 가수분해라고 한다.

Diprotic과 polyprotic 산

많은 종류의 산은 하나 이상의 양성자를 잃을 수 있다. 예상되는 바와 같이 각각의 양성자가 이탈될 때 마다 짝염기는 더 강해지고 역방향의 반응이 더 잘 일어나게 된다. 즉, K_a값은 점점 줄어들게 되고 특정 K_a값이 결정되게 된다.

관련된 주제

물-생물학적 용매(C)	산과 염기의 해리 상수(N2)
Lowry-Bronstead	산과 염기(N1)

pH

수소 이온(H^+)과 수산화 이온(OH^-)는 순수한 물의 자기 이온화에 의해 생성되고, 동일한 양이 존재하게 된다. 즉, 물은 산성도 염기성도 아닌 중성이 된다. 물의 이온곱(K_w)이 실온에서 10^{-14} M^2이고 각 이온의 농도는 이 숫자의 제곱루트값, 즉 10^{-7} M이 된다.

만약 H^+나 OH^-가 물이 아닌 다른 곳에서부터 생겨났다면 그 이온의 농도는 10^{-7} M 농도보다 많게 되고 그 용액은 산성이라 부른다. 역으로 수소 이온의 농도가 10^{-7} M 농도보다 적으면 (OH^- 이온 농도가 10^{-7} M보다 더 많으면) 그 용액은 **알칼리**(alkaline) 또는 **염기**(basic)라고 부른다. 그러나 용액의 산도와 알칼리도를 보다 편하게 표현하는 방법은 pH값을 사용하는 것이다. 용액의 pH는 수소 이온의 농도를 밑을 10으로 하여 음의 로그값으로 취하면 된다.

$$pH = -\log [H^+]$$

즉,

$$pH + pOH = pK_w$$

물론 K_a와 K_b는 이온곱과 연관되어 있고, pH값이 아래와 같이 적용될 수 있다.

$$pK_a + pK_b = pH + pOH = pK_w$$

pH값은 용액의 산도를 규정하는 데 아주 편리한 방법이고, 대부분 0과 14 사이의 양의 숫자를 가진다. 물의 이온곱은 온도에 따라 다양한데, pH도 마찬가지이다. 따라서 pH값을 표시할 때는 반드시 온도도 같이 표시해 주어야 한다.

중성화와 가수분해

중성화의 원래 이론은 Arrhenius에 의해 설명되었는데, 중성화는 하나의 산과 염기가 염과 물을 형성하는 반응의 결과로 생긴다. 물이 반드시 개입되지 않고, 보다 일반적인 상황에서 중성화는 다음과 같이 설명될 수 있다.

$$\underset{\text{산}}{HA} + \underset{\text{염기}}{B} \rightleftharpoons BH^+ + A^-$$

중성화 반응이 진행되는 정도는 산과 염기의 힘뿐만 아니라 용매의 성질에도 의존한다. 만약 용매가 양쪽성양성자성(amphiprotic, 산이나 염기 모두로 작용할 수 있는)할 때는 물의 경우처럼 중성화의 생성물과 다음과 같이 반응할 수 있다.

$$BH^+ + H_2O \rightleftharpoons B + H_3O^+ \quad \text{(I)}$$
$$A^- + H_2O \rightleftharpoons HA + {}^-OH \quad \text{(II)}$$

중성화 반응은 결과적으로 거꾸로 진행되게 된다. 이러한 과정을 **가용매분해**(solvolysis)라 하고, 용매가 물일 때를 **가수분해**(hydrolysis)라고 한다.

반응 (I)은 염기가 약할 때 더 잘 일어나고, 반응 (II)는 산이 약할 때 더 잘 일어난다. 이러한 조건에서 가수분해가 잘 일어나게 된다. 만약 산과 염기가 모두 강하다면 가수분해는 잘 일어나지 않게 되고 둘 다 동일한 양이 존재할 때 중성화가 일어나게 된다. 이와 대조적으로 센산과 약염기가 동일한 양이 존재하는 용액의 경우(반응 (I)이 더 잘 일어나는 경우)나, 센염기와 약산이 동일한 양으로 존재하는 경우(반응 (II)가 더 잘 일어나는 경우) 산성과 알칼리 용액이 각각 형성되게 된다. 명백히 동일한 양의 약산과 약염기가 반응하면 가수분해가 우선적으로 일어나게 되고, 용액의 산도와 알칼리도는 염기와 산의 상대적 크기에 의존한다.

이양성자산과 다양성자산

생화학적으로 중요한 많은 산들은 몇몇 개의 산을 단계적으로 잃게 된다. 예를 들면, 인산 (H_3PO_4)의 경우 수용액에서 해리 반응을 겪으며 단계별로 아래와 같은 해리 상수를 각각 가지게 된다.

$$
\begin{aligned}
H_3PO_4 + H_2O &\rightleftharpoons H_3O^+ + H_2PO_4^- & K_a &= 7.1 \times 10^{-3} \\
H_2PO_4^{2} + H_2O &\rightleftharpoons H_3O^+ + H_2PO_4^{2-} & K_a &= 6.3 \times 10^{-8} \\
HPO_4^{2-} + H_2O &\rightleftharpoons H_3O^+ + PO_4^{3-} & K_a &= 4.7 \times 10^{-13}
\end{aligned}
$$

첫 번째 단계에서 인산은 산으로 작용하여 그것의 짝염기인 $H_2PO_4^-$와 평형을 이루기 시작한다. 그러나 두 번째 평형 과정에서는 $H_2PO_4^-$가 산이 된다.

해리 상수가 점점 감소하는 것은 이와 같은 연속적인 탈양성자화 반응이 어렵다는 것을 명백히 보여 준다.

N4. 완충 용액

*중요한 용어

완충 용액의 정의

수용액에서 많은 화합물들은 중성 pH를 나타낸다. 즉, 명백한 가수분해가 일어나지 않는다는 말이다. 이러한 화합물에 센산이 조금 첨가되게 되면 용액의 pH는 급격하게 변하게 된다. 반면 어떤 용액은 pH의 변화가 생기지 않게 되는데, 이와 같이 산이나 알칼리의 첨가에 따라 pH의 변화에 저항하는 것을 완충 작용이라 하고, 이러한 용액을 완충 용액이라 한다.

산-염기 지시약

산도나 알칼리도를 나타내주는 지시약으로 사용되어지는 화합물은 보통 자신들이 산이나 염기인데, 이러한 화합물은 색깔의 변화를 일으키거나 양성자의 변화를 유발하게 된다. 물론 이것은 시각으로 측정하는 시험법이므로 눈으로 읽을 수 있는 범위가 제한되어 있다.

중화 곡선

첨가된 산이나 염기에 대한 pH 변화를 그린 곡선을 중화 곡선이라고 한다. 센산이나 센염기가 첨가되면 이러한 곡선은 쉽게 측정할 수 있게 되고, 이러한 조건에서 용액의 pH는 산-염기 평형을 이루기까지, 즉 pH가 중성의 7에 이를 때 까지 비교적 일정한 상수로 남아 있게 된다. 약간의 염기(몇 방울의 염기)를 추가로 넣게 되면 pH의 급격한 변화가 일어나게 되는데 첨가한 염기의 양까지 변하게 된다. 약산과 센염기, 센산과 약염기와 같은 것의 중화 곡선은 일반적으로 산이나 염기를 추가로 첨가함에 따라 pH의 변화가 비교적 소규모로 일어난다. 이러한 곡선은 적정을 할 때 어떤 지시약을 사용해야 할지 결정할 때 사용된다.

완충 작용의 생물학적 예

대부분의 체내 액의 pH는 대부분 6.8에서 7.8 사이로 다양하다. 필요한 pH를 유지시켜 주는 완충 용액으로 작용하는 물질 가운데 중탄산염(bicarbonate, HCO_3^-)과 탄산(H_2CO_3) 및 HPO_4^{-2}와 $H_2PO_4^-$가 있다.

관련된 주제

물-생물학적 용매(C)
Lowry-Bronstead 산과 염기(N1)
산과 염기의 해리 상수(N2),
산도와 알칼리도(N3)

완충 용액의 정의

NaCl 수용액이나 아세트산 암모늄 용액은 pH 7을 나타내는 중성이다. NaCl은 센산인 HCl과 센염기인 NaOH의 염이다. 따라서 가수분해는 일어나지 않는다. 반대로 아세트산 암모늄은 약염기와 약산의 염이고, 그 힘은 거의 중성인 용액과 비슷하다. 그러나 두 용액의 산과 염기의 성질이 다른 것은(즉, 중화에 대해 다른 반응을 보이는 것) 그들이 산이나 염기를 소량 첨가했을 때 반응을 달리 한다는 것을 의미한다. 만약 소량의 염산이 소금용액에 첨가되면 그 용액의 pH는 현격하게 떨어진다. 그러나 같은 농도의 산이 아세트산 암모늄 용액에 첨가되면 pH는 거의 변하지 않고 유지되게 된다. 따라서 아세트산 암모늄이 **완충 작용**(buffer action)을 보인다고 말하게 된다. 그리고 아세트산 암모늄 용액을 **완충 용액**(buffer solution)이라고 한다.

일반적으로 완충 용액이 약산과 그것의 염의 혼합물로 만들어지면 완충 작용은 아래와 같이 일어나게 된다.

$$H_3O^+ + A^- \longrightarrow HA + H_2O \qquad (1)$$

또는

$$^-OH + HA \longrightarrow A^- + H_2O \qquad (2)$$

(1)번에서는 수소 이온이 첨가되면 그들은 염의 음이온과 결합하여 비이온화 산(HA)을 형성하므로 제거된다. (2)번에서는 수산화 이온의 첨가 효과를 보여 주고 있다.

한편, 만약 완충 용액이 약염기와 그것의 염의 혼합물로 구성되었다면 완충 작용은 아래와 같은 방식으로 전개된다.

$$H_3O^+ + B \longrightarrow BH^+ + H_2O \qquad (3)$$

또는

$$^-OH + BH^+ \longrightarrow B + H_2O \qquad (4)$$

만약 산이나 염기가 약하면 그들이 용액에서 현저하게 분리되지 않을 것이라는 점을 고려해 볼 때 각 완충 용액의 해리 상수는 다음과 같은 식으로 표현될 수 있다.

$$K_a = \frac{[H^+]\,[salt]}{[acid]} \text{ or } K_b = \frac{[^-OH]\,[salt]}{[base]}$$

여기서 [산]과 [염기]가 산과 염기의 전체 농도일 경우 [염]은 A^- 또는 BH^+의 농도를 의미한다.

이 식을 다시 배열하고 로그를 취하면 다음과 같은 식으로 표현할 수 있다.

$$pH = pK_a + \left(\frac{\log\,[salt]}{[acid]}\right) \qquad pOH = pK_b + \left(\frac{\log\,[salt]}{[base]}\right)$$

이때 pH, pK_a, pK_b는 밑을 10으로 하는 [H^+]와 K_a 그리고 K_b의 음의 로그값이다.

Henderson-Hasselbalch 식이 종종 언급되는데, 이것은 pH가 4~10의 범위에 있을 때 정확하다. 용액이 pH 완충 용액으로 작용한다는 것을 아는 것과 더불어 **완충 능력**(buffering capacity)에 대해 아는 것도 중요하다. 이것은 용액이 pH 변화가 초래되기 전에 흡수할 수 있는 산과 염기의 양이다. 완충 용액은 보통 염과 산의 비율이나 염과 염기의 비율이 1일 때 가장 큰 완충 능력을 갖는다고 알려져 있다.

완충 용액의 예와 그들의 완충 범위가 표 1에 제공되어 있다.

표 1. 완충 용액의 예와 25℃에서 그들의 완충 범위

용액	pH 범위
Boric acid; borax	6.7-9.2
Aceric acid; sodium acetate	3.7-5.6
KH_2PO_3; K_2HPO_3	5.3-8.0

산-염기 지시약

만약 산의 농도를 모른다면 농도를 알고 있는 염기를 소량씩 첨가하므로 그것의 농도를 측정할 수 있다. 용액의 당량점(산과 염기 사이의)에서의 pH는 중성이다. 그러한 반응은 pH 측정기를 가지고 관찰 할 수 있고 pH나 산-염기 지시약이 사용될 수도 있다. 산-염기 반응에서 지시약으로 사용되어 지는 화합물은 보통 약한 유기산이거나 약한 유기염기이다. 이들의 비이온화 형태는 보통 tautomeric 혼합물로 존재하게 되는데, 이들의 이온화되는 경향이나 색깔은 다르다.

$$\underset{\text{(color a)}}{HIn_a + HIn_b} \rightleftharpoons \underset{\text{(color b)}}{H^+ + In_b}$$

HIna는 지시산 (a)와 토토머 b(HIn_b)의 토토머로 더 쉽게 이온화된다.

만약 산이 이러한 지시약 용액에 첨가되면 평형은 더 왼쪽으로 치우치고 용액의 색깔은 color a와 같이 나타난다. 반대로 만약 알칼리가 첨가되면 평형은 이동되면서 용액은 color b의 색깔을 나타내게 된다.

이러한 방식으로 작용하는 지시약의 예는 페놀프탈레인(그림 1 참조)이다.

두 단계가 관여되고, 두 개의 평형 상수에 의해 식이 표현된다. K와 K′은 토토머와 이온화의 평형을 각각 나타내고, 이 두 상수의 곱이 K_i, 지시 상수이고, 지시약의 방정식을 다음과 같이 표현된다.

$$K_i = \frac{x}{1-x}[H^+]$$

$$pH = 21 + pK_i \quad \text{to show acid color}$$
$$pH = 1 + pK_i \quad \text{to show base color}$$

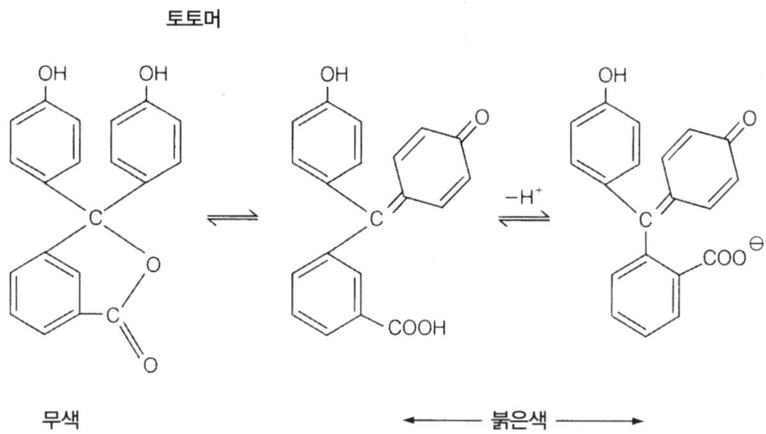

그림 1. 페놀프탈레인의 토토머.

여기서 x는 color b를 형성하는 지시약의 분수이고, 마찬가지 식이 지시약이 약염기일 때 표현될 수 있다.

위의 식은 재배열되어 완충 용액의 작동 범위를 결정하는 데 사용될 수 있는데, 즉 색깔 변화가 일어나는 pH 범위를 결정할 수 있게 된다.

따라서 색깔 변화가 일어나는 전 범위는 다음과 같이 결정된다.

$$pH = pK_i \pm 1.$$

표 2는 지시약의 예와 그들의 작동 범위가 나타나 있다.

표 2. 지시약의 예와 그들의 작동 범위

지시약	색깔		pH 범위
	산	염기	
Thymol blue	Red	Yellow	1.2–2.8
Bromophenol blue	Yellow	Blue	3.0–4.6
Cresol red	Yellow	Red	7.2–8.8
Methyl orange	Orange	Yellow	3.1–4.4
Phenolphthalein	Colorless	Pink	8.3–10.0

중화 곡선

표 2에 나타난 바와 같이 지시약의 색깔이 변하는 pH 범위는 거의 2 단위이다. 즉, 지시약 용액의 pH는 이 범위에서는 천천히 변하고, 색깔의 변화도 천천히 일어난다. 반대로 만약 pH의 변화가 급격히 일어난다면 색깔의 변하도 급격히 생기게 되고, 이는 관찰하기도 쉽게 된다.

이처럼 **당량점**(equivalence point, 산과 염기의 농도가 같을 때) 가까이에서 pH 변화를 정확히 측정하는 것은 적정에 있어서 매우 중요하다. 관심 있는 산–염기 반응에 가장 적합한 지시약이 무엇인지 측정하기 위해 중화가 일어나는 pH 범위를 고려하는 것이 중요하다. 이것을 하기 위해 첨가되는 알칼리의 부피당 pH의 변화를 그린 곡선인 중화 곡선을 예측하는 것이 필요하다. 그림 2의 a 와 b는 0.1 M 농도의 산과 알칼리 용액 25cm^{3}의 중화 곡선이다. 센염기와 센산의 혼합물의 경우 같은 농도의 염기 0.1 cm^3(거의 두 방울)을 떨어뜨리면 pH가 6 단위로 변화한다. 이것은 pH가 4~10 범위에서 작동하는 모든 지시약의 경우 급격한 색깔 변화를 초래할 수 있다는 것을 의미한다. 반대로 약산과 센염기 혼합물의 경우 중화 곡선은 좀 더 좁아져 단지 pH 범위가 2 단위에서 변하게 된다. 이 적정에서 급격한 종말점을 구하기 위해서는 지시약의 pH 작동 범위가 7.8~10인 것을 골라야만 한다.

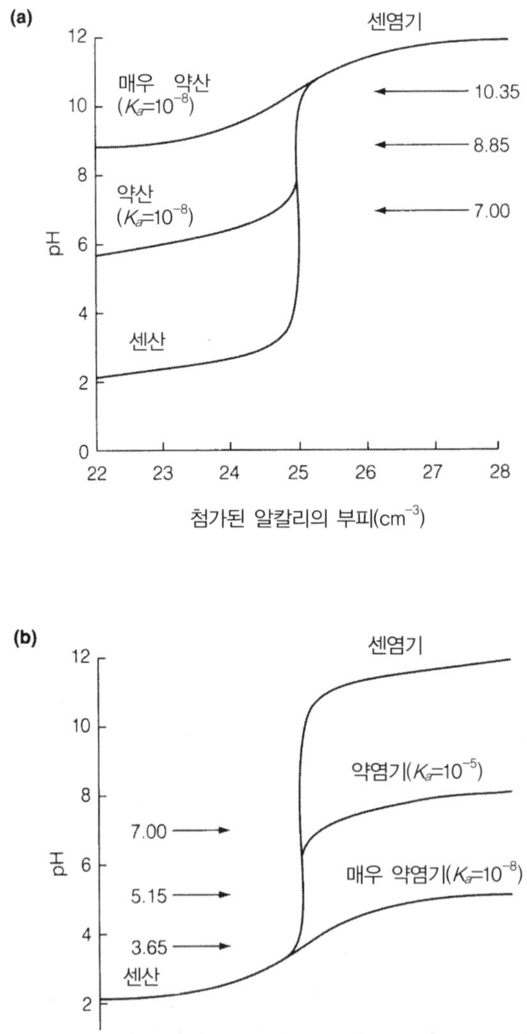

그림 2. (a) 알칼리가 첨가되었을 때 강염기와 센산 또는 약산 혼합물의 경우 중화 곡선.
(b) 알칼리가 첨가되었을 때 센산과 강염기 또는 약염기 혼합물의 중화 곡선.
중화 곡선 옆에 나타난 숫자는 당량점에서의 pH를 의미한다.

완충 작용의 생물학적 예

인간의 체액의 pH는 위치에 따라 다양하다. 예를 들어, 혈장의 pH는 7.4이지만 위의 pH는 1 부근이다. 이러한 차이가 있다 할지라도 체액의 pH는 일련의 완충 작용에 의해 유지되어야 한다. 완충 작용이 어떻게 생기는지 혈액의 pH 조절을 고려하여 설명해 보기로 한다.

우리 몸은 대사 과정에 의해 생성되는 산을 조절하는, 즉 pH 저하를 막는데 두 가지 방법이 있다. 이 중 하나가 완충 작용이다. 혈액은 두 가지 구성 성분으로 구성되어 있는데, 혈장과 적혈구이다. 혈장은 HCO_3^-/H_2CO_3 및 $HPO_4^{-2}/H_2PO_4^-$와 여러 가지 혈장 단백질, 특히 알부민에 의해 주로 pH가 7.4로 유지된다. 적혈구에 존재하는 헤모글로빈(HHb)은 산소와 결합한 형태의 옥소헤모글로빈(oxyhemoglobin, $HHbO_2$)과 함께 완충에 중요한 역할을 하게 된다. 이 단백질은 둘 다 약산이다.

$$HHb \rightleftharpoons H^+ + Hb^- \qquad pK_a = 8.2$$
$$HHbO_2 \rightleftharpoons H^+ + HbO_2^- \qquad pK_a = 6.95$$

이것의 모든 요소들과 이산화 탄소를 포함하여 일련의 평형 반응이 일어나게 된다. 이런 반응의 요약은 그림 3에 나타나 있다.

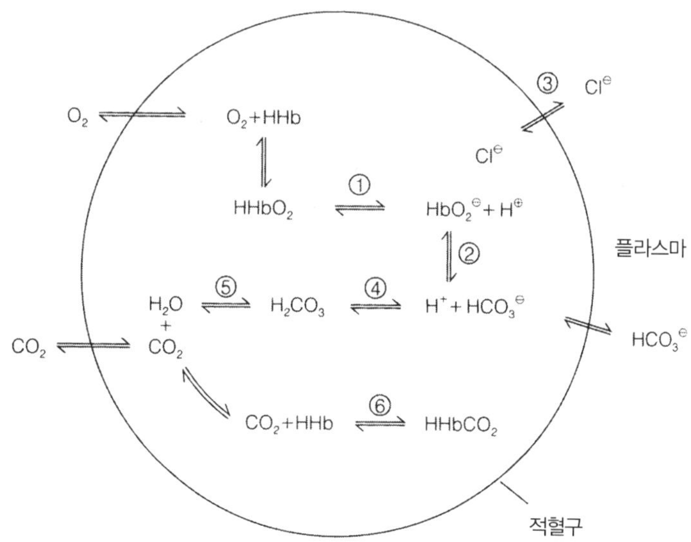

그림 3. 혈액의 pH를 유지시켜 주는 Hemoglobin과 oxyhemoglobin, carbonic acid, bicarbonate ① Deprotonation of oxyhemoglobin; ② proton is used with bicarbonate to form carbonic acid; ③ chloride transport; ④ formation of carbonic acid; ⑤ dissociation of carbonic acid to form water and carbon dioxide; ⑥ formation of carbaminohemoglobin.

N5. 용해도

중요한 용어

용해도곱 대부분의 이온성 화합물은 물에 녹는다. 그러나 많은 비이온화 염은 물에 아주 약하게 녹는다. 주어진 염 M_xA_y에서 용해도는 $[M]^x[A]^y$인 용해도곱 K_{sp}값에 의해 제한된다. 이 화합물은 이온 농도가 K_{sp}에 도달할 때 까지 녹을 것이다. 이 단계에서 M_xA_y를 더 첨가하면 염의 침전물이 생성되게 된다.

공통 이온 효과 염의 용해도는 공통으로 같은 이온 하나를 가지는 다른 염의 존재에 의해 크게 줄어든다. 이와 같은 현상을 공통 이온 효과라고 한다.

녹지 않는 수산화물 양이온 금속은 용액에 특정 음이온이 존재하면 용해도가 현저히 줄어든다. 특히 금속 수산화물은 pH가 7 이상 일 때 쉽게 침전된다. 따라서 많은 종류의 금속 이온은 생물계에서 자유 이온의 형태보다는 복합체 내에서 주로 발견된다.

지용성 분자 물에 녹지 않는 생리적으로 중요한 분자가 많이 있다. 이 중 하나가 지용성 비타민인데, 이들은 주로 소수성 부분에 위치하고 있고 혈장 내에서는 지질단백질에 의해 운반된다.

관련된 주제

- 철(G2)
- 소수성 작용(H2)
- 완충 용액(N4)
- 수용액에서의 산도와 알칼리도(N3)
- 물–생물학적 용매(C)

용해도곱

많은 생화학 반응은 수용액에서 일어나고, 이것은 여러 가지 반응물들이 충분히 물에 녹아야 한다는 것을 의미한다. 만약 그렇지 않으면 새로운 상이 형성되는데, 고체 침전물 같은 것이나 소수성 기름층 등이 생기게 된다. 이것은 생물학적으로 비바람직한데, 다른 상에 존재하는 분자간에는 반응이 느리거나 비효율적으로 일어나기 때문이다. 자연계는 이러한 문제를 극복하기 위해 몇 가지 방식으로 진화해 왔다.

이온성 고체가 물에 녹는다 하더라도 이것은 일반적 사실이 아니다. 많은 무기염은 물에 제한적인 용해도를 가진다. 이는 고체 화합물 내에 용해된 이온이나 물 분자에 저항하려는 안정화된 힘이 존재하기 때문이다. 이것은 용해될 수 있는 염의 양은 pH 같은 요인이나 다른 용해된 염의 존재에 의해 영향을 받는다는 것을 의미한다.

그러한 이온성 화합물에 대해 용액에 존재할 수 있는 최대량을 **용해도곱**(solubility product)이라고 표시하고, 이 원리는 1889년 Nernst에 의해 제창되었다. 즉, 금속 양이온 M과 음이온 A로 구성된 M_xA_y염에 대해 이것의 용해도는 다음과 같이 나타낼 수 있다.

$$M_xA_{y\,(solid)} \longrightarrow xM_{(aqueous)} + yA_{(aqueous)}$$

용해도곱 K_{sp}는 생성물 $[M]^x[A]^y$에 의해 주어지고, 이것은 주어진 염에 대해 상수이다. 소금(NaCl)과 같이 아주 잘 녹는 염의 경우 이 값은 아주 크지만, K_{sp}값이 작아지면 용해도도 낮아진다. 이 곱은 염의 최대 용해도를 나타낸다. 예를 들어, AgCl의 경우 K_{sp}는 25℃에서 10^{-10}이다. 포화 용액에서 다른 염이 존재하지 않을 때 $[Ag^+] = [Cl^-]$가 되고 은이온의 최대 농도는 K_{sp}의 제곱루트값, 즉 10^{-5}이 된다. 여기에 AgCl을 더 첨가하게 되면 **침전물**(precipitate)이 생기게 된다. AgCl를 이미 100 mM NaCl을 이미 포함하고 있는 용액에 첨가시킨다고 가정해 보자. 이때는 $[Cl^-]$가 10^{-1} M이기 때문에 첨가된 AgCl로부터 추가로 생성되는 Cl^- 이온의 양은 이것과 비교했을 때 아주 적은 양으로 무시될 수 있다. 즉,

$$[Ag^+] \times 10^{-1} = K_{sp} = 10^{-10}$$

따라서 용액의 은이온 농도는 단지 1×10^{-9} M, 즉 1 nM이 되게 된다.

공통 이온 효과

용해도곱에 대한 정의에 이어서 AgCl의 용해도는 공통 이온 효과에 의해 억제될 수 있다. 낮은 이온 세기에서 실제 이온의 농도는 큰 착오 없이 용해도 계산에 사용될 수 있다. 그러나 높은 이온 세기에서는 활성도가 대신 사용되어야 하고, 농도에 근거를 둔 계산은 단지 정성적 지침으로만 유용하게 된다.

특정 염 자체가 상당히 잘 녹는 경우에는 덜 녹는 염에 대응하는 새로운 이온의 조합이 생성될 수 있다. 예를 들면, $AgNO_3$의 경우 이는 매우 잘 녹으며, 이것을 NaCl 용액에 첨가하면 AgCl 침전물이 생기게 된다.

녹지 않는 수산화물

공통 이온 효과는 또한 약하게 녹는 금속 수산화물의 형성을 이야기할 때 고려되어야 한다.

$ZnCl_2$를 완충이 잘 된 pH 7인 용액에 첨가한다고 가정하자. $ZnCl_2$ 자체가 상당히 잘 녹는다 하더라도 $Zn(OH)_2$가 제한된 용해도를 지니므로 가장 덜 녹는 아연염이 생성되게 된다.

$$[Zn^+]\,[OH^-]^2 = 4 \times 10^{-16}$$

pH 7에서 $[OH^-]$는 10^{-7} M이고, 따라서 Zn^{+2} 이온의 최대 농도는 $K_{sp}/[(10^{-7})^2]$, 즉 0.04 M

이 된다. 그러나 만약 완충 용액에 pH 8에서 설정되었다면 $[OH^-]$는 10^{-6} M이 되고, Zn^{+2} 이온의 농도는 단지 0.0004 M로 제한되게 된다. 즉, pH는 Zn^{+2}이온의 용해도에 큰 영향을 미치게 된다. 철 이온(Fe^{+2}나 Fe^{+3} 둘 다 모두)의 경우도 수산화물의 용해도는 Zn^{+2} 이온보다 더 제한을 받는다. 그러나 생리적으로 철 이온은 특정 단백질(transferrin) 내에 복합체 형태로 존재하므로 침전으로부터 보호되고 침전의 위험 없이 운반되게 된다. 이러한 전략은 자연계에 널리 존재하는 것이고, 이는 왜 이러한 이온이 생체 조직 내에서는 용액에 자유 상태로 발견되는 경우가 극히 드문지 설명해 준다.

지용성 분자

생체 조직은 전반적으로 수용액 환경으로 존재한다고 알려져 있지만 이것은 단순하게 설명하는 것이다. 예를 들면, 지방 소구체나 지방의 축적은 세포 내나 주변에 있게 된다. 우리는 림프계를 가지고 있고, 이것은 혈관계에서는 응고될 수 있는 이러한 물질들을 이동시키는 데 아주 편리하게 작동한다. 생체 조직을 구성하는 세포는 세포막에 의해 둘러싸여 있고, 이것은 소수성 부분으로 간주 될 수 있다. 이러한 막의 중요한 구성 성분은 지질단백질이고, 이것은 지방이 단백질과 결합되어 있는 것이다. 이것은 혈장에도 퍼져 있는데, 이것이 물에 녹지 않는 분자들을 이동시키는 데 중요한 역할을 한다.

물에 녹지 않는 중요한 화합물의 예로 비타민에서 발견되는 것이 있다. 비타민은 두 종류로 크게 구분하는데, 하나는 물에 녹는 것이고, 또 다른 하나는 물에 녹지 않는 것이다. 후자의 경우 비타민 A, D, E, K가 있고, 이것은 모두 비극성 탄화수소를 가지면서 소수성 매체에 녹게 되는데, 이를 **지용성 비타민**(fat-soluble vitamin)이라고 부른다. 이들은 지질단백질의 '승객'으로 혈류로 이동된다.

01. 기본 개념들

*중요한 용어

보일의 법칙	보일의 법칙은 기체가 유지되는 조건에서 기체가 차지하는 부피는 압력에 반비례한다는 것이다.
샤를의 법칙	샤를의 법칙은 기체가 유지되는 조건에서 주어진 부피의 기체의 압력은 온도에 직접 비례한다는 것이다.
아보가드로의 법칙	아보가드로의 법칙은 온도와 압력이 같은 조건에서는 동일한 부피의 기체들은 동일한 개수의 분자들을 가진다는 것이다.
이상 기체 방정식	이상 기체 방정식은 보일의 법칙과 샤를의 법칙 그리고 아보가드로의 법칙을 종합한 것으로서, 주어진 시료에 대하여 기체의 온도, 부피, 압력 및 분자의 수를 서로 연관시킨 것이다. 최종 공식에 상수 R이 나오며, 이것을 기체 상수라고 한다.
관련된 주제	**열역학 제1법칙(02)**

보일의 법칙

1662년 보일은 가스의 운동에 대한 연구를 수행한 결과 **일정한 온도**에서 기체가 차지하고 있는 부피(V)는 압력(P)에 반비례 한다는 것을 측정하였다.

$$V \propto 1/P$$

$$\text{혹은} \quad PV = constant$$

이 식이 보일의 법칙이다. P와 V의 관계를 그래프로 그리면 쌍곡선이 된다. 이 현상이 특정 온도에서 일어나므로, 이 곡선을 **등온선**(sotherm)이라고 한다.

보일의 법칙은 기체의 부피 변화에 따른 압력 혹은 반대로 압력 변화에 따른 부피 변화를 예측할 때 사용한다.

보일의 연구 결과는 일정한 압력에서 주어진 양의 기체의 부피는 온도(T)에 직접 비례한다는 것도 보여 주었다.

$$V \propto T$$

$$\text{혹은} \quad V/T = constant$$

◎ 샤를의 법칙

보일의 선구자적 업적이 나온 후 100년이 지난 1787년에 샤를은 기체의 열팽창에 대한 정량적 연구를 통해서, 일정한 부피에서 일정 양의 기체의 압력은 온도에 직접 비례한다는 것을 알아내었다.

$$P \propto T$$

혹은 $$P/T = constant$$

이것이 샤를의 법칙이며, 1802년에 게이-뤼삭(Gay-Lussac)에 의해 보다 자세히 연구되었다.

◎ 아보가드로의 법칙

게이-뤼삭의 연구 직후 아보가드로는 온도와 압력이 동일한 조건에서 같은 부피의 기체들은 동일한 개수의 분자를 가지고 있다는 세 번째 법칙을 체계적으로 나타내었다.

$$V/n = 상수$$

여기서 n은 분자의 개수이다. 따라서 이 법칙을 아보가드로의 법칙이라고 한다.

◎ 이상 기체 방정식

보일의 법칙과 샤를의 법칙 그리고 아보가드로의 법칙을 조합하여 이상 기체 방정식이 만들어지며, 이것은 이상 상태에서 기체들의 성질을 설명하는 기본적인 공식이다.

기체의 부피(V)를 고려하면 세 가지 법칙은 다음과 같다.

$$V \propto 1/P \text{ (일정한 T와 n에서)} \quad \text{(보일)}$$
$$V \propto T \text{ (일정한 P와 n에서)} \quad \text{(샤를)}$$
$$V \propto n \text{ (일정한 T와 P에서)} \quad \text{(아보가드로)}$$

따라서 V는 이들 세 가지 항의 곱에 비례해야 된다, 즉;

$$V \propto nT/P$$

비례상수 R(기체 상수, gas constant)을 도입하면 공식은 다음과 같이 재배열된다.

$$PV = nRT$$

이것이 이상 기체 방정식이다.

02. 열역학 제1법칙

중요한 용어

열과 일
일은 고전적으로는 힘과 거리의 곱으로 표현된다. 열역학에서 '일'의 개념은 좀 더 포괄적이어서 중력 효과와 전기적 변화 그리고 기체 팽창 현상을 포함한다. 그러므로 일은 필히 에너지 전달 방식으로 고려되어야 한다. 다른 에너지 전달 방식은 열이다. 이들 과정은 상태 변화가 어떻게(전기적, 중력적, 열적) 일어났는가에 의존되는 것으로, 단지 시작과 마지막 조건만을 고려하는 '상태 함수(state function)'가 아니다.

엔탈피
계의 내부 에너지는 온도, 압력, 구성 성분 등 상태의 열역학적 성질에만 의존하므로 상태 함수이다. 계의 내부 에너지의 변화는 계의 열변화와 일 변화와 관련되어 있다. 실험실에서 반응은 일반적으로 일정한 압력에서 진행된다. 따라서 계의 내부 에너지 변화는 압력, 부피, 열변화 등의 항목으로 표현될 수 있다. 이 과정에서 엔탈피(enthalpy, H)라는 새로운 함수가 등장한다. 이것은 계의 내부 에너지에다 압력과 부피의 곱을 더한 것과 같다. 그러므로 엔탈피는 상태 함수이다.

열용량
물질에 열이 가해지면 물질의 온도가 상승한다. 온도의 상승은 가해진 열의 양과 물질의 양 및 물질의 물리적 화학적 성질 그리고 열이 가해지는 조건 등에 영향을 받는다. 간단히 하면, 일정한 양의 물질의 온도 상승은 가해진 열에 비례하며, 이 비례 상수를 열용량이라고 한다.

생성 엔탈피
엔탈피의 원리는 대부분의 열변화를 동반하는 화학 반응에 적용될 수 있다. 반응에서 생성 엔탈피는 생성물의 엔탈피 변화의 합에서 반응물의 엔탈피 변화 합을 뺀 것으로 정의된다.

엔탈피의 온도 의존성
화학 반응에서의 엔탈피 변화는 반응 구성 성분들의 열용량과 생성물과 반응물의 온도변화에 의존한다. 엔탈피와 온도를 연관 짓는 표현이 Kirchoff에 의해 고안되었다.

관련된 주제 기본 개념(01)

열과 일

일(work)의 개념은 모호하기는 하지만 넓은 배경을 가지고 있다. 표 1에서 보는 바와 같이, 열역학 개념의 일은 기계적 일뿐만 아니라 표면, 전기적, 중력, 팽창 등의 일을 포함한다. 그

표 1. 열역학에서 다루는 다양한 형태의 일에 대한 정의

일의 형태	공식	기호의 의미
기계적	$f\,dx$	f, 힘; dx, 이동 거리
표면	$\gamma\,dA$	γ, 표면 장력; dA, 면적 변화
전기적	$\varepsilon\,dQ$	ε, 전위차; dG, 전하량 변화
중력	$Mg\,dh$	M, 질량; g, 중력 가속도; dh, 높이 변화
팽창	$P\,dV$	P, 압력; dV, 부피 변화

러므로 일은 에너지 전달의 또 다른 형태이다. 일을 하는 계의 중요한 예로서 팽창하는 기체를 이 장에서 다룬다.

마찰이 없는 피스톤을 가진 실린더와 그 속에 들어 있는 기체로 구성된 계를 고려해 보자. 외부의 압력이 없다고 가정하면, 기체 팽창에 따른 일(W)은 단순히 질량(M)을 가진 피스톤을 일정 거리(Δh)로 이동시킨 것이다.

$$\begin{aligned} W &= -\text{힘}\times\text{거리} \\ &= -\text{질량}\times\text{가속도}\times\text{거리} \\ &= -Mg\ \Delta h \end{aligned}$$

여기서 g는 중력 가속도이다. 주목할 점은 수행한 일이 **네가티브**(negative) 양이라는 것이다. 일이 외부 쪽으로 행해지면 항상 이와 같은 현상이 발생한다. 반대로, 압축은 **포지티브**(positive) 양의 일에 해당한다(표 2).

표 2. 일과 열의 신호 협약

과정	신호
계에 의해 외부 쪽으로 일이 수행됨	−
외부에 의해 계 쪽으로 일이 수행됨	+
계가 외부로부터 열을 흡수(흡열)	+
외부가 계로부터 열을 흡수	−

보다 현실적 상황으로, 피스톤에 외부 압력이 가해지면 일에 대한 공식을 다음과 같이 변형해야 된다(주제 O1).

$$W = -P_{ex}\,\Delta V$$

여기서 P_{ex}는 외부 압력이고, ΔV는 팽창으로 생긴 부피 변화이다. 이 식에 이상 기체 방정식(주제 O1)을 도입하면, 팽창으로 발생하는 부피 변화를 일으키는 일에 대한 새로운 공식이 만들어진다.

$$W = -nRT\ \ln(V_2/V_1)$$

여기서 V_1과 V_2는 초기와 최종 부피이고 n은 기체의 분자 개수 그리고 R은 기체 상수이며, T는 온도이다. 이 공식은 **가역**(reversible) 과정에 적용된다. 하지만 실제 과정은 항상 **비가역적**(irreversible)이다. 그렇지만 가역 과정을 이용하여 이끌어 낼 수 있는 최대의 일량을 계산할 수 있고, 화학 및 생화학 과정의 효율을 추정할 때 이 양이 중요하게 사용된다.

다른 형태의 에너지 전달 방식은 열이다. 열은 뜨거운 물체로부터 차가운 물체로 흐른다. 두 개의 물질의 온도가 같으면 열이란 단어를 적용 할 수 없다. 초기와 최종 상태뿐만 아니라 열을 교환하는 과정이 중요하므로 열은 일과 마찬가지로 상태 함수가 아니다.

엔탈피

열이나 일과는 달리 계의 **내부 에너지**(U)는 상태 함수이다. 이것은 온도와 압력 및 구성 성분 등과 같은 다른 상태의 작용에 의존한다.

내부 에너지를 다룰 때는 **내부 진동, 회전, 이동, 전자 에너지** 그리고 **핵 에너지**를 모두 고려한다. 그러나 운동 에너지와 위치 에너지와 같은 외부 요인들에 대해서는 외부 전기장 및 자기장이 없고, 계가 정지한 것으로 간주함으로써 무시한다. 이러한 조건에서 계의 전체 에너지는 내부 에너지와 동일하다. 그러나 내부 에너지를 정확하게 측정할 수 있는 방법이 없으므로 **에너지 차이**(ΔU)에 한정하여 다루게 된다. 여기에 **열역학 제1법칙**이 유도된다. 계의 내부 에너지 변화는 조건을 변화시키는 것에 사용된 열변화와 일과 동일하다.

$$\Delta U = Q + W$$

에너지는 생성될 수도 파괴될 수도 없고 단순히 하나의 형태에서 다른 형태로 변형된다는 **에너지 보존의 원리**(conservation of energy)가 이 공식에 포함되어 있다. 실험실 조건에서 일은 일정한 압력에서 진행되므로, 이 공식은 다음과 같이 변형될 수 있다.

$$\Delta U = Q_p - P\Delta V$$

여기서 Q_p는 압력 P에서 일어나는 열변화이다. 부피가 V_1에서 V_2로 변하는 것을 고려하여 이 공식을 재정리하면 Q_p는 다음과 같은 공식이 된다.

$$Q_p = (U_2 + PV_2) - (U_1 + PV_1)$$

이 식은 다음과 같은 **엔탈피**(enthalpy, H)라고 부르는 새로운 함수의 정의를 이끌어 낸다.

$$H = U + PV$$

그러므로 일정한 압력에서

$$\Delta H = \Delta U + P\Delta V$$

엔탈피는 상태의 함수들에만 의존하는 상태 함수 이다.

열용량

대부분의 화학 반응에는 열의 방출(**발열 반응**, exothermic reaction) 혹은 흡수(**흡열 반응**, endothermic reaction)가 동반된다. 열이 관련된 과정의 엔탈피 변화는 온도 변화와 반응물과 생성물의 열용량(C)에 의존한다.

일정한 양의 물질의 온도 상승은 일반적으로 가해진 열에 직접적으로 비례한다.

$$\Delta T \propto Q$$

다르게는

$$C = \frac{Q}{\Delta T}$$

일정한 부피에서 열용량에 대한 공식은 다음과 같다.

$$C_v = \frac{Q_v}{\Delta T} = \frac{\Delta U}{\Delta T}$$

그리고 일정한 압력에서는 다음과 같다.

$$C_p = \frac{Q_p}{\Delta T} = \frac{\Delta H}{\Delta T}$$

생성 엔탈피

일반적으로 화학 반응은 **발열**(열을 외부로 방출) 혹은 **흡열**(열을 외부에서 받음) 반응이다. 앞의 것은 ΔH가 음수이고 나중의 것은 ΔH가 양수이다.

탄소(그라파이트 형태)와 산소의 반응을 고려해 보자;

$$C\,(s) + O_2(g) \rightarrow CO_2(g)$$

1 몰의 탄소가 1 몰의 산소와 1 기압 298K에서 반응하면, 1 몰의 이산화 탄소가 생성되고 393.5 kJ의 열이 방출된다. 즉, ΔH=-393.51 kJ이다. 탄소, 산소, 이산화 탄소의 엔탈피를 결정할 수 있으면 ΔH를 계산할 수 있다. 그러나 이것이 불가능하기 때문에 엔탈피 차이만을 다루게 된다. 각각의 원소의 엔탈피를 임의로 0으로 정한다.

이 반응에 ΔH값을 기록할 수 있으나, 대부분 298K(25℃), 1 기압에서의 엔탈피 변화를 다루기 때문에 ΔH° 기호를 주로 사용한다. 위와 같이 특별한 경우에는 이산화 탄소의 엔탈피가 ΔH°와 동일하며, 이것을 생성 엔탈피 ΔH°_f라고 부른다.

일반적으로 반응의 표준 엔탈피는 다음과 같은 공식으로 표시된다.

$$\Delta H^{o} = \Sigma\ \Delta H_{f}^{o}\ (\text{생성물}) - \Sigma\ \Delta H_{f}^{o}\ (\text{반응물})$$

반응 과정에 하나 이상의 단계가 포함되면, 반응의 전체 엔탈피 변화는 각 단계의 엔탈피 변화의 합이라는 것을 주목해야 된다.

엔탈피의 온도 의존성

어떤 반응에서 엔탈피 변화는 다음과 같다.

$$\Delta H = H_{\text{생성물}} - H_{\text{반응물}}$$

위 공식을 일정한 압력 조건에서 온도로 미분하면 공식을 열용량의 함수로 정리할 수 있다.

$$\frac{d\,\Delta H}{dT} = \frac{dH_{\text{생성물}}}{dT} - \frac{dH_{\text{반응물}}}{dT}$$

$$= C_p(\text{생성물}) - C_p(\text{반응물}) = \Delta C_p$$

이것을 적분하면 아래와 같고

$$\Delta H_2 - \Delta H_1 = \Delta C_p\,(T_2 - T_1)$$

이것을 Kirchoff의 공식이라고 한다.

O3. 열역학 제2법칙

중요한 용어

자발적 과정

열역학 제1법칙은 변화가 일어나는 과정에서 에너지가 보존되는 것을 다루고 있지만, 그 과정이 실제 일어날 수 있는가에 대한 것은 다루지 않고 있다. 이것은 엔트로피(S)와 Gibbs 자유 에너지(G)의 도입과 함께 열역학 제2법칙에서 다루어진다. 다른 열역학 변수가 필요한 이유를 이해하기 위해서는 자발적 반응을 이해해야 된다. 예를 들어, 얼음은 20℃에서 녹지만 물은 같은 온도에서 스스로 얼음을 만들지 않는다. 에너지의 변화만으로는 자발적인 과정의 방향을 예측할 수 없다. 따라서 새로운 열역학 변수가 필요하며, 이것이 엔트로피인 것이다.

엔트로피의 통계적인 정의

엔트로피의 통계적 정의는 기체 분자가 일정한 공간 부피를 차지할 확률로부터 추론된다.

엔트로피의 열역학적 정의

복잡하고 거시적인(실제적인) 계의 확률을 계산하는 것은 용이하지 않다. 그러나 자발적 반응의 통계적 처리로부터 얻어진 공식은 열역학 변수들과 쉽게 연관될 수 있다.

엔트로피의 온도 의존성

계의 온도를 상승시키면 계의 엔트로피도 같이 증가한다. 계의 열용량을 알고 있다면, 일정한 압력에서 온도에 따른 엔트로피 변화를 결정할 수 있다.

관련된 주제 기본 개념(O1 열역학 제1법칙(O2)

자발적 과정

매일 매일 엄청나게 많은 자발적 과정이 진행되고 있다. 얼음이 20℃에서 녹고, 잎이 나무에서 땅으로 떨어지지만, 이들의 역반응은 자발적으로 진행되지 않는다. 일반적으로 어떤 과정에서 한쪽 방향으로의 진행이 자발적이면 그 반대 방향으로는 자발적으로 진행되지 않는다. 자발적인 반응에 수반하는 변화를 고려할 때, 계의 에너지를 낮추기 위해 **자발적 과정**(spontaneous process)이 진행되는 것으로 가정하는 것이 타당하다. 이것은 물체가 떨어지는 것과 떨어진 것이 자발적으로는 다시 올라가지 않는 이유를 설명하는 데 도움을 준다. 그러나 이것이 완벽한 해답은 아니다. 이것은 일정한 온도에서 일어난 이상 기체의 팽창이 내부 에너지의 변화를 가져오지 않는 이유는 설명하지 못하고 있다(주제 O1, O2). 또한 얼음이 녹을 때 계의 내부 에너지는 실제로 증가되고 있다. 그러므로 에너지 변화로는 자발적인 반응의 방향을 예측할 수 없으므로 **엔트로피**(entropy(S)라는 새로운 열역학적 변수가 필요하게 된다.

엔트로피의 통계적인 정의

많은 수의 분자들로 구성된 계와 이들의 행동을 통계적 처리를 하는 것이 자발적인 과정을 이해하는 데 도움이 된다. 그러나 먼저 작은 수의 분자들로부터 출발하자. 기체 분자가 주입되는 실린더를 고려해 보자(그림 1). 하나의 분자가 존재하고 실린더의 부피가 V_2일 때 V_2에서 분자를 발견할 확률(ω)은 1(100%)이다. 마찬가지로 실린더의 한쪽 반(부피 V_1)에서 발견할 확률은 0.5(50%)이다. 두 번째 분자가 주입되면, V_2에서 두 분자 모두를 발견할 확률은 1이다, 그러나 V_1에서 두 분자를 발견할 확률은 0.25가 된다. 즉, 첫 번째 분자를 발견할 확률 0.5와 두 번째를 발견할 확률 0.5를 곱한 값이 된다. 세 번째의 분자가 투입되면, V_1에서 세 분자 모두를 발견할 확률은 0.125(0.53)가 된다. 따라서 실질적인 개수의 분자를 고려하면 V_1에서 모든 분자를 찾을 확률(ω)은 극도로 작아진다. 즉, 실린더의 부피를 V_1으로 줄였다가 다시 V_2로 증가시켰을 때 모든 기체 분자들이 V_1에 남아 있을 가능성은거의 없다. 이 분석은 확률이 계를 설명하고 발생할 일을 예상할 수 있게 하는 중요한 요소임을 보여 주고 있다. 그러므로 엔트로피를 확률과 연결시키는 것이 타당하며, 이것을 연결하는 식은 확률의 자연로그 항이 포함된다.

$$S = k\ ln\ \omega$$

이것을 **Boltzmann 공식**이라고 하며, 여기서 k는 Boltzmann 상수이다(Boltzmann은 19세기의 물리학자로서 그의 생각이 1906년 까지는 잘 받아들여지지 않았다). 상태 1(확률 ω_1을 가짐)에서 상태 2(확률 ω_2를 가짐)로 진행되는 과정에서 일어나는 엔트로피의 변화는

$$\Delta S = k\ ln\ (\omega_2) - k\ ln\ (\omega_1) = k\ ln\ (\omega_2/\omega_1)$$

확률이 부피 함수로 표현될 수 있으므로, 이 식을 변형하면 다음과 같은 식이 된다.

$$\Delta S = n\ R\ ln\ (V_2/V_2)$$

여기서 n은 기체의 몰수이고 R은 **이상 기체 상수**(ideal gas constant)이다.

이 식은 일정한 온도에서 성립되며, 변화가 어떤 경로로 진행되었는지는 명시할 필요가 없다. 그 이유는 엔트로피가 **상태 함수**(function of state)이기 때문이다.

Botzmann 공식은 **열역학 제 3의 법칙**을 제시한다. 이것은 절대 온도 0에서 완벽한 결정체의 엔트로피는 0이라는 것이다. 다시 말해서, 이 온도에서 결정은 완벽한 질서를 유지하고 있어서 구성 원자들에게는 단 한 가지의 배열(동일한 원자들 간의 상호 변화는 무시)만이 가능하고, 확률은 1이 되어서 ln(ω)는 0이 된다. 이것은 어느 정도 이론적인 개념이다. 그 이유는 절대 온도 0이 실험적으로 얻어진 적이 없기 때문이다. 실제로 절대 온도 0에 근접할 수는 있지만 절대 온도 0에 도달할 수는 없다.

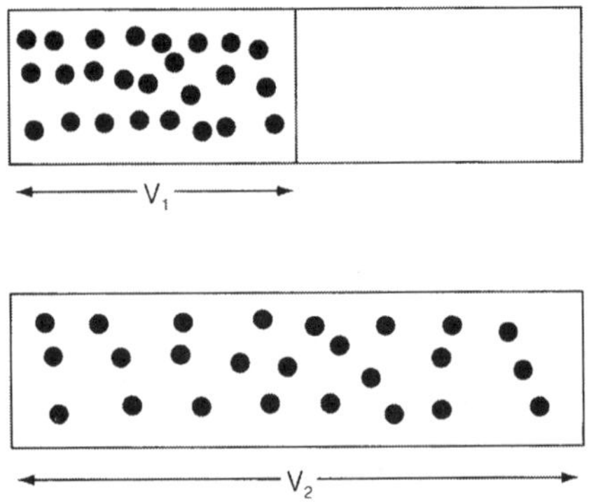

그림 1. 부피 V_1과 V_2를 차지하는 N개의 분자를 가진 용기의 도식적 그림.

완전하게 하기 위해서 새로운 열역학 '법칙'이 추가될 수 있다. 만일 2개의 물체가 세 번째 물체와 열적 평형 상태에 있으면 그들은 서로 서로 열 평형 상태에 있게 된다. 이것을 때때로 **열역학 제 0의 법칙**이라고 하며, 이것이 온도를 정의하는 방법이다.

엔트로피의 열역학적 정의

실제 계의 확률을 계산하는 것은 용이하지 않으며, 다행스럽게도 엔트로피가 다른 열역학적 변수들로부터 결정될 수 있기 때문에 계산을 할 필요는 없다.

이상 기체에 흡수된 열과 부피의 변화를 연관시키는 것은 이미 학습되었다(주제 M2). 그러므로 열에 의존적인 엔트로피에 대한 식을 쓸 수 있다.

$$\Delta S = \frac{Q_{rev}}{T}$$

여기서 Q_{rev}는 가역 과정에서 흡수된 열 이다.

이제까지는 계의 엔트로피 변화를 독자적으로 고려하였으나 이것을 외부 주위까지 확대하면 분리된 계의 엔트로피는 비가역 반응에서는 증가하고 가역 반응에서는 변화하지 않는 다는 것을 알 수 있다. 이것은 절대로 감소할 수 없다. 이것이 열역학 제2법칙이다.

엔트로피의 온도 의존성

계의 온도를 T_1에서 T_2로 상승시키면 계의 엔트로피도 같이 증가한다. 계에 일정량의 열이 가역적으로 전달되면 계의 엔트로피 변화는 다음과 같다.

$$S_2 = S_1 + \Delta S$$

그러나 $dQ_{rev}=dH$이고 $dH=C_pdT$이므로

$$S_2 - S_1 = \Delta S = C_p \ln T_2/T_1$$

O4. Gibbs 자유 에너지

중요한 용어

Gibbs 자유 에너지

열역학 제1법칙은 에너지 균형에 대한 것이고, 제2법칙은 과정이 자발적인 것인가를 결정할 수 있도록 한다. 그러나 제2법칙과 엔트로피 개념을 적용하기 위해서는 계와 주위를 모두 고려해야 한다. 계만 고려해야 할 경우를 위한 정의 과정을 돕기 위해 세 번째 열역학 변수가 개발되었다. Gibbs 자유 에너지(G)라고 부르는 새로운 변수는 계의 엔탈피에서 엔트로피와 온도의 곱을 뺀 것과 같다고 정의되었다.

자유 에너지의 온도 의존성

일정한 압력 조건에서 Gibbs 자유 에너지에 미치는 온도 변화의 영향을 예측할 수 있다. G의 정의에 따르면 온도의 함수로 변하는 자유 에너지는 음의 엔트로피와 같다. 엔트로피의 변화는 항상 양이므로 온도가 증가하면 Gibbs 자유 에너지는 항상 감소한다.

자유 에너지의 압력 의존성

일정한 온도에서 압력의 함수로서의 Gibbs 자유 에너지 변화는 계의 부피와 동등하다. 부피는 항상 포지티브 양이므로 압력이 증가하면 Gibbs 자유 에너지도 증가한다.

화학 평형

이상 기체 방정식과 Gibbs 자유 에너지를 연관시켜 새로운 식을 유도할 수 있으며, 이것을 사용하여 기체 상태의 평형 과정을 설명할 수 있다. 이것은 화학 반응을 설명하기 위하여 용액 상태로 확장될 수 있다.

관련된 주제

기본 개념(O1) 열역학 제1법칙(O2)
열역학 제2법칙(O3)

열과 일

엔탈피와 엔트로피를 정의하기 위해 유도된 공식이 '계(system)'와 '주위(surrounding)'(둘이 합쳐져서 우주를 구성)를 모두 고려해야 되므로 현실적으로는 사용이 쉽지 않다. 예를 들면, 온도 T에서 열평형을 이루고 있고, 적은 양의 열(dQ)을 주위로 방출하는 과정(**발열 과정**)이 진행되고 있는 계를 고려해 보자. 계에서 잃어버린 열(dQ_{sys})은 주위에서 흡수하게 된다(dQ_{surr}). 이 적은 양의 열이 주위의 온도를 올리지는 않으므로, 일반적으로 우리는 단순화시키기 위하여 주위가 자신의 온도 변화 없이 열을 흡수 하거나 방출한다는 가정을 사용한다. 계가 잃어버린 열을 주위가 얻었으므로 $\Delta H_{surr} = -\Delta H_{sys}$가 된다. 주제 O3에서 본 바에 따르면 주위의 엔트로피 변화는 $-\Delta H_{sys}/T$가 된다.

전체 엔트로피 변화(dS_{univ})는 계의 엔트로피 변화(dS_{sys})와 주위의 엔트로피 변화(dS_{surr})의 합과 같다.

$$\Delta S_{total} = \Delta S_{sys} - \Delta H_{sys}/T$$

자발적인 과정 일어나기 위해서는(주제 O3) 전체 엔트로피가 감소할 수 없다. 따라서 아래와 같이 쓸 수 있다.

$$\Delta S - \Delta H/T \geq 0$$

여기에는 더 이상 계와 주위를 표시하는 아래 첨자를 사용하지 않는다. 즉, 계에만 집중할 수 있게 되었다. 이 식을 재배열하면

$$\Delta H - T\Delta S \leq 0$$

이 공식은 새로운 함수 G, Gibbs 자유 에너지를 정의한다.

$$\Delta G = \Delta H - T\Delta S$$

혹은

$$G = H - TS$$

이것으로 화학 과정의 자발적인 경향성을 쉽게 측정한다. 그리고 경향성은 ΔG의 음수 값의 크기에 의존한다. 표 1은 엔탈피와 엔트로피의 부호에 대한 G의 의존성을 보여 주고 있다.

표 1. ΔH와 ΔS의 부호 변화가 ΔG에 미치는 영향

ΔS	ΔS	ΔG
+	+	낮은 온도에서 양이고 고온에서 음이다. 반응이 고온에서는 정방향으로 자발적으로 진행되고, 저온에서는 역방향으로 진행된다.
+	−	모든 온도에서 양이다. 모든 온도에서 역방향 반응이 자발적이다.
−	+	모든 온도에서 음이다. 모든 온도에서 정방향이 자발적이다.
−	−	저온에서 음이고 고온에서 양이다. 저온에서 자발적이고, 고온에서는 반대이다.

엔탈피와 마찬가지로 Gibbs 자유 에너지의 절대값을 측정할 수는 없으므로, 모든 원소의 Gibbs 자유 에너지를 1기압 298K에서 0이라고 정의하였다. 이 조건에서 분자의 자유 에너지를 **표준 자유 에너지**(standard free energy)라고 한다. 따라서 생성 엔탈피와 비슷하게 생성 Gibbs 자유 에너지는 다음과 같다.

$$\Delta G_f^\circ = \Delta H_f^\circ - T\Delta S_f^\circ$$

ΔG에 대한 공식이 여러 가지가 있으나, 그중에서 온도와 압력이 ΔG에 미치는 영향이 고려된 공식이 유용하다.

극도로 작은 변화(ΔG가 dG가 됨)가 일어나는 과정에서는

$$dG = dH - TdS - SdT$$

가역 과정에서는

$$dG = VdP - SdT \qquad \text{(a)}$$

(주제 01, 02, 03).

자유 에너지의 온도 의존성

한 반응이 더 높은 온도에서 더 잘 진행될 것인가를 알아내는 것이 필요하여 이 반응의 ΔG가 298K에서 측정되었다면, 이것을 바탕으로 반응을 다시 수행할 수 있다. 다르게 말해서 반응의 엔탈피가 주어져 있다면, 일정한 압력에서 온도에 따른 ΔG의 변화를 예측할 수 있다.

Gibbs 자유 에너지의 정의를 공식 (a)에 대입하면

$$\frac{dG}{dT_p} = -S$$ (이것은 엔트로피가 항상 양이므로 온도가 증가될수록 G가 항상 감소한다는 것을 의미한다)

G/T를 온도의 함수로 측정하는 것이 중요하며, 이것을 이용하여 엔탈피를 포함하는 식이 유도될 수 있다.

$$d(G/T)/T_p = -H/T^2 \qquad \text{(b)}$$

공식 (b)를 Gibbs-Helmholtz 공식이라고 한다.

자유 에너지의 압력 의존성

G의 온도 의존성과 유사하게, 일정한 온도에서 압력 의존성을 예측할 수 있다.

$$dG/dP_T = V$$

V는 항상 양이므로 일정한 온도에서 압력이 증가하면 ΔG도 항상 증가한다.

압력이 P_1에서 P_2로 변할 때, 이상 기체 방정식(주제 01)을 이용하면 아래와 같은 공식이 유도된다.

$$\Delta G = nRT \ln P_2/P_1$$

만일 P_1=1기압이면

$$G = G^\circ + nRT \ln P \qquad (c)$$

여기서 G°는 표준 자유 에너지(standard free energy)이다.

화학 평형

반응의 ΔG를 반응물의 농도 및 반응 온도와 연관 지을 수 있다. 이것을 위해 처음에는 기체 상태의 반응을 고려한다.

아래 반응에서

$$aA + bB \longrightarrow cC + dD$$

그리고

$$\Delta G = G_{prod} - G_{react}$$

공식 (c)를 사용하면 ΔG는 아래와 같이 정리될 수 있다.

$$\Delta G = \Delta G^\circ + RT\ln (P_C^c P_D^d)/P_A^a P_B^b)$$

여기서 P_A, P_B, P_C, P_D는 A, B, C, D의 부분 압력이다.

평형에서 G=0이고 일정한 압력에서의 평형 상수인 $K_p=(P_C^c P_D^d / P_A^a P_B^b)$이므로

$$\Delta G^\circ = -RT \ln K_p$$

이 식은 용액 상태의 평형 과정들에도 쉽게 확장될 수 있다. 이것은 단순히 K_p를 K_c로 바꾸면 된다. 이때 K_c는

$$K_c = [C]^c[D]^d/[A]^a[B]^b$$

여기서 [ ]는 몰수를 리터로 나눈 몰농도이다.

P1. 소개

중요한 용어

반응 속도
화학 반응의 속도는 하나 혹은 여러 개의 반응 구성 성분들의 농도의 일정 기간에 걸친 변화로 정의된다.

일차 반응
반응의 차수는 속도결정단계에 관여하는 구성 성분의 수를 말하는 것으로, 속도결정단계는 일단계 반응의 단계 자체 혹은 여러 단계 반응 중 가장 늦은 단계가 된다. 따라서 일차인 반응은 반응 혼합물 중에서 단 하나의 구성 성분의 농도에만 의존한다. 반응 차수를 반응물과 생성물 간의 균형을 맞추는 당량과 혼동하면 안 된다.

이차 반응
일차 반응과 유사하게, 이차 반응은 속도결정단계가 2개의 성분 농도에 의존하거나 하나의 성분 농도의 제곱에 의존한다.

평형과 여러 단계 과정의 속도들
대부분의 화학 반응은 가역적이며 전체 반응 속도를 결정할 때 이것을 고려해야 한다. 여러 단계 반응에서는 각 단계의 반응 속도가 고려되어야 하며, 중간체 농도의 중요성도 고려되어야 한다.

반응 속도의 온도 의존성
반응의 속도 상수는 반응물이나 생성물의 농도와 무관하지만 반응의 온도에 따라 변한다. 따라서 반응 속도도 온도에 따라 변한다. 단순한 경우에 반응 온도의 증가는 반응하는 분자들 간의 충돌 횟수를 증가시켜 반응 속도를 증가시킨다. 그러나 항상 이렇지는 않으므로 속도와 온도의 관계에 대한 새로운 모형을 고려할 필요가 있다.

관련된 주제 반응 차수 결정(P2) 분자성(P3)

반응 속도

화학 속도론(chemical kinetics)이라는 화학 분야는 어떻게 그리고 왜 반응이 일어나는가를 다룬다. 이것은 **반응 속도**(reaction rate)의 결정과 반응 단계의 수 및 중간체의 성질, 즉 **반응 메커니즘**(mechanism of reaction)을 결정함으로써 이루어진다.

반응 속도는 시간(t)에 따른 반응물(R) 혹은 생성물(P)의 농도 변화로 표현된다. 물론 반응물의 농도는 시간에 따라 감소하는 반면 속도는 항상 양(positive)이어야 하므로 (−) 기호가 도입되어야 한다.

$$속도 = \frac{-\Delta[R]}{\Delta t}$$

많은 경우에 $[R]=[R]_{initial}$이고 $[P]_{initial}=0$인 반응의 **초기 속도**(initial rate)를 결정하는 것이 중요하다. 생성물의 생성이 속도 결정을 복잡하게 만들 수 있다. 그러므로 반응 속도의 식은 다음과 같이 될 수 있다.

$$속도 = \frac{-d[R]}{dt} = \frac{d[P]}{dt}$$

반응 혼합물에 여러 구성 성분들이 존재하면 비슷한 식이 만들어 질 수 있다. 예를 들면,

$$aA + bB \longrightarrow cC + dD \qquad (1)$$

여기서 a, b, c, d는 **당량**, 즉 각 구성 성분의 **몰수**이다. 이 반응 속도는 다음과 같다.

$$속도 = \frac{-1d[A]}{a \cdot dt} = \frac{-1d[B]}{b \cdot dt} = \frac{1d[C]}{c \cdot dt} = \frac{1d[D]}{d \cdot dt}$$

일차 반응

화학 반응의 속도와 반응 구성 성분의 농도 사이의 관계는 복잡하고 반드시 실험적으로 구해져야 한다. 반응 (1)의 경우에 반응 속도를 두 가지 형태로 나타낼 수 있다. 하나는 농도 변화 속도를 포함하는 것이고, 다른 하나는 단순히 농도만 포함하는 것이다. 즉,

$$속도 = \frac{-1d\,[A]}{a \cdot dt}$$

혹은

$$속도 = k\,[A]^x[B]^y$$

여기서 k는 **속도 상수**(rate constant)이고, [A]와 [B]는 반응물의 농도이며, x와 y는 **차수**(order)라고 부르며, 전체 반응의 차수는 x+y이다. 반응 차수와 당량을 혼동하면 안 된다. 다음 예를 보면

$$2\,N_2O_5\,(g) \longrightarrow 4\,NO_2 + O_2$$

실험에 의하면 반응의 속도는 다음과 같다.

$$속도 = k\,[N_2O_5]$$

이 경우에 x는 당량에서 추측되는 2가 아니라 x=1이다. 그러므로 이 반응 및 이와 유사한 과정을 **일차**(first order) 반응이라고 한다.

보다 일반적인 반응 (1)을 사용했을 때, 이 반응이 일차 반응이면 반응 속도는 다음과 같다.

$$속도 = k' [A]^1[B]^0 = k' [A]$$

만일 k=k′a(a는 A의 몰수이고 k′은 A를 생성물로 바꾸는 속도 상수)이면,

$$\frac{-d[A]}{dt} = k [A]$$

적분하면,

$$[A] = [A]_0 e^{-kt}$$

여기서 $[A]_0$은 A의 초기 농도이다. 결과적으로 $\ln[A]/[A]_0$를 시간에 따라 그래프로 그리면 기울기가 −k인 직선이 된다.

이차 반응

이차 반응에는 두 가지 가능성이 있다. 첫 번째로 속도가 [A]에만 의존하는 것으로 밝혀진 조건에서 반응 (1)을 고려하면

$$속도 = k' [A]^2[B]^0$$

그리고

$$\frac{-1}{a} \frac{d[A]}{dt} = k'[A]^2$$

적분하면

$$\frac{1}{[A]} - \frac{1}{[A]_0} = kt$$

다른 경우로 속도가 [A]와 [B] 모두에 의존하는 것으로 밝혀졌다면

$$속도 = \frac{-1}{a} \frac{d[A]}{dt} = k' [A]^1[B]^1$$

여러 번의 적분과 치환으로 다음의 식을 얻을 수 있다.

$$\frac{1}{[B]_0 - [A]} = \ln\frac{[B][A]_0}{[A][B]_0} = kt$$

여기서 $[A]_0$와 $[B]_0$는 A와 B의 초기 농도이다.

평형과 여러 단계 과정의 속도들

모든 반응은 어느 정도 가역적이다. 분명 가역 반응의 속도를 고려할 때는 정반응과 역반응 단계들이 반드시 고려되어야 한다.

단순한 예로 반응물 A가 B로 가역적으로 변형되는 것을 살펴보자. 이 반응에는 두 개의 기본 단계가 있다.

$$A \underset{k_{-1}}{\overset{k_1}{\rightleftharpoons}} B$$

따라서

$$\frac{-d[A]}{dt} = k_1 [A] - k_{-1} [B]$$

평형에서는 외견적 농도 변화가 없으므로 $d[A]/dt=0$이다. 그러므로

$$\frac{[B]}{[A]} = \frac{k_1}{k_{-1}} = K = \text{평형 상수}$$

반응이 하나 이상의 단계를 거치면, 반응 속도를 결정할 때 각각의 단계가 고려되어야 한다.

다음 반응을 고려하면;

$$A \underset{k_{-1}}{\overset{k_1}{\rightleftharpoons}} B \underset{k_{-2}}{\overset{k_2}{\rightleftharpoons}} C$$

$\frac{-d[A]}{dt} = k_1 [A]$ i.e. 즉 반응은 일차이고 $[A] = [A]_0 e^{-k1t}$

그리고

$$\frac{d[B]}{dt} = k_1[A] - k_2[B]$$

그리고

$$\frac{d[C]}{dt} = k_2[B]$$

k_2의 결정을 단순화시키기 위하여 중간체 B의 농도가 작지만 상대적으로 변하지 않는 **항정 상태의 가정**(steady state approximation)을 가정한다(주제 P4). 따라서

$$\frac{d[B]}{dt} = 0$$

$$= k_1[A] - k_2[B]$$

그러므로

$$[B] = \frac{k_1[A]}{k_2} = \frac{k_1[A]_0\, e^{-k_1 t}}{k_2}$$

d[C]/d[B]= $k_2$dt 이므로, [B]에 대입한 다음 적분하면

$$[C] = [A]_0\,(1 - e^{-k_1 t})$$

반응 속도의 온도 의존성

반응 속도는 일반적으로 2개의 요인, 즉 초당 충돌 회수와 충돌 중에서 반응을 일으키는 충돌의 수에 의존할 것으로 예상된다. 분명 이 두 양은 온도에 따라 증가되어야 하지만 실험에 의하면 이것이 항상 맞는 것은 아니다.

이산화 질소를 만드는 일산화 질소의 반응을 고려해 보자. 반응에 두 단계가 필요할 것으로 믿어진다. 그 첫 번째가 평형 과정이다.

$$2NO \rightleftharpoons (NO)_2 \text{ (빠르다) } K = \frac{[(NO)_2]}{[NO]^2} \qquad \text{단계1}$$

$$(NO)_2 + O_2 \xrightarrow{k'} 2NO_2 \text{ (늦다: 속도결정단계)} \qquad \text{단계2}$$

따라서 이 반응의 총 속도는

$$d[NO_2] = k'[(NO)_2][O_2] = k'K[NO]^2\,[O_2]$$

정반응이 발열반응인 평형 과정이므로 K는 온도에 따라 감소한다. 이것은 k′의 증가를 능가하여 온도의 증가가 이 반응의 속도를 감소시킨다.

이산화 질소의 예가 대표적이지는 않지만, 반응 속도를 바꾸기 위해 어떤 요인을 변화시켜야 되는가를 고려할 때 주의가 필요하다는 것을 보여 주고 있다.

P2. 반응 차수의 결정

*중요한 용어

적분 방법 화학 반응의 속도에 대해 차수가 명시된 유도된 공식을 가지고 있으면, 실험적으로 차수를 구하는 방법은 단순히 반응이 진행되는 동안 정해진 시간 간격으로 하나 혹은 그이상의 반응물의 농도를 측정하고 이들 결과를 공식에 넣으면 된다. 이 과정을 적분 방법이라고 한다.

반감기 방법 반응의 반감기는 반응물 농도의 반이 사용되는 데 걸린 시간이다. 반응물의 초기 농도가 다른 일련의 반응들의 반감기를 측정하면 미리 유도된 반응식을 이용하여 반응 차수를 유도할 수 있다.

미분법 일련의 반응물 농도들에 대하여 반응 속도를 측정하면 반응 차수를 결정할 수 있다. 반응 차수는 log(속도)를 log(농도)에 대해여 그린 그래프의 기울기이다.

관련된 주제 소개(P1) 분자성(P3)

적분 방법

반응의 **차수**(order)를 구하는 방법으로 채택될 수 있는 여러 가지 연구 방법들이 있다. 이들 중 첫 번째 것인 **적분 방법**(integration method)이 가장 명백하다. 이것은 단순히 반응이 진행되는 동안 정해진 시간마다 반응물(하나 혹은 모든)의 농도를 측정함으로써 얻어진다. 얻어진 자료를 단순히 반응 속도에 대한 공식(표 1)에 대입한다. 일련의 시간 간격에 대하여 가장 일정한 속도 상수를 주는 공식이 정확한 반응의 차수에 해당하는 것이다.

표 1. 생성물로 변하는 반응물(A)에 대하여 유도된 반응식의 요약

차수	미분 형태	적분 형태	반감기	속도 상수(k)의 단위
0	$\frac{-d[A]}{dt} = k$	$[A]_0 - [A] = kt$	$\frac{[A]_0}{2k}$	$M\ s^{-1}$
1	$\frac{-d[A]}{dt} = k[A]$	$[A] = [A]_0\ e^{-kt}$	$\frac{\ln 2}{k}$	s^{-1}
2	$\frac{-d[A]}{dt} = k[A]^2$	$\frac{1}{[A]} - \frac{1}{[A]_0} = kt$	$\frac{1}{[A]_0 k}$	$M^{-1}s^{-1}$

반감기 방법

반응의 **반감기**(half-life, $t_{1/2}$)는 반응물의 반이 사용되는 데 걸린 시간이다. 그러므로 **일차** 반응(주제 N1)을 다음의 공식으로 나타낼 수 있다.

$$[A] = [A]_0/2 \text{ 시간 } t = t_{1/2} (\text{반응의 중간})$$

$$\text{그러므로 } \frac{[A]_0/2}{[A]_0} = -kt_{1/2}$$

따라서

$$t_{1/2} = \ln 2/k = 0.693/k$$

이 연구 방법을 사용하기 위해서는 반응물의 초기 농도에 대한 반감기의 의존성이 결정되어야 한다. 이것을 반응물의 초기 농도가 다른 일련의 반응들을 연구하여 얻으면, 기존에 유도된 공식으로부터 반응의 차수가 유도될 수 있다. 일반적으로 n차(표 1) 반응의 반감기는 다음과 같다.

$$t_{1/2} = \frac{1}{k[A]_0^{n-1}}$$

미분법

미분법(differential method)은 19세기 말에 van't Hoff에 의해 제안되었다. 이것은 반응물의 다른 농도들에서 실험을 하여 각 실험의 속도를 측정하여 결정하는 것이다.

n차 반응의 속도는 반응물 농도의 n 제곱에 의존하므로 다음과 같이 쓸 수 있다.

$$\text{속도} = v = k[A]^n$$

따라서

$$\log v = n \log [A] + \log k$$

그러므로 일련의 A 농도에 대하여 [A]를 시간에 따른 그래프로 그리면, 각각의 농도에서 초기 속도 v_0가 결정될 수 있다. 그 후에 $\log v_0$ 를 log[A]에 대하여 그린 그래프로부터 n이 결정될 수 있다.

Section P 속도론

P3. 분자성

중요한 용어

분자성의 정의

반응의 분자성이라는 용어는 반응의 기본 단계(일단계 반응의 유일한 단계)에 관여하는 물질들의 수를 결정한다. 반응의 분자성은 반응의 당량으로부터 즉각적으로 보이지 않을 수 있다. 반응의 각 단계들의 분자성을 알면 반응의 메커니즘을 규명할 수 있다.

일분자 반응

일분자 반응은 단 한 가지 형태의 분자가 중간체 혹은 반응 생성물의 생성에 관여하는 것이다. 이것을 이론적으로 설명하기 위하여 분자가 같은 분자들과 충돌하여 활성화될 가능성을 도입해야 된다. 이들 활성화된 분자들이 반응 생성물로 변화될 수 있는 충분한 에너지를 가지고 있게 된다.

관련된 주제

소개(P1)

분자성의 정의

반응은 반응에 대한 전체 화학식에서 제시된 방법으로는 거의 일어나지 않는다. 반응물이 생성물로 변형될 때 결합의 생성과 절단, 안정화되는 상호작용의 발생, 중간체의 생성 등등의 많은 **기본 단계**(elementary steps)들이 필요하다. 반응의 메커니즘을 이해하기 위해서는 이들 모든 단계들을 알고 있어야 된다. 반응의 메커니즘은 전체 당량비 그리고 관여된 각 단계에 대하여 결정된 속도들을 설명할 수 있어야 된다.

분자성(molecularity)과 당량의 차이를 설명하기 위해 아이오딘 이온에 의해 **촉매**(catalyzed, 빨라지는)되는 과산화수소의 산소와 물로의 변형반응을 고려해 보자(그림 1).

반응 (1)과 (2) 모두 2개의 반응물이 관여되고 있으므로 각 반응은 **이분자성**을 가지고 있다고 말하거나 **이분자**(bimolecular)라고 한다. 두 단계 메커니즘에 바탕을 둔 속도식을 이론적으로 설명하기 위하여 단계 (1)의 속도가 단계 (2)의 속도 보다 매우 늦다고 가정해야 된다.

$$2H_2O_2 \xrightarrow{k} 2H_2O + O_2$$

$$\text{속도} = \frac{-d[H_2O_2]}{dt} = k[H_2O_2][I^-]$$

반응은 과산화 이온과 아이오딘 이온에 똑같이 의존하는 이차 반응이다.

이 반응의 실제 메커니즘은 두 개의 기본 단계가 관여되는 것으로 생각된다.

$$(1) \quad H_2O_2 + I^- \longrightarrow H_2O + IO^-$$
$$(2) \quad H_2O_2 + IO^- \longrightarrow H_2O + O_2 + I^-$$

그림 1. 아이오딘 이온이 촉매로 작용하는 과산화수소의 산소와 물로의 변형

따라서 단계 (1)이 **속도결정단계**(rate determining step)이다. 이것은 매우 간단한 예이지만, 반응 차수가 아닌 분자성에 대한 지식을 통해서 화학 반응을 완벽하게 이해하게 된다는 것을 보여 주고 있다.

일분자 반응

일분자 반응은 하나의 기본 단계에 단지 한 형태의 분자만 관여되는 것이다. 이것은 파악하기 어려운 개념이다. 실제로 이와 같은 반응(예, **열분해**, **시스-트랜스 이성질화**)의 관찰에 대한 이론적 설명을 돕기 위하여, Lindermann은 1922년에 반응물 분자 A는 자신과 같은 종류의 다른 분자와 충돌해야 된다고 제안하였다. 충돌 이후에 분자들 중의 하나 A*는 다른 A들의 손실을 통하여 더욱 활성화되어 생성물로 전환되기에 충분한 에너지를 갖는다(그림 2).

$$(1) \quad A + A \xrightarrow{k_1} A + A^*$$

$$(2) \quad A^* \xrightarrow{k_2} \text{생성물}$$

반응(1)의 역반응이 일어날 가능성도 고려되어야 한다.

$$A^* + A \xrightarrow{k_{-1}} A + A$$

그림 2. 일분자 과정에 대해 제안된 메커니즘.

전체 반응의 속도를 반응 생성물의 식으로 표현될 수 있다.

$$\frac{d[\text{생성물}]}{dt} = k_2 [A^*]$$

그러나 A*는 활성화된 분자이므로 불안정하여 농도는 낮고 상대적으로 일정하다. 그러므로 **항정 상태의 가정**(steady state approximation)을 이용하는 것이 타당하며, 이것에 따라 A^*의

농도 변화의 속도가 0이라고 가정하면

$$\frac{d[\text{생성물}]}{dt} = 0$$

그리고

$$\frac{d[\text{생성물}]}{dt} = \frac{k_1 k_2 [A]^2}{k_2 + k_{-1}[A]}$$

이 식은 2개의 극한 상황을 고려하면 단순화될 수 있다.

압력이 1 기압 이상이면 A*가 생성물로 되는 것보다 A와 충돌하여 비활성화되는 것이 더 빈번히 일어날 것이다. 따라서

$$k_{-1} [A][A^*] >> k_2 [A^*] \text{ or } k_{-1}[A] >> k_2$$

그러므로

$$\frac{d[\text{생성물}]}{dt} = \frac{k_1 k_2 [A]}{k_{-1}}$$

즉, 일분자 반응은 일차 반응이 된다.

반대로 낮은 압력에서는 A*와 A의 충돌이 쉽지 않다. 따라서

$$k_{-1}[A][A^*] << k_2[A^*] \text{ or } k_{-1}[A] << k_2$$

그러므로

$$\frac{d[\text{생성물}]}{dt} = k_1[A]^2$$

일분자 반응은 이 조건에서 **이차 반응**이다.

알려져 있는 일분자 반응이 2개의 물질이 관여되는 반응보다 훨씬 덜 평범하지만, 이 책에 많은 예들이 포함되어 있다. 그러나 **삼분자**(termolecular, 3개의 물질이 관여)와 그 이상의 분자성의 반응은 거의 없다는 것을 주목해야 된다. 그 이유는 3개 이상의 분자가 동시에 서로 충돌할 수 있는 확률이 낮기 때문이다.

P4. 효소 속도론

*중요한 용어

효소 촉매 반응 촉매는 반응 속도를 증가시키는 물질이다. 이러한 반응이 생물학적 계에서 일어날 때 촉매는 주로 단백질이고 이런 단백질 촉매를 효소(enzyme)이라고 한다. 촉매는 단백질이든 아니든 상관없이 연속적인 기본 단계들의 끝에는 다른 일련의 반응에 재사용될 수 있는 변하지 않은 상태로 다시 나타나야 된다. 모든 촉매는 과정이 진행되기 위해 필요한 에너지를 낮추는 작용을 한다. 즉, 하나의 단계의 활성화 에너지(activation enegy, E_a)를 낮춘다.

Michaelis-Menten 속도론 1913년 Michaelis와 Menten은 초기 속도(v0)가 반응물과 효소 및 기질의 농도에 의존하는 것을 설명하는 방법을 제안하였다. 이 접근은 반응의 최대 속도를 쉽게 결정할 수 있게 한다.

항정 상태의 가정 Michaelis-Menten 속도론을 사용할 때 효소와 기질이 열역학적인 평형에 있다고 가정해야 된다. 그러나 1925년 Briggs와 Haldane은 이런 가정이 필요 없다고 제안하였다. 그들은 효소와 기질을 섞은 직후에는 효소-기질 복합체의 농도가 일정하고 항정 상태(steady state)가 된다고 제안하였다. 항정 상태란 농도가 시간에 따라 변하지 않는 것이다. 따라서 촉매 과정을 설명하는 새로운 식이 만들어 질 수 있다.

억제 화학적 혹은 생물학적 반응의 억제제는 반응의 진행을 방해하는 물질이다. 효소가 관여하는 생물학적 과정에서 억제제는 가역적으로 작용하는 것과 비가역적으로 작용하는 두 가지로 분류된다. 가역적 억제제는 다시 경쟁적, 무경쟁적, 비경쟁적 세 가지로 분류된다. 이들은 기질이 생성물이 되는 순환에서 작용하는 단계가 다르다.

생화학적 예 α-키모트립신 효소는 가장 잘 알려진 효소로서, Michaelis와 Menten에 의해 고안된 속도론 모형을 설명하는 데 유용한 예로 이용된다.

관련된 주제 소개(P1)

효소 촉매 반응

촉매의 정의는 반응의 속도를 증가시키는 물질이다. 촉매는 반응 중에 변할 수 있으나 반응의 끝에는 원래 형태로 다시 생성된다. 과정의 형태나 반응 메커니즘에 무관하게 촉매는 요구되는 에너지 즉 속도결정단계의 **활성화 에너지(E_a)**를 낮춤으로써 작용한다. 생물학적 과정에서 대부분의 촉매는 단백질의 형태를 가지고 있으며, 이런 기능을 가진 단백질을 **효소**(enzyme)라고 한다.

효소는 일반적으로 그들이 보여 주는 특이성의 수준이 화학적 촉매나 작은 분자 촉매와는 다르다. 효소는 주로 **기질**(susbstrate)이라 부르는 하나의 특정 화합물(혹은 계열의 화합물)을 생성물로 변형시키는 것에 한하여 촉매 작용을 한다. 이러한 특이성은 효소 **활성 자리**(active site)에 있는 작용기의 삼차원적인 배열과 형태에 의해 이루어진다. 이곳이 화학 과정이 진행되는 단백질의 부분이다. 19세기 말에 Fisher는 효소의 기질 인식에 대하여 **자물쇠와 열쇠**(lock and key) 모형을 제안하였다. 이것에 따르면 효소는 자물쇠이고 알맞은 구조와 작용기 특성을 가진 기질은 열쇠로 작용한다. 이 모형이 중요한 요인으로 최근 들어 알려진 활성 자리나 기질의 유연성을 고려하고 있지는 않으나, 설명하는 모형으로는 유용하다.

촉매가 반응에 관여하는 경우에는 반응 속도 식에 이것을 고려해야 된다. 수정된 식을 유도할 때 통상적으로 초기 속도(v_0)만을 고려한다. 반응이 진행됨에 따라 효소의 효율은 생성물, pH 변화 등등에 의해 억제될 수 있다.

효소(E)가 기질(S)과 1 : 1 복합체(ES)를 형성한다고 가정하면, 초기 속도는 효소가 **포화**(saturated) 혹은 모두 복합체를 형성하여 속도가 정점 지속(level off)될 때까지 초기 속도는 증가된다(그림 1). 기질의 농도([S])와 초기 속도 사이의 관계는 쌍곡선 함수이다.

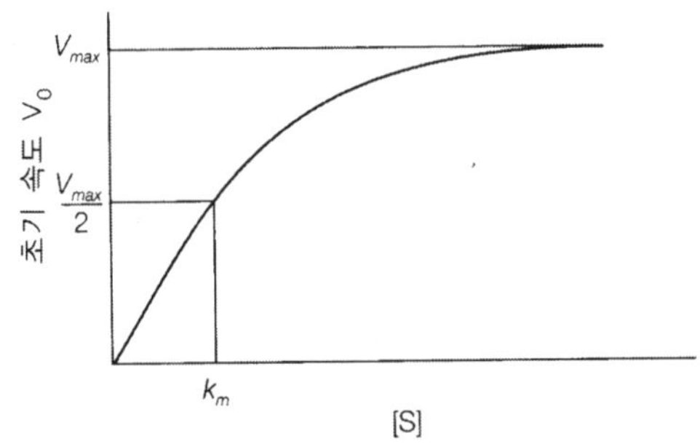

그림 3. 효소 촉매 반응의 초기 속도와 기질 농도에 대한 Michaelis–Menten 그래프. 일정한 효소 농도에서 V_{max}는 최대 속도이고 K_m은 Michaelis 상수이다.

Michaelis–Menten 속도론

1923년 Michaelis와 Menten은 초기 속도의 기질 농도 의존성을 설명하기 위한 모형을 고안하였다. 기본 반응 도식을 고려하면

$$E + S \underset{k_{-1}}{\overset{k_1}{\rightleftharpoons}} ES \xrightarrow{k_2} P + E$$

여기서 P 는 생성물이다.

따라서 생성물 생성의 초기 속도는

$$v_0 = \frac{d[P]}{dt_0} = k_2\,[ES] \tag{1}$$

시간 0에서 기질의 농도가 효소의 농도보다 훨씬 커서 복합체의 농도보다 훨씬 크다고 가정하면, [S]는 $[S]_0$와 거의 같아진다. 그리고 역반응 상수 k_{-1}이 k_2보다 훨씬 크다고 가정하면 기질 분해 상수 K_s는 다음과 같은 식으로 나타내 진다.

$$K_s = \frac{k_{-1}}{k_1} = \frac{[E][S]}{[ES]} \tag{2}$$

특정 시간의 E의 농도는 $[E]_0-[ES]$이며, 이것을 식 (2)와 식 (1)의 [ES]에 대입하면;

$$v_0 = \frac{k_2[E]_0[S]}{K_s + [S]} \tag{3}$$

여기서 $k_2[E]_0$와 K_s는 상수로 취급될 수 있다.
기질의 농도가 진하면

$$v_0 \approx k_2[E]_0 \tag{4}$$

속도는 상수가 된다. 이 점을 **최대 속도**(maximum rate)라 하고 V_{max}로 표시한다.

항정 상태의 가정

효소 속도론의 Michaelis-Menten 모형의 첫 단계는 효소와 기질이 효소-기질 복합체와 열적 평형 상태에 있다고 가정하는 것이다. 19년대 초기에 Briggs와 Haldane은 이런 가정이 필요 없는 모형을 제안하였다. 새로운 모형의 조건은 두 성분을 섞은 직후에 ES 복합체가 생성되며, 복합체의 농도는 상대적으로 일정하다. 즉, **항정 상태**(steady state)가 형성된다는 것이다(그림 2). 그러므로 d[ES]/dt를 0으로 가정하면, 다음의 식을 유도할 수 있다.

$$v_0 = \frac{V_{max}[S]}{K_m + [S]} \tag{5}$$

여기서 K_m은 Michaelis 상수이고 $(k_{-1} + k_2)/k_1$ 와 같다.
초기 속도가 최대 속도의 반이 되면 (5)는 다음과 같이 단순화된다.

$$K_m = [S] \tag{6}$$

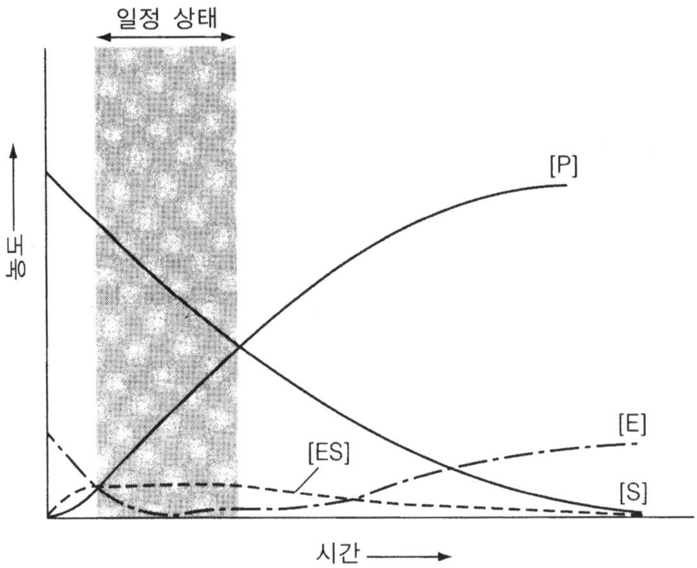

그림 2. 시간에 따른 효소 촉매 반응의 성분들의 농도 그래프. ES, 효소 기질 복합체 농도; E, 효소 농도; S, 기질 농도; P, 생성물 농도.

실제로 V_{max}를 [S]에 대한 v_0의 그래프로부터 구하는 것은 매우 어려우며 특히 기질의 농도가 진하면 더욱 어렵다. 그 결과로서 Lineweaver와 Burk가 **이중 역수**(double reciprocal)를 사용하는 것을 제안하게 되었다. 즉

$$1/v_0 = (K_m/V_{max}[S]) + 1/V_{max}$$

그래프는 그림 3에 있다.

k_2를 일반적으로 **대사 전환수**(turnover number)라고 부르는 것에 주목할 필요가 있다. 대사 전환수란 단위시간에 효소 분자당 생성물로 변형된 기질 분자수를 말하며, k_{cat}이라고도 부른다. 또한 K_m은 효소-기질 복합체의 강한 정도로 해석될 수 있다. 즉, 약하게 결합된 복합체의 K_m값은 크며, 강하게 결합된 복합체의 K_m값은 작다.

억제

반응 속도를 감소시키는 모든 물질을 **억제제**(inhibitor)라고 부른다. 이것이 부정적인 성격을 가지고 있지만, 활성 자리의 메커니즘 규명과 활성 자리의 작용기의 파악을 위해 효소 억제제가 자주 탐색된다.

효소 억제제는 두 가지 일반적 부류로 나누어진다. **가역적**(reversible) 억제제는 효소 혹은 효소-기질 복합체와 평형을 이루고 있는 것이다. **비가역**(irreversible) 억제제는 점차적으로 효소를 억제하고, 억제제의 농도가 효소의 농도를 초과할 경우에는 효소를 완전히 억제하는

것이다. 가역적 저해제들은 다시 **경쟁적**(competitive), **비경쟁적**(noncompetitive), **무경쟁적**(uncompetitive) 저해제의 세 가지로 세분된다. 저해제 (I)가 **경쟁적**(competitive)이면 이것은 기질과 동일한 자리에 결합한다.

$$E + S \longrightarrow ES \longrightarrow E + P$$
$$E + I \longrightarrow EI \longrightarrow \text{생성물 없음}$$

일정한 저해제 농도에서 Michaelis-Menten 속도론을 가정하여 Lineweaver-Burk 그래프를 그리면 직선의 절편은 억제제가 없을 때와 같지만, 기울기는 [I]의 농도에 의존하는 계수만큼 증가한다.

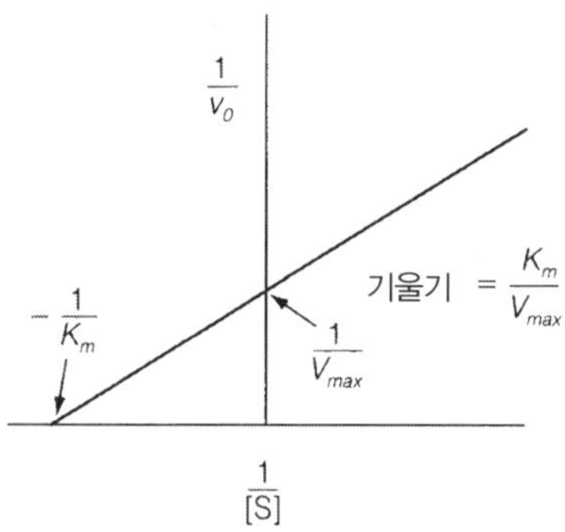

그림 3. Michaelis-Menten 속도론에 따르는 효소 촉매 반응의 Lineweaver-Burk 그래프. Km, Michaelis 상수; V0, 초기 속도; [S], 기질 농도; Vmax, 최대 속도.

경쟁적 억제제의 영향은 단순히 [S]를 증가시킴으로써 쉽게 극복될 수 있다. 억제제가 **비경쟁적**(noncompetitive)이면 이것은 일반적으로 활성 자리에 결합하지 않는다.

$$E + S \longrightarrow ES \longrightarrow E + P$$
$$E + I \longrightarrow EI \longrightarrow \text{생성물 없음}$$
$$ES + I \longrightarrow ESI \longrightarrow \text{생성물 없음}$$

억제제가 기질의 결합을 방해하지 않으므로 이것의 영향은 기질의 농도 증가로 되돌릴 수 없다.

억제제가 **무경쟁적**(uncompetitive)이면 이것은 효소에는 결합하지 않고 효소 기질 복합체에 결합한다.

$$E + S \longrightarrow ES \longrightarrow E + P$$
$$ES + I \longrightarrow ESI \longrightarrow \text{생성물 없음}$$

이것의 영향도 단순히 S 농도를 증가시켜 되돌릴 수 없다. 세 가지 형태의 가역적 억제제에 대한 Lineweaver-Burk 그래프를 그림 4에 나타내었다.

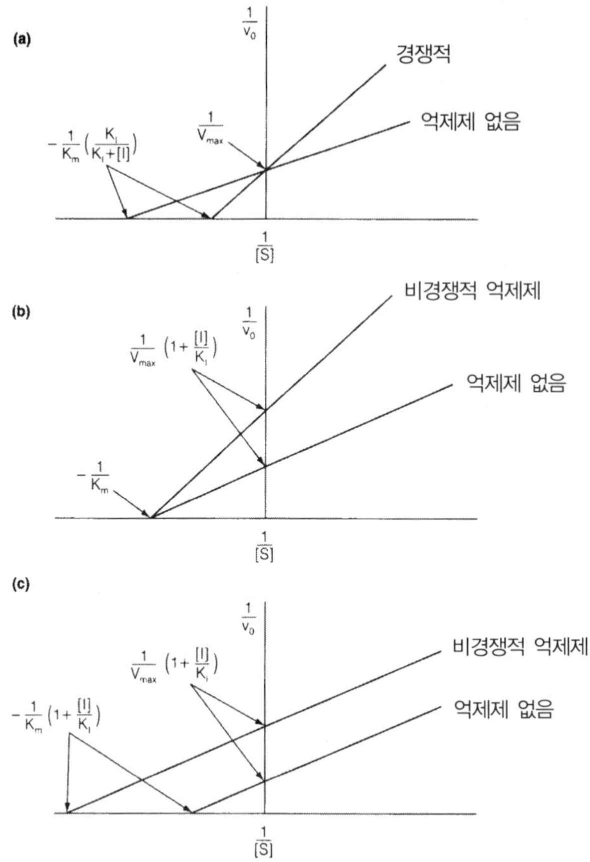

그림 4. Lineweaver-Burk 그래프 (a) 경쟁적 (b) 비경쟁적 (c) 무경쟁적 억제제. V_{max}, 최대 속도, K_m; [S], 기질 농도; Michaelis 상수; V_0, 초기 속도; [I], 억제제 농도.

생화학적 예

효소 속도론를 설명하는 고전적인 예는 가장 많이 연구가 되고 잘 알려진 α-키모트립신이다. 이것은 활성 자리에 세린기를 가지고 있으며, 다른 단백질의 특정 부위를 자르는 작용을 하는 세린 단백질 분해 효소군에 속한다.

α-키모트립신의 촉매 반응의 하나로 p-나이트로페닐트라이메틸아세테이트(a)를 p-나이트로페닐(b)로 가수분해시키는 반응이 있다(그림 5).

(a)와 (b) 모두 uv/vis 활성(주제 Q2)을 가지고 있지만 서로 다른 λ_{max}[나이트로페닐이 강한 (가시광선) 색을 갖는다]를 가지고 있어서 반응을 분광계를 사용하여 추적할 수 있다. 실험에 의하면 효소 촉매 반응은 두 단계로 진행된다.

$$E + S \underset{k_{-1}}{\overset{k_1}{\rightleftharpoons}} ES \xrightarrow{k_2} ES' + P_1 \xrightarrow{k_3} E + P_2$$

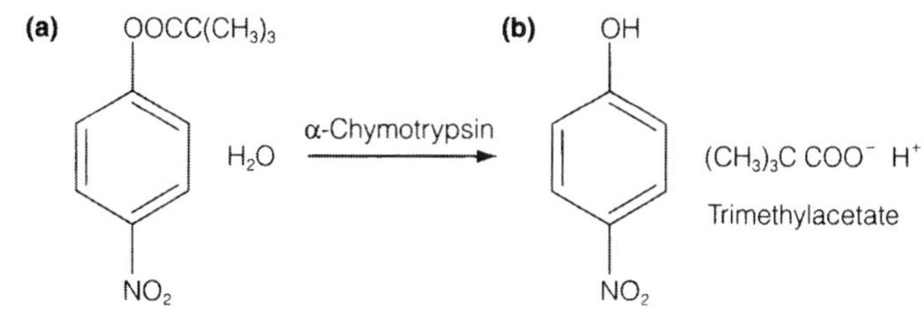

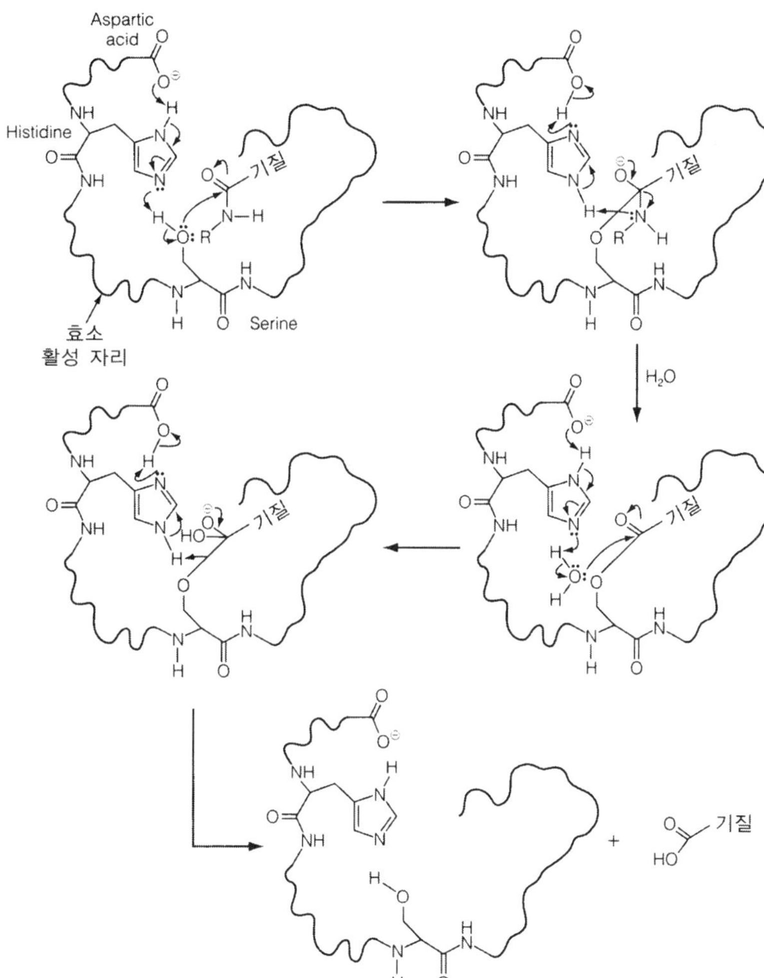

그림 5. α-키모트립신이 관여하는 촉매 과정의 도식적 설명.

여기서 P_1은 나이트로페닐이고 P_2는 트라이메틸아세테이트이며, ES′는 트라이메틸아세틸이 활성 자리의 세린기와 공유 결합으로 연결된 트라이메틸아세틸이다(그림 5). 이 공유 결합은 절단되어 효소가 다른 촉매 순환에 관여할 수 있게 된다(그림 5). 촉매 속도 상수 k_{cat}은 다음과 같이 주어진다.

$$k_{cat} = (k_2k_3)/(k_2 + k_3)$$

표 1에 위 반응의 속도 상수가 제시되어 있다. 이것들은 다양한 속도 공식을 시간에 따른 p-나이트로페닐의 400 nm에서의 흡광도(주제 Q2) 그래프 곡선에 대입함으로써 구해진다.

표 1. α-키모트립신이 촉매로 작용하는 p-나이트로페닐트라이메틸아세테이트의 가수분해 반응(pH 8에서)의 속도론 분석에 의해 결정된 속도 변수들의 값.

변수	값	상수
k_2	0.37 +/− 0.11 s^{-1}	rate constant for ES → P + E
K_s	1.6 +/− 0.5 × 10^{-3} M	기질 분해 상수
k_{cat}	1.3 × 10^{-4} s^{-1}	촉매 반응의 속도 상수
K_m	5.6 × 10^{-7} M	Michaelis 상수

P5. 촉매 작용과 열역학적 지배 대 속도론적 지배

중요한 용어

활성화 에너지

열역학적으로 선호되는 화학 반응도 반응물과 생성물 사이에 놓여 있는 에너지 장벽이 크면 관찰할 수 있을 정도의 속도로 진행되지 않는다. 이것은 가끔 속도론 장벽(kinetic barrier)이라고 한다. 이 장벽을 극복하는 것에 필요한 에너지를 활성화 에너지라고 한다. 온도 증가에 따라 반응 속도가 증가하는 것은 이 장벽을 넘기가 쉬워지기 때문이다. 그러나 이 장벽이 특별히 높을 때는 반응이 열역학적으로 선호된다고 하더라고 의미 있는 속도로 진행되지 않는다.

촉매 작용

촉매는 속도론적 장벽의 높이를 낮추어 반응을 촉진시킨다. 그러나 반응물과 생성물의 상대적 에너지(안정성)는 변화시키지 않으며, 따라서 평형의 위치도 변하지 않는다. 생물학적 계에서 촉매는 일반적으로 효소라고 부르는 특성화된 단백질이다. 이들은 매우 특이적인 방법으로 그리고 매우 빠른 속도로 반응을 촉진시킨다.

열역학적 지배와 속도론적 지배

효율적으로 효소 촉매화되는 반응과 같은, 속도론적 장벽이 크지 않은 반응은 열역학적 지배 상태에 있다고 말한다. 이것은 열역학적 평형이 이루어져, 반응물과 생성물의 상대적인 양을 다룰 때 열역학적 고려만 하면 되기 때문이다. 반대로, 속도론적 장벽이 넘지 못할 정도로 너무 높으면 열역학으로 계를 정의할 수 없다. 이것을 속도론적 지배 상태에 있다고 말한다.

관련된 주제 Gibbs 자유 에너지(O4)　　효소 촉매론(P4)

활성화 에너지

화학 반응을 그림 1과 같이 나타낼 수 있다.

생성물이 반응물보다 낮은 에너지를 가지고 있으므로 반응은 열역학적으로 선호되며 원리상으로는 반응이 가능하다. 그러나 반응물이 생성물로 되기 위해서는 에너지 장벽(보다 일반적인 용어인 **속도론적 장벽**(kinetic barrier)이라고 부르기도 한다)을 넘어야 된다. 반응물의 에너지로부터의 장벽의 높이를 반응의 **활성화 에너지**(activation energy)라고 부른다. 이것은 반응물이 장벽을 오르기 위해서는 꼭 가져야 되는 에너지이다. 주어진 온도에서 반응물 분자의 매우 작은 비율만이 반응을 진행할 수 있을 만큼의 많은 에너지를 가지고 있다. 온도가 상승하면 이 비율이 증가하여 보다 많은 분자가 반응을 할 수 있게 되고, 관찰되는 반응 속도도

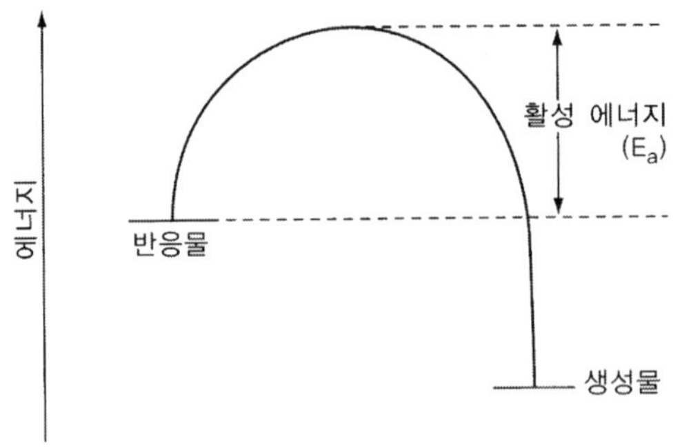

그림 3. 시스테인은 쉽게 산화되어 이황화 화합물(cystine)을 형성하게 된다.

증가한다. 이것이 실험실에서 화학 반응을 촉진하기 위하여 가열하는 이유이다. 그러나 속도론적 장벽이 매우 높으면 반응은 감지할 수 있을 정도의 속도로 진행되지 못한다. 그러므로 생성물이 반응물보다 훨씬 안정하더라도 생성되지 않는다. 즉, 종이가 연소 산물들보다 덜 안정하지만, 책이 스스로 연소되지는 않는다.

촉매 작용

촉매는 활성화 에너지를 감소시켜 반응 속도를 증가시킨다(그림 2).

촉매가 반응물과 생성물의 상대적 에너지(안정성)는 변화시키지 않는다. 따라서 평형 상태도 변하지 않는다는 것을 주목해야 된다. 다르게 표현하면, 촉매는 평형 상태의 속도를 증가시키지만 평형의 위치를 변화시키지는 않는다.

생물학적 계에서 일어나는 대부분의 반응의 촉매는 효소이다(주제 P4). 이들은 그들이 수행해야 하는 과제를 반응의 특이성 측면과 촉매화 반응 속도 측면 모두에서 매우 효율적으로 수행하도록 진화되었다. 효소의 촉매 능력은 일반적으로 그들의 특이한 단백질 구조의 결과이므로, 효소는 구조가 변형되면 작용하지 않는다. 온도가 상승하면 효소의 활성(대사 전환수로 나타내어진다, 주제 P4)도 증가한다. 그 이유는 속도론적 장벽이 감소되기는 했어도 아직 일정 높이가 존재하기 때문이다. 그러나 어느 점이 되면 단백질 자체가 열적 변성되기 시작하

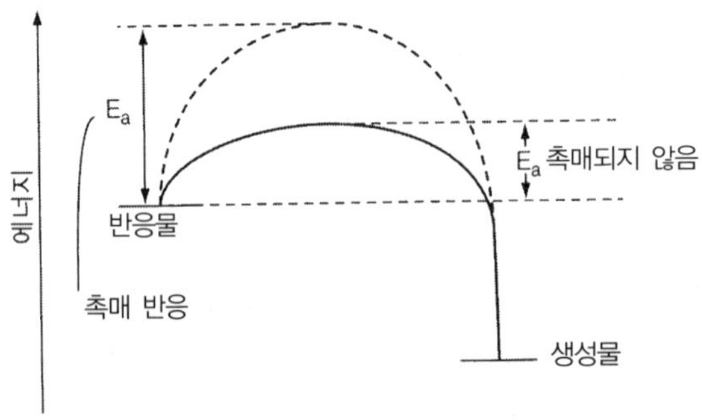

그림 2. 반응 활성화 에너지에 미치는 촉매의 영향.

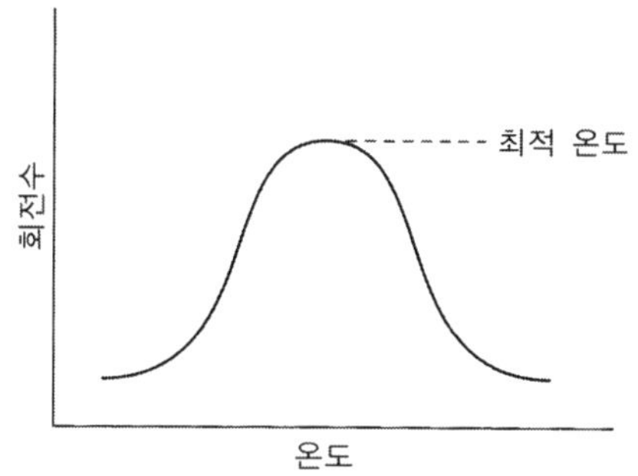

그림 3. 온도에 따른 효소 촉매의 효율의 도식적인 그림.

고, 효소의 활성 자리가 변형되어 더 이상 효율적으로 작용하지 않는다. 따라서 활성이 사라진다. 촉매되지 않는 반응과는 달리 효소 촉매 작용은 일반적으로 최적 온도를 가진다(그림 3). 대부분의 효소는 체온인 37℃가 최적 온도이다.

일반적으로 생리학적으로 유익하지 않은 화학 반응들을 위한 효소는 진화될 이유가 없었으므로 이들 반응에는 효소가 촉매로 작용하지 않는다. 이들의 예로 단백질의 작용기 및 핵산의 변화(즉, 손상)를 주는 반응들이 있다. 이들 반응이 활발한 촉매 작용을 받지 않으므로, 활성화 에너지가 상대적으로 커서 반응이 상대적으로 늦게 진행된다.

열역학적 지배와 속도론적 지배

평형에 도달하면 다양한 화합물의 용액의 조성은 열역학에 의해 정의된다. 이것은 열역학 계산을 이용하여 존재하는 모든 화학 물질들의 상대적인 비율을 결정할 수 있다는 것을 의미한다. 이 계는 열역학적 지배 상태에 있다고 말할 수 있다. 그러나 하나 혹은 그 이상의 속도론적 장벽이 엄청나게 높으면(효소 촉매 반응에서 효소가 없는 경우) 반응은 전혀 진행되지 않거나 매우 늦은 속도로 진행될 것이다. 이 계의 조성은 열역학이 아니라 속도론에 의존하게 되어 속도론적 지배 상태가 된다. 열역학적 지배와 속도론적 지배의 안정적인 균형이 살아 있는 생물에게 있어서 가장 중요한 특징 중의 하나이다.

Section Q 분광학

Q1. 전자기 스펙트럼

*중요한 용어

에너지의 양자화

19세기 말까지도 방사선(radiation)의 흡수와 방출은 고전적인 뉴톤 역학으로 설명될 수 있었다. 그러나 많은 실험 결과가 누적되면서 흡수와 방출이 연속적인 과정이 아니라 단절된 다발의 에너지인 것으로 나타났다. 에너지의 양자화는 20세기 초에 들어서 설명될 수 있었다.

스펙트럼의 영역

전자기 스펙트럼은 이름이 제시하듯이 전기적 및 자기적 성분들을 가지고 있으며, 매우 넓은 에너지 영역을 포함하고 있다. 스펙트럼은 일반적으로 특정 파장의 방사선의 적용에 의해 검출되는 과정에 근거한 영역으로 세분되지만 이들 간의 경계는 명확하지 않다.

기본적인 기계

스펙트럼의 다양한 영역을 사용하는 기계들을 자세히 보면 확실한 차이가 있지만, 이 들을 연관 짓는 공통점들이 있다. 일반적으로 기계들을 두 가지 형태로 구분되어, 하나는 방사선의 흡수를 검출하는 것이고, 다른 것은 방출된 방사선을 검출하는 것이다. 흡수 스펙트럼은 일반적으로 빛의 원천과 더불어 회절발(grating)를 가지고 있다. 방출 기계는 시료가 활성화된 다음 이 자체가 빛의 원천으로 작용하는 것이 다르다.

관련된 주제

자외선-가시광선 분광기(Q2)
형광(Q3)
적외선 분광기(Q4)
원편광 이색성(Q5)
핵자기 공명 분광법(Q8)

에너지의 양자화

분광학(spectroscopy)이란 전자기파의 흡수(absorption), 방출(emission), 산란(scattering)과 관계된 실험적(experimental)인 것을 말한다. 초기 분광학을 이용한 관찰은 가장 쉽게 접할 수 있는 가시광선을 이용하여 이루어졌다. 1665년 뉴턴은 유리 프리즘을 사용하여 백색광을 여러 범위의 색들로 분산시키는 실험들을 시작하였다. 200년 이후 Balmer는 수소 원자의 가시광선 스펙트럼을 수학 공식에 맞추었다. 그는 이 과정에서 **단절된** 파장들을 고려해야 한다는 것을 밝혔다. 고전적인 뉴톤역학에 따르면 스펙트럼은 파장에 따라 **연속적**인 변화를 해야 한다. 따라서 새로운 발견은 특이한 것이었다. 수소 스펙트럼에 대한 자세한 설명은 20세기의 초반의 플랑크의 연구 전까지는 불가능하였다. 그는 작은 **진동자**(oscillator), 예를 들어, 원자 혹은 분자가 진동수 υ 진동을 할 때 이것은 방출된 방사선의 에너지 E와 다음의 식으로 연결될 수 있음을 제안하였다.

$$E = nh\upsilon$$

이때 n은 정수이고 h는 **플랑크 상수**(Planck's constant)이다.

따라서 에너지는 hυ의 에너지를 가지는 단절된 다발로 **양자화**(quantized)되었다 혹은 **양자**(quanta)라고 한다.

만일 이것이 한 예로서 분자의 회전 성질에 적용되면, 두 개의 회전 상태는 에너지 E1과 E2를 가지게 된다(그림 1); 접미사 1과 2는 실제로는 **양자수**(quantum number)들이다. 하나의 상태에서 다른 상태로 이동하기 위해서는 적절한 에너지, ΔE를 흡수하거나 방출해야만 한다. 이때 ΔE는 다음과 같다.

$$\Delta E = E_2 - E_1$$
$$= h\upsilon \text{ (joules)}$$

에너지 준위간의 이동을 다룰 때 일반적으로 진동수, 파장, 혹은 파수(주제 Q) 등을 에너지 단위처럼 사용한다. 따라서 '$100cm^{-1}$의 에너지'라는 것은 실제로는 두 에너지 준위간의 차이이며 이에 연관된 방사선은 파수 $100cm^{-1}$을 갖는다. 기억해야 될 사항은 에너지 변화와 연관된 방사선의 진동수가 에너지 준위 간의 전이가 초당 그 진동수만큼 일어난다는 것을 의미하지 않는다는 것이다.

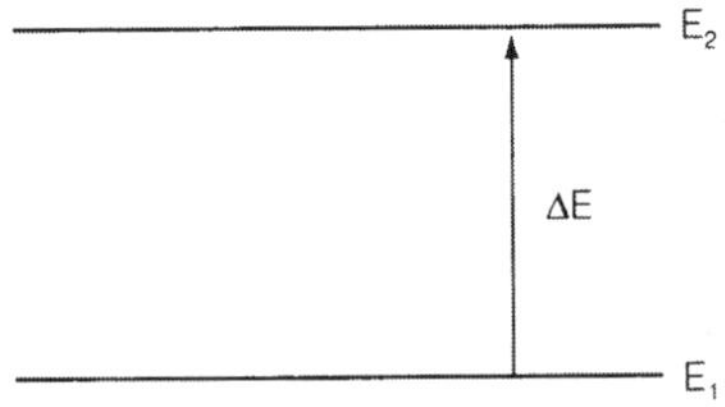

그림 1. 한 분자에서 두 개의 계속적인 회전 에너지 준위 도표.

스펙트럼의 영역들

전자기 방사선은 이름이 뜻하듯이 전기적과 자기적 성분을 가지고 있다. **평면 편광된 빛**(plane polarized light)의 전기적 성분은 전기장의 진동의 형태로, 자기적 성분은 진동하는 자기장으로 존재한다. 이들 진동은 싸인 곡선이며 서로 직각이다. 평면 편광은 관례적으로 전기적 성분의 방향을 포함하는 평면으로 간주한다. 이러한 선택을 한 이유는 일반적으로 물질과 전자기파의 상호작용은 주로 전기적 성분을 통해서 일어나기 때문이다.

전자기(EM) 스펙트럼의 전 에너지 영역은 일반적으로 그 영역에서 에너지를 흡수하거나 방출하는 것을 관찰하는 과정에 상응하는 영역에 따라 구분한다(그림 2). 우리가 다루는 스펙트럼의 가장 높은 쪽 끝의 에너지(혹은 높은 진동수)는 γ-선이고, 가장 낮은 쪽 끝의 에너지는 라디오파이지만 이들 영역간의 경계는 명확하지 않다. EM 스펙트럼의 다양한 영역의 사용에 대한 자세한 설명은 이장의 나머지 부분에서 주어질 것이다.

기본적인 기계

주제 Q2~Q6에서 설명된 분광학 기술에 사용된 기계는 세부적으로는 상당한 차이가 있다. 그러나 일반적으로 그것들은 **흡수 기계**(absorption instrument)와 **방출 기계**(emission instrument) 두 가지로 나누어진다.

자외선, 가시관선, 저외선 등을 측정하는 데 사용되는 흡수 기계들의 기본 형태는 그림 3에 도식화된 형태로 나타내었다. 기계의 중요 구성 성분은 (i) 일반적으로 백색광을 사용하는 **광원**(source)과 빛이 시료에 도달할 수 있게 하는 거울과 같은 장치들 (ii) 투과될 빛이 통과될 수 있는 물질로 만들어진 창을 가지고 있는 **시료 셀**(sample cell) (iii) 특정한 시간에 검출기에 도달하는 진동수를 선택하는 분산 회절발(dispersion grating)로 된 **분석기**(analyzer) (iv) 분석기와 동조하여 진동수에 따른 흡수 상태를 그려주는 기록 장치인 **검출기**(detector) 등이 있다.

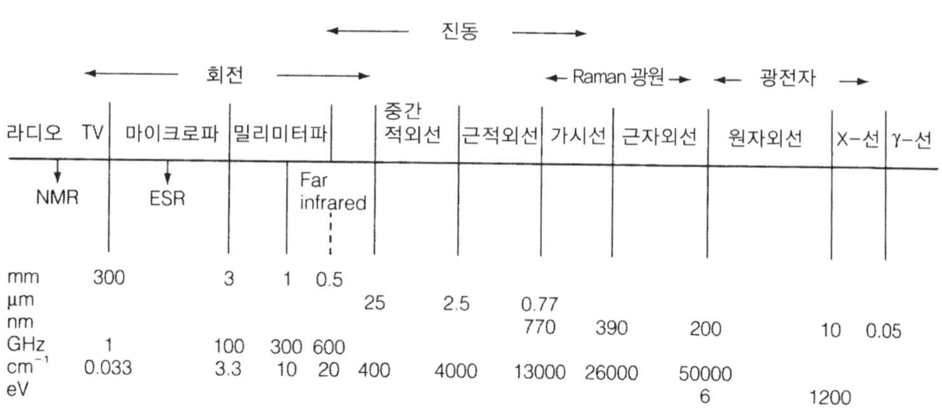

그림 2. 전자기 스펙트럼의 범위.

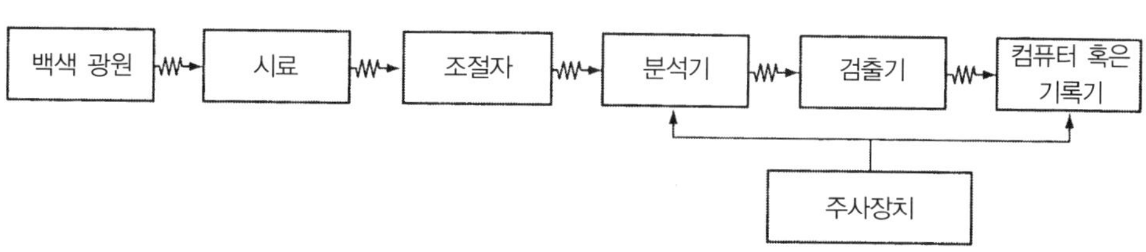

그림 3. 전자기 스펙트럼의 범위.흡수 분광기의 도식적 구조.

방출 기계의 형태(그림 4)는 활성화를 통하여 자체 광원으로 작용된다는 것이 다르다. 이때 활성화는 시료의 가열, 시료에 전기를 통과시키는 방법, 시료를 전자기 방사선에 노출시키는 방법 등으로 이루어진다. 따라서 방출된 방사선을 **모으고**(collect), **분석하고**(analyze), **기록**(record)하기만 하면 된다. 만일 전자기 방사선이 시료의 활성화에 사용될 경우에는 이 방사선이 방출 스펙트럼과 동시에 검출되지 않도록 하는 것이 중요하다. 일정 간격으로 방사선 beam을 방해하는 작용을 하는 **조절자**(modulator)는 진동수에 조율된 **검출기-증폭기**와 공조하여 기록되는 발광이 활성화의 원천에 의한 것이 아니라 시료의 활성화에 의한 것이 되도록 한다.

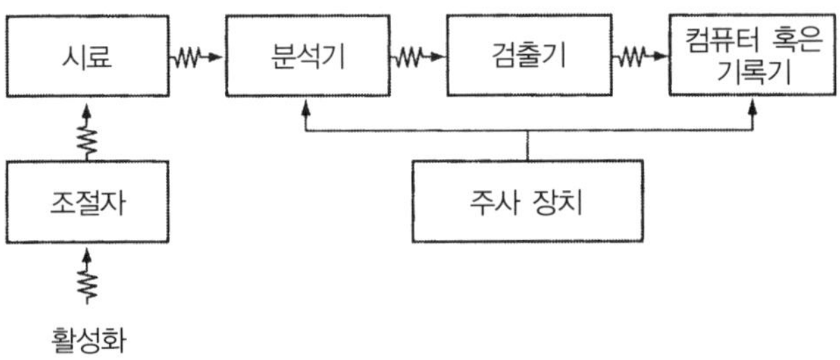

그림 2. 발광 분광기의 도식적 구조.

Q2. 자외선-가시광선 분광광도법

중요한 용어

전자 전이	전자기 스펙트럼의 가시광선과 자외선 영역의 에너지는 전자를 하나의 에너지 준위에서 다른 하나의 높은 준위로 이동시키기에 충분하다.
Beer-Lambert 법칙	Beer-Lambert 법칙은 흡수된 UV/vis 방사선의 양과 흡수하는 시료의 농도 사이를 연관 짓는다.
스펙트럼 표현	실험의 결과는 흡광도를 파장에 따라 그래프로 그린다. UV/vis 스펙트럼들은 폭이 넓은 선들로 나타내어진다.
발색단	주요한 UV/vis 반응을 주는 분자의 부분을 발색단이라고 한다.
생물학적 용도	Uv/vis 분광계는 시료의 농도 결정 그리고 리간드의 결합 및 생분자의 입체 배열의 변화 등을 관찰하는 곳에 사용한다
관련된 주제	**전자기 스펙트럼(Q1)**　　**형광(Q3)**

전자 전이

UV/vis 분광학에서 전자기 방사선을 흡수하여 일어나는 전이들은 전자의 전이를 말한다. 하나의 전자는 **최고 점유 분자 궤도함수**(HOMO)에서 **최저 비점유 분자 궤도함수**(LUMO)로 올라간다(주제 B2).

대다수의 포화된 분자들의 HOMO는 시그마(σ) 궤도함수이다(주제 B1). 파이(π) 궤도함수들의 에너지는 더 높으며, 고립 전자쌍(비결합성 궤도함수, n)은 더욱 높은 에너지를 가지고 있다(그림 1).

여러 가지 전이의 가능성이 모두 동일하지 않으며, 이것을 설명하는 선택 규칙(selection rule)이 있다. 만일 전이가 금지(forbidden)되어 있다면 이 전이가 일어날 확률은 매우 낮으며, 따라서 스펙트럼에서 띠의 세기도 약하게 된다. n-> π* 전이가 금지 전이의 대표적인 예이다.

UV/vis 분광학이 중금속에 배위된 리간드(ligand)를 관찰하는 곳에도 사용될 수 있다. 여기서는 d-궤도함수 간의 전이에 관심을 가진다(그림 2). 모든 d-d 전이는 금지되어 있어 약한 UV/vis 반응을 보이지만, 구분할 수 있을 정도의 색을 만들기에는 충분하다.

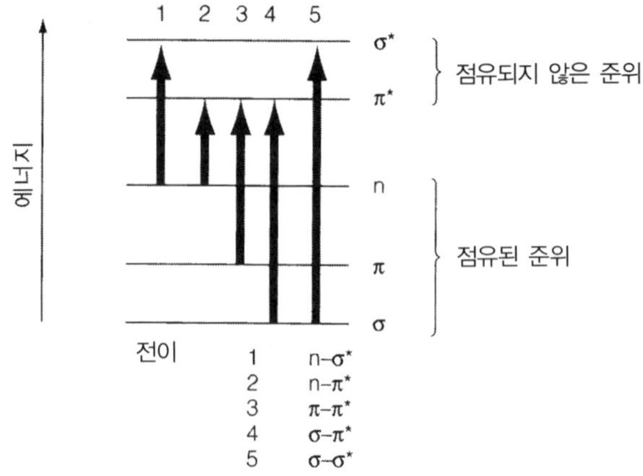

그림 1. 가능한 전자 전이들.

Beer-Lambert 법칙

시료를 통과하여 진행하는 빛의 세기는 시료를 통과함에 따라 기하급수적으로 감소한다. **특정 파장**(particular wavelength)에서 빠져나오는 빛의 세기를 실험적으로 측정한 것을 **흡광 계수**(extinction coefficient, ε)라고 하며, Beer-Lambert 법칙으로 구해진다.

$$\log_{10}\left(\frac{I_0}{I_t}\right) = \varepsilon c l$$

여기서 I_0는 시료에 들어가는 빛의 세기, I_t는 시료를 통과한 빛의 세기, c 는 농도, l 은 빛이 지나간 경로의 길이이다. I_0와 I_t 간의 차이가 방사광의 흡수를 측정한 것이므로 Beer-Lambert 법칙은 다음과 같은 식으로 나타낸다.

$$A = \varepsilon c l$$

여기서 A는 **흡광도**(absorbance 혹은 optical density)이고 단위는 없다. 특히 생물학에서는 c는 mol/l이고 l은 cm 그리고 ε는은경로 길이가 1 cm일 때 1 mol/l 용액의 흡광도이다.

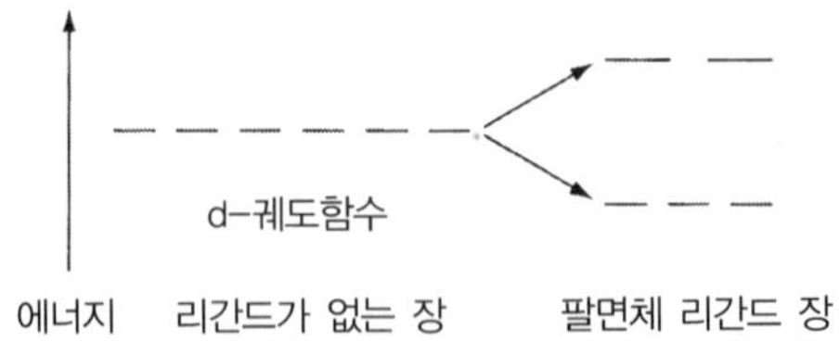

그림 2. d-궤도함수의 축퇴(degeneracy)는 배위된 리간드들에 따라 달라지며, 그 화합물의 UV/vis 스펙트라의 모습에 영향을 준다.

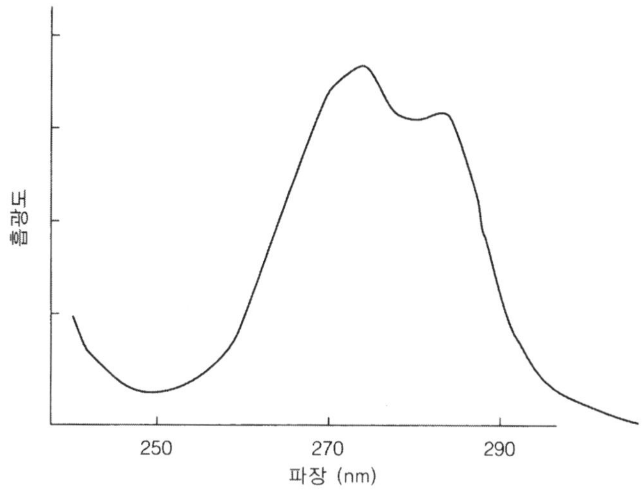

그림 3. UV/vis 스펙트럼은 아미노산인 트립토판의 수용액의 스펙트럼에서 보는 것과 같이 일반적으로 넓다.

◎ 스펙트럼의 표현

분자의 UV/vis 반응은 일반적으로 파장에 따른 흡광도의 흔적량(trace)으로 표시된다(그림 3). 흡광도 최대값은 흡광 계수 최대값, ε_{max}로 변형되고, 이들과 이에 상응하는 파장 극대값(wavelenght maxima, λ_{max})을 보고한다.

스펙트럼들의 대부분은 폭이 넓은 띠로 되어 있으며, 상대적으로 특별한 모양도 없다. 흡수띠가 넓게 나타나는 이유는 모든 분자들은 지속적으로 진동을 하고 있으며, 이것으로 인하여 진동 전이가 전자 전이와 겹쳐지기 때문이다. 즉, 모든 전자 전이들은 UV/vis 검출기로 분해할 수 없을 만큼 촘촘히 배열된 매우 많은 수의 선들로 구성되어 있다. 따라서 흡수띠(absorption band)가 관찰된다(그림 4).

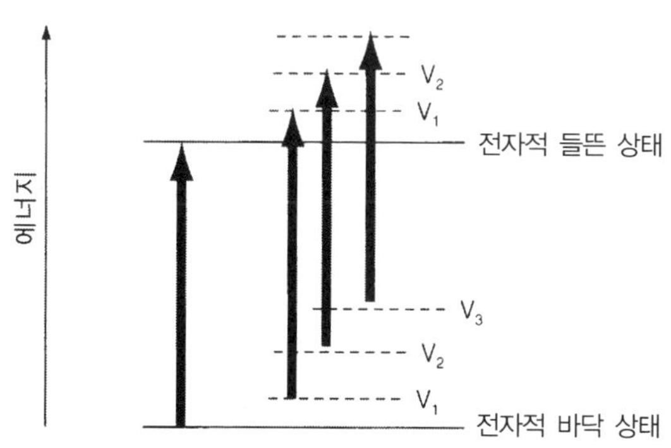

그림 4. UV/Vis 스펙트럼의 폭이 넓은 띠는 각 전자 전위들에 동반되는 진동 전위들을 고려함으로써 일부 설명될 수 있다.

표 1. 아세톤의 n-〉π^* 전이에 미치는 용매 효과

용매	H_2O	CH_3OH	$CHCl_3$
λ_{max}(nm)	264.5	270	272

← 극성

스펙트럼의 모습은 사용하는 용매의 성질에 영향을 받을 수 있다. 비극성 용매는 용질과 수소 결합을 형성할 수 없으므로 스펙트럼은 기체 상태의 것과 비슷하다. 즉, 스펙트럼이 미세구조(fine structure)를 가지고 있다. 극성용매가 들뜬 상태와 쉽게 수소 결합을 형성하지 못하면 λ_{max}는 짧은 파장 쪽으로 이동한다(표 1).

발색단

발색단이란 강한 전자적 반응을 보이는 원자들의 집합체를 말한다. 전자의 전이에서, 결합을 하고 있는 핵이 결합전자를 잡고 있는 정도의 세기가 각각의 전자 전이의 에너지를 결정하며, 따라서 흡수 파장에 영향을 미친다. 가장 쉽게 접할 수 있는 스펙트럼의 영역 중에서 파이 결합으로 연결된 일련의 원자의 그룹이 가장 두드러진 흡수를 보인다. 파이 결합들이 콘쥬게이션(주제 J1)된 계는 UV의 중간 영역에서 매우 강한 반응을 보인다(표 2).

발색단에 파이계와 상호작용을 할 수 있는 고립 전자쌍을 가지고 있는 원자들이나 원자들의 그룹을 첨가하면 발색단의 λ_{max}가 영향을 받게 된다. 이와 같은 치환체들을 **조색단**(auxochrome)이라고 한다. 만일 조색단이 λ_{max}를 장파장으로 이동시키면 **적색 이동** 혹은 **장파장 쪽 이동**(bathochromic shift)이 일어났다고 한다. 단파장 쪽으로 이동시키면 **청색 이동** 혹 은 **단파장쪽 이동**(hypsochromic shift)이라고 한다. 때때로 이러한 이동들은 분자의 흡광도의 변화와 병행되기도 한다. 만일 흡광도가 증가하면 **흡광증가현상**(hyperchromicity), 감소하면 **흡광감소현상**(hypochromicity)이라고 한다.

표 2. 격리된 발색단들의 흡수

발색단		전이	λ_{max}(nm)	$\log_{10}\varepsilon$
알코올	R - OH	$n - \sigma^*$	180	2.5
아민	$R - NH_2$	$n - \sigma^*$	190	3.5
싸이올	R - SH	$n - \sigma^*$	210	3.0
알데하이드	R - CHO	$\pi - \pi^*$	190	2.0
		$n - \pi^*$	290	1.0
케톤	R_2 - CO	$\pi - \pi^*$	180	3.0
		$n - \pi^*$	280	1.5
산	R - COOH	$n - \pi^*$	205	1.5
에스터	R - COOR′	$n - \pi^*$	205	1.5
아마이드	$R - CONH_2$	$n - \pi^*$	210	1.5

표 3. 일반적인 생체분자의 최대 흡수 파장과 흡광 계수

분자	λ_{max} (nm)	ε_{max} ($\times 10^{-3}$ $cm^2.mol^{-1}$)
트립토판	280	5.6
	219	27.0
타이로신	274	1.4
	222	8.0
	193	48.0
페닐알라닌	257	0.2
	206	9.3
	188	60.0
히스티딘	211	5.9
아데닌	260.5	13.4
NADH	340	6.23
	259	14.4
NAD^+	260	18.0
구아닌	275	8.1
우라실	259.5	8.2
타이민	264.5	7.9
사이토신	267	6.1

생물학적 용도

UV/vis 분광계는 방향족 아미노산(주제 L2, M1) 혹은 포피린을 가지고 있는 단백질과 DNA와 RNA 핵산(주제 L3, M2, 표 3)의 연구에 유용하게 활용되고 있다. 그 이유는 이들 분자의 고리 부분이 UV 흡수를 보이기 때문이다.

생물학에서는 시료의 농도 측정에 가장 많이 사용한다. 그러나 UV/vis 분광계는 **생체분자**(biomolecule)의 성질에 미치는 환경적 영향의 관찰에도 사용될 수 있다.

예를 들면, 이중 나선 구조의 DNA와 RNA(주제 H1, H2, K2, M2)의 변성 과정을 UV/vis 분광계로 추적할 수 있다. 이중 나선의 핵산들은 수소 결합과 염기-쌓임 상호작용(H1, H2)으로 안정화되어 있다. 핵산 용액에 열이 가해지면, 이러한 상호작용을 파괴할 수 있는 충분한 에너지가 공급되어 이중 나선 구조는 **녹게**(melt) 된다. 시료의 흡광도를 260 nm에서 측정하

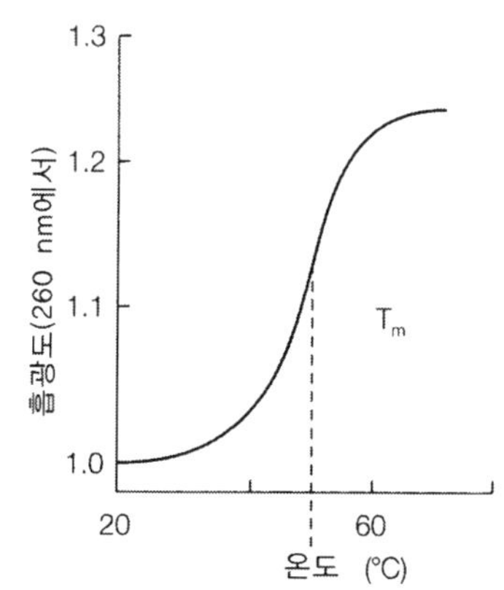

그림 5. 짧은 핵산의 온도에 따른 UV 흡광도 변화.

면 온도에 따라 흡광도가 증가되는 것을 볼 수 있다. 이와 같은 흡광 광도 증가 현상은 염기간의 상호작용이 파괴됨에 따라 발색단이 분리되기 때문이다. 따라서 이와 같은 평가는 특정계의 안정성을 결정하는 데 사용될 수 있다. 실제로 나선 구조의 안정성을 **녹는점**(melting temperature, T_m)로 나타내는 것이 일반적이다. 녹는점은 온도에 따른 흡광도의 시그마 타입 그래프의 중간점(그림 5)으로, 존재하는 분자들의 반이 녹아 있는 온도로 정의되고 있다. 이 정보는 DNA(혹은 RNA)의 염기쌍 A : T(혹은 A : U)와 G : C 간의 비율을 결정하는 것에 사용될 수 있다.

Q3. 형광

중요한 용어

형광의 정의

분자가 빛을 흡수하면 분자내의 전자는 바닥 상태에서 들뜬 상태로 올라가게 된다. 들뜬 상태는 오래 지속되지 않고 전자는 바닥 상태로 차차 되돌아온다. 낮은 에너지 준위는 주위의 매질에 에너지를 방출함으로써 얻어지게 된다. 다른 방법으로는 연속적으로 빛을 방출하는 재방사광이 일어날 수 도 있다. 이 빛을 형광이라고 한다.

형광단

형광단은 형광 반응을 보이는 분자 혹은 분자의 부분을 말한다. 자연계에서 형광단은 방향족 아미노산, 플라빈, 비타민 A, 그리고 NADH 등이 있다. 이들이 생물학적 계의 형광 실험에 검출되는 것들이다.

양자 수득률

형광이 들뜬 상태를 감소시키는 유일한 과정이 아니라 다른 과정들도 같이 일어난다. 이러한 추가적인 과정들로 인하여 들뜬 상태의 감소 속도가 형광 자체만으로 진행될 때 보다 빠르게 진행된다. 형광에 의해 감소되는 들뜬 상태의 비율을 양자 수득률이라고 하며 Φ_f로 표시한다.

형광 소광

형광단의 양자수득률은 일련의 과정에 의해 줄어들거나 소광된다. 형광 소광은 다른 형광단이 근접해 있거나 중금속 혹은 상자기성체의 존재로 일어난다.

생물학적 용도

형광은 시료의 농도 결정과 반응 진행 과정 추적에 사용된다. 또한 시간에 따른 형광 측정을 통해 분자 재배열 혹은 분자 동역학 등을 검출할 수도 있다.

관련된 주제 전자기 스펙트럼(Q1) 자외선-가시광선 분광학(Q2)

형광의 정의

일반적으로 상온에서는 분자가 바닥 상태의 전자 전위와 진동 전위 상태에 있다(주제 Q1, Q2). 적당한 파장의 에너지를 흡수하면 **단일항 상태**(singlet state)로 전자 들뜸이 생긴다. 이때 진동 전위도 전자 전이에 동반하여 이동하게 된다. 평형이나 바닥 상태로 되돌아오는 과정은 에너지를 잃어버리는 여러 가지 과정으로 진행된다. 첫 번째 과정은 들뜬 상태의 높은 진동 전위에서 낮은 진동 전위로 에너지를 방출(주로 열 방출)하며 내려오는 것이다. 그러나 아직 전자 전위는 들뜬 상태에 있다. 이 상태에서 연속적인 방출이 일어나며, 이 방출된 빛을 **형광**(fluorescence, 그림 1)이라고 한다.

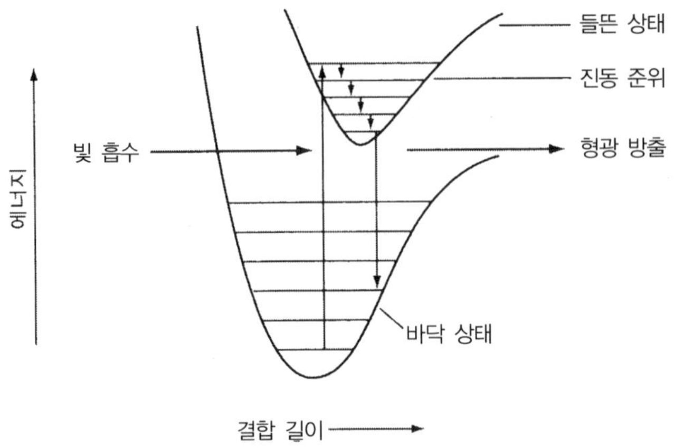

그림 1. 형광을 내는 과정

형광 실험의 결과는 들뜸 스펙트럼과 방출 스펙트럼으로 나누어진다. 앞의 것은 들뜨게 하는 빛의 파장에 의존하며, 후자는 방출된 빛의 파장에 의존한다.

형광단

형광단은 형광을 일으키는 분자 혹은 분자의 일부를 말하며, 이것은 UV/vis 분광학(주제 Q1)의 발색단의 정의와 비슷하다. 일반적으로 곤쥬게이션된 파이계를 가지고 있는 분자들이 형광을 낸다. 예를 들면, 자연계에서는 방향족 아미노산, NADH, 플라빈, 비타민 A 등과 같은 분자가 형광단이다. 형광 표지물이라는 형광을 내는 물질들이 많이 합성되어서 이전에는 형광으로 관찰할 수 없었던 생체분자의 결합 등을 연구하는 곳에 사용되고 있다. 표 1에 형광 표지물의 예들과 이들 및 자연 형광단의 특성이 나타나 있다.

양자 수득률

형광이 분자가 바닥 상태로 되돌아오는 유일한 과정은 아니다. 오히려 다양한 경쟁적인 과정들이 있으며, 이들 과정들이 종합되어 형광 자체만으로 일어나는 경우 보다 훨씬 빠르게 들뜬 상태를 감소시킨다(그림 2). 이완 과정의 전체적인 속도는 각각의 과정들의 속도에 의존된다.

표 1. 천연 형광단과 합성 형광 소재들

형광단(천연 및 합성)	방출 특성들	
	λ_{max}(nm)	Φ_f
트립토판	348	0.20
타이로신	303	0.10
페닐알라닌	282	0.04
염화 댄실	510	0.10
브로민화 에티듐	600	~1

만일 모든 과정이 일차 속도론(주제 P1)을 따른다고 가정하면, 속도 상수는 다음과 같이 표현될 수 있다.

$$k = k_f + \Sigma k_i$$

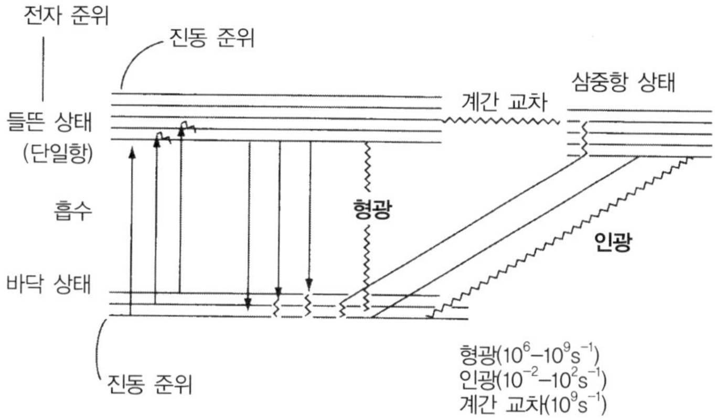

그림 2. 이완 경로와 그들의 시간 척도의 예.

여기서 k는 전체 속도 상수, k_i은 방사선을 방출하지 않는 경쟁적인 과정들의 각각의 속도 상수, k_f는 형광 상수이다. 이완 시간, τ는 1/k로 정의된다.

형광으로만 이완되는 분자의 비율인 양자 수득률을 나타내는 식은 다음과 같다.

$$\Phi_f = \frac{k_f}{k_f + \Sigma k_i}$$

이완 시간으로 정리하면 양자 수득률은 아래의 식이 된다.

$$\Phi_f = \frac{\tau}{\tau_f} \qquad \tau_f = \text{형광 수명}$$

양자 수득률은 측정하기 어려운 매개변수이어서 실제로는 기준 시료와의 비교를 통해 얻어진다.

형광 소광

앞에서 살펴본 바와 같이 전자적으로 들뜬 분자를 이완시킬 때 형광이 유일한 과정이 아니다. 다른 과정들의 존재는 형광 강도의 축소, 즉 형광의 소광을 의미한다. 특징적인 형광 소광과정의 분석을 통해 유용한 구조 정보를 얻는 경우도 있다.

생물학에서는 일상적으로 두 가지 형태의 소광, 즉 공명에 의한 에너지 전달과 충돌에 의한 에너지 전달에 대하여 연구를 하고 있다. 공명에 의한 에너지 전달은 비방사성 과정으로 상대적으로 먼 거리(5 nm 이하)에 있는 형광단들 간에 발생한다. 이 과정의 세밀한 분석을 통하여 형광단 간의 거리를 측정할 수 있다.

형광단이 O_2 같은 상자기성 물질이나 I^- 혹은 Cs^+와 같은 무거운 이온과 충돌하여 **계간 교차**(intersystem crossing, 그림 2)라는 과정으로 에너지 전달, 즉 이완이 이루어질 때 이것을 **충돌에 의한 에너지 전달**이라고 한다. 상자기성 물질이나 이온들은 소광체이며, 이 과정의 분석을 통해 분자 역학에 관련된 정보를 얻을 수 있다.

생물학적 용도

자외선 흡수와 마찬가지로 형광을 사용하여 시료의 농도 측정과, 형광단의 성질과 주위 환경의 변화에 따른 반응을 추적을 할 수 있다. 예를 들면, 글루타메이트 탈수소효소에 기질 유사체인 글루타레이트가 존재하는 상태에서 니코틴아마이드 아데닌 다이뉴클레오타이드의 환원형(NADH)과 산화형(NDA^+)이 결합하는 것을 형광 연구를 통해 추적할 수 있다. 이 연구를 통해 NAD^+와 글루타레이트가 탈수소효소의 여섯 개의 소단위체 중에서 세 개와 결합을 하며, 이로 인하여 NADH의 양자 수득률에 영향을 주는 입체 배열의 변화가 온다고 제안되었다. 아마도 분자의 운동과 분자 구조의 연구 분야가 형광의 가장 중요한 적용 분야일 것이다.

형광 소광이 상대적으로 멀리 떨어진 형광체들 사이의 에너지 전달로 일어날 수도 있다. 주개(들뜬 계)와 받개(일반적으로 바닥 상태)가 필요하며, 들뜬 상태와 바닥 상태 간의 에너지 차이가 각각의 형광체들에게 동일해야 한다. 주개와 받개 사이의 에너지 전달 속도는 $1/r^6$에 비례하며, 이때 r은 형광체들 사이의 거리이다. 이 관계를 통하여 단백질에 붙은 형광 소자와 단백질의 활성 자리 혹은 결합 자리에 있는 아미노산 사이의 거리를 측정할 수 있다.

Q4. 적외선 분광광도법

중요한 용어

분자 진동

상온에서 분자들은 일정한 진동을 하고 있다. 결합의 신축과 굽힘에 필요한 에너지는 10^3에서 10^5 $Jmol^{-1}$이며, 이것은 전자기파 스펙트럼의 적외선(IR) 영역에 해당한다. 따라서 적외선 분광학은 주로 결합 형태 혹은 보다 상세하게는 작용기들을 구별하는 것에 사용된다.

적외선 스펙트럼

적외선(IR) 실험의 결과는 진동수 변화에 따른 흡수 혹은 투과 백분율을 그래프로 나타낸다. 그러나 진동수보다는 파수(wavenumber)가 더 보편적으로 사용된다. 파수(cm^{-1})는 파장(wavelength, cm)의 역수이다. 흡수나 투과는 정량화되기 어려워 일반적으로 흡수 띠를 강함, 중간, 약함 등으로 표시한다.

작용기의 흡수띠

특정한 작용기의 굽힘과 신축 진동은 잘 정의된 좁은 영역에서 일어나므로 화합물의 종류를 판단할 수 있도록 한다. 유기/생화학적 화합물의 중요한 띠들은 파수 1600~4000(cm^{-1})에서 나타난다. 1600cm^{-1} 이하의 영역을 지문 영역(fingerprint region)이라고 한다.

생물학적 용도

IR의 생물학적 주요 용도는 리간드 결합 연구 및 수소 결합 상호작용의 탐지, 특별한 경우에 분자 입체 배열들을 연구하는 것 등이다.

관련된 주제

전자기파 스펙트럼(Q1)

분자 진동

정상적인 온도와 압력에서 분자는 일정한 진동 상태에 있다. 가장 간단한 이원자 분자에서 결합의 끝에 붙어 있는 각 원자들을 스프링의 끝에 붙어 있는 공과 같다고 가정하면, Hooke의 법칙을 사용하여 결합(스프링)을 신축시키는 데 필요한 에너지(실제로는 진동수이지만 이것은 에너지와 비례한다)를 결정할 수 있다(그림 1).

m_1, m_2 = 결합하고 있는 원자들의 질량
k = 힘 상수
υ = 진동수

$$\frac{m_1 m_2}{m_1 + m_2} = \text{환산 질량} = \mu$$

$$\upsilon = \frac{1}{2\pi}\sqrt{\frac{k}{\left(\frac{m_1 m_2}{m_1 + m_2}\right)}}$$

그림 1. Hook의 법칙을 원자와 결합에 적용시킬 수 있다.

위 식에 따르면 신축 진동의 진동수는 결합 세기 혹은 힘 상수를 환산 질량으로 나눈 것의 제곱근값에 비례한다. 이러한 비례 관계를 이용하면 결합의 세기와 결합된 원자들의 질량을 사용하여 특정한 결합이 나타내는 상대적인 띠의 위치를 예측할 수 있다.

단순한 이원자 분자는 결합의 신축이라는 단 하나의 진동 형태만 가지고 있다. 다원자 분자에서는 많은 진동 형태들, 정확히는 N개의 원자들이 있으면 (3N – 6)가지 진동 형태를 가진다. 진동의 여러 가지 형태를 그림 2에 나타내었다.

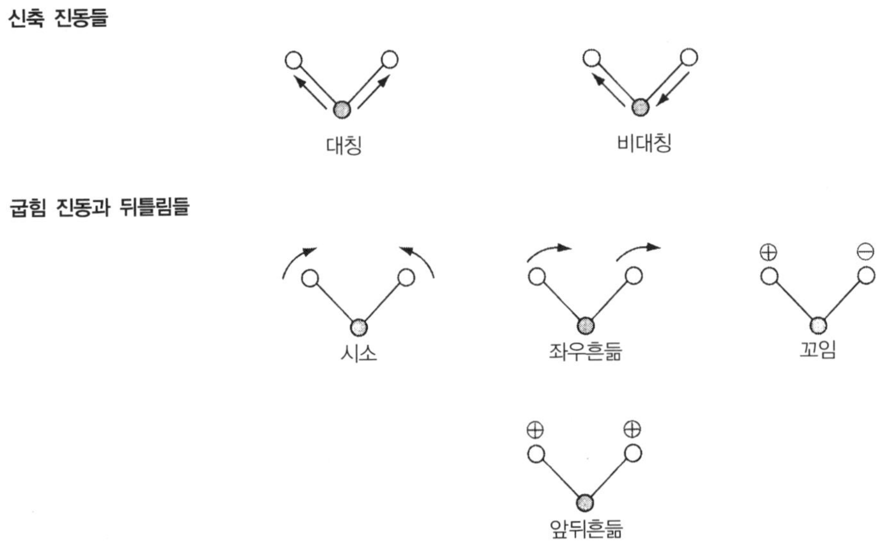

그림 2. 3원자 계의 진동 형태들. —, 결합; ○ ●, 원자들, +, 종이면 앞쪽, –, 종이면 뒤쪽.

결합의 신축 운동이 결합의 굽힘 운동보다 더 많은 에너지가 들며, 대칭이 비대칭보다 더 많은 에너지를 필요로 한다.

기억해야 할 중요한 점은 적외선 스펙트럼에서 **검출**되기 위해서는 진동이 **쌍극자 모멘트**(dipole moment)를 변화시키는 것이어야 한다는 것이다.

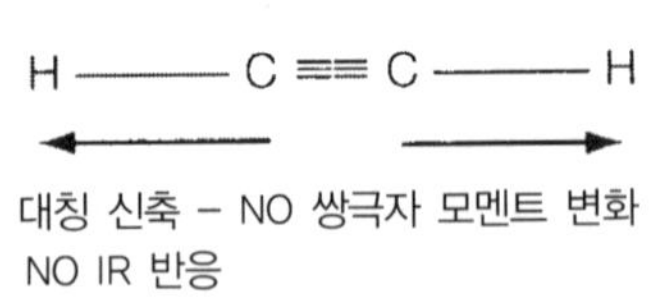

Hook의 법칙을 사용하여 진동수를 쉽게 예측할 수 있다.

$$\left.\begin{array}{l} \upsilon\, C{=}C > \upsilon\, C{-}C \\ \upsilon\, C{=}O > \upsilon\, C{-}O \end{array}\right)\ k\text{에 의함}$$

$$\left.\begin{array}{l} \upsilon\, C{-}H > \upsilon\, C{-}C \\ \upsilon\, O{-}H > \upsilon\, C{-}O \end{array}\right)\ \mu\text{에 의함}$$

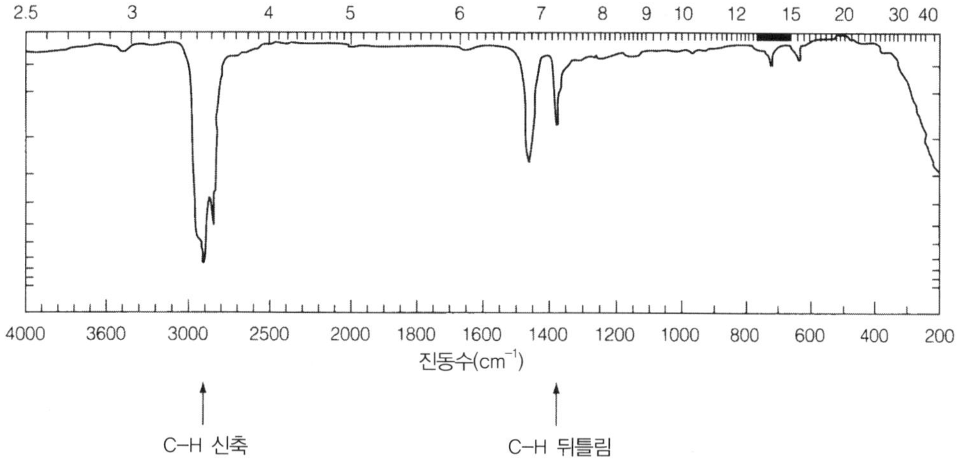

그림 3. 누졸의 적외선 스펙트럼

적외선 스펙트럼

파장이 체계적으로 변화되는 적외선 빛을 시료에 통과시킨 결과를 파장이나 진동수에 따른 빛의 흡수율이나 투과율의 백분율로 그래프에 나타낸다. 결합 진동 운동의 진동수와 가해진 적외선의 진동수가 일치하면 흡수나 투과에 변화가 생기게 된다. 관찰되는 것이 이러한 중첩이다. 한 예로 탄화수소인 누졸(Nujol)의 적외선 스펙트럼이 그림 3에 나타나 있다.

IR 실험은 기체, 액체, 고체 상태에서 수행할 수 있다. 일상적으로 고체 시료는 누졸에 분산시키거나 브로민화 포타슘 속에 압축시켜 측정한다. 액체 혹은 누졸 현탁액을 소금(NaCl) 결정으로 만들어진 원반들(지름 약 2 cm) 사이에 넣어 샌드위치처럼 만들어서 측정한다. 소금 결정은 적외선의 중요한 관심 영역에서는 흡수를 하지 않는다. 적외선 결과를 진동수 혹은 파장으로 표시할 수도 있으나, 일상적으로는 파수를 사용한다.

$$\bar{\upsilon}$$

파수는 다음과 같이 진동수와 관련지어 진다.

$$\bar{\upsilon} = \frac{\upsilon}{c}$$

c = 빛의 속도

흡수나 투과는 단지 강함(s), 중간 (m), 약함 (w), 변화(v)로만 표시한다.

작용기의 흡수띠

일반적인 적외선 스펙트럼의 영역은 4000~625cm^{-1}이다. 그러나 일상적으로 4000~1600cm^{-1} 영역에 주요 작용기의 특징적인 흡수띠가 나타나는 것으로 간주하여 이 영역만을 해석하기도 한다. 1600cm^{-1} 이하의 영역은 지문 영역이라고 하며, 이곳의 흡수띠는 전체 구조와 분자의 상세한 결합 상태 등에 영향을 받으며, 기본적으로 매우 복잡하다.

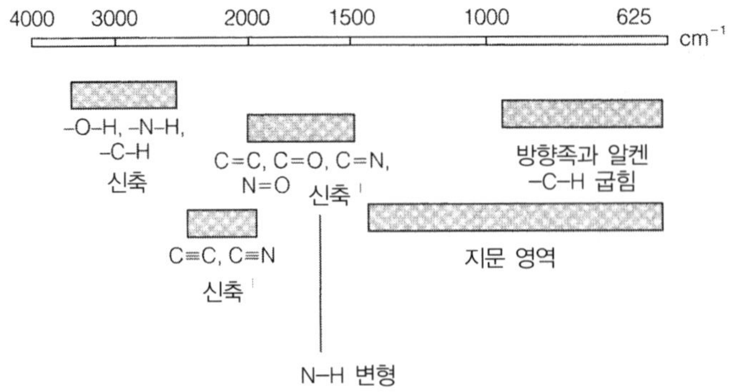

그림 4. 작용기 흡수띠 위치의 도식적 표현.

그림 4는 작용기들의 흡수 영역을 도표 형식으로 나타낸 것이다. 알코올과 알데하이드 혹은 아민과 나이트릴의 차이는 매우 명확하다. 좀 더 자세히 살펴보면, 카보닐의 신축 진동이 약간 다른 진동수를 가지는 케톤과 에스터 사이를 구별하는 것도 상당히 명확하다.

생물학적 용도

기존의 적외선 실험을 개선된 방법으로 수행하는 Fourier 변환 적외선 분광기(FTIR)의 등장으로 생물학 분야에서 적외선 분광기의 활용이 많이 증가되었다. FTIR 기술의 자세한 것들은 이 교재에서는 다루지 않는다.

IR로 간단히 관찰할 수 있는 과정은 수소(H)−중수소(D) 간의 상호교환으로, 쉽게 변환 가능한 수소들을 가지고 있는 단백질과 핵산 같은 생물학적 계에 적용될 수 있다.

중수(D_2O) 용액에서 찍은 단백질의 IR 스펙트럼이 그림 5에 나타나있다. 단백질이 완전히 접혀 있으면 표면의 수소들만이 H−D 상호교환을 할 수 있다. 질소에 붙어 있는 수소를 살펴보자. N−D 결합이 N−H 결합보다 약간 더 강하다는 것을 고려하면, 용매에 노출된 아미노기들의 IR 흡수들이 이동할 것을 예상 할 수 있다. 이러한 이동이 크지는 않지만, 단백질 접힘이 풀려(변성) 더 많은 아미노기들이 용매에 노출됨에 따라 그 이동이 확연해 진다. 따라서 IR은 단백질의 변성과 회복 과정의 관찰하는 것에 유용하게 사용된다.

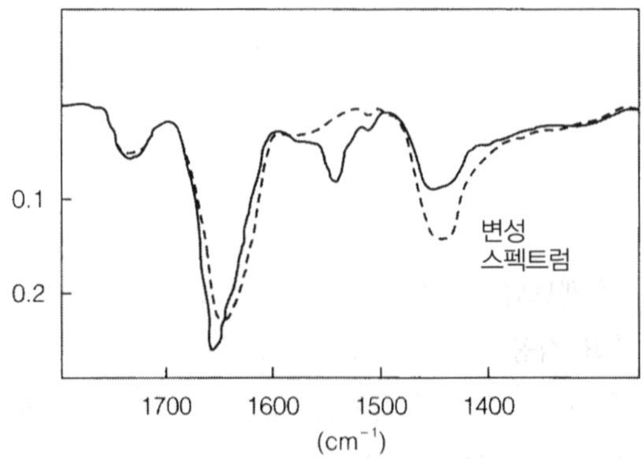

그림 5. D_2O 용액 속의 단백질의 흡수 스펙트럼. 실선: 완전히 접힌 상태, 점선: 변형된 상태.

Q5. 원편광 이색성

중요한 용어

원형으로 편극화된 빛

평면 편극화된 두 개의 광선 혹은 파가 서로 직각으로 진행하면(동일한 진폭을 가지지만 위상이 90도 다름) 이 파들이 중첩되어 새로운 파가 생성되며, 이것을 원형으로 편극화(circularly polarized)되었다고 한다. 만일 중첩되는 두 파의 진폭이 다르면, 생성되는 파는 타원형으로 편극화(ecliptically polarize)된다.

원편광 이색성의 정의

분자가 광학 활성을 가지고 있으면 왼쪽(L-) 혹은 오른쪽(R-)으로 원형 편극화된 빛과 다르게 상호작용을 한다. 분자에 의해 두 방향의 빛이 서로 다르게 흡수되면 시료를 통과한 빛은 타원형으로 편극되어 있으며, 원편광 이색성(circular dichroism, CD)이 관찰된다. 빛의 속도가 변하게 되면 광회전 분산(optical rotatory dispersion, ORD)이 관찰되며, 이것은 굴절률과 관계가 있다.

분자 타원율

CD 실험의 결과는 2개의 서로 직각인 원형 편극화된 광선의 흡광도 차이(ΔA)를 측정한 것이다. ΔA는 흡광 계수의 차이와 Beer-Lambert 법칙을 통해 연관되어 있다. 흡광 계수의 차이에 3300을 곱한 것을 분자 타원율(molar ellipticity, $[\theta]_\lambda$)이라고 하며, 이것이 종종 보고되고 있다.

CD의 발색단

CD 실험에 필요한 광학 활성도는 전자가 바닥 상태에서 들뜬 상태로 이동할 때 생성되는 전하 전이가 비대칭적인 작용기로부터 온다. 이와 같은 작용기를 발색단이라고 한다. 광학 활성의 기호와 정도는 국부적인 환경에 좌우된다. 아마이드 결합과 시스틴의 이황화 결합이 원천적으로 광학 활성이다. 핵산의 개개의 염기들은 광학 활성이 아니지만, 핵산 중합체 속에서는 광학 활성이 유도된다.

생물학적 용도

원편광 이색성은 이온화 현상과 단백질에 리간드가 결합하는 것을 관찰하는 것에 사용되어, 핵산의 입체 배열 변화의 조사와 단백질과 펩타이드의 이차 구조적 요소의 조사에 활용되고 있다.

관련된 주제

광학 활성과 분해(E3)
수소 결합(H1)
소수성 상호작용(H2)
전자기파 스펙트럼(Q1)
자외선-가시광선 분광학(Q2)

원형 편극화된 빛

빛의 전기적 성분(주제 Q1)은 yz 평면에서 싸인 곡선을 그리며 y-방향으로 진동하면서 진행

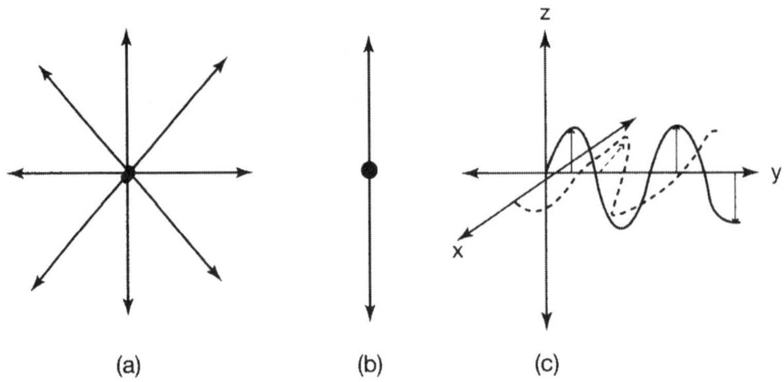

그림 1. 빛의 자기적 성분의 진행에 대한 설명. (a) 편극화되지 않은 빛. (b) z축을 따라 편광된 빛. (c) z축 편광된 빛의 zy 평면에서의 파 운동(점선은 y축 편광된 빛의 yx 평면에서의 파 운동)

하는 것으로 묘사될 수 있다(그림 1). 진동이 yx 평면에서 일어난다고 말할 수도 있으며, 실제로 진행 축과 직각인 어떤 평면에서 일어난다고 말 할 수 도 있다. 이것은 **편극안된**(unpolarized) 빛에서 일어나는 현상이다. 만일 편극판을 사용하여 한 가지를 제외한 모든 진동을 제거시키면, 광은 한 가지 진동 경로를 가진, 즉 **평면 편광된 빛**(plane-polarized light)이 된다(주제 E3). **원형 편광된 빛**(circularly-polarized light)은 두 개의 상호 직각이고 상이 90도 다른 진동을 가지는 평면 편광된 빛에 의해 생성된다(그림 1). 이 두 개의 파는 중첩되어 나선형/원형 성질을 가지는 새로운 파를 생성시킨다. 그러나 두 개의 광선의 진폭이 서로 다르면, 중첩되어 타원형 모양의 파, **타원형 편광된 빛**(elliptically polarized light)을 만들게 된다.

원편광 이색성의 정의

서로 반대 방향(L과 R)으로 회전하는 원형 편광된 빛의 합은 하나의 평면 편광된 빛이 된다. 묘사는 서로 뒤바뀔 수도 있다(그림 2). 이 개념은 어떻게 원편광 이색성(circular dichroism, CD)이 생성되든가를 이해하는 데 중요하다. 광학 활성인 화합물이 L-방향으로 원형 편광된 빛과 상호작용하는 것은 R-방향으로 편광된 빛과 상호작용을 하는 것과는 다르다. 이와 같이 다른 상호작용으로 인하여 시료에 의해 흡수되는 빛의 양이 서로 다르다, 즉 $A_L \neq A_R$이고, 이것이 **이색성**(dichroism)이다. 흡수는 흡광율 ε(주제 Q2)과 관계가 있으므로 이것은 $\varepsilon_L \neq \varepsilon_R$가 된다. 다른 현상으로, 시료를 통과하는 광선의 통과 속도가 다를 수 있으며, 이것은 두 방향에 대한 굴절률이 다른 것을 뜻한다. 이것이 **광회전 분산**(optical rotatory dispersion, ORD)의 기본이다.

$A_L \neq A_R$ ($\varepsilon_L \neq \varepsilon_R$)이면 L과 R 광선의 조합으로 이루어지는 광선은 더 이상 평면 편극화된 빛이 아니며, **타원형 편광된**(elliptically polarized) 빛이 되고(그림 2), 원편광 이색성이 관찰된다. $n_L \neq n_R$이면 L과 R의 합이 평면 편광된 빛이기는 하지만, 시료가 없을 경우 진행되는 경로로부터 회전(α도)되어 있으며, 이것이 편광계의 원리이다(주제 E3).

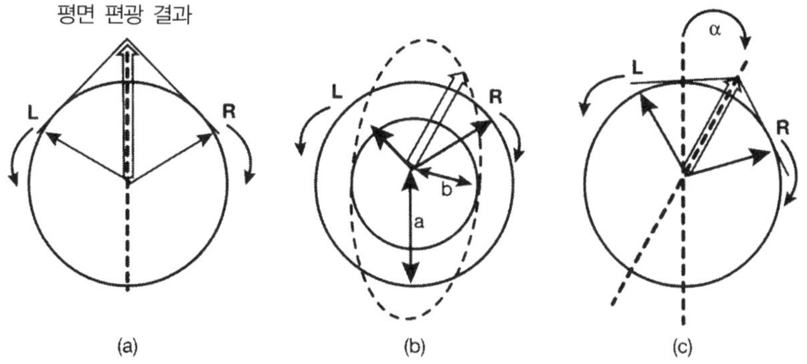

그림 2. L과 R로 원 편광된 빛의 조합 (a) 광학 활성을 가진 화합물이 없을 때, 광학 활성을 가진 화합물이 있을 때, (b) 원편광 이색성이 생기는 경우, (c) 광회전 분산이 생기는 경우.

분자 타원율

CD 실험에서는 흡광도의 차이(ΔA)가 관찰되는 요소이다. 여기서 ΔA는 A_L-A_R이다. 그러나 CD 스펙트럼은 그래프의 y축에 흡광도의 차이(Δε), 혹은 관련된 양인 **분자 타원율**(molar ellipticity, $[\theta]_m$ 혹은 $[\theta]_\lambda$)를 사용하기도 한다. 여기서 θ는 도(degree)로 측정되며, λ는 관찰에 사용하는 파장이다. $[\theta]_\lambda$는 Δε과 다음과 같이 연관된다.

$$[\theta]_\lambda = 3300\ \Delta\varepsilon$$

분자 타원율 다음과 같이 정의된다.

$$[\theta]_\lambda = (\theta_{obs} \cdot \mathrm{MW})/100\ Lc$$

여기서 θ_{abs}는 관찰된 타윌율을 도(degree)로 표시된 것(그림 2)이고, L은 진행 거리를 데시미터(decimeter)로 나타낸 것이고, c는 농도를 gr/ml로 나타낸 것이다. 타원율은 그림 2b를 사용하여 'a'와 'b'를 측정한 후 아래의 식을 이용하여 결정한다.

$$\tan^{-1}\theta = b/a$$

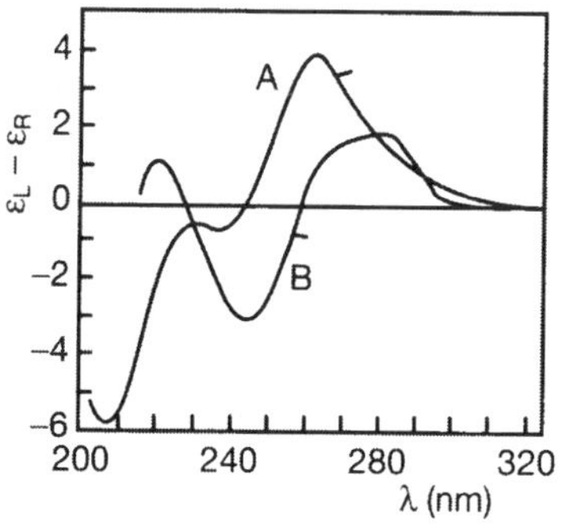

그림 3. B-형과 A-형의 DNA의 CD 스펙트럼.

실제로는 두 개의 분리된 원형 편광된 광원을 사용하기 보다는, 결정체에 전위차를 조절함으로써 L 혹은 R 빛을 통과 시키도록 조절되는 것(Pockels cell)을 사용한다. 가해지는 빛의 파장은 200~700nm 범위에서 자유롭게 변형이 가능하며, ΔA는 파장의 함수로 측정된다.
스펙트럼은 넓으며 양과 음의 성분으로 나타내어진다(그림 3).

CD의 발색단

전하의 이동이 명확한 전기적(전하의 직선적 이동) 및 명확한 자기적(전류의 회전으로 발생) 쌍극자 모멘트를 가지는 전자 전이를 하는 분자는 광학 활성을 갖는다(주제 E3). 이와 같은 전하의 이동은 나선형 경로를 따른다. 따라서 광학 활성을 가진 화합물은 L 과 R로 원형(나선형) 편극화된 빛과 다르게 상호작용한다. 이와 같은 분자 혹은 부분을 **발색단**(chromophore, 주제 Q2)라고 하며, 일반적으로 비대칭성이다(주제 E2와 E3). 생물학적 계에서 천연 발색단은 아마이드 결합(주제 J4와 K1)과 시스틴의 이황화 연결들이며, 이들은 각각 240 nm 이하와 240~360 nm 범위에서 관찰된다. 아미노산의 방향족 곁가지나 핵산의 헤테로고리(방향족) 염기들은 원천적으로는 광학 활성을 가지지 않는다. 다른 환경적 원인들로 인하여 이들에게 광학 활성이 유도될 수 있다. 예를 들면, 핵산들은 DNA나 RNA 가닥으로 중합체가 되면(주제 H3, K2와 M2) 광학 활성을 나타낸다. 이러한 긴 사슬 분자내에서 헤테로고리 염기들은 서로 포개어져 n−π* 전이의 갈라짐을 초래하여 CD 스펙트럼에서 양의 띠와 음의 띠를 200~320 nm 범위에서 나타낸다(그림 3). 일반적으로 두 개의 발색단이 공간적으로 가까우면 전이 쌍극자 모멘트들이 상호작용하여 반대의 기호(혹은 의미)를 가지는 두 개의 CD 띠를 생성시킨다.

생물학적 용도

원편광 이색성은 효소의 활성화 자리에 있는 카복실산의 이온화를 관찰하는 데 사용될 수 있다. 하나의 효소에 대하여 기질 유사체나 저해제가 없는 그리고 있는 상태에서 $[\theta]_\lambda$를 pH의 함수로 측정하였을 때, 리간드의 결합으로 카복실기의 이온화 가능성이 영향을 받으면 두 개의 다른 곡선을 만들어 낸다.

DNA와 RNA의 입체 배열(주제 K2)이 CD 분광기를 통하여 확정될 수 있다. 이미 언급한 바와 같이 핵산의 염기들은 원천적으로는 광학 활성이 없으나 중합체 속에 있게 되면 광학 활성이 유도된다. 그러나 실제 CD에 대한 반응은 중합체의 입체 배열에 의해 결정된다. DNA는 일반적으로 두 개의 중합체 가닥이 서로를 감싸서 B−형(주제 K2)으로 부르는 우선성 나선 구조의 형태로 발견된다. 이 입체 배열에서는 음성 띠가 240nm 근방에서 나오고, 양성 띠가 270 nm 부근에서 나온다. 띠의 모양과 띠의 최고, 최저치는 입체 배열이 A−형(주제 K2)으로 변함에 따라 변화된다. 이것은 두 개의 입체 배열 간의 염기−포개짐 배열이 틀려지는 것의 직접적 결과이다(그림 3). 이것과 유사하게, 펩타이드와 단백질(K1)도 정상적인 이차 구조적 요인들의 존재로 인하여 특징적인 CD 형태를 보인다(그림 4).

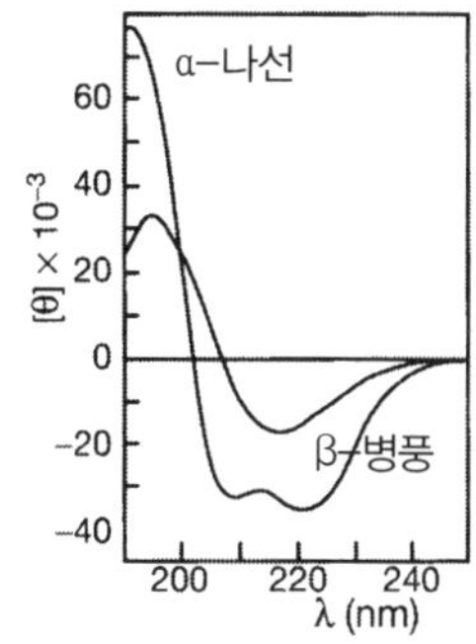

그림 4. α-나선 혹은 β-병풍의 성격을 많이 지닌 단백질의 CD 스펙트럼.

Section Q 분광학

Q6. 핵자기 공명 분광학

*중요한 용어

핵스핀

핵자기 공명(NMR) 분광학에서 관찰되는 성질은 핵스핀을 가진 핵들은 자기 모멘트를 가진다. NMR 분광학에서 관찰되는 것은 외부 자기장이 이러한 자기 모멘트에 미치는 영향이다. 자기장 속에서 자기 모멘트는 에너지가 다른 2개의 배열을 취할 수 있다. 하나의 배열에서 다른 것으로 바꿀 때 필요 혹은 방출되는 에너지는 전자기 스펙트럼의 라디오파 진동수 영역이다.

스핀을 가진 핵

많은 핵들이 스핀을 가지고 있어서 NMR 실험에서 검출된다. 그들 중에서 가장 중요한 것은 수소의 가장 풍부한 동위원소, ^{1}H이다. 이 책에서는 양성자라고 부른다. 다른 유용한 핵들은 ^{31}P와 ^{19}F가 있다. 탄소의 가장 풍부한 동위원소 ^{12}C는 스핀을 가지고 있지 않아서 NMR에 나타나지 않는다. 그러나 ^{13}C는 스핀을 가지고 있으며, 이 핵은 현대 NMR 연구에 사용되고 있다.

NMR 스펙트럼

현대의 NMR 분광기는 Fourier 변환(FT) 기계들이다. 실험의 말미에 측정되는 신호는 시간의 함수이다. 이 신호를 Fourier 변환시켜 NMR 스펙트럼에서와 같이 진동수의 함수인 신호로 만든다. 스펙트럼에서 추출되는 특징적인 점들은 피크의 강도; 그들의 적분값, 그들의 위치; 그들의 화학적 이동, 피크의 세세한 구조; 다중도와 짝지음 등이다.

적분

NMR의 중요한 면 중의 하나가 스펙트럼에서 각각의 피크의 면적이 그 진동수를 흡수하거나 방출하는 핵들의 수와 비례한다는 것이다. 각 피크의 면적을 적분이라고 하며 분자내에서 화학적으로 다른 위치에 있는 핵들의 수를 결정하는 데 사용된다.

화학적 이동

NMR 스펙트럼은 흡수되는 방사선의 각 진동수에 상응하는 피크들로 구성되어 있다. 한 분자내에서 양성자들의 진동수 차이는 매우 작지만 외부 자기장에 따라 변한다. 이러한 문제를 극복하기 위하여 단위가 없는 화학적 이동이 사용되었다. 이것은 시료의 양성자와 기준 물질의 양성자 사이의 진동수 차이를 운반자 진동수(기계가 제공)로 나누어 준 것이다. 화학적 이동은 백만분의 일(p.p.m.)로 표시한다.

짝지음 상수

많은 경우에 NMR 스펙트럼은 미세한 구조를 하고 있다. 이것은 분자내에서 핵스핀(핵 자석)들 간의 상호작용에 의한 것이다. 선의 수 혹은 다중도는 분자내에서 상호작용하는 스핀들의 수를 결정하는 데 사용된다. 다중선 중의 선들 간의 간격(짝지음 상수)은 관련된 결합과 결합각들의 수와 연관된 상호작용의 에너지와 연관되어 있다.

이완	NMR 들뜬 상태는 특별히 길게 유지된다. 따라서 어떤 바닥 상태로 되돌아가는가 혹은 어떤 이완이 일어나는가에 대한 관찰이 가능하다. 이완 현상을 이용하거나 관찰하는 과정에서 분자의 신축성과 분자간의 거리 등이 결정될 수 있다.
생물학에 응용	NMR은 생체분자 변화의 pH 의존성과 특정 치환체의 pK_a를 조사하는 것에 사용될 수 있다. 또한 리간드의 결합 속도를 연구할 수도 있다. 높은 생체분자의 농도, pH와 온도의 안정적 유지 등과 같은 이상적인 조건이 갖추어 지면 NMR로 고분자의 구조를 결정할 수도 있다.
관련된 주제	**전자기 스펙트럼(Q1)**

핵스핀

핵이 스핀을 가지고 있다면 그것은 고유한 각 모멘트를 가지고 있다. 이것은 모든 핵이 양전하를 가지고 있다는 사실과 합해져서 스핀을 가지고 있는 핵이 자기 모멘트를 가지고 있다는 것을 의미하게 된다. 이러한 자기 모멘트는 다른 배열들을 가질 수 있으며, 핵들이 자기장 안에 놓이면 이들 배열들 간에 에너지 차이가 생기게 된다.

스핀을 가진 핵은 외부 자기장과 비교하여 2I+1개의 가능한 방향을 가질 수 있다. 여기서 I는 스핀이다. 따라서 ^{1}H와 ^{13}C에서와 같이 I=1/2 이면, 2개의 배열이 가능하다. 낮은 에너지의 배열을 α, 높은 에너지는 β로 표시한다. 관찰되는 것은 바로 이 두 전위 간의 전이이다(그림 1). 에너지 차이의 크기는 여러 요인들 중에서 자기장의 세기에 의존된다. 현재 가능한 자석의 범위는 1.4에서 17.5 테슬라이다. 따라서 전이가 일어나기 위해 필요한 에너지는 전자기 스펙트럼의 라디오파 진동수이다(주제 Q1).

일상적인 온도와 압력에서 에너지 차이는 매우 작기 때문에 두 에너지 준위간의 스핀 점유도 차이는 매우 적다. α 스핀 상태가 미미한 차이 정도로 많이 있는 정도이다. NMR 실험에서 우리가 다루는 것이 이 점유도 차이이므로 결과적으로 NMR은 상대적으로 민감도가 낮은 기계임을 알 수 있다.

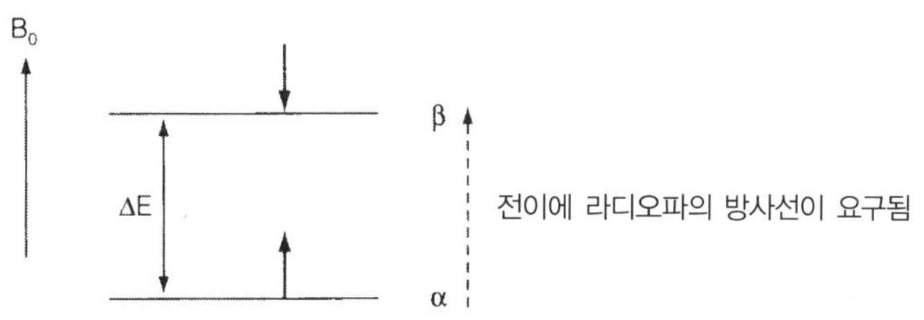

그림 1. 스핀이 1/2인 핵은 두 개의 배열을 취할 수 있다. 자기장 Bo 안에서 낮은 에너지 배열은 α 혹은 +1/2로, 높은 에너지 배열을 β 혹은 −1/2로 표시한다. 이들 스핀 상태들의 전환에 필요한 에너지는 전자기 스펙트럼의 라디오파 진동수에 해당한다.

스핀을 가지고 있는 핵

원자 번호와 질량수(주제 A1)에 따라 핵은 1/2, 상수, 0의 스핀을 가진다. 예를 들면, ^{1}H, ^{19}F, ^{31}P와 ^{14}N은 스핀(순서대로 1/2, 1/2, 1/2, 1)을 가지고 있으나, 유기 화학과 생물에서 중요 원소의 가장 풍부한 동위원소인 ^{12}C와 ^{16}O는 스핀을 가지고 있지 않다. NMR에서 자주 접하는 다른 동위원소는 ^{13}C와 ^{15}N(모두 스핀수 1/2) 이지만 이들의 자연계에 존재하는 양이 상대적으로 적어 결과를 얻는 데 오랜 시간이 소요된다. 비방사성 동위원소들 중에서 ^{1}H가 가장 NMR에 예민한 핵이다.

NMR 스펙트럼

현재 사용되는 분광기의 대부분은 **Fourier 전환**(FT) 기계들이다. 이것은 다른 핵들(모든 ^{1}H이기도 함)을 들뜨게 하는 데 필요한 모든 진동수를 **펄스**(pulse)라고 부르는 짧고 높은 에너지 덩어리로 한 번에 제공된다는 것을 의미한다. 바닥 상태로 복귀하기 위해 에너지를 잃어버리는 것이 시료를 감싸고 있는 코일들에 의해 검출된다. 이렇게 검출된 신호는 시간의 함수로 되어 있으며, 이것을 유도자기 **자유 감쇠**(free induction decacy, FID)라고 한다(그림 2). 이 과정은 여러 번 반복되어 진행되고 결과는 분광기의 컴퓨터 메모리에 축적된다. 고전적인 스펙트럼은 이 신호를 Fourier 전환을 통해 만들어진 진동수 의존적인 신호를 표시하고 있다(그림 2).

스펙트럼은 종이에 그려지며 눈금은 자동적으로 그려진다. NMR 스펙트럼의 결과를 보고 할 때는 스펙트럼의 여러 가지 요소들을 제공한다. 피크 면적 혹은 **적분**, 각 피크의 위치 혹은 **화학적 이동**(δ), 각 피크의 미세한 구조, **다중도** 그리고 **짝지음 상수**(J, 그림 3).

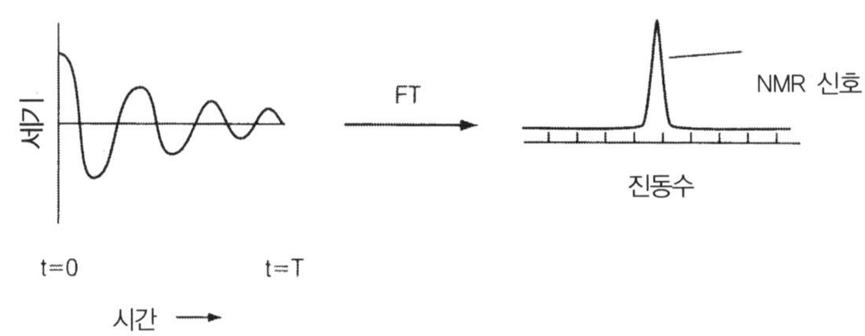

그림 2. 시간의 함수로 된 신호인 유도자기 자유 감쇠(fid)를 Fourier 전환 하여 진동수 의존적인 스펙트럼으로 변환.

적 분

NMR의 가장 유용한 면 중의 하나는 스펙트럼에서 각각의 피크 면적이 특정 화학적 환경에 있는 핵들의 수에 직접적으로 비례한다는 것이다. 결과적으로 에탄올(CH_3CH_2OH)의 ^{1}H NMR 스펙트럼에서 3개의 화학적으로 서로 다른 수소들에 대하여 3개의 피크가 관찰될 것이고 이들 피크는 적분되어 3 : 2 : 1의 비율을 갖는다. 적분은 일반적으로 각 피크 위에 계단형 선으로 나타내거나(그림 3) 피크 주위에 숫자로 나타낸다. 이것은 NMR 스펙트럼의 해석에 확실히 유용한 정보이다.

화학적 이동

다른 화학적 환경에 있는 핵들은 약간 다른 자기장을 받으며, 그로 인하여 그들의 신호는 약간 다른 진동수에서 나타나게 된다. 작은 수를 다루는 것을 피하고 공명 진동수가 외부 자기장의 세기에 의존한다는 사실을 극복하기 위하여 단위가 없는 **화학적 이동**(chemical shift, δ)을 사용한다(그림 4).

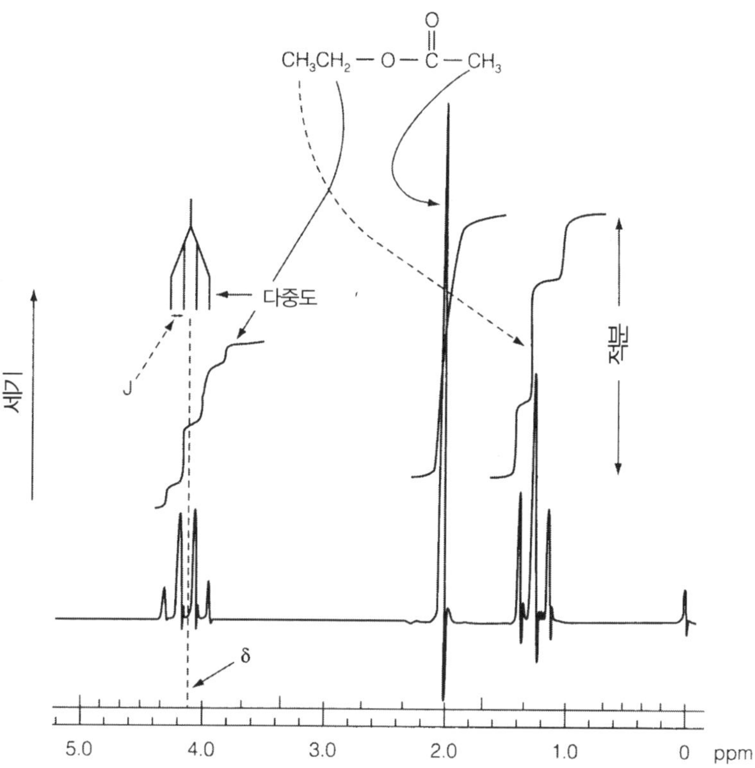

그림 3. 적분, 화학적 이동, 다중도가 나타난 에틸 아세테이트의 1H NMR 스펙트럼. δ 화학적 이동(ppm).

화학적 이동의 크기는 여러 가지 요인들에 의존한다. 그러나 이들 모두는 가리움의 정도 혹은 주위의 전자들에 의해 핵에 가해지는 자기장에의 노출과 관련이 있다. 핵 주위를 도는 전자는 이차적인 자기장을 형성하여 외부 자기장(B_0)으로부터 핵을 가리게 된다. 핵에 가해지는 실제 자기장(B_{eff})이 B_0보다 작아짐에 따라 핵은 예상보다 작은 화학적 이동을 하게 된다. 특정 핵 주위에 있는 결합의 성질과 결합의 배열들이 핵 주위의 전자 밀도에 영향을 미치고, 이것이 화학적 이동에 영향을 준다. 그러므로 화학적 이동을 지정할 때 다양한 핵의 형태와 위치가 결정된다.

$$\delta = \frac{\upsilon_{sample} - \upsilon_{reference}}{\text{운반 진동수}} \times 10^6$$

δ	= 화학적 이동 백만분의 부분(ppm)
υ_{sample}	= 시료 핵의 공명 진동수(Hz)
$\upsilon_{reference}$	= 기준 화합물 핵의 공명 진동수(Hz)
운반자 진동수	= 특정 동위원소를 위해 분광계에서 작동되는 진동수(MHz)

그림 4. 화학적 이동의 정의, δ.

화학적 이동에 영향을 주는 가장 중요한 요인들은 관찰하는 핵에 붙어 있는 원자의 전기음성도(유도 효과, 주제 I3)와 비편재화된 혹은 비편재화될 수 있는 파이 전자 혹은 고립 전자쌍(주제 J3, L1)의 근접된 정도이다. 물론 유도 효과는 중간에 끼어 있는 결합들의 증가에 따라 감소하며, 이것은 NMR 에서 관찰된다. 따라서 에탄올의 ^{1}H NMR 스펙트럼에서 산소의 전자를 끌어당기는 능력을 고려하여 예측하면, 화학적 이동이 CH_3〈CH_2〈OH순으로 증가할 것으로 예상되며, 실제로 이와 같이 관찰된다.

파이(π) 혹은 파이(π)와 고립 전자쌍이 분자내에 존재하면 이것들이 또 하나의 자기장을 생성시키며(**전자의 분자적 순환**), 이것이 외부 자기장과 반대 혹은 같은 방향으로 배열될 수 있다(그림 5). 이 추가적인 자기장에는 **비등방성**(anisotropy)이 존재한다. 즉, 효과가 모든 방면으로 동일하지 않다. 모든 다중 결합에는 이 자기적 비등방성이 존재하며 전자를 끌어당기는 치환체에 의해 유도되는 이동에 추가된다.

화학적 이동에 영향을 주는 다른 용인들이 많이 있으나 그들이 미치는 영향은 크지 않다. 이 모든 것에 대한 해석은 구조 분석에 도움이 된다.

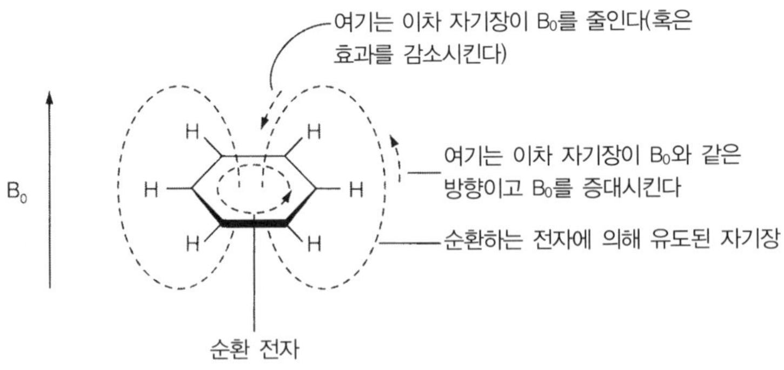

그림 5. 벤젠을 둘러싼 자기장의 도식적 표현. 일부 부분에서는 외부 자기장과 동일한 배열을 하여 자기장을 강화시키고, 다른 부분에서는 반대로 배열되어 핵이 받는 자기장은 외부 자기장B_0보다 적게 된다.

짝지음 상수

스핀을 가진 핵이 4개의(어떤 경우는 5개) 결합으로 떨어져 있을 때 결합하고 있는 전자들을 통하여 상호작용을 한다. 이것은 일렬로 배열된 자석들이 상호 힘을 가하는 것과 같은 것이다.

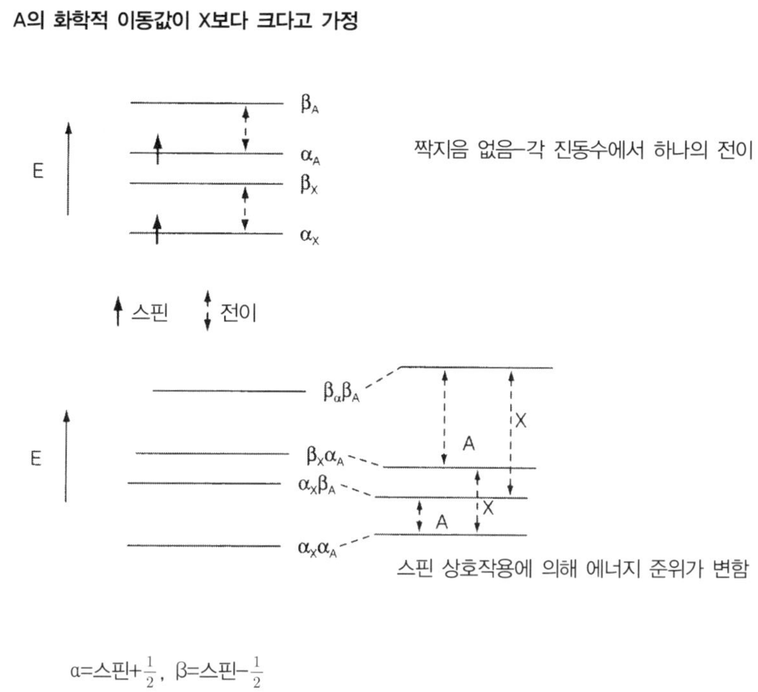

그림 6. 2개의 스핀 1/2인 핵 A와 X의 에너지 준위 분리와 핵스핀의 전이의 도식적 설명.

이러한 상호작용은 작용을 하는 혹은 **짝지어진 핵**(coupled nuclei)의 화학적 이동에서 선의 분해(세밀한 구조)를 가져온다. 생성된 선들의 수(**다중도**, multiplicity)와 이들 선들 간의 간격(**짝지음 상수**, coupling constant, J)은 피크의 지정과 분자의 구조를 결정하는 데 도움을 주기 위하여 해석될 필요가 있다.

갈라짐이 어떻게 이루어지는가에 대해서 스핀이 1/2인 두 개의 핵 A와 X를 포함하는 계를 이용하여 간단히 설명되어질 수 있다. 만일 이들 핵들이 결합상으로 멀리 떨어져 있다면 이들은 짝지음을 하지 않고 NMR은 단순하게 하나는 A의 화학적 이동이고, 다른 하나는 X의 화학적 이동인 2개의 선들로 구성되어 있다. 그러나 이들이 결합을 통하여 가까워지면 이들은 서로 상대의 α와 β 스핀 상태를 보게 된다(그림 6). 이것은 각 핵들이 두 개의 다른 에너지(다른 진동수)를 가지는 전이가 가능하게 만든다. 결과적으로, 각 화학적 이동을 중심으로 전이 사이의 에너지 차이만큼 분리된 동일한 세기(각각의 전이가 동일하게 가능)의 선이 두 개 생기게 된다. 이 에너지 혹은 진동수 차이가 짝지음 상수(J)이다.

물론 더 많은 핵스핀들이 관여되면 모습은 보다 복잡해지지만, 핵의 스핀이 1/2인 간단한 경우에는 n+1 법칙과 **Pascal의 삼각형**을 이용하여 선의 수를 예측하고 다중 선속의 선들의 상대적 강도를 예상할 수 있다. n+1 법칙은 핵이 n개의 다른 핵(모두 동등해야 됨)과 짝지을 때 관찰되는 핵의 피크는 n+1개로 갈라지며 세기는 Pascal의 삼각형에 의해 주어진다(그림 7).

짝지음 상수(J)의 크기는 짝짓는 핵들 간의 결합수에 영향을 받으며, 결합수가 증가할수록

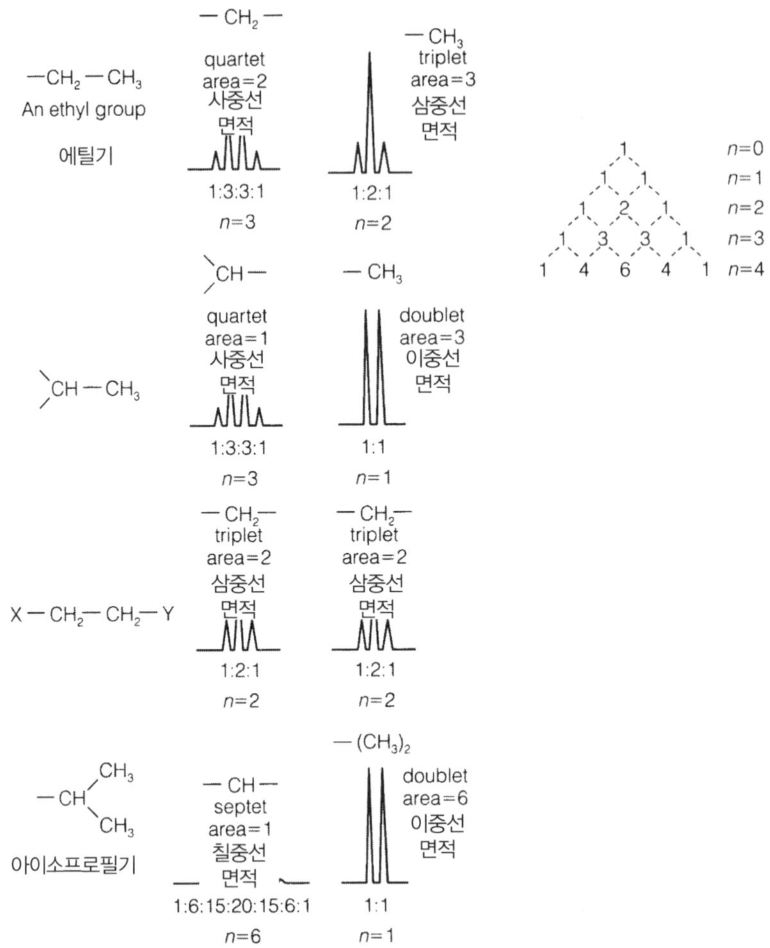

그림 7. Pascal의 삼각형과 스핀 1/2인 핵과 짝지은 핵의 일반적인 갈라짐의 예.
n은 (동등한) 인접된 핵들(1H)의 개수.

감소한다. 또한 이것은 핵들을 연결하는 결합들 간의 결합각에도 영향을 받는다. 가장 유용한 짝지음은 3개의 결합으로 연결된 것, 일반적으로 인접한 짝지음이라고 하는 것이다. 그 이유는 이것이 결합들 사이의 **이면각**(dihedral angle) 혹은 **비틀림각**(torsional angle)과 **Karplus 공식**으로 연관될 수 있기 때문이다.

$$^3J = A\cos^2\theta + B\cos\theta + C$$
$$\theta = \text{dihedral angle; } A, B, C = \text{constants}$$

이완

핵스핀이 라디오파 진동수의 펄스를 받은 후 바닥 상태로 복귀되는 과정을 **이완**(relaxation)이라고 한다. 핵스핀이 이완되는 여러 가지 메커니즘이 존재하고 이들이 동시에 다른 정도로 작동할 수 있다. 이들 메커니즘은 상당부분 이해되고 있으며, 이들이 어떻게 분자내의 **운동**(motion)과 **핵들 사이의 분리**(internuclear separation) 등과 연관되는지 알려져 있다. 여러 가지 과정들의 참여 정도를 정량화시킬 수 있는 실험들이 고안되고 있다. 이들 실험들은 정상적으로 작용하기 위해서는 접혀져 있어야 되는 거대한 생물학적 분자에 특히 유용하다. nuclear Overhauser effect(nOe)라 부르는 이완 현상을 이용한 측정을 통해 얻을 수 있는 핵들 사이의 거리 결정법은 사용하여 화합물의 용액에서의 구조를 결정할 수 있도록 한다. 이것은 X-선(고체 상태) 구조 결과를 보완할 수 있으며, 혹 X-선 구조 없이도 구조를 결정할 수 있는 방법이다.

생물학에 응용

NMR은 생물학에 매우 다양하게 활용되고 있다. 실제로 최근의 기술 발전은 그들의 생물학적 응용 가능성 때문에 이룩된 것이다. 관찰하고자 하는 분자가 높은 농도로 존재(NMR은 민감도가 낮은 기계임)하고, pH와 온도에 안정하다면 생체분자의 여러 특징과 과정들이 이 기술을 사용하여 분석될 수 있다.

^{1}H NMR을 이용하여 단백질의 아미노산의 곁가지들의 이온화를 관찰할 수 있고, 단백질과 리간드의 상호작용을 관찰(결합 상수 결정)할 수 있으며, 생물질의 삼차원 구조를 결정할 수 있다(단백질의 다른 요인들에 영향을 받기는 하지만, 분자량 50~100 kDa 정도). 커다란 생체 물질의 용액 상태의 구조를 결정하기 위해서는 우선 양성자 스펙트럼의 모든 피크가 해석되어야 한다. 이것은 최근의 이차원 및 삼차원 NMR을 사용함으로써 쉽게 이루어질 수 있다. 이것들은 ^{13}C와 ^{15}N의 양이 많이 존재하는 것을 이용한 것이다. 분자생물학 기술의 발전으로 동위원소가 많이 농축된 생체 물질을 만들 수 있게 되었다. 모든 양성자의 화학적 이동이 해석된 상태에서, nOe 측정을 통해 양성자간의 거리가 나오고, 이들 바탕으로 삼차원의 구조가 결정된다.

NMR은 생체 물질이 작은 리간드와 결합하는 것을 연구하는 것에 매우 효과적이다. 이러한 연구에서 리간드의 결합이 리간드의 NMR 스펙트럼에 미치는 영향을 조사함으로써 거대한 물질의 특성들이 간접적으로 결정된다.

위에서 언급된 구조-기능 분석들 이외에도, 양성자 이외의 핵을 사용한 NMR 기술을 이용하여 생물학적 과정을 연구할 수 있다. 예로, in vivo(그림 8(a))와 in vitro(그림 8(b))에서 세포 속에 존재하는 무기 인산기의 ^{31}P 스펙트럼을 추적함으로써 분자내의 pH 변화를 관찰할 수 있다.

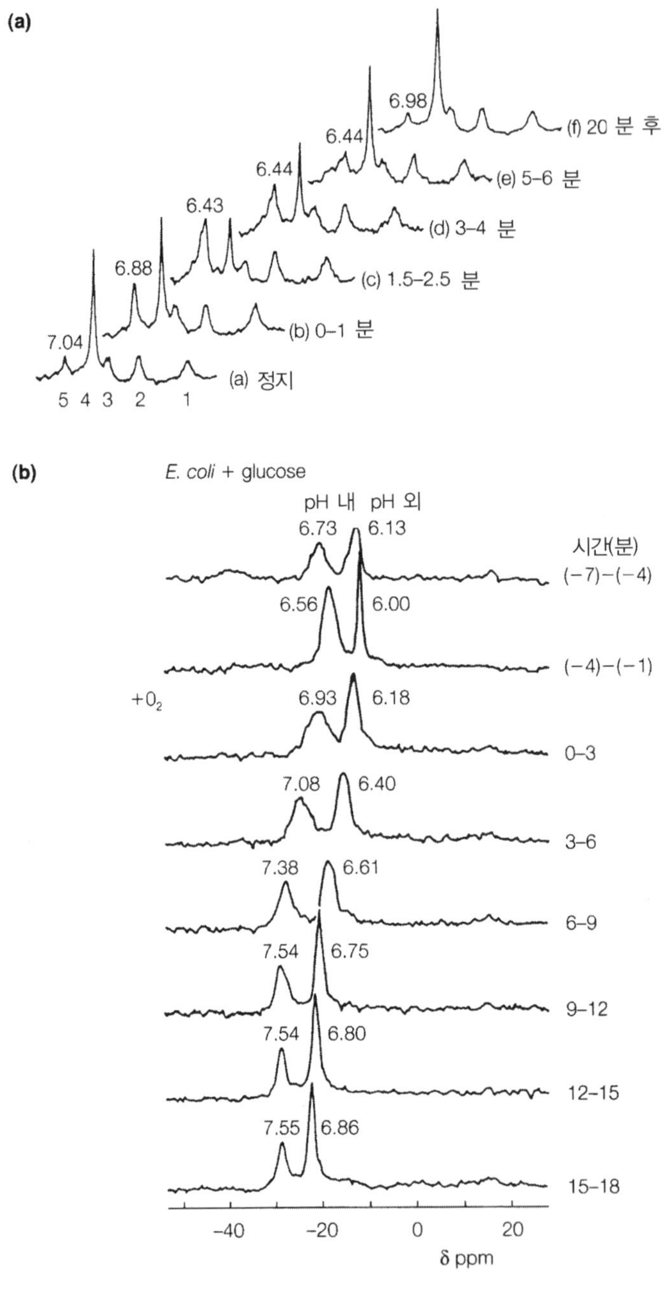

그림 8. (a) 운동 시간에 따른 사람 팔의 ^{31}P NMR 스펙트럼(피크 위의 숫자는 pH). (b) E. coli 분산액의 ^{31}P NMR 스펙트럼. 세포 안과 밖의 무기 인산들의 화학적 이동은 pH에 따라 변한다.

Section Q 분광학

Q7. 질량 분석기

중요한 용어

기본 실험	질량 분석기(MS)에서 검출되는 물질은 고에너지의 전자(간단한 실험에서)와 시료의 충돌로 발생하는 '이온'이다. 생성된 분자 이온들은 일반적으로 안정하지 못하여 분해되어 딸 이온(조각 이온)들로 변한다. 이들 분해 산물들이 구조 분석을 가능하게 한다.
이온 분석	가장 간단한 이온 분리 장치는 부채꼴 자석 장치이다. 그러나 정확한 분자량을 결정하기 위해서는 정전기적과 자기적 분석기를 사용하는 이중 초점 질량 분석기를 사용한다.
질량 스펙트럼	질량 분석기의 분석 결과는 질량/전하 (m/z)비 변화에 따른 상대적인 풍부함을 나타내는 그래프로 표시된다. 다른 방법으로는 상대적인 풍부함과 m/z 비율을 표로 나열하기도 한다.
이온화 기술	이온화 기술은 크게 강한 것과 부드러운 것 두 가지로 구분된다. 이온을 생성시키는 가장 일반적인 기술은 전자 충격(electron impact) 방식으로 강한 이온화 방법에 속한다. 다른 방법으로는 화학적 이온화(CI)와 빠른 원자 충돌(FAB)법이다. FAB-MS는 극성이거나 큰 분자에 사용하는 것으로 부드러운 이온화 방법이다. 생물학에 사용 가능한 많은 이온화 방법들이 개발되어 있다.
관련된 주제	주기율표(A1)　　동위원소(A3)

기본 실험

질량 분석기(MS)는 이름이 제시하듯이 화합물의 분자량을 측정하는 것에 사용된다. MS는 전자기 방사선을 흡수하거나 방출하지 않으므로 엄밀하게는 분광학적 기술은 아니지만 주로 병행하여 다루어진다(주제 Q1). MS에서 중요한 과정은 중성 분자를 이온으로 바꾸는 것이다.

$$M_{(gas)} \xrightarrow{e^-} M^{+\cdot}_{(gas)} + 2e^-$$

분자 이온
(그리고 라디칼 양이온)

간단한 과정에서는 첫 번째로 생성된 이온을 분자 이온이라고 한다. 그 이유는 잃어버린 전자의 질량은 무시할 수 있을 만큼 작아서 이온이 중성인 분자의 질량과 동일한 분자량을 가지고 있기 때문이다.

그러나 보통의 조건에서는 분자 이온은 매우 불안정하여 빠르게 분해되어 **딸**(daughter) 이온(부분 이온), **중성 분자**(neutral molecule) 혹은 **자유 라디칼**(free radical)을 생성시킨다. 그러나 뒤의 두 가지를 직접 관측할 수는 없다.

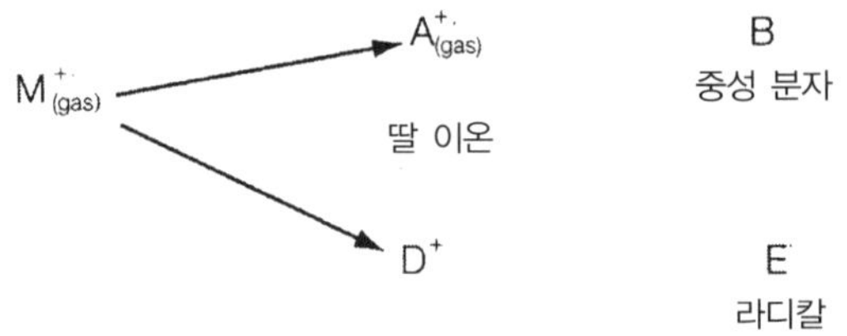

여기서 A, B, D, E는 단순히 분자 이온보다 작은 분자량을 가지는 물질을 뜻한다.

이러한 조각난 이온들의 분석을 통해 분자의 구성 성분 및 구조를 결정할 수 있다.

질량 분석기의 기본 구조는 이온화 원천, 이온을 질량에 따라 분리하는 방법, 그리고 검출 과정으로 구성되어 있다. 이온화 원천이 시료에서 얻을 수 있는 정보의 형태를 결정하기 때문에 가장 중요한 부분일 것이다.

이온 분석

가장 간단한 이온 분리 장치는 **부채꼴 자석 장치**(magnetic sector device)이다(그림 1). 이 장비는 자기장에 의해 밀쳐진 전하를 띤 물질이 질량과 전하에 따라 검출될 수 있다는 것을 이용하고 있다. 자기장과 물질의 질량 및 전하 사이의 관계는 다음 식으로 나타낼 수 있다.

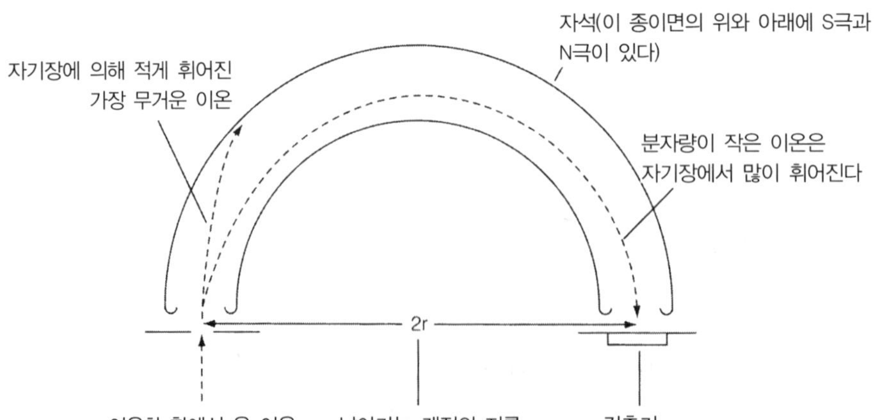

그림 1. 부채꼴 자석 장치의 도식적 그림. ·····►, 자기장 B 속에서의 이온 경로.

$$\frac{m}{z} = \frac{B^2r^2}{2V}$$

V = 가속화 전압　　z = 전하 (일반적으로 +1)　　m = 이온의 질량
B = 자기장의 세기　　r = 이온이 날아가는 경로의 반지름

자기장의 세기 혹은 날아가는 경로의 지름을 바꾸어 줌으로써 어떠한 분자량에도 기계가 맞추어 질 수 있음을 분명히 알 수 있다.

그러나 이 장비는 정수의 질량 단위로 변형되는 것에만 국한된 단점이다. 이것과 관련된 문제점은 일산화 탄소, 에텐 그리고 질소의 혼합물을 조사해 보면 알 수 있다. 이들 모두 정수 분자량 28을 가지고 있으므로 이들을 부채꼴 자석을 사용하여 분리할 수 없다. 만일 각각의 원자의 정밀 질량을 고려하면, 일산화 탄소는 27.9949, 에텐은 28.0313, 그리고 질소는 28.0061(표 1)임을 알 수 있다. 따라서 고분해능을 가진 장비는 확실한 분석을 할 수 있으며, 이러한 장비를 이중 초점 질량 분석기라고 한다(그림 2).

정전기 분석기는 날아가는 경로에서 이탈하는 이온들(주로 작은 분자량의 이온들이 고분자의 것보다 쉽게 이탈)을 끌어당긴다. 따라서 분자량 선택과 검출이 정밀하게 조정된다.

표 1. 몇몇 중요한 동위원소의 정밀 질량

원소	원자량	동위원소	질량
수소	1.00797	^{1}H	1.00783
탄소	12.01115	^{12}C	12.00000 (기준)
질소	14.0067	^{14}N	14.0031
산소	15.9994	^{16}O	15.9949
인	30.974	^{31}P	30.9738
브로민	79.909	^{79}Br	78.9183
		^{81}Br	80.9163

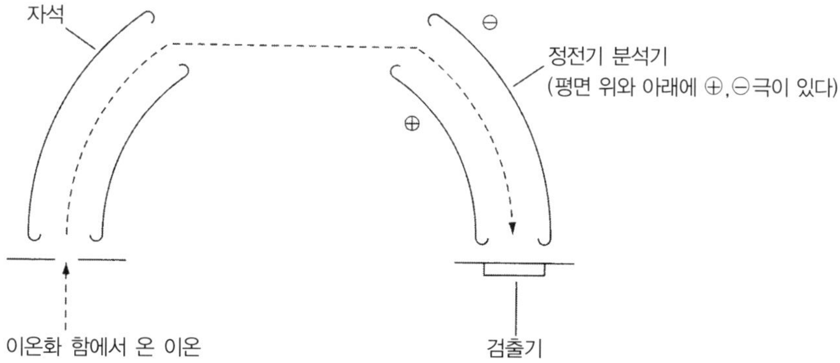

그림 2. 이중 초점 질량 분석기의 도식적 그림; 이온의 날아가는 궤적.

질량 스펙트럼

질량 분석기 실험의 가장 보편적인 결과물은 스펙트럼이다. 그러나 이것은 이 장에서 다룬 다른 기술에 의하여 만들어진 스펙트럼과는 다르다. 즉, x-축이 진동수나 파장이 아니라 검출된 이온의 질량 대 전하 비율이다.

특정한 이온의 안정성을 대변하는 이온의 존재비를 절대값으로 나타내지 않고, 가장 존재

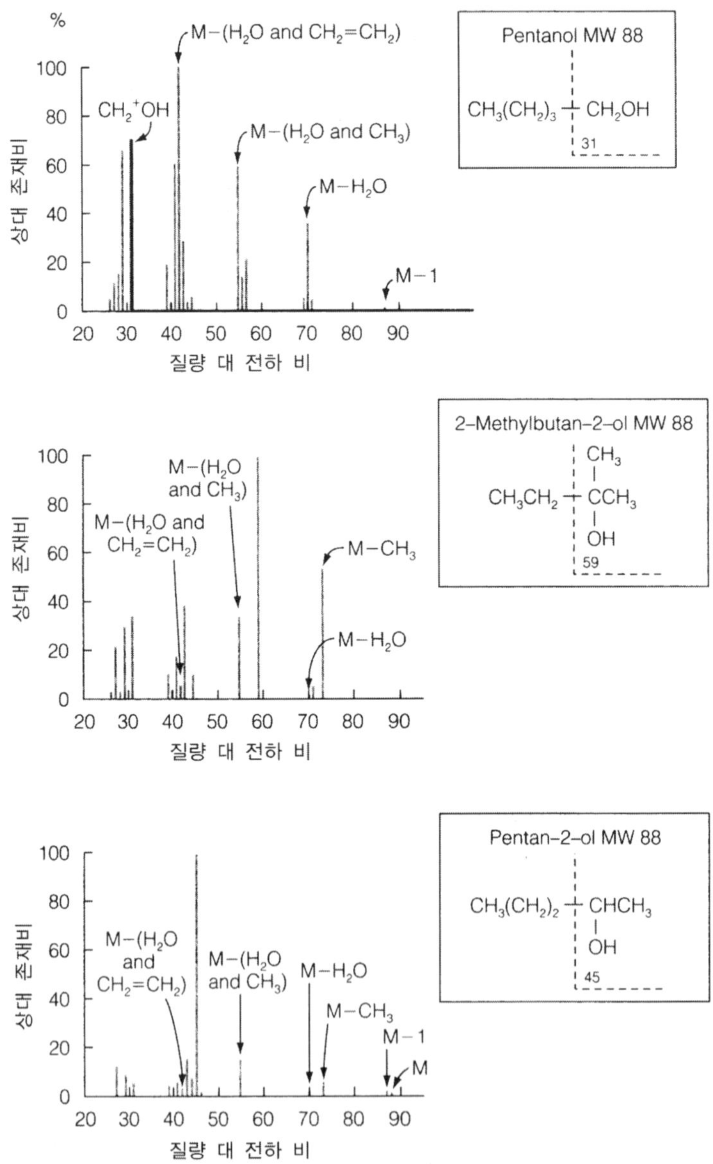

그림 3. Pentanol의 이성질체들의 EI-MS 는 질량 분석기가 구조적 정보를 줄 수 있음을 보여 준다.

비가 큰 이온의 존재비를 100%로 한 다음 이것에 대한 상대적인 값으로 나타낸다(그림 3). 때때로 스펙트럼 대신 혹은 스펙트럼에 추가하여 리스트로 나타내기도 한다.

분자 이온이 검출될 수 있을 정도로 오래 유지되는 경우에는 가장 큰 분자량을 가진 이온이 일반적으로 분자 이온이다. 때때로 더 높은 분자량에서 검출되는 피크가 나오기도 하는데, 이것은 시료에 양성자가 붙은 경우이거나 FAB-MS에서와 같이 매질에서 이온화된 경우에 발생된다. 물론 동위원소도 자연계에 존재하는 존재비에 따라 나타난다(주제 A3).

이온화 기술

매우 많은 이온화 기술들이 개발 되어 있다. 가장 간단하면서도 유기 화학자들에게 많이 사용되는 것이 **전자 충격**(electron impact, EI) 방법이다. EI-MS에서 가열된 열선이 전자의 원천으로 작용하며, 전자들은 큰 전위차로 인하여 가속되어 기체 상태로 존재하는 시료 분자와 충돌한다. 전자는 너무 빠르게 이동하기 때문에 전자가 시료에 잡히기보다는 시료로부터 전자를 이탈시켜 라디칼 양이온을 생성시킨다. 이것이 분자 이온이며, 이 과정에서 너무 많은 에너지가 분자에 전달되어 결합들이 끊어지고 분자가 분해되기 시작한다. 결합의 세기와 생성된 이온의 안정성을 바탕으로 분자가 분해되는 경향을 예측할 수 있으며, 이것을 이용하여 곁가지의 분기점이나 작용기의 위치 등을 알아낼 수 있다(그림 3).

화학적 이온화(chemical ionization, CI-MS)는 운반 기체를 사용한다. 메테인이나 암모니아가 전자들과 충돌하여 이온화된다. 이온화된 것들은 서로 충돌하여 더 많은 이온들을 생성시키고 이 이온들이 시료와 충돌하게 된다(그림 4). 이것은 EI에 비하여 훨씬 낮은 에너지 과정이어서 분자 이온이 좀 더 안정하여 오래 존재하게 됨에 따라 EI-MS 의 경우보다 높은 상대적 존재비의 분자 이온이 검출된다.

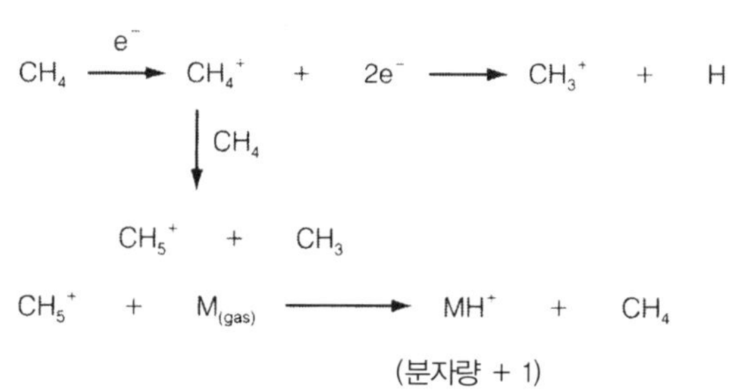

그림 4. 시료와 충돌하기 전에 일어나는 운반 기체의 이온화.

운반 기체의 종류에 따라 검출되는 이온의 전하가 결정된다. 즉, 메테인을 사용하면 양이온이 생성되고, 암모니아를 사용하면 음이온이 생성된다.

고속 원자 충격(Fast atom bombardment, FAB-MS)는 높은 운동 에너지를 가지고 있는 중성 원자를 사용한다. 이러한 원자는 빠르게 움직이는 같은 원소의 이온이 정지상 원자들에 충돌할 때 발생한다. 충돌로 인한 운동량 전달에 의해 빠르게 이동하는 원자가 생기게 된다. 이 원자가 시료와 충돌하게 된다. FAB-MS에서 시료는 매질(주로 글리세롤)에 녹여 사용한다. 일차로 이온화된 물질은 양성자가 붙은 분자에 [92n]을 더한 분자량을 갖는다. 이때 92는 글리세롤의 분자량이고, 'n'은 양성자화된 분자에 붙어 있는 글리세롤 분자의 개수이다.

$$\overrightarrow{Xe^{+}} + Xe \longrightarrow \overrightarrow{Xe} + Xe^{+}$$

빠르게 움직이는 제논 이온 → 빠르게 움직이는 제논 원자

이것은 부드러운 이온화로 분자의 분해는 잘 일어나지 않는다.

FAB-MS는 극성 분자와 분자량이 큰 화합물의 연구에 유용하며 특히 생체물질의 연구에도 매우 유용하다.

생화학이나 관련된 특별한 영역에 사용되기 위하여 많은 장비들이 개발되었다. 예를 들면, **전기분무 이온화**(electrospray ionization, ESI-MS)가 널리 사용되고 있다. 이것도 부드러운 이온화 방법으로 분자 이온을 유지시키는 반면 분해는 거의 생기지 않는다. 또한 전하를 여러 개 가진 것들도 생성된다.

이온화 기술은 크게 강한 것과 부드러운 것 두 가지로 구분된다. 이온을 생성시키는 가장 일반적인 기술은 **전자 충돌**(electron impact) 방식으로 강한 이온화 방법에 속한다. 다른 방법으로는 화학적 이온화(CI)와 빠른 원자 충돌(FAB)법이다. FAB-MS는 극성이거나 큰 분자에 사용하는 것으로, 부드러운 이온화 방법이다. 생물학에 사용 가능한 많은 이온화 방법들이 개발되어 있다.

찾아보기

ㄱ

가려진 57
가수분해 202
가역 217
가역적 240
가용매분해 202
가이거 계수기 15
강글리오사이드 166
같은 원자가 6
거울상이성질체 65
검출 264
검출기 251
검출기-증폭기 252
게이트 113
경쟁적 241
계 223
계간 교차 262
고립 전자쌍 29, 117
고속 원자 충격 285
고에너지 광자 14
고유 71
고정 77
고체상 186
고체상 합성 186
공명 129, 170, 174
공명 에너지 170
공유 결합 19, 20, 49
광원 251
광학 이성질체들 61
광학 회전 71
광회전 분산 268
구조 이성질체 33, 56
균일 과정 119
균일 분해 37
그레이 15
글리세롤 165
글리코젠 74
글리코젠 가인산분해효소 74
기록 252
기본 단계 234
기질 238
기체 상수 214
길어진 사면체 29
껍질 2

ㄴ

내부 에너지 217
내부 진동 217

ㄷ

다중도 274, 277
단일항 상태 259
단파장쪽 이동 256
당량 228

당량점 208
대사 연료 165
대사 전환수 240
동등한 에너지 170
동위원소들 11
등온선 213
등전자 77
딸 282

ㄹ

라디칼 37
라세미 71
라세미 혼합물 67
라세미체 124
라이보솜 159
라이보자임 100
래드 15

ㅁ

마이셀 114
마이오글로빈 93
모체 53
몰 11
무경쟁적 241
무기 인산 74
미량 89
미분법 233
밀리퀴리 15

ㅂ

반감기 233
반시계 방향 67
반응 메커니즘 227
반응 속도 227
반쪽 반응 127
발색단 270
발열 84, 218
발열 과정 223
발열 반응 218
방사선량계 15
방출 249
방출 기계 251
배열 67
배위 88
배위 결합 27
번역 159
베크렐 15
벤젠 169
변환 12
보호 183
복제 158
부껍질 3
부채꼴 자석 장치 282
분광학 249
분극화 31
분석기 251
분자 궤도함수 19, 25, 26, 171
분자 궤도함수 이론 172
분자 타원율 269
분자내 라세미 혼합물 68
분자성 234
분할 71
불균등화 반응 79
불균일 45
불균일 과정 119
불균일 분해 37
불투명 45
불포화 122
불활성 4
비가역 240
비가역적 217
비경쟁적 241
비극성 112
비누화 147
비누화되는 163

비누화되지 않는 163
비대칭 61
비등방성 276
비양성자성 197
비타민 B_{12} 103
비틀림각 278
비편재 132
비편재화 170
비필수 89
비활성 4

ㅅ

사각 평면 88
사이토크롬 93
사차 구조 157
산 43
산란 249
산화수 126
산화환원 반응 93
산화환원짝 126
삼가 4
삼분자 236
삼염기성 74
삼인산 에스터 149
삼차 구조 156
상자기성 82
상태 함수 221
생기 48
생체분자 257
서스펜션 44
선택적 185
섬광 계측기 15
세레브로사이드 166
세파린 166
소듐 D선 71
소수성 112
속도 상수 228
속도결정단계 235
속도론적 장벽 245
수소 11
수용액 44
스트레인 에너지 58
스핑고마이엘린 166
스핑고지질 166
시계 방향 67
시그마 20
시더로포 93
시료 셀 251
시스-트랜스 이성질화 235
실험적 249
쌍극자 모멘트 40, 264
쌓음 원리 7

ㅇ

아원자 입자 1
안테나 100
안티 57
알짜 67
알칼리 201
알케인 50
양성 유도 효과 129
양성자 1
양성자성 197
양성자의 수 2
양자 2, 250
양자 역학 2
양자수 250
양자화 250
억제제 240
엇갈린 57
에너지 19
에너지 도표 58
에너지 보존의 원리 217
에너지 준위 2
에너지 차이 217
에테르 135

에프솜염 44
엔올 143
엔탈피 217
엔트로피 112, 221
여러 가지 산화 상태 88
연속적 250
열분해 235
열역학 제0법칙 222
열역학 제3법칙 221
열역학 제1법칙 217
염기 29, 31, 43, 201
영구적 에멀션 45
오쏘인산 73
오존권 85
오존층 85
온도 71
완충 능력 206
완충 용액 205
완충 작용 205
용해도곱 211
운동 279
원소 분석 55
원자 궤도함수 3, 8
원자 궤도함수 선형 조합 26
원자 번호 2, 11
원자 질량 단위 11
원자가 48
원형 편광된 빛 268
유도 효과 129
유전 상수 40
유화제 45
음성 유도 효과 129
음전하 117
이동 217
이면각 278
이민 142
이분자 234
이분자성 123, 234
이분자성 과정 124
이상 기체 상수 221
이색성 268
이온 결합 24, 49
이온 결합 화합물 24
이완 278
이인산 에스터 149
이종원자고리 염기 188
이중 역수 240
이차 구조 156
이차 반응 236
인광성 99
인슐린 155
일 215
일가 4
일분자 반응 236
일분자성 124
일분자성 과정 124
일차 228, 233
일차 구조 156
입체 배열의 반전 124
입체이성질체 56

ㅈ

자물쇠와 열쇠 238
자발적 과정 220
자유 감쇠 274
자유 라디칼 16, 282
작용기 52
잔틴 산화효소 105
장파장쪽 이동 256
적분 274
적분 방법 232
적색 이동 256
전기 전도체 24
전기분무 이온화 286
전기양성 6
전기음성 6

전기음성도 48
전달 159
전령 159
전자 1
전자 결핍 118
전자 배치 5, 7
전자 에너지 217
전자 충격 285
전자 충돌 286
전자-전이 93
전자가 123
전자가 풍부 117
전자의 분자적 순환 276
전하 45
전하 축전기 100
접두사 53
접미사 53
정사면체 28, 88
정사면체 구조 48
정전기 107
정전기적 상호작용 88
정준형 131, 170, 174
정팔면체 88
제거 반응 135
조색단 256
조절자 252
주기율표 48
주위 223
중성 분자 282
중성자 1
중수소 11
중합효소 159
지용성 비타민 212
지질 162
직각 보호 185
진동자 250
질소 고정 96
질소 순환 78
질소화효소 96
짝지어진 핵 277
짝지음 상수 274, 277

ㅊ

차수 228, 232
청색 이동 256
초기 속도 228
초당 붕괴수 15
촉매 155, 234
최고 점유 분자 궤도함수 253
최대 속도 239
최저 비점유 분자 궤도함수 253
축퇴 8
충돌에 의한 에너지 전달 262
치환 123
친양성자성 197
친전자성 131
친전자성 첨가 122
친전자체 31, 117, 118
친핵성 43, 122, 123
친핵성 공격 31
친핵성 중심 117
친핵체 29, 31, 117
침전물 211

ㅋ

카보늄 이온 124
카비놀아민 142
카이랄 61
케토-엔올 토토머화 143
코발라민 103
콜라젠 155
콜로이드 44
퀴리 15

ㅌ

타원체 19
타원형 편광된 268
타원형 편광된 빛 268
탄소양이온 124
탈질소화 미생물 78
토토머화 143
트랜스페린 93
특정 파장 254
틴들 효과 45

ㅍ

파동 역학 2
파동–입자 이중성 2
파울리 배타 원리 7
파이 20
파이 결합 117
파이로인산 74
팔전자 규칙 24
펄스 274
펌프 113
페놀류 137
페리틴 93
편광계 70
편극안된 268
평면 삼각형 31
평면 편광된 빛 250, 268
포르말린 143
포화 238
표준 자유 에너지 226
표준 환원 전위 127
풍해성 44
프러시안 청색 92
플랑크 상수 250
필수 89
필수 지방산 165

ㅎ

항정 상태 239
항정 상태의 가정 230, 235
항체 155
핵 2
핵 에너지 217
핵들 사이의 분리 279
헤모글로빈 93
헤미아세탈 141
형태 57
혼성 131, 170
혼성 궤도함수 21
홀전자 119
화학 속도론 227
화학적 이동 274, 275
화학적 이온화 285
환원 126
환원 전위 127
환원효소 96
활성 자리 238
활성화 에너지 237, 245
회전 217
회합 43
효소 155, 238
흡광 계수 254
흡광감소현상 256
흡광도, A 254
흡광증가현상 256
흡수 249, 251
흡습성 44
흡열 218
흡열 반응 218
흡착 45

기타

Boltzmann 공식 221
Burk 240

C-말단 183
Cahn-Ingold-Prelog 규칙 67
d 67
E1 124
E2 124
ee 71
Fourier 전환 274
Gibbs-Helmholtz 공식 225
Henderson-Hasselbalch 식 206
Karplus 공식 278
Lineweaver 240
Michaelis 상수 239
N-말단 183
nuclear Overhauser effect 279
Pascal의 삼각형 277
pH값 201
R-배열 67
S-배열 67
sp^2 혼성 22
α-나선 109
α-아미노산 181
β-turns 109
β-가닥 109
β-병풍 109
1:1 혼합물 67
2개의 sp-혼성 22

생명과학도를 위한 화학 (제2판)

|저 자 Fisher · Arnold
|역 자 고문주 · 배지현 · 이진호
|펴 낸 이 주정희
|펴 낸 곳 자유아카데미
|주 소 경기도 파주시 교하읍 문발리 527-2
파주출판문화정보산업단지
|전 화 031-955-1321
|팩 스 031-955-1322
|전자우편 main@freeaca.com(대표)
editor@freeaca.com(편집)
|홈페이지 www.freeaca.com
|등 록 제406-2003-017호, 1980. 7. 12
|제2판1쇄 2008년 3월 10일 발행
|정 가 20,000원

Printed in Korea
ISBN 978-89-7338-701-4 93430